Maschinelles Lernen

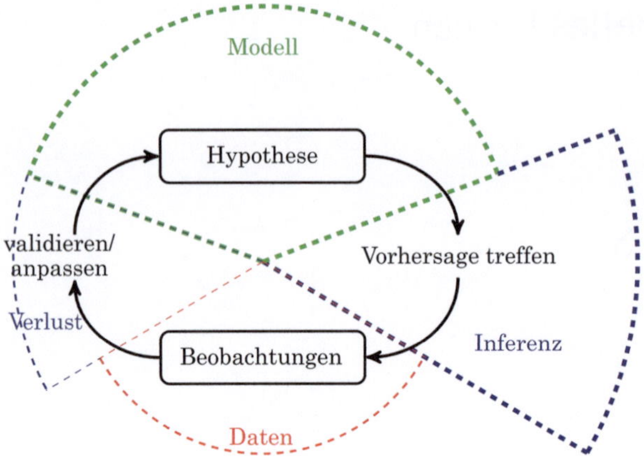

Abb. 1 Maschinelles Lernen kombiniert drei Hauptkomponenten: Daten, Modell und Verlust. Methoden des maschinellen Lernens implementieren das wissenschaftliche Prinzip des „Versuchs und Irrtums“. Diese Methoden validieren und verfeinern kontinuierlich ein Modell basierend auf dem Verlust, der durch seine Vorhersagen über ein Phänomen entsteht, das Daten generiert.

Alexander Jung

Maschinelles Lernen

Die Grundlagen

Springer

Alexander Jung
Department of Computer Science
Aalto University
Espoo, Finland

ISBN 978-981-99-7971-4 ISBN 978-981-99-7972-1 (eBook)
https://doi.org/10.1007/978-981-99-7972-1

Die Deutsche Nationalbibliothek verzeichnet diese Publikation in der Deutschen Nationalbibliografie; detaillierte bibliografische Daten sind im Internet über http://dnb.d-nb.de abrufbar.

Dieses Buch ist eine Übersetzung des Originals in Englisch „Machine Learning“ von Jung, Alexander, publiziert durch Springer Nature Singapore Pte Ltd. im Jahr 2022. Die Übersetzung erfolgte mit Hilfe von künstlicher Intelligenz (maschinelle Übersetzung). Eine anschließende Überarbeitung im Satzbetrieb erfolgte vor allem in inhaltlicher Hinsicht, so dass sich das Buch stilistisch anders lesen wird als eine herkömmliche Übersetzung. Springer Nature arbeitet kontinuierlich an der Weiterentwicklung von Werkzeugen für die Produktion von Büchern und an den damit verbundenen Technologien zur Unterstützung der Autoren.

Planung/Lektorat: Celine Chang
Springer ist ein Imprint der eingetragenen Gesellschaft Springer Nature Singapore Pte Ltd. und ist ein Teil von Springer Nature.
Die Anschrift der Gesellschaft ist: 152 Beach Road, #21-01/04 Gateway East, Singapore 189721, Singapore

Das Papier dieses Produkts ist recyclebar.

Vorwort

Maschinelles Lernen (ML) beeinflusst unseren Alltag in mehreren Aspekten. Wir bitten regelmäßig ML-gestützte Smartphones, uns schöne Restaurants vorzuschlagen oder uns durch einen fremden Ort zu führen. ML-Methoden sind auch zu Standardwerkzeugen in vielen Bereichen der Wissenschaft und Technik geworden. ML-Anwendungen verändern das menschliche Leben in einem noch nie dagewesenen Tempo und Maßstab.

Dieses Buch stellt ML als Kombination von drei grundlegenden Komponenten dar: Daten, Modell und Verlust. ML-Methoden kombinieren diese drei Komponenten innerhalb rechnerisch effizienter Implementierungen des grundlegenden wissenschaftlichen Prinzips „Versuch und Irrtum". Dieses Prinzip besteht aus der kontinuierlichen Anpassung einer Hypothese über ein Phänomen, das Daten generiert.

ML-Methoden verwenden eine Hypothesenkarte, um Vorhersagen einer interessierenden Größe (oder höheren Tatsache) zu berechnen, die als das Label eines Datenpunkts bezeichnet wird. Eine Hypothesenkarte liest niedrigstufige Eigenschaften (als Merkmale bezeichnet) eines Datenpunkts ein und liefert die Vorhersage für das Label dieses Datenpunkts. ML-Methoden wählen oder lernen eine Hypothesenkarte aus einer (typischerweise sehr) großen Menge von Kandidatenkarten. Wir bezeichnen diese Menge an Kandidatenkarten als den Hyporaum oder das Modell, das einer ML-Methode zugrunde liegt.

Die Anpassung oder Verbesserung der Hypothese basiert auf der Diskrepanz zwischen Vorhersagen und beobachteten Daten. ML-Methoden verwenden eine Verlustfunktion, um diese Diskrepanz zu quantifizieren.

Eine Vielzahl verschiedener ML-Methoden ergibt sich durch die Kombination unterschiedlicher Designentscheidungen für die Datenrepräsentation, das Modell und den Verlust. ML-Methoden unterscheiden sich auch stark in ihren praktischen Implementierungen, was ihre vereinheitlichenden Grundprinzipien verschleiern könnte.

Deep-Learning-Methoden verwenden Cloud-Computing-Frameworks, um große Modelle auf großen Datensätzen zu trainieren. Auf einer viel feineren Granularität für Daten und Berechnungen kann lineare (kleinste Quadrate)

Regression auf kleinen eingebetteten Systemen implementiert werden. Dennoch verwenden Deep-Learning-Methoden und lineare Regression das gleiche Prinzip, ein Modell basierend auf der Diskrepanz zwischen Modellvorhersagen und tatsächlich beobachteten Daten iterativ zu aktualisieren.

Wir glauben, dass das Denken über ML als Kombinationen von drei Komponenten, die durch Daten, Modell und Verlustfunktion gegeben sind, hilft, das stetig wachsende Angebot an einsatzbereiten ML-Methoden zu navigieren. Unser Drei-Komponenten-Bild ermöglicht eine einheitliche Behandlung von ML-Techniken, wie frühzeitigem Stoppen, datenschutzfreundlichem ML und xml, die auf den ersten Blick recht unterschiedlich erscheinen. Zum Beispiel ist der Regularisierungseffekt der Technik des frühzeitigen Stopps in gradientenbasierten Methoden auf die Schrumpfung des effektiven Hyporaums zurückzuführen. Datenschutzfreundliche ML-Methoden können durch besondere Auswahl der zur Charakterisierung von Datenpunkten verwendeten Merkmale erzielt werden (siehe Abschn. 9.5). Erklärbare ML-Methoden können durch besondere Auswahl des Hyporaums und der Verlustfunktion erzielt werden (siehe Kap. 10).

Um ML-Tools gut zu nutzen, ist es entscheidend, die zugrunde liegenden Prinzipien auf dem angemessenen Detailgrad zu verstehen. Es ist normalerweise nicht notwendig, die mathematischen Details fortgeschrittener Optimierungsmethoden zu verstehen, um Deep-Learning-Methoden erfolgreich anzuwenden. Auf einer niedrigeren Ebene hilft dieses Tutorial ML-Ingenieuren, geeignete Methoden für die jeweilige Anwendung auszuwählen. Das Buch bietet auch eine höhere Sicht auf die Implementierung von ML-Methoden, die normalerweise erforderlich ist, um ein Team von ML-Ingenieuren und Datenwissenschaftlern zu managen.

Espoo, Finland Alexander Jung

Danksagungen

Dieses Buch entstand aus Vorlesungsnotizen, die für die Kurse CS-E3210 „Maschinelles Lernen: Grundlegende Prinzipien“, CS-E4800 „Künstliche Intelligenz“, CS-EJ3211 „Maschinelles Lernen mit Python“, CS-EJ3311 „Tiefes Lernen mit Python“ und CS-C3240 „Maschinelles Lernen“ vorbereitet wurden, die an der Aalto-Universität und im finnischen Universitätsnetzwerk fitech.io angeboten werden. Dieses Tutorial wird von praktischen Implementierungen von ML-Methoden in MATLAB und Python begleitet https://github.com/alexjungaalto/.

Dieser Text hat von dem umfangreichen Feedback der Studenten profitiert, die an den vom Autor (mit-)geleiteten Kursen teilgenommen haben. Der Autor ist Shamsiiat Abdurakhmanova, Tomi Janhunen, Yu Tian, Natalia Vesselinova, Linli Zhang, Ekaterina Voskoboinik, Buse Atli, Stefan Mojsilovic dankbar, die die frühen Entwürfe dieses Tutorials sorgfältig überprüft haben. Einige der Abbildungen wurden mit Hilfe von Linli Zhang erstellt. Der Autor ist dankbar für das Feedback, das er von Jukka Suomela, Väinö Mehtola, Oleg Vlasovetc, Anni Niskanen, Georgios Karakasidis, Joni Pääkkö, Harri Wallenius und Satu Korhonen erhalten hat.

Danksagungen

Inhaltsverzeichnis

Symbole

Mengen

$a := b$	Diese Aussage definiert a als Kurzform für b.
$\mathbb{N}$	Die Menge der natürlichen Zahlen 1, 2, ….
$\mathbb{R}$	Die Menge der reellen Zahlen x [2].
$\mathbb{R}_+$	Die Menge der nicht-negativen reellen Zahlen $\boldsymbol{x} \geq 0$.
{0,1}	Die Menge bestehend aus zwei reellen Zahlen 0 und 1.
[0,1]	Das geschlossene Intervall der reellen Zahlen x mit $0 \leq x \leq 1$.

Matrizen und Vektoren

$\mathbf{I}$	Die Identitätsmatrix, deren Diagonaleinträge gleich eins sind und jeder Eintrag außerhalb der Diagonale gleich null ist.
$\mathbb{R}^n$	Die Menge der Vektoren, die aus n reellen Einträgen bestehen.
$\mathbf{x} = (x_1, \ldots, x_n)^T$	Ein Vektor der Länge n. Der $j$te Eintrag des Vektors wird als x_j bezeichnet.
$\lVert\mathbf{x}\rVert_2$	Die euklidische (oder „ℓ_2“) Norm des Vektors $\mathbf{x} = (x_1, \ldots, x_n)^T$ ist gegeben als $\lVert\mathbf{x}\rVert_2 := \sqrt{\sum_{j=1}^n x_j^2}$.
$\lVert\mathbf{x}\rVert$	Eine Norm des Vektors $\mathbf{x}$ [1]. Sofern nicht anders angegeben, meinen wir die euklidische Norm $\lVert\mathbf{x}\rVert_2$.
$\mathbf{x}^T$	Die Transposition eines Vektors $\mathbf{x}$, der als einzelne Spaltenmatrix betrachtet wird. Die Transposition kann als einzelne Zeilenmatrix interpretiert werden $(x_1, \ldots, x_n)$.
$\mathbf{A}^T$	Die Transposition einer Matrix $\mathbf{A}$. Eine quadratische Matrix wird als symmetrisch bezeichnet, wenn $\mathbf{A} = \mathbf{A}^T$
$\mathbb{S}_+^n$	Die Menge aller (psd) $n \times n$ Matrizen.

Maschinelles Lernen

i	Ein generischer Index $i = 1,2,\ldots,$ wird verwendet, um die Datenpunkte innerhalb eines Datensatzes zu nummerieren.
m	Die Anzahl der Datenpunkte in (die Größe von) einem Datensatz.
n	Die Anzahl der einzelnen Eigenschaften, die zur Charakterisierung eines Datenpunkts verwendet werden.
x_j	Das $j$te individuelle Merkmal eines Datenpunkts.
$\mathbf{x}$	Der Merkmalsvektor $\mathbf{x} = (x_1, \ldots, x_n)^T$ eines Datenpunkts, dessen Einträge die einzelnen Merkmale des Datenpunkts sind.
$\mathbf{z}$	Neben dem Symbol x verwenden wir manchmal ein anderes Symbol, um einen Vektor zu bezeichnen, dessen Einträge Merkmale eines Datenpunkts sind. Wir benötigen zwei verschiedene Symbole, um Merkmalsvektoren für die Diskussion von Merkmalslernmethoden in Kap. 9 zu bezeichnen.
$\mathrm{x}^{(i)}$	Der Merkmalsvektor des $i$ten Datenpunkts innerhalb eines Datensatzes.
$x_j^{(i)}$	Das $j$te Merkmal des $i$ten Datenpunkts innerhalb eines Datensatzes.
y	Die Bezeichnung (Menge von Interesse) eines Datenpunkts.
$y^{(i)}$	Die Bezeichnung des $i$ten Datenpunkts.
$(\mathbf{x}^{(i)}, y^{(i)})$	Die Merkmale und das Etikett des $i$ten Datenpunkts innerhalb eines Datensatzes.
$h(\cdot)$	Eine Hypothesenkarte, die die Merkmale $\mathbf{x}$ eines Datenpunkts einliest und das vorhergesagte Label $\widehat{y} = h(\mathbf{x})$ ausgibt.
x_j	Das j-te Merkmal eines Datenpunkts. Das erste Merkmal eines gegebenen Datenpunkts wird als x_1 bezeichnet, das zweite Merkmal x_2 und so weiter.
$L((\mathbf{x}, y), h)$	Der Verlust, der durch die Vorhersage des Labels y eines Datenpunkts mit dem Merkmalsvektor $\mathbf{x}$ unter Verwendung des Wertes $\widehat{y} = h(\mathbf{x})$ entsteht, der durch die Auswertung der Hypothese $h \in \mathcal{H}$ am Merkmalsvektor $\mathbf{x}$ erzielt wird.
E_v	Der Validierungsfehler einer Hypothese, der als durchschnittlicher Verlust berechnet wird, der auf einem Validierungsset ermittelt wurde.
$\widehat{L}(h\|\mathcal{D})$	Der empirische oder durchschnittliche Verlust, der durch die Vorhersagen der Hypothese h für die Datenpunkte im Datensatz $\mathcal{D}$ entsteht.

E_t	Der Trainer einer Hypothese h, der der durchschnittliche Verlust ist, der von h auf beschrifteten Datenpunkten verursacht wird, die einen Trainingsdatensatz bilden.
t	Ein diskreter Zeitindex $t = 0,1,\ldots$ wird verwendet, um eine Sequenz von zeitlichen Ereignissen (Zeitpunkten) zu nummerieren.
t	Ein generischer Index, der verwendet wird, um eine endliche Menge von Lernaufgaben innerhalb eines Multi-Task-Lernproblems zu nummerieren (siehe Abschn. 7.6).
λ	Ein Regularisierungsparameter, der verwendet wird, um den Regularisierungsterm zu skalieren, der zum empirischen Risiko in der strukturellen Risikominimierung (SRM) hinzugefügt wird.
$\lambda_j(\mathbf{Q})$	Der $j$te Eigenwert (sortiert entweder aufsteigend oder absteigend) einer psd-Matrix $\mathbf{Q}$. Wir verwenden auch die Abkürzung λ_j, wenn die entsprechende Matrix aus dem Kontext klar ist.
$f(\cdot)$	Die Aktivierungsfunktion, die von einem künstlichen Neuron innerhalb eines künstlichen neuronalen Netzwerks (ANN) verwendet wird.

Literatur

1. G.H. Golub, C.F. Van Loan. Matrix Computations. (Johns Hopkins University Press, Baltimore, MD, 3. Aufl., 1996)
2. W. Rudin. Real and Complex Analysis. (McGraw-Hill, New York, 3. Aufl., 1987)

Kapitel 1
Einführung

Stellen Sie sich vor, Sie wachen an einem Wintermorgen in Finnland auf und schauen aus dem Fenster (siehe Abb. 1.1). Es scheint ein schöner sonniger Tag zu werden, der ideal für einen Skiausflug ist. Um die richtige Ausrüstung (Kleidung, Wachs) auszuwählen, ist es wichtig, eine Vorstellung von der maximalen Tagestemperatur zu haben, die normalerweise am frühen Nachmittag erreicht wird. Wenn wir eine maximale Tagestemperatur von etwa plus 5° erwarten, ziehen wir vielleicht nicht die extra warme Jacke an, sondern nehmen nur ein zusätzliches Hemd zum Wechseln mit.

Wir können ML verwenden, um einen Prädiktor für die maximale Tagestemperatur für den spezifischen Tag zu lernen, der in Abb. 1.1 dargestellt ist. Die Vorhersage soll ausschließlich auf der am Morgen dieses Tages beobachteten Mindesttemperatur basieren. ML-Methoden können auf datengetriebene Weise einen Prädiktor lernen, indem sie historische Wetterbeobachtungen verwenden, die vom Finnischen Meteorologischen Institut bereitgestellt werden. Wir können die Aufzeichnungen der minimalen und maximalen Tagestemperatur für die jüngsten Tage herunterladen und das resultierende Datenset mit

$$\mathcal{D} = \left\{\mathbf{z}^{(1)}, \ldots, \mathbf{z}^{(m)}\right\}. \tag{1.1}$$

jedem Datenpunkt $\mathbf{z}^{(i)} = \left(x^{(i)}, y^{(i)}\right)$, für $i = 1, \ldots, m$, stellt einen früheren Tag dar, für den die minimale und maximale Tagestemperatur $x^{(i)}$ und $y^{(i)}$ aufgezeichnet wurde. Wir stellen die Daten (1.1) in Abb. 1.2 dar. Jeder Punkt in Abb. 1.2 stellt einen spezifischen Tag mit Mindesttemperatur x und maximaler Temperatur y dar.

ML-Methoden lernen eine Hypothese $h(x)$, die die Mindesttemperatur x einliest und eine Vorhersage (Prognose oder Annäherung) $\hat{y} = h(x)$ für die maximale Tagestemperatur y liefert. Jede praktische ML-Methode verwendet einen bestimmten Hypothesenraum, aus dem die Hypothese h ausgewählt wird. Dieser Hypothesenraum von Kandidaten für die Hypothesenkarte ist eine wichtige Designentscheidung und könnte auf Domänenwissen basieren.

A. Jung, *Maschinelles Lernen*, https://doi.org/10.1007/978-981-99-7972-1_1

Abb. 1.1 Blick aus dem Fenster während eines Wintermorgens in Finnland

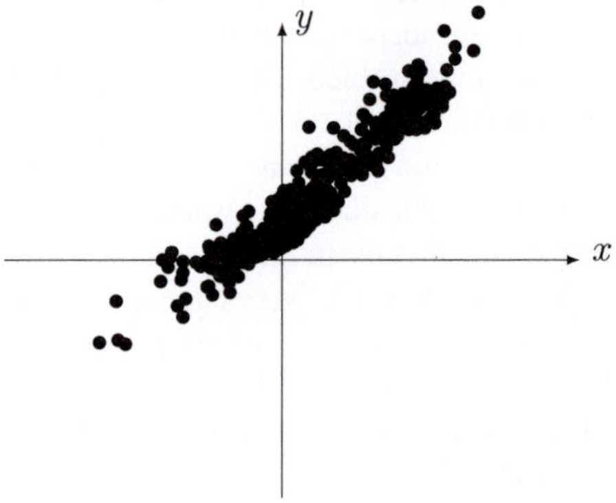

Abb. 1.2 Jeder Punkt stellt einen spezifischen Tag dar, der durch seine minimale Tagestemperatur x als Merkmal und seine maximale Tagestemperatur y als Label gekennzeichnet ist. Diese Temperaturen werden an einer Wetterstation des Finnischen Meteorologischen Instituts gemessen

Im Folgenden illustrieren wir, wie man Domänenwissen verwendet, um eine Wahl für den Hypothesenraum zu motivieren. Nehmen wir an, dass die Mindest- und Maximaltemperatur eines beliebigen Tages ungefähr über

$$y \approx w_1 x + w_0 \text{ mit einigen Gewichten } w_1 \in \mathbb{R}_+, w_0 \in \mathbb{R}. \tag{1.2}$$

Die Annahme (1.2) spiegelt die Intuition (Domänenwissen) wider, dass die maximale Tagestemperatur y an Tagen mit einer höheren Mindesttagestemperatur x höher sein sollte. Die Annahme (1.2) enthält zwei Gewichte und w_0. Diese Gewichte sind Abstimmungs Parameter, die eine gewisse Flexibilität in unserer Annahme ermöglichen. Wir verlangen, dass das Gewicht w_1 nicht negativ ist, lassen diese Gewichte aber ansonsten vorerst unbestimmt. Hauptthema dieses Buches sind ML-Methoden, die verwendet werden können, um geeignete Werte für die Gewichte w_1 und w_0 auf datengetriebene Weise zu erlernen.

Bevor wir im Detail erläutern, wie ML verwendet werden kann, um gute Werte für die Gewichte w_0 in w_1 in (1.2) zu finden oder zu lernen, lassen Sie uns diese interpretieren. Das Gewicht w_1 in (1.2) kann als die relative Erhöhung der maximalen Tagestemperatur bei einer erhöhten minimalen Tagestemperatur interpretiert werden. Betrachten Sie einen früheren Tag mit einer aufgezeichneten maximalen Tagestemperatur von 10° und einer minimalen Tagestemperatur von 0°. Die Annahme (1.2) bedeutet dann, dass die maximale Tagestemperatur für einen anderen Tag mit einer minimalen Tagestemperatur von +1 Grad $10 + w_1$ Grad betragen würde. Das zweite Gewicht w_0 in unserer Annahme (1.2) kann als die maximale Tagestemperatur interpretiert werden, die wir für einen Tag mit einer minimalen Tagestemperatur von 0 erwarten.

Angesichts der Annahme (1.2) scheint es vernünftig, die ML-Methode darauf zu beschränken, nur lineare Abbildungen

$$h(x) := w_1 x + w_0 \text{ mit einigen Gewichten } w_1 \in \mathbb{R}_+, w_0 \in \mathbb{R}. \tag{1.3}$$

zu berücksichtigen. Da wir $w_1 \geq 0$ benötigen, ist die Abb. (1.3) monoton steigend in Bezug auf das Argument x. Daher wird die Vorhersage $h(x)$ für die maximale Tagestemperatur mit einer höheren minimalen Tagestemperatur x höher.

Der Ausdruck (1.3) definiert eine ganze Menge von Hypothesenabbildungen. Jede einzelne Abbildung entspricht einer bestimmten Wahl für $w_1 \geq 0$ und w_0. Wir bezeichnen eine solche Menge von potenziellen Vorhersageabbildungen als das Modell oder den Hypothesenraum, der von einer ML-Methode verwendet wird.

Wir sagen, dass die Karte (1.3) durch den Gewichtsvektor $\mathbf{w} = \big(w_1, w_0\big)$ parametrisiert ist und wir dies durch Schreiben von $h^{(\mathbf{w})}$ anzeigen. Für einen gegebenen Gewichtsvektor $\mathbf{w} = \big(w_1, w_0\big)^T$ erhalten wir die Karte $h^{(\mathbf{w})}(x) = w_1 x + w_0$. Abb. 1.3 zeigt drei Karten $h^{(\mathbf{w})}$ die für drei verschiedene Gewichtsauswahlen $\mathbf{w}$ erhalten wurden.

ML wäre trivial, wenn es nur eine einzige Hypothese gäbe. Eine einzige Hypothese zu haben bedeutet, dass es nicht notwendig ist, verschiedene Hypothesen auszuprobieren, um die beste zu finden. Um ML zu ermöglichen, müssen wir zwischen einem ganzen Raum von verschiedenen Hypothesen wählen. ML-Methoden sind rechenintensive Methoden, um (zu lernen) eine gute Hypothese aus (typischerweise sehr großen) Hypothesenräumen zu wählen. Der durch die Karten

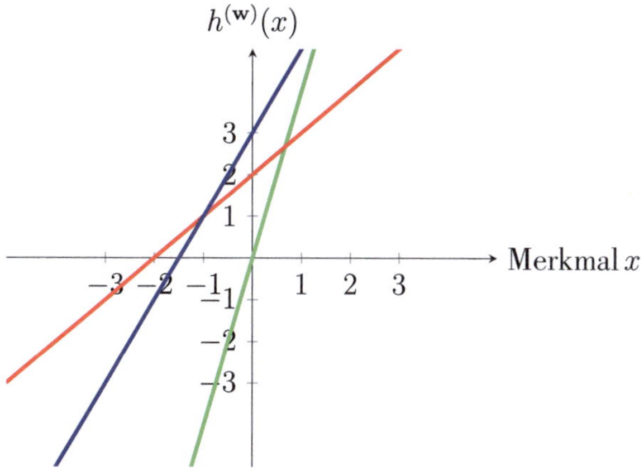

Abb. 1.3 Drei Hypothesenkarten der Form (1.3)

(1.3) für verschiedene Gewichte konstituierte Hypothesenraum ist unzählig unendlich.

Um eine gute Hypothese aus der unendlichen Menge (1.3) zu finden oder zu **lernen,** müssen wir irgendwie die Qualität einer bestimmten Hypothesenkarte bewerten. ML-Methoden verwenden dazu eine Verlustfunktion. Eine Verlustfunktion wird verwendet, um den Unterschied zwischen den tatsächlichen Daten und den Vorhersagen, die aus einer Hypothesenkarte erhalten wurden (siehe Abb. 1.4), zu quantifizieren. Ein weit verbreitetes Beispiel für eine Verlustfunktion ist der quadratische Fehlerverlust $(y - h(x))^2$. Mit dieser Verlustfunktion lernen ML-Methoden eine Hypothesenkarte aus dem Modell (1.3) durch Abstimmung von w_1, w_0 um den durchschnittlichen Verlust zu minimieren

$$(1/m) \sum_{i=1}^{m} \left(y^{(i)} - h\left(x^{(i)}\right)\right)^2.$$

Die oben genannte Wettervorhersage ist prototypisch für viele andere ML-Anwendungen. Abb. 1.4 veranschaulicht den typischen Ablauf einer ML-Methode. Ausgehend von einer anfänglichen Vermutung verbessern ML-Methoden ihre aktuelle Hypothese wiederholt auf der Grundlage von (neuen) beobachteten Daten.

Mit der aktuellen Hypothese machen ML-Methoden Vorhersagen oder Prognosen über zukünftige Beobachtungen. Die Diskrepanz zwischen den Vorhersagen und den tatsächlichen Beobachtungen, gemessen mit einer Verlustfunktion, wird verwendet, um die Hypothese zu verbessern. Das Lernen erfolgt während der Verbesserung der aktuellen Hypothese auf der Grundlage der Diskrepanz zwischen ihren Vorhersagen und den tatsächlichen Beobachtungen.

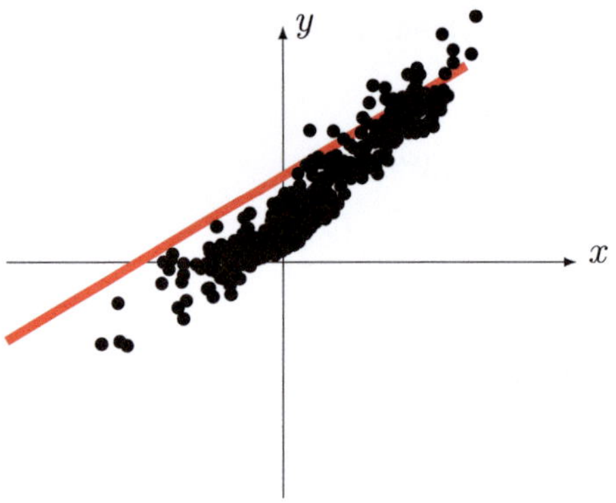

Abb. 1.4 Jeder Punkt repräsentiert einen spezifischen Tag, der durch seine minimale Tagestemperatur x und seine maximale Tagestemperatur y gekennzeichnet ist. Wir zeigen auch eine gerade Linie, die eine lineare Vorhersagekarte darstellt. Ein Hauptprinzip von ML-Methoden besteht darin, eine Vorhersagekarte (oder Hypothese) mit minimaler Diskrepanz zwischen Vorhersagekarte und Datenpunkten zu lernen. Verschiedene ML-Methoden verwenden verschiedene Arten von Vorhersagekarten (Hypothesenraum) und Verlustfunktionen, um die Diskrepanz zwischen Hypothese und tatsächlichen Datenpunkten zu quantifizieren

ML-Methoden müssen mit einer anfänglichen Vermutung oder Wahl für eine gute Hypothese beginnen. Diese anfängliche Vermutung kann auf einigen Vorwissen oder Fachkenntnissen basieren [1]. Während die anfängliche Vermutung für eine Hypothese in einigen ML-Methoden nicht explizit gemacht werden könnte, muss jede Methode eine solche anfängliche Vermutung verwenden. In unserer oben diskutierten Wettervorhersageanwendung haben wir das lineare Modell (1.2) als die anfängliche Hypothese verwendet.

1.1 Beziehung zu anderen Feldern

ML baut auf Konzepten aus mehreren anderen wissenschaftlichen Feldern auf. Umgekehrt bietet ML wichtige Werkzeuge für viele andere wissenschaftliche Felder.

1.1.1 Lineare Algebra

Moderne ML-Methoden sind rechenintensive Methoden zur Anpassung hochdimensionaler Modelle an große Datenmengen. Die Modelle, die den modernsten ML-Methoden zugrunde liegen, können Milliarden von einstellbaren oder lernbaren Parametern enthalten. Um ML-Methoden rechenintensiv zu machen, müssen wir geeignete Darstellungen für Daten und Modelle verwenden.

Vielleicht ist die am weitesten verbreitete mathematische Struktur zur Darstellung von Daten der euklidische Raum $\mathbb{R}^n$ mit einer bestimmten Dimension $n \in \mathbb{N}$ [2]. Die reiche algebraische und geometrische Struktur von $\mathbb{R}^n$ ermöglicht es uns, ML-Algorithmen zu entwerfen, die riesige Datenmengen verarbeiten können, um ein Modell (Parameter) schnell zu aktualisieren. Abb. 1.5 zeigt den euklidischen Raum $\mathbb{R}^n$ für $n = 2$, der zur Erstellung von Streudiagrammen verwendet wird.

Das Streudiagramm in Abb. 1.2 stellt Datenpunkte (die einzelne Tage repräsentieren) als Vektoren im euklidischen Raum $\mathbb{R}^2$ dar. Für einen gegebenen Datenpunkt erhalten wir seinen zugehörigen Vektor $\mathbf{z} = (x, y)^T$ in $\mathbb{R}^2$, indem wir die minimale Tagestemperatur x und die maximale Tagestemperatur y in den Vektor $\mathbf{z}$ der Länge zwei stapeln.

Wir können den euklidischen Raum $\mathbb{R}^n$ nicht nur zur Darstellung von Datenpunkten, sondern auch zur Darstellung von Modellen für diese Datenpunkte verwenden. Eine solche Klasse von Modellen wird durch lineare Abbildungen auf $\mathbb{R}^n$ erhalten. Abb. 1.3 zeigt einige Beispiele für solche linearen Abbildungen. Wir können dann die geometrische Struktur von $\mathbb{R}^n$, definiert durch die euklidische Norm, zur Suche nach dem besten Modell verwenden. Als Beispiel könnten wir nach dem linearen Modell suchen, das durch eine Gerade repräsentiert wird, so dass der durchschnittliche (euklidische) Abstand zu den Datenpunkten in Abb. 1.2 so klein wie

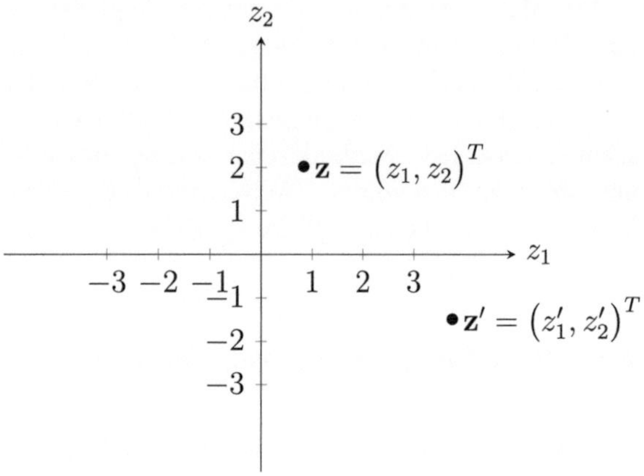

Abb. 1.5 Der euklidische Raum $\mathbb{R}^2$ besteht aus allen Vektoren (oder Punkten) $\mathbf{z} = (z_1, z_2)^T$ (mit $z_1, z_2 \in \mathbb{R}$) zusammen mit dem inneren Produkt $\mathbf{z}^T\mathbf{z}' = z_1 z'_1 + z_2 z'_2$

möglich ist (siehe Abb. 1.4). Die Eigenschaften linearer Strukturen werden innerhalb der linearen Algebra [3] untersucht. Einige wichtige ML-Methoden, wie der lineare Klassifikator (siehe Abschn. 3.1) oder die Hauptkomponentenanalyse (siehe Abschn. 9.2) sind direkte Anwendungen von Methoden aus der linearen Algebra.

1.1.2 Optimierung

Ein Hauptgestaltungsprinzip für ML-Methoden ist die Formulierung von ML-Problemen als Optimierung Probleme [4]. Das oben genannte Wettervorhersageproblem kann als das Problem der Optimierung (Minimierung) des Vorhersagefehlers für die maximale Tagestemperatur formuliert werden. Viele ML-Methoden werden durch direkte Anwendungen von Optimierungsmethoden auf das aus einem ML-Problem (oder Anwendung) entstehende Optimierungsproblem erhalten.

Die statistischen und rechnerischen Eigenschaften solcher ML-Methoden können mit Werkzeugen aus der Theorie der Optimierung untersucht werden. Was die Optimierungsprobleme in ML von „einfachen" Optimierungsproblemen (siehe Abb. 1.6a) unterscheidet, ist, dass wir selten perfekten Zugang zur zu minimierenden Zielfunktion haben. ML-Methoden lernen eine Hypothese, indem sie eine verrauschte oder sogar unvollständige Version (siehe Abb. 1.6b) des tatsächlichen Ziels minimieren, das mit einer Erwartung über eine unbekannte Wahrscheinlichkeitsverteilung definiert ist. Kap. 4 diskutiert Methoden, die auf der Schätzung der Zielfunktion durch empirische Durchschnitte basieren, die über eine Menge von Datenpunkten (die ein Trainingsset bilden) berechnet werden.

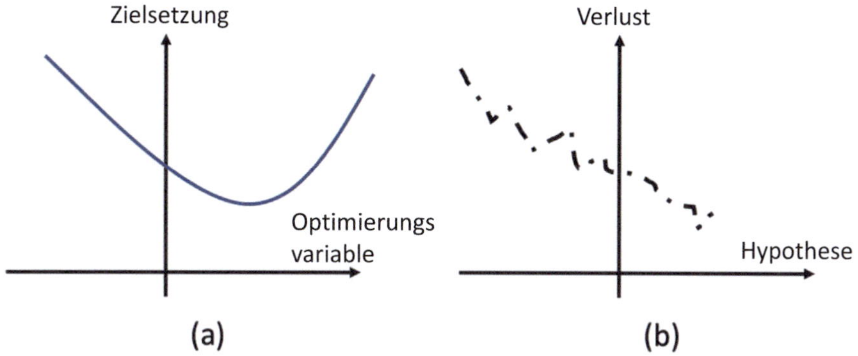

Abb. 1.6 **a** Ein einfaches Optimierungsproblem besteht darin, die Werte einer Optimierungsvariable zu finden, die zum minimalen Zielwert führen. **b** ML-Methoden lernen (finden) eine Hypothese, indem sie einen Verlust minimieren, der eine verrauschte und unvollständige Version des tatsächlichen Ziels ist

1.1.3 Theoretische Informatik

Praktische ML-Methoden bilden eine spezifische Unterklasse von Rechensystemen. Tatsächlich wenden ML-Methoden eine Sequenz von Rechenoperationen auf Eingabedaten an. Das Ergebnis dieser Rechenoperationen sind die Vorhersagen, die dem Benutzer der ML-Methode geliefert werden. Die Interpretation von ML als Rechensysteme ermöglicht die Verwendung von Werkzeugen aus der theoretischen Informatik zur Untersuchung der Machbarkeit und der intrinsischen Schwierigkeit von ML-Problemen. Selbst wenn ein ML-Problem im theoretischen Sinne gelöst werden kann, muss jede praktische ML-Methode in die verfügbare Recheninfrastruktur passen [5, 6].

Die verfügbaren Rechenressourcen, wie Prozessorzeit, Speicher und Kommunikationsbandbreite, können zwischen verschiedenen Infrastrukturen erheblich variieren. Ein Beispiel für eine solche Recheninfrastruktur ist ein einzelner Desktop-Computer. Ein weiteres Beispiel für eine Recheninfrastruktur ist ein Cloud-Computing-Dienst, der Daten und Berechnungen über große Netzwerke von physischen Computern verteilt [7].

Der Schwerpunkt dieses Buches liegt auf ML-Methoden, die als numerische Optimierungsalgorithmen verstanden werden können (siehe Kap. 4 und 5). Die meisten dieser ML-Methoden erfordern (eine große Anzahl von) Matrixoperationen wie Matrixmultiplikation oder Matrixinversion [8]. Numerische lineare Algebra bietet eine umfangreiche algorithmische Toolbox für die Gestaltung solcher ML-Methoden [3, 9]. Der jüngste Erfolg von ML-Methoden in mehreren Anwendungsbereichen könnte auf ihren effizienten Einsatz von Matrizen zur Darstellung von Daten und Modellen zurückzuführen sein. Durch die Verwendung dieser Darstellung können wir die resultierenden ML-Methoden mit hoch effizienten Hard- und Softwareimplementierungen für numerische lineare Algebra implementieren [10].

1.1.4 Informationstheorie

Die Informationstheorie untersucht das Problem der Kommunikation über verrauschte Kanäle [11–14]. Abb. 1.7 zeigt das einfachste Kommunikationsproblem, das aus einer Informationsquelle besteht, die eine Nachricht m über einen unvollkommenen (oder verrauschten) Kanal an einen Empfänger senden möchte. Der Empfänger versucht, die ursprüngliche Nachricht ausschließlich auf der Grundlage des verrauschten Kanalausgangs zu rekonstruieren (oder zu lernen). Zwei Hauptziele der Informationstheorie sind (i) die Charakterisierung von Bedingungen, die eine zuverlässige, d. h. nahezu fehlerfreie, Kommunikation ermöglichen und (ii) die Gestaltung effizienter Sender- (Codierung und Modulation) und Empfänger- (Demodulation und Dekodierung) Methoden.

Es stellt sich heraus, dass viele Konzepte aus der Informationstheorie sehr nützlich für die Analyse und Gestaltung von ML-Methoden sind. Als Beispiel diskutiert Kap. 10 die Anwendung von informationstheoretischen Konzepten auf die Gestaltung von erklärlichen Maschinenlernmethoden. Auf einer grundlegenderen Ebene können wir zwei zentrale Kommunikationsprobleme identifizieren, die

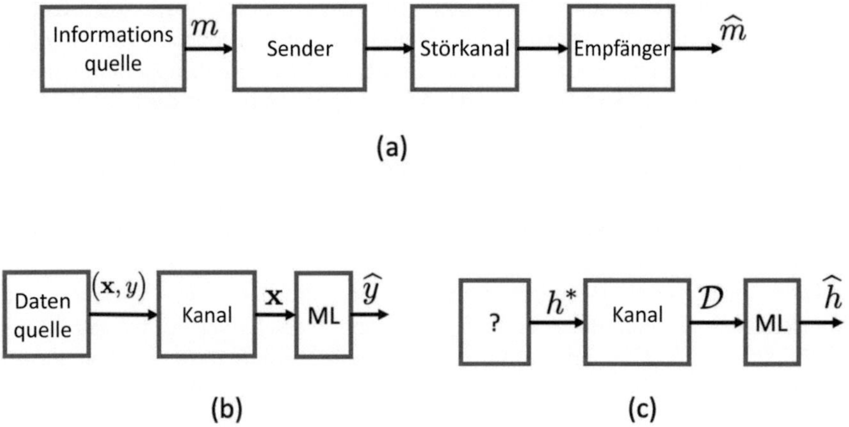

Abb. 1.7 **a** Ein grundlegendes Kommunikationssystem beinhaltet eine Informationsquelle, die eine Nachricht m aussendet. Die Nachricht wird von einem Sender verarbeitet und durch einen verrauschten Kanal gesendet. Der Empfänger versucht, die ursprüngliche Nachricht m durch Berechnung der decodierten Nachricht $\hat{m}$ wiederherzustellen. **b** Der Inferenzschritt von ML (siehe Abb. 1.4) entspricht einem Kommunikationsproblem mit einer Informationsquelle, die einen Datenpunkt mit Merkmalen $\mathbf{x}$ und Label y aussendet. Die ML-Methode erhält die Merkmale $\mathbf{x}$ und versucht, das wahre Label y wiederherzustellen, indem sie das vorhergesagte Label $\hat{y}$ berechnet. **c** Der Lern- oder Anpassungsschritt von ML (siehe Abb.1.4) löst ein Kommunikationsproblem mit einer Quelle, die eine wahre (aber unbekannte) Hypothese h^* als Nachricht auswählt. Die Nachricht wird durch einen abstrakten Kanal gesendet, der eine Menge $\mathcal{D}$ von gelabelten Datenpunkten ausgibt, die als Trainingsset von einer ML-Methode verwendet werden. Die ML-Methode versucht, die wahre Hypothese zu decodieren, was zur gelernten Hypothese $\hat{h}$ führt

innerhalb von ML auftreten. Diese Kommunikationsprobleme entsprechen jeweils dem Inferenz- (Vorhersage treffen) und dem Lernschritt (Anpassung oder Verbesserung der aktuellen Hypothese) einer ML-Methode (siehe Abb. 1.4).

Wir können den Inferenzschritt von ML als das Problem interpretieren, das wahre Label eines Datenpunkts zu decodieren, für den wir nur seine Merkmale kennen. Dieses Kommunikationsproblem wird in Abb. 1.7b dargestellt. Hier ist die zu kommunizierende Nachricht das wahre Label eines zufälligen Datenpunkts. Dieser Datenpunkt wird über einen Kanal „kommuniziert", der nur seine Merkmale durchlässt. Der Inferenzschritt innerhalb einer ML-Methode versucht dann, die ursprüngliche Nachricht (wahres Label) aus dem Kanalausgang (Merkmale) zu decodieren, was zum vorhergesagten Label führt. Eine jüngere Forschungsrichtung hat dieses Kommunikationsproblem genutzt, um Deep-Learning-Methoden zu untersuchen [11].

Ein zweites Kernkommunikationsproblem von ML entspricht dem Problem des Lernens (oder Anpassens) einer Hypothese (siehe Abb. 1.7c). In diesem Problem wählt die Quelle eine „wahre" Hypothese als Nachricht aus. Diese Nachricht wird dann an einen abstrakten Kanal übermittelt, der den Daten-Generierungsprozess modelliert. Die Ausgabe dieses abstrakten Kanals sind Datenpunkte in einem Trainingsset $\mathcal{D}$ (siehe Kap. 4). Der Lernschritt einer ML-Methode, wie zum Beispiel die empirische Risikominimierung von Kap. 4, besteht dann in der Dekodierung der Nachricht (wahre Hypothese) basierend auf der Kanalausgabe (Trainingsset). Es gibt eine bedeutende Forschungsrichtung, die das Kommunikationsproblem in Abb. 1.7c verwendet, um die grundlegenden Grenzen von ML-Problemen und -Methoden zu charakterisieren, wie zum Beispiel die minimale erforderliche Anzahl von Trainingsdatenpunkten, die das Lernen ermöglichen [15–19].

Die Relevanz von informationstheoretischen Konzepten und Methoden für ML wird durch den jüngsten Trend zu verteiltem oder föderiertem ML [20–23] verstärkt. Wir können föderierte Lernanwendungen (FL) als eine spezifische Art von Netzwerkkommunikationsproblemen interpretieren [14]. Insbesondere können wir Netzwerkkodierungstechniken auf das Design und die Analyse von föderierten Lernmethoden (FL) anwenden [14].

1.1.5 Wahrscheinlichkeitstheorie und Statistik

Betrachten Sie die Datenpunkte $\mathbf{z}^{(1)}, \ldots,$ dargestellt in Abb. 1.2. Jeder Datenpunkt repräsentiert einen vorherigen Tag, der durch seine minimale und maximale Tagestemperatur gekennzeichnet ist, gemessen an einer bestimmten Wetterbeobachtungsstation des Finnischen Meteorologischen Instituts. Es könnte nützlich sein, diese Datenpunkte als Realisierungen von i.i.d. Zufallsvariablen mit gemeinsamer (aber unbekannter) Wahrscheinlichkeitsverteilung $p(\mathbf{z})$ zu interpretieren. Abb. 1.8 erweitert das Streudiagramm in Abb. 1.2 durch Hinzufügen einer Konturlinie der zugrunde liegenden Wahrscheinlichkeitsverteilung $p(\mathbf{z})$

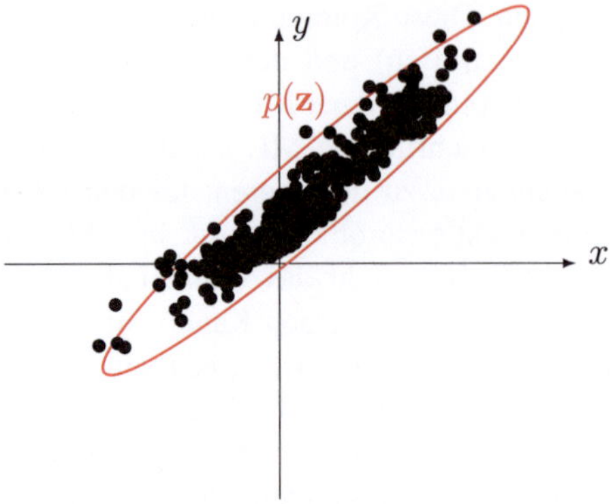

Abb. 1.8 Jeder Punkt repräsentiert einen Datenpunkt $\mathbf{z} = (x, y)$, der durch ein numerisches Merkmal x und ein numerisches Label y gekennzeichnet ist. Wir zeigen auch eine Konturlinie einer Wahrscheinlichkeitsverteilung $p(\mathbf{z})$, die verwendet werden könnte, um Datenpunkte als Realisierungen von i.i.d. Zufallsvariablen mit gemeinsamer Wahrscheinlichkeitsverteilung $p(\mathbf{z})$ zu interpretieren

[24]. Wahrscheinlichkeit bietet prinzipielle Methoden zur Schätzung der Wahrscheinlichkeitsverteilung aus einer Menge von Datenpunkten (siehe Abschn. 3.12). Gegeben (eine Schätzung der) Wahrscheinlichkeitsverteilung $p(\mathbf{z})$, können wir Schätzungen für das Label eines Datenpunkts basierend auf seinen Merkmalen berechnen.

Eine Wahrscheinlichkeitsverteilung $p(\mathbf{z})$ für einen zufällig gezogenen Datenpunkt $\mathbf{z} = (x, y)^T$, ermöglicht es uns nicht nur, eine einzelne Vorhersage (Punktschätzung) $\hat{y}$ des Labels y zu berechnen, sondern eine gesamte Wahrscheinlichkeitsverteilung $q(\hat{y})$ über alle möglichen Vorhersagewerte $\hat{y}$.

Die Verteilung $q(\hat{y})$ repräsentiert, für jeden Wert $\hat{y}$, die Wahrscheinlichkeit oder wie wahrscheinlich es ist, dass dies der wahre Labelwert des Datenpunkts ist. Nach ihrer Definition ist diese Verteilung $q(\hat{y})$ genau die bedingte Wahrscheinlichkeitsverteilung $p(y|x)$ des Labelwerts y, gegeben den Merkmalswert x eines zufällig gezogenen Datenpunkts $\mathbf{z} = (x, y)^T \sim p(\mathbf{z})$.

Die Kenntnis (einer genauen Schätzung) der Wahrscheinlichkeitsverteilung $p(\mathbf{z})$, die den in einer ML-Anwendung generierten Datenpunkten zugrunde liegt, ermöglicht es uns nicht nur, Vorhersagen von Labels zu berechnen. Wir können auch $p(\mathbf{z})$ verwenden, um den verfügbaren Datensatz zu erweitern, indem wir zufällig neue Datenpunkte aus $p(\mathbf{z})$ ziehen (siehe Abschn. 7.3). Eine kürzlich populär gewordene Klasse von ML-Methoden, die probabilistische Modelle zur Erzeugung synthetischer Daten verwenden, ist bekannt als **generative adversarial networks** [25].

1.1.6 Künstliche Intelligenz

ML-Theorie und -Methoden sind entscheidend für die Analyse und das Design von künstlicher Intelligenz [26]. Ein künstliches Intelligenzsystem, typischerweise als Agent bezeichnet, interagiert mit seiner Umgebung, indem es (zwischen verschiedenen) Aktionen ausführt. Diese Aktionen beeinflussen die Umgebung sowie den Zustand des künstlichen Intelligenz-Agenten. Das Verhalten eines künstlichen Intelligenzsystems wird bestimmt durch die Art und Weise, wie die Wahrnehmungen über die Umgebung genutzt werden, um die nächste Aktion zu formen.

Aus ingenieurtechnischer Sicht zielt künstliche Intelligenz darauf ab, das Verhalten zu optimieren, um einen langfristigen Ertrag zu maximieren. Die Optimierung des Verhaltens basiert ausschließlich auf den Wahrnehmungen, die der Agent macht. Betrachten wir einige Anwendungsbereiche, in denen KI-Systeme eingesetzt werden können:

- ein Waldbrandmanagementsystem: Wahrnehmungen durch Satellitenbilder und lokale Beobachtungen mit Sensoren oder „Crowd Sensing" über eine mobile Anwendung, die es Menschen ermöglicht, über relevante Ereignisse zu informieren; Aktionen bestehen darin, Warnungen auszugeben und offenes Feuer zu verbieten; der Ertrag ist die Reduzierung der Anzahl von Waldbränden.
- eine Steuereinheit für Verbrennungsmotoren: Wahrnehmungen durch verschiedene Messungen wie Temperatur, Kraftstoffkonsistenz; Aktionen bestehen darin, die Kraftstoffzufuhr und das Timing sowie die Menge des recycelten Abgas zu variieren; der Ertrag wird in der Reduzierung der Emissionen gemessen.
- ein Unwetterwarnungsdienst: Wahrnehmungen durch Wetterradar; Aktionen sind präventive Maßnahmen, die von Landwirten oder Stromnetzbetreibern ergriffen werden; der Ertrag wird durch Einsparungen bei den Schadenskosten gemessen (siehe https://www.munichre.com/)
- ein automatisiertes Antragssystem für die finnische Sozialversicherungsanstalt („Kela"): Wahrnehmungen durch Informationen über Antrag und Antragsteller; Aktionen bestehen entweder darin, den Antrag anzunehmen oder abzulehnen, zusammen mit einer Begründung für die Entscheidung; der Ertrag wird in der Reduzierung der Bearbeitungszeit gemessen (Antragsteller bevorzugen es in der Regel, schnell Entscheidungen zu erhalten)
- ein persönlicher Diätassistent: wahrgenommene Umgebung sind die Essvorlieben des App-Nutzers und sein Gesundheitszustand; Aktionen bestehen aus personalisierten Vorschlägen für gesundes und schmackhaftes Essen; der Ertrag ist die Steigerung des Wohlbefindens oder die Reduzierung der öffentlichen Ausgaben für Gesundheitsversorgung.
- der Reinigungsroboter Rumba (siehe Abb. 1.9) nimmt seine Umgebung mit verschiedenen Sensoren (Entfernungssensoren, On-Board-Kamera) wahr; Aktionen bestehen darin, verschiedene Bewegungsrichtungen („Norden", „Süden",

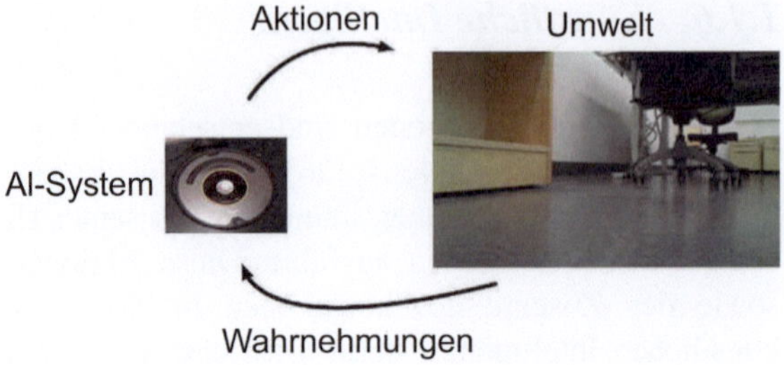

Abb. 1.9 Ein Reinigungsroboter wählt Aktionen (Bewegungsrichtungen), um einen langfristigen Ertrag zu maximieren, der durch die Menge der pro Tag gereinigten Bodenfläche gemessen wird

„Osten“, „Westen“) zu wählen; der Ertrag könnte die Menge der gereinigten Bodenfläche innerhalb eines bestimmten Zeitraums sein.

- persönlicher Gesundheitsassistent: Wahrnehmungen durch aktuellen Gesundheitszustand (Blutwerte, Gewicht,...), Lebensstil (bevorzugte Nahrung, Trainingsplan); Aktionen bestehen aus personalisierten Vorschlägen zur Änderung von Lebensgewohnheiten (weniger Fleisch, mehr Gehen,...); der Ertrag wird über das Wohlbefinden gemessen (oder die Reduzierung der öffentlichen Ausgaben für Gesundheitsversorgung).
- ein Regierungssystem für ein Land: wahrgenommene Umgebung wird durch aktuelle wirtschaftliche und demografische Indikatoren wie Arbeitslosenquote, Haushaltsdefizit, Altersverteilung,... bestimmt; Aktionen beinhalten die Gestaltung von Steuer- und Arbeitsgesetzen, öffentliche Investitionen in Infrastruktur, Organisation des Gesundheitssystems; der Ertrag könnte durch das Bruttoinlandsprodukt, das Haushaltsdefizit oder das Bruttonationalglück bestimmt werden (vgl. https://de.wikipedia.org/wiki/Bruttonationalglück).

ML-Methoden werden auf verschiedenen Ebenen von einem künstlichen Intelligenz-Agenten verwendet. Auf einer niedrigeren Ebene helfen ML-Methoden dabei, die relevanten Informationen aus Rohdaten zu extrahieren. ML-Methoden werden verwendet, um Bilder in verschiedene Kategorien zu klassifizieren, die dann als Eingabe für höhere Funktionen des künstlichen Intelligenz-Agenten verwendet werden.

ML-Methoden werden auch für höhere Aufgaben eines künstlichen Intelligenz-Agenten verwendet. Um optimal zu handeln, muss ein Agent eine gute Hypothese dafür lernen, wie sein Verhalten seine Umgebung beeinflusst. Wir können optimales Verhalten als eine konsequente Wahl von Aktionen betrachten, die möglicherweise durch ML-Methoden vorhergesagt werden können.

Was künstliche Intelligenz-Anwendungen von traditionelleren ML-Anwendungen unterscheidet, ist die starke Interaktion zwischen ML-Methode und dem Datenerzeugungsprozess. Tatsächlich verwenden künstliche Intelligenz-Agenten die Vorhersagen einer ML-Methode, um ihre nächste Aktion auszuwählen, die wiederum die Umgebung beeinflusst, die neue Datenpunkte erzeugt. Das ML-Teilgebiet des aktiven Lernens untersucht Methoden, die die Datengenerierung beeinflussen können [27].

Ein weiteres Merkmal von künstlichen Intelligenz-Anwendungen ist, dass sie es ML-Methoden typischerweise erlauben, die Qualität einer Hypothese nur im Nachhinein zu bewerten. Innerhalb einer grundlegenden (überwachten) ML-Anwendung ist es möglich, dass eine ML-Methode viele verschiedene Hypothesen am selben Datenpunkt ausprobiert. Diese verschiedenen Hypothesen werden dann anhand ihrer Abweichungen von bekannten korrekten Vorhersagen bewertet. Im Gegensatz zu solchen passiven ML-Anwendungen beinhalten KI-Anwendungen Datenpunkte, für die es nicht machbar ist, die korrekten Vorhersagen zu bestimmen.

Lassen Sie uns die oben genannten Unterschiede zwischen ML und künstlichen Intelligenz-Anwendungen anhand eines selbstfahrenden Spielzeugautos veranschaulichen. Das Spielzeugauto ist mit einem kleinen Onboard-Computer, einer Kamera, Sensoren und Aktoren ausgestattet, die es ermöglichen, die Lenkrichtung zu definieren. Unser Ziel ist es, den Onboard-Computer so zu programmieren, dass er einen künstlichen Intelligenz-Agenten implementiert, der das Spielzeugauto optimal steuert. Diese künstliche Intelligenz-Anwendung beinhaltet Datenpunkte, die die verschiedenen (zeitlichen) Zustände des Spielzeugautos während seiner Fahrt darstellen. Wir verwenden eine ML-Methode, um die optimale Lenkrichtung für den aktuellen Zustand vorherzusagen. Die Vorhersage für den optimalen Lenkwinkel wird durch eine Hypothesenkarte erhalten, die einen Schnappschuss von einer Onboard-Kamera liest. Da diese Vorhersagen tatsächlich dazu verwendet werden, das Auto zu steuern, beeinflussen sie die zukünftigen Datenpunkte (Zustände), die erzielt werden.

Beachten Sie, dass wir in der Regel nicht die tatsächlich optimale Lenkrichtung für jeden möglichen Zustand des Autos kennen. Es ist nicht machbar, das Spielzeugauto auf jedem möglichen Weg herumfahren zu lassen und dann jeden Schnappschuss der Onboard-Kamera manuell mit der optimalen Lenkrichtung zu beschriften (siehe Abb. 1.12). Die Nützlichkeit einer Vorhersage kann nur indirekt durch die Verwendung einer Art von Belohnungssignal gemessen werden. Ein solches Belohnungssignal könnte von einem Entfernungssensor erhalten werden, der es ermöglicht zu bestimmen, ob das Spielzeugauto die Entfernung zu einem Zielort verringert hat.

1.2 Arten von maschinellem Lernen

ML-Methoden lesen Datenpunkte ein, die innerhalb eines Anwendungsbereichs generiert werden. Ein einzelner Datenpunkt ist durch verschiedene Eigenschaften gekennzeichnet. Wir finden es praktisch, die Eigenschaften von Datenpunkten in zwei Gruppen zu unterteilen: Merkmale und Labels (siehe Abschn. 2.1). Merkmale sind Eigenschaften, die wir leicht automatisiert messen oder berechnen können. Labels sind Eigenschaften, die nicht leicht messbar sind und oft eine höhere Tatsache (oder interessante Menge) darstellen, deren Entdeckung oft menschliche Experten erfordert.

Grob gesagt, zielt ML darauf ab, zu lernen, das Label eines Datenpunkts ausschließlich auf der Grundlage der Merkmale dieses Datenpunkts vorherzusagen (zu approximieren oder zu erraten). Formal wird die Vorhersage als Funktionswert einer Hypothesenkarte erhalten, deren Eingabeargument die Merkmale eines Datenpunkts sind. Da jede ML-Methode mit endlichen Rechenressourcen implementiert werden muss, kann sie nur eine Teilmenge aller möglichen Hypothesenkarten berücksichtigen. Diese Teilmenge wird als Hypothesenraum oder Modell bezeichnet, das einer ML-Methode zugrunde liegt. Basierend darauf, wie ML-Methoden die Qualität verschiedener Hypothesenkarten bewerten, unterscheiden wir drei Hauptformen von ML: überwachtes, unüberwachtes und verstärkendes Lernen.

1.2.1 Überwachtes Lernen

Der Hauptfokus dieses Buches liegt auf überwachten ML-Methoden. Diese Methoden verwenden einen Trainingsdatensatz, der aus gelabelten Datenpunkten besteht (für die wir die korrekten Labelwerte kennen). Wir bezeichnen einen Datenpunkt als gelabelt, wenn sein Labelwert bekannt ist. Gelabelte Datenpunkte können von menschlichen Experten erhalten werden, die Datenpunkte mit ihren Labelwerten annotieren („labeln"). Es gibt Marktplätze für die Anmietung menschlicher Labeling-Arbeitskräfte [28]. Überwachtes ML sucht nach einer Hypothese, die den menschlichen Annotator imitieren und das Label ausschließlich aus den Merkmalen eines Datenpunkts vorhersagen kann.

Abb. 1.10 veranschaulicht das Grundprinzip überwachter ML-Methoden. Diese Methoden lernen eine Hypothese mit minimaler Diskrepanz zwischen ihren Vorhersagen und den wahren Labels der Datenpunkte im Trainingsdatensatz. Locker gesprochen, passt überwachtes ML eine Kurve (die Graphik der Prädiktorkarte) an gelabelte Datenpunkte in einem Trainingsdatensatz an. Für die tatsächliche Implementierung dieser Kurvenanpassung benötigen wir eine Verlustfunktion, die den Anpassungsfehler quantifiziert. Überwachte ML-Methoden unterscheiden sich in ihrer Wahl einer Verlustfunktion zur Messung der Diskrepanz zwischen vorhergesagtem Label und wahrem Label eines Datenpunkts.

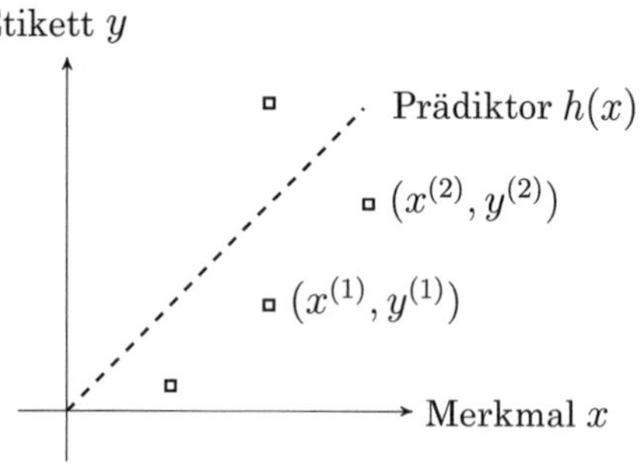

Abb. 1.10 Überwachte ML-Methoden passen eine (typischerweise hochgradig nichtlineare) Kurve an einen (typischerweise großen) Satz von Datenpunkten an

Obwohl das Prinzip hinter überwachtem ML trivial klingt, besteht die Herausforderung moderner ML-Anwendungen in der schieren Menge an Datenpunkten und ihrer Komplexität. ML-Methoden müssen Milliarden von Datenpunkten verarbeiten, wobei jeder einzelne Datenpunkt durch eine potenziell große Anzahl von Merkmalen charakterisiert ist. Betrachten Sie Datenpunkte, die Nutzer sozialer Netzwerke repräsentieren, deren Merkmale alle geposteten Medien umfassen (Videos, Bilder, Text). Neben der Größe und Komplexität der Datensätze ist eine weitere Herausforderung für moderne ML-Methoden, dass sie in der Lage sein müssen, hochgradig nichtlineare Prädiktorkarten anzupassen. Deep-Learning-Methoden begegnen dieser Herausforderung durch die Verwendung einer rechnerisch günstigen Darstellung nichtlinearer Karten über künstliche neuronale Netzwerke [10].

1.2.2 Unüberwachtes Lernen

Einige ML-Methoden erfordern nicht, dass der Labelwert eines Datenpunkts bekannt ist und werden daher als Unüberwachtes ML bezeichnet. Unüberwachte Methoden müssen sich ausschließlich auf die intrinsische Struktur der Datenpunkte verlassen, um eine gute Hypothese zu lernen. Daher benötigen unüberwachte Methoden keinen Lehrer oder Fachexperten, der Labels für Datenpunkte bereitstellt (die zur Bildung eines Trainingsdatensatzes verwendet werden). Kap. 8 und 9 diskutieren zwei große Familien von unüberwachten Methoden, die als Clustering und Feature Lernmethoden bezeichnet werden.

Clustering-Methoden gruppieren Datenpunkte in wenige Untergruppen, so dass Datenpunkte innerhalb der gleichen Untergruppe oder des gleichen Clusters ähnlicher zueinander sind als zu Datenpunkten außerhalb des Clusters (siehe Abb. 1.11). Feature-Lernmethoden bestimmen numerische Merkmale, so dass Datenpunkte effizient mit diesen Merkmalen verarbeitet werden können. Zwei wichtige Anwendungen des Feature-Lernens sind die Reduzierung der Dimensionalität und die Datenvisualisierung.

1.2.3 Verstärkendes Lernen

Im Allgemeinen verwenden ML-Methoden eine Verlustfunktion, um verschiedene Hypothesen zu bewerten und zu vergleichen. Die Verlustfunktion weist einem Paar aus einem Datenpunkt und einer Hypothese einen (typischerweise nicht negativen) Verlustwert zu. ML-Methoden suchen nach einer Hypothese, aus einem (typischerweise großen) Hypothesenraum, die für jeden Datenpunkt den geringsten Verlust verursacht. Verstärkendes Lernen (RL) untersucht Anwendungen, bei denen die von einer Hypothese erzeugten Vorhersagen die Generierung zukünftiger

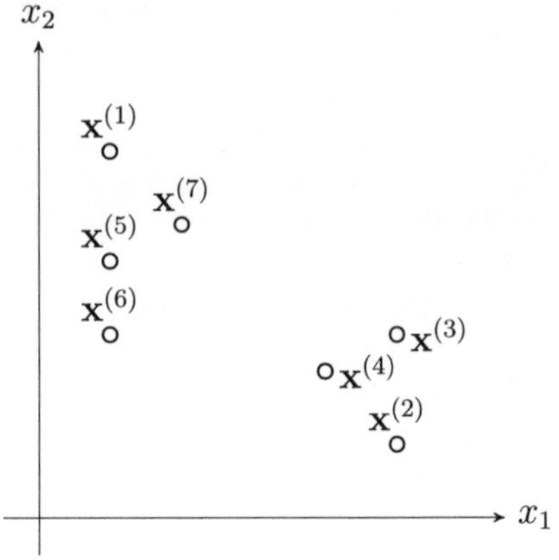

Abb. 1.11 Clustering-Methoden lernen, die Cluster- (oder Gruppen-) Zugehörigkeiten von Datenpunkten ausschließlich auf der Grundlage ihrer Merkmale vorherzusagen. Kap. 8 diskutiert Clustering-Methoden, die im Sinne der Nichterfordernis der Kenntnis der wahren Clusterzugehörigkeit eines Datenpunkts unüberwacht sind

Datenpunkte beeinflussen. RL-Anwendungen beinhalten Datenpunkte, die die Zustände eines (programmierbaren) Systems (eines künstlichen Intelligenz-Agenten) zu verschiedenen Zeitpunkten darstellen. Das Label eines solchen Datenpunktes hat die Bedeutung einer optimalen Aktion, die der Agent in einem gegebenen Zustand ausführen sollte. Ähnlich wie beim unüberwachten ML müssen RL-Methoden eine Hypothese lernen, ohne Zugang zu gelabelten Datenpunkten zu haben.

Was RL-Methoden von überwachten und unüberwachten Methoden unterscheidet, ist, dass es für sie nicht möglich ist, die Verlustfunktion für verschiedene Wahlmöglichkeiten einer Hypothese zu bewerten. Betrachten Sie eine RL-Methode, die den optimalen Lenkwinkel eines Autos vorhersagen muss. Natürlich können wir nur die Nützlichkeit einer spezifischen Kombination aus vorhergesagtem Label (Lenkwinkel) und dem aktuellen Zustand des Autos bewerten. Es ist unmöglich, zwei verschiedene Hypothesen gleichzeitig auszuprobieren, da das Auto nicht zwei verschiedenen Lenkwinkeln (die durch die beiden Hypothesen erzeugt wurden) gleichzeitig folgen kann.

Mathematisch gesprochen können RL-Methoden die Verlustfunktion nur punktweise bewerten, d. h., für die aktuelle Hypothese, die verwendet wurde, um die neueste Vorhersage zu erhalten. Diese punktweisen Bewertungen der Verlustfunktion werden typischerweise durch die Verwendung eines Belohnungssignals implementiert [29]. Ein solches Belohnungssignal könnte von einem Sensorgerät erhalten werden und ermöglicht es, die Nützlichkeit der aktuellen Hypothese zu quantifizieren.

Ein wichtiges Anwendungsgebiet für RL-Methoden ist das autonome Fahren (siehe Abb. 1.12). Betrachten Sie Datenpunkte, die einzelne Zeitpunkte $t = 0, 1, \ldots$ während einer Autofahrt darstellen. Die Merkmale des $t$ten Datenpunktes sind die Pixelintensitäten eines Schnappschusses einer On-Board-Kamera, der zum Zeitpunkt t aufgenommen wurde. Das Label dieses Datenpunktes ist die optimale Lenkrichtung zum Zeitpunkt t, um die Entfernung zwischen dem Auto

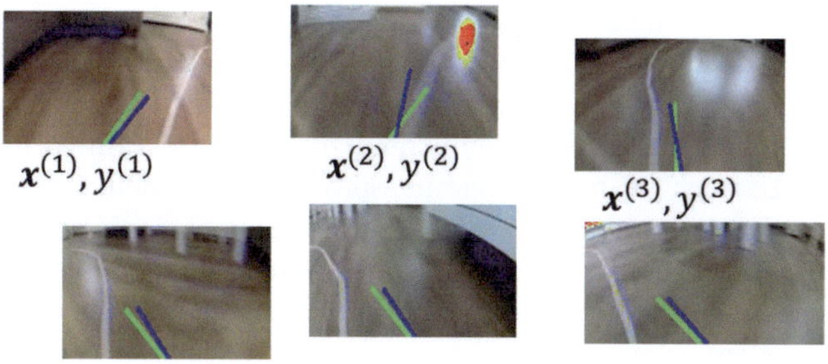

Abb. 1.12 Autonomes Fahren erfordert die Vorhersage der optimalen Lenkrichtung (Label) basierend auf einem Schnappschuss einer On-Board-Kamera (Merkmale) in jedem Zeitpunkt. RL-Methoden passen sequenziell eine Hypothese für die Vorhersage der Lenkrichtung aus dem Schnappschuss an. Die Qualität der aktuellen Hypothese wird durch die Messung eines Entfernungssensors bewertet (um Kollisionen mit Hindernissen zu vermeiden)

und jedem Hindernis zu maximieren. Wir könnten eine ML-Methode verwenden, um eine Hypothese für die Vorhersage der optimalen Lenkrichtung ausschließlich aus den Pixelintensitäten im Schnappschuss der On-Board-Kamera zu lernen. Der durch eine bestimmte Hypothese verursachte Verlust wird aus der Messung eines Entfernungssensors bestimmt, nachdem das Auto in die vorhergesagte Richtung gefahren ist. Wir können den Verlust nur für die Hypothese bewerten, die tatsächlich verwendet wurde, um die optimale Lenkrichtung vorherzusagen. Es ist unmöglich, den Verlust für andere Vorhersagen der optimalen Lenkrichtung zu bewerten, da das Auto bereits weitergefahren ist.

1.3 Organisation dieses Buches

Kap. 2 führt die Begriffe Daten, Modell und Verlustfunktion als die drei Hauptkomponenten von ML ein. Wir werden auch einige der rechnerischen und statistischen Aspekte hervorheben, die die Designentscheidungen für diese drei Komponenten leiten könnten. Ein Leitthema dieses Buches ist die Darstellung von ML-Methoden als Kombinationen von spezifischen Designentscheidungen für Datenrepräsentation, Modell und Verlustfunktion. Anders ausgedrückt, zielen wir darauf ab, die weite Landschaft der ML-Methoden in einem abstrakten dreidimensionalen Raum abzubilden, der von den drei Dimensionen: Daten, Modell und Verlust aufgespannt wird.

Kap. 3 erläutert, wie mehrere bekannte ML-Methoden durch spezifische Designentscheidungen für Daten (Repräsentation), Modell und Verlustfunktion erzielt werden. Beispiele reichen von einfacher linearer Regression (siehe Abschn. 3.1) über Support Vector Machine (siehe Abschn. 3.7) bis hin zu tiefem Verstärkungslernen (siehe Abschn. 3.14).

Kap. 4 diskutiert einen prinzipiellen Ansatz zur Kombination der drei Komponenten innerhalb einer praktischen ML-Methode. Insbesondere erklärt Kap. 4, wie ein einfaches probabilistisches Modell für Daten natürlich zum Prinzip der empirischen Risikominimierung führt. Dieses Prinzip übersetzt das Problem des Lernens in ein Optimierungsproblem. ML-Methoden, die auf der empirischen Risikominimierung basieren, sind daher eine spezielle Klasse von Optimierungsmethoden. Das Prinzip der empirischen Risikominimierung kann als präzise mathematische Formulierung des Paradigmas „Lernen durch Versuch und Irrtum" interpretiert werden.

Kap. 5 diskutiert eine Familie von iterativen Methoden zur Lösung des Problems der empirischen Risikominimierung, das in Kap. 4 eingeführt wurde. Diese Methoden verwenden zur lokalen Approximation der Zielfunktion, die bei der empirischen Risikominimierung verwendet wird. Einige Varianten dieser auf Gradienten basierenden Methoden sind derzeit die Standardmethode für das Training von tiefen neuronalen Netzwerken [10].

Das Prinzip der empirischen Risikominimierung von Kap. 4 liefert eine Hypothese, die die Labels von Datenpunkten in einem Trainingssatz optimal vorhersagt. Wir möchten jedoch eine Hypothese lernen, die auch genaue Vorhersagen für Datenpunkte liefert, die nicht zum Trainingssatz gehören. Kap. 6 diskutiert einige grundlegende Validierungstechniken, die es ermöglichen, eine Hypothese außerhalb des zur Lernoptimierung dieser Hypothese verwendeten Trainingssatzes zu testen. Validierungstechniken sind entscheidend für die Modellauswahl, d. h., um das beste Modell aus einer gegebenen Reihe von Kandidatenmodellen auszuwählen. Kap. 7 stellt Regularisierungstechniken vor, die darauf abzielen, den Trainingsfehler einer Kandidatenhypothese durch eine Schätzung (oder Approximation) ihres durchschnittlichen Verlusts für Datenpunkte außerhalb des Trainingssatzes zu ersetzen.

Der Fokus von Kap. 3–7 liegt auf überwachten ML-Methoden, die einen Trainingssatz von gelabelten Datenpunkten erfordern. Kap. 8 und 9 sind unüberwachten ML-Methoden gewidmet, die keine gelabelten Daten benötigen. Kap. 8 stellt einige grundlegende Methoden zur **Clusterbildung** von Daten vor. Diese Methoden gruppieren oder teilen Datenpunkte in kohärente Gruppen, die als bezeichnet werden. Kap. 9 diskutiert **Merkmalslern**-Methoden, die automatisch die relevantesten Eigenschaften (oder Merkmale) eines Datenpunkts bestimmen. In diesem Kapitel wird auch die Bedeutung hervorgehoben, nur die relevantesten Merkmale eines Datenpunkts zu verwenden und irrelevante Merkmale zu vermeiden, um die Rechenkomplexität zu reduzieren und die Genauigkeit von ML-Methoden (wie in Kap. 3) zu verbessern.

Der erfolgreiche Einsatz der ML-Methoden, wie sie in Kap. 3 diskutiert werden, hängt oft von ihrer Erklärbarkeit oder Transparenz ab. Kap. 10 diskutiert zwei verschiedene Ansätze zur Erlangung erklärbarer maschinelles Lernen. Diese Techniken berücksichtigen das individuelle Hintergrundwissen des Benutzers. Durch die Analyse eines Benutzer-Feedback-Signals, das für die Datenpunkte in einem Trainingssatz bereitgestellt wird, berechnen diese Techniken entweder personalisierte Erklärungen für eine gegebene ML-Methode oder wählen Modelle aus, die für den Benutzer intrinsisch erklärbar sind.

Voraussetzungen. Wir setzen Kenntnisse in den Grundbegriffen und Konzepten der linearen Algebra, der reellen Analysis und der Wahrscheinlichkeitstheorie voraus. Für eine Überprüfung dieser Konzepte empfehlen wir [10, Kap. 2–4] und die darin enthaltenen Referenzen. Ein Hauptziel dieses Buches ist es, die grundlegenden Ideen und Prinzipien hinter ML-Methoden mit einem Minimum an Wahrscheinlichkeitstheorie zu entwickeln. Allerdings ist ein rudimentäres Wissen über Wahrscheinlichkeitsverteilungen von beliebigen Zufallsvariablen, Wahrscheinlichkeitsdichtefunktionen von Zufallsvariablen, die im euklidischen Raum $\mathbb{R}^n$ definiert sind, und Wahrscheinlichkeitsmassenfunktionen für diskrete Zufallsvariablen hilfreich [24].

Literatur

1. T. Mitchell, The need for biases in learning generalizations. Technical Report CBM-TR 5-110 (Rutgers University, New Brunswick, 1980)
2. W. Rudin, *Principles of Mathematical Analysis*, 3. Aufl. (McGraw-Hill, New York, 1976)
3. G. Strang, *Introduction to Linear Algebra*, 5. Aufl. (Wellesley-Cambridge Press, Wellesley, MA, 2016)
4. S. Sra, S. Nowozin, S.J. Wright (Hrsg.), *Optimization for Machine Learning* (MIT Press, Cambridge, 2012)
5. L. Pitt, L.G. Valiant, Computational limitations on learning from examples. J. ACM **35**(4), 965–984 (1988)
6. L.G. Valiant, A theory of the learnable, in *Proceedings of the Sixteenth Annual ACM Symposium on Theory of Computing, STOC '84* (Association for Computing Machinery, New York, 1984), S. 436–445
7. C. Millard (Hrsg.), *Cloud Computing Law* 2. Aufl. (Oxford University Press, Oxford, 2021)
8. G.H. Golub, C.F. Van Loan, *Matrix Computations*, 3. Aufl. (Johns Hopkins University Press, Baltimore, MD, 1996)
9. G. Strang, *Computational Science and Engineering* (Wellesley-Cambridge Press, Wellesley, MA, 2007)
10. I. Goodfellow, Y. Bengio, A. Courville, *Deep Learning* (MIT Press, Cambridge, MA, 2016)
11. N. Tishby, N. Zaslavsky, Deep learning and the information bottleneck principle, in *2015 IEEE Information Theory Workshop (ITW)* (IEEE, New York, 2015), S. 1–5
12. C.E. Shannon, Communication in the presence of noise (1948)
13. T.M. Cover, J.A. Thomas, *Elements of Information Theory*, 2. Aufl. (Wiley, Hoboken, NJ, 2006)
14. A.E. Gamal, Y.-H. Kim, *Network Information Theory* (Cambridge University Press, New York, 2012)
15. W. Wang, M.J. Wainwright, K. Ramchandran, Information-theoretic bounds on model selection for Gaussian Markov random fields, in *Proc. IEEE ISIT-2010* (IEEE, New York, 2010), S. 1373–1377
16. M.J. Wainwright, Information-theoretic limits on sparsity recovery in the high-dimensional and noisy setting. IEEE Trans. Inf. Theory **55**(12), 5728–5741 (2009). (Dec.)
17. N.P. Santhanam, M.J. Wainwright, Information-theoretic limits of selecting binary graphical models in high dimensions. IEEE Trans. Inf. Theory **58**(7), 4117–4134 (2012). (Jul.)
18. N. Tran, O. Abramenko, A. Jung, On the sample complexity of graphical model selection from non-stationary samples. IEEE Transactions on Signal Processing **68**, 17–32 (2020)

19. A. Jung, Y. Eldar, N. Görtz, On the minimax risk of dictionary learning. IEEE Trans. Inf. Theory **62**(3), 1501–1515 (2016). (Mar.)
20. B. McMahan, E. Moore, D. Ramage, S. Hampson, B.A. y Arcas, Communication-efficient learning of deep networks from decentralized data, in *Proceedings of the 20th International Conference on Artificial Intelligence and Statistics*, Hrsg. by A. Singh, J. Zhu, Bd. 54 of *Proceedings of Machine Learning Research* (PMLR, 2017), S. 1273–1282
21. V. Smith, C.-K. Chiang, M. Sanjabi, A. Talwalkar, Federated multi-task learning, in *Advances in Neural Information Processing Systems*, Bd. 30, (MIT Press, Cambridge, MA, 2017)
22. F. Sattler, K. Müller, W. Samek, Clustered federated learning: Model-agnostic distributed multitask optimization under privacy constraints, in *IEEE Transactions on Neural Networks and Learning Systems* (IEEE, New York, 2020)
23. Y. SarcheshmehPour, M. Leinonen, A. Jung, Federated learning from big data over networks, in *Proceedings of the IEEE International Conferences on Acoustics, Speech and Signal Processing (ICASSP)*. Preprint at https://arxiv.org/pdf/2010.14159.pdf
24. D. Bertsekas, J. Tsitsiklis, *Introduction to Probability*, 2. Aufl. (Athena Scientific, Belmont, 2008)
25. I.J. Goodfellow, J. Pouget-Abadie, M. Mirza, B. Xu, D. Warde-Farley, S. Ozair, A. Courville, Y. Bengio, Generative adversarial nets, in *Proc. Neural Inf. Proc. Syst. (NIPS)* (2014)
26. S.J. Russel, P. Norvig, *Artificial Intelligence: A Modern Approach*, 3. Aufl. (Prentice Hall, New York, 2010)
27. D. Cohn, Z. Ghahramani, M. Jordan, Active learning with statistical models. J. Artif. Int. Res. **4**(1), 129–145 (1996). (March)
28. A. Sorokin, D. Forsyth, Utility data annotation with amazon mechanical turk, in *2008 IEEE Computer Society Conference on Computer Vision and Pattern Recognition Workshops* (IEEE, New York, 2008), S. 1–8
29. R. Sutton, A. Barto, *Reinforcement Learning: An Introduction*, 2. Aufl. (MIT press, Cambridge, MA, 2018)

Kapitel 2
Komponenten des ML

Dieses Buch stellt ML als Kombinationen von drei Komponenten dar (siehe Abb. 2.1):

- **Daten** als Sammlungen von einzelnen Datenpunkten, die durch Merkmale (siehe Abschn. 2.1.1) und Labels (siehe Abschn. 2.1.2) gekennzeichnet sind
- ein Modell oder Hypothesenraum, der aus rechnerisch machbaren Hypothesenkarten besteht, die vom Merkmalsraum in den Labelraum führen (siehe Abschn. 2.2)
- eine Verlustfunktion (siehe Abschn. 2.3), um die Qualität einer Hypothesenkarte zu messen.

Ein ML-Problem beinhaltet spezifische Designentscheidungen für Datenpunkte, deren Merkmale und Labels, den Hypothesenraum und die Verlustfunktion zur Messung der Qualität einer bestimmten Hypothese. Ähnlich wie bei ML-Problemen (oder Anwendungen) können wir auch ML-Methoden als Kombinationen der drei oben genannten Komponenten charakterisieren.

Wir erläutern in Kap. 3 wie einige der beliebtesten ML-Methoden, einschließlich der linearen Regression (siehe Abschn. 3.1) sowie Deep-Learning-Methoden (siehe Abschn. 3.11), durch spezifische Designentscheidungen für die drei Komponenten erzielt werden. Dieses Kapitel diskutiert ausführlich die Rolle und die einzelnen Komponenten von ML und ihre Kombination in ML-Methoden.

2.1 Die Daten

Daten als Sammlungen von Datenpunkten. Vielleicht ist die wichtigste Komponente eines jeden ML-Problems (und jeder Methode) die Daten. Wir betrachten Daten als Sammlungen von einzelnen Datenpunkten, die atomare Einheiten von „Informationsbehältern“ sind. Datenpunkte können Textdokumente, Signalproben von Zeitreihen, die von Sensoren erzeugt werden, ganze Zeitreihen, die von Sammlungen von Sensoren erzeugt werden, Frames innerhalb eines einzelnen Videos, Zufallsvariablen, Videos innerhalb einer Filmdatenbank, Kühe innerhalb

A. Jung, *Maschinelles Lernen*, https://doi.org/10.1007/978-981-99-7972-1_2

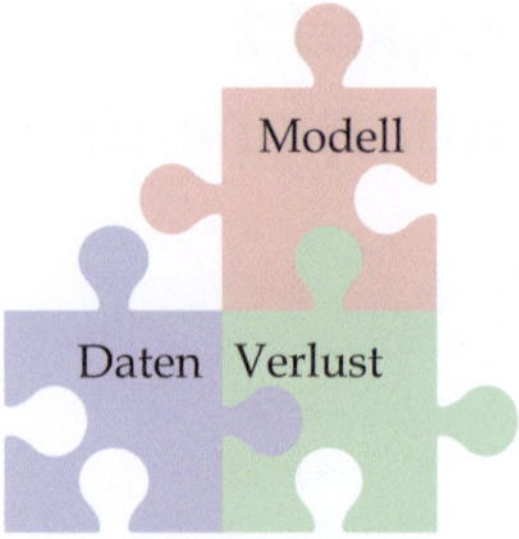

Abb. 2.1 ML-Methoden passen ein Modell an Daten an, indem sie eine Verlustfunktion minimieren

Abb. 2.2 Schnappschuss zu Beginn einer Bergwanderung

einer Herde, einzelne Bäume innerhalb eines Waldes, einzelne Wälder innerhalb einer Sammlung von Wäldern darstellen. Bergwanderer könnten an Datenpunkten interessiert sein, die verschiedene Wandertouren repräsentieren (siehe Abb. 2.2).

Wir verwenden das Konzept der Datenpunkte auf eine sehr abstrakte und daher hochflexible Weise. Datenpunkte können sehr unterschiedliche Arten von Objekten repräsentieren, die in grundlegend verschiedenen Anwendungsbereichen auftreten. Für eine Bildverarbeitungsanwendung könnte es nützlich sein, Datenpunkte als Bilder zu definieren. Bei der Entwicklung eines Empfehlungssystems könnten wir Datenpunkte definieren, die Kunden repräsentieren. Bei der Entwicklung neuer Medikamente könnten wir Datenpunkte verwenden, um verschiedene Krankheiten zu repräsentieren. Die Ansicht in diesem Buch ist, dass die Bedeutung der Definition von Datenpunkten als Designentscheidung betrachtet werden sollte. Wir könnten die Aufgabe, eine nützliche Definition von Datenpunkten zu finden, als „Datenpunkte-Engineering" bezeichnen.

Eine praktische Anforderung für eine nützliche Definition von Datenpunkten ist, dass wir Zugang zu vielen von ihnen haben sollten. Viele ML-Methoden konstruieren Schätzungen für eine interessierende Größe (wie eine Vorhersage oder Prognose), indem sie über eine Menge von Referenz- (oder Trainings-) Datenpunkten mitteln. Diese Schätzungen werden genauer, je mehr Datenpunkte für die Berechnung des

Durchschnitts verwendet werden. Ein Schlüsselparameter eines Datensatzes ist die Anzahl m der einzelnen Datenpunkte, die er enthält. Die Anzahl der Datenpunkte innerhalb eines Datensatzes wird auch als Stichprobengröße bezeichnet. Statistisch gesehen ist die größere Stichprobengröße m besser. Es kann jedoch Einschränkungen bei den Rechenressourcen (wie z. B. der Speichergröße) geben, die die maximale Stichprobengröße m begrenzen, die verarbeitet werden kann.

Für die meisten Anwendungen ist es unmöglich, vollen Zugang zu jeder einzelnen mikroskopischen Eigenschaft eines Datenpunktes zu haben. Betrachten Sie einen Datenpunkt, der einen Impfstoff repräsentiert. Eine vollständige Charakterisierung eines solchen Datenpunktes würde erfordern, seine chemische Zusammensetzung bis auf die Ebene von Molekülen und Atomen zu spezifizieren. Darüber hinaus gibt es Eigenschaften eines Impfstoffs, die vom Patienten abhängen, der den Impfstoff erhalten hat.

Wir finden es nützlich, zwischen zwei verschiedenen Gruppen von Eigenschaften eines Datenpunktes zu unterscheiden. Die erste Gruppe von Eigenschaften wird als Merkmale und die zweite Gruppe von Eigenschaften wird als Labels bezeichnet. Je nach Anwendungsbereich könnten wir Labels auch als ein **Ziel** oder die **Ausgabevariable** bezeichnen. Die Merkmale eines Datenpunktes werden manchmal auch als **Eingabevariablen** bezeichnet.

Die Unterscheidung zwischen Merkmalen und Labels ist etwas unscharf. Die gleiche Eigenschaft eines Datenpunktes könnte in einer Anwendung als Merkmal verwendet werden, während sie in einer anderen Anwendung als Label verwendet werden könnte. Als Beispiel betrachten Sie das Merkmalslernen für Datenpunkte, die Bilder repräsentieren. Ein Ansatz, um repräsentative Merkmale eines Bildes zu lernen, besteht darin, einige der Bildpixel als das Label oder Ziel-Pixel zu verwenden. Wir können dann neue Merkmale lernen, indem wir eine Merkmalskarte lernen, die es uns ermöglicht, die Ziel-Pixel vorherzusagen.

Um die verschwommene Unterscheidung zwischen Merkmalen und Labels weiter zu veranschaulichen, betrachten Sie das Problem der fehlenden Daten. Nehmen wir an, wir haben eine Liste von Datenpunkten, die jeweils durch mehrere Eigenschaften charakterisiert sind, die im Prinzip leicht gemessen werden könnten (durch Sensoren). Diese Eigenschaften wären die ersten Kandidaten, um als Merkmale der Datenpunkte verwendet zu werden. Allerdings sind einige dieser Eigenschaften für einen kleinen Satz von Datenpunkten unbekannt (fehlend) (z. B. aufgrund von defekten Sensoren). Wir könnten dann die Eigenschaften, die für einige Datenpunkte fehlen, als Labels definieren und versuchen, diese Labels mit den verbleibenden Eigenschaften (die für alle Datenpunkte bekannt sind) als Merkmale vorherzusagen. Die Aufgabe, fehlende Werte von Eigenschaften zu bestimmen, die im Prinzip leicht gemessen werden könnten, wird als als Imputation [1] bezeichnet.

Abb. 2.3 veranschaulicht zwei Schlüsselparameter eines Datensatzes. Der erste Parameter ist die Stichprobe Größe m, d. h., die Anzahl der einzelnen Datenpunkte, die den Datensatz bilden. Der zweite Schlüsselparameter ist die Anzahl n der Merkmalen, die zur Charakterisierung eines einzelnen Datenpunktes verwendet werden. Das Verhalten von ML-Methoden hängt oft entscheidend vom Verhältnis m/n ab. Die Leistung von ML-Methoden verbessert sich in der Regel

n

m

Jahr	m	d	Zeit	precp	Schnee	airtmp	mintmp	maxtmp
2020	1	2	00:00	0,4	55	2,5	-2	4,5
2020	1	3	00:00	1,6	53	0,8	-0,8	4,6
2020	1	4	00:00	0,1	51	-5,8	-11,1	-0,7
2020	1	5	00:00	1,9	52	-13,5	-19,1	-4,6
2020	1	6	00:00	0,6	52	-2,4	-11,4	-1
2020	1	7	00:00	4,1	52	0,4	-2	1,3

Abb. 2.3 Zwei Hauptparameter eines Datensatzes sind die Anzahl (Stichprobengröße) m der einzelnen Datenpunkte, die den Datensatz bilden, und die Anzahl n der Merkmale, die zur Charakterisierung einzelner Datenpunkte verwendet werden. Das Verhalten von ML-Methoden hängt in der Regel entscheidend vom Verhältnis m/n ab.

mit zunehmendem m/n. Als Faustregel sollten wir Datensätze verwenden, für die $m/n \gg 1$ gilt. Wir werden die informelle Bedingung $m/n \gg 1$ in Kap. 6 genauer machen.

2.1.1 *Merkmale*

Ähnlich wie bei der Definition von Datenpunkten ist auch die Wahl, welche Eigenschaften als deren Merkmale verwendet werden sollen, eine Designentscheidung. Im Allgemeinen sind Merkmale Eigenschaften eines Datenpunktes, die leicht berechnet oder gemessen werden können. Dies ist jedoch eine sehr informelle Charakterisierung, da es kein universelles Kriterium für die Schwierigkeit des Berechnens oder Messens einer Eigenschaft von Datenpunkten gibt. Die Aufgabe, welche Eigenschaften als Merkmale von Datenpunkten verwendet werden sollen, könnte der herausforderndste Teil bei der Anwendung von ML-Methoden sein. Kap. 9 diskutiert Methoden des Merkmallernens, die den Aufbau guter Merkmale (bis zu einem gewissen Grad) automatisieren.

In einigen Anwendungsbereichen gibt es eine eher natürliche Wahl für die Merkmale eines Datenpunktes. Für Datenpunkte, die Audioaufnahmen (von einer gegebenen Dauer) repräsentieren, könnten wir die Signalamplituden zu regelmäßigen Abtastzeitpunkten (z. B. mit einer Abtastfrequenz von 44 kHz) als Merkmale verwenden. Für Datenpunkte, die Bilder repräsentieren, scheint es natürlich, die Farbintensität (rot, grün und blau) jedes Pixels als Merkmal zu verwenden (siehe Abb. 2.4).

Die Merkmalskonstruktion für Bilder, die in Abb. 2.4 dargestellt sind, kann auf andere Arten von Datenpunkten ausgedehnt werden, solange sie effizient visualisiert werden können. Als Beispiel könnten wir eine Tonaufnahme visualisieren, indem wir ein Intensitätsdiagramm ihres Spektrogramms verwenden (siehe Abb. 2.5). Wir können dann die Pixel-RGB-Intensitäten dieses Intensitäts-

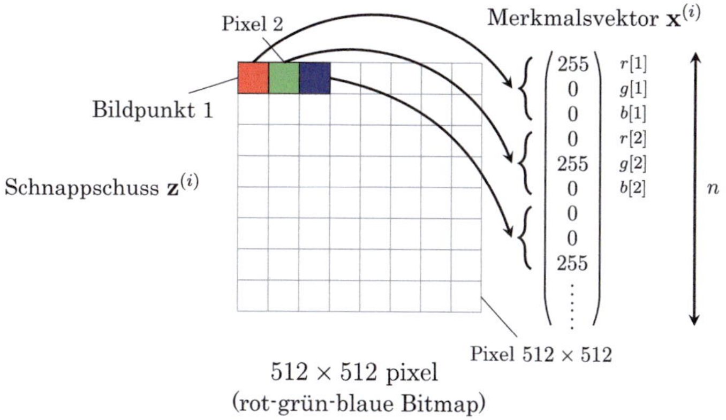

Abb. 2.4 Wenn der Schnappschuss $\mathbf{z}^{(i)}$ als 512×512 RGB-Bitmap gespeichert wird, könnten wir als Merkmale $\mathbf{x}^{(i)} \in \mathbb{R}^n$ die Rot-, Grün- und Blaukomponente jedes Pixels im Schnappschuss verwenden. Die Länge des Merkmalsvektors wäre dann $n = 3 \cdot 512 \cdot 512 \approx 786000$

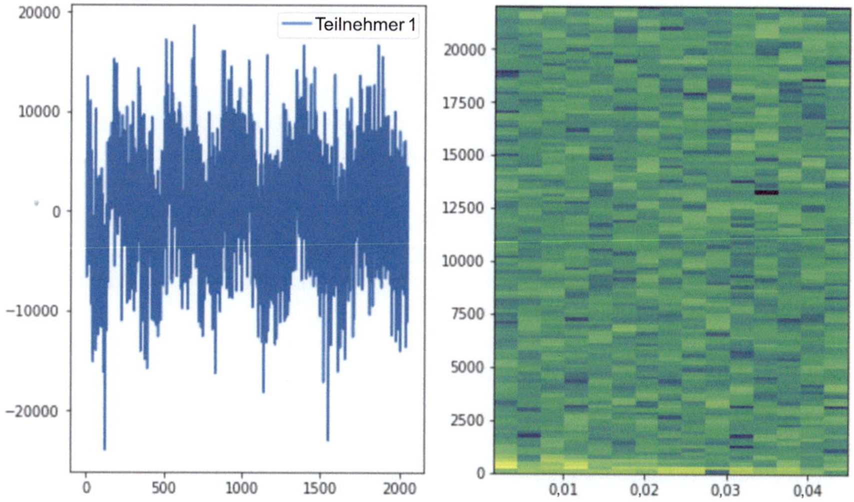

Abb. 2.5 Zwei Visualisierungen einer Audio Aufnahme, die aus einem Liniendiagramm der Signalamplituden und dem Spektrogramm der Audioaufnahme erhalten wurden

diagramms als Merkmale für eine Tonaufnahme verwenden. Mit diesem Trick können wir jede ML-Methode für Bilddaten in eine ML-Methode für Audiodaten umwandeln. Wir können das Streudiagramm eines Datensatzes verwenden, um ML-Methoden für die Bildsegmentierung zur Clusterung des Datensatzes zu verwenden (siehe Kap. 8).

Viele wichtige ML-Anwendungsdomänen erzeugen Datenpunkte, die durch mehrere numerische Merkmale $x_1, \ldots, x_n$ gekennzeichnet sind. Wir repräsentieren numerische Merkmale durch reale Zahlen $x_1, \ldots, x_n \in \mathbb{R}$, was unpraktisch erscheinen mag. Tatsächlich können digitale Computer eine reale Zahl nicht genau speichern, da dies eine unendliche Anzahl von Bits erfordern würde. Allerdings ermöglicht numerische lineare Algebra-Software und -Hardware eine ausreichende Annäherung an reale Zahlen. Die Mehrheit der in diesem Buch diskutierten ML-Methoden geht davon aus, dass Datenpunkte durch reale Merkmale gekennzeichnet sind. Abschn. 9.3 diskutiert Methoden zur Konstruktion numerischer Merkmale von Datenpunkten, deren natürliche Darstellung nicht numerisch ist.

Wir nehmen an, dass Datenpunkte, die in einer gegebenen ML-Anwendung auftreten, durch die gleiche Anzahl n von individuellen Merkmalen $x_1 \ldots, x_n$ gekennzeichnet sind. Es ist praktisch, die individuellen Merkmale eines Datenpunkts in einem einzigen Merkmalsvektor zu stapeln

$$\mathbf{x} = \big(x_1, \ldots, x_n\big)^T.$$

Jeder Datenpunkt wird dann durch seinen Merkmalsvektor $\mathbf{x}$ gekennzeichnet. Beachten Sie, dass das Stapeln der Merkmale eines Datenpunkts in einen Spaltenvektor $\mathbf{x}$ reine Konvention ist. Wir könnten die Merkmale auch als Zeilenvektor oder sogar als Matrix anordnen, was für Merkmale, die durch die Pixel eines Bildes erhalten wurden, sogar natürlicher sein könnte (siehe Abb. 2.4).

Wir beziehen uns auf die Menge der möglichen Merkmalsvektoren von Datenpunkten, die in einer ML-Anwendung auftreten, als feature und bezeichnen ihn als $\mathcal{X}$. Der Merkmalsraum ist eine Designentscheidung, da er davon abhängt, welche Eigenschaften eines Datenpunkts wir als seine Merkmale verwenden. Diese Designentscheidung sollte die statistischen Eigenschaften der Daten sowie die verfügbare Recheninfrastruktur berücksichtigen. Wenn die Recheninfrastruktur eine effiziente numerische lineare Algebra ermöglicht, dann könnte die Verwendung von $\mathcal{X} = \mathbb{R}^n$ eine gute Wahl sein.

Der euklidische Raum $\mathbb{R}^n$ ist ein Beispiel für einen Merkmalsraum mit einer reichen geometrischen und algebraischen Struktur [2]. Die algebraische Struktur von $\mathbb{R}^n$ wird durch Vektoraddition und Multiplikation von Vektoren mit Skalaren definiert. Die geometrische Struktur von $\mathbb{R}^n$ wird durch die euklidische Norm als Maß für den Abstand zwischen zwei Elementen von $\mathbb{R}^n$ erlangt. Die algebraische und geometrische Struktur von $\mathbb{R}^n$ ermöglicht oft eine effiziente Suche über $\mathbb{R}^n$, um Elemente mit gewünschten Eigenschaften zu finden. Abschn. 4.3 diskutiert Beispiele für solche Suchprobleme im Kontext des Lernens einer optimalen Hypothese.

Moderne Informationstechnologie, einschließlich Smartphones oder Wearables, ermöglicht es uns, eine große Anzahl von Eigenschaften über Datenpunkte in vielen Anwendungsbereichen zu messen. Betrachten Sie einen Datenpunkt, der den Buchautor „Alex Jung" repräsentiert. Alex verwendet ein Smartphone, um ungefähr fünf Schnappschüsse pro Tag zu machen (manchmal mehr, z. B. während einer Bergwanderung), was zu mehr als 1000 Schnappschüssen pro Jahr führt. Jeder Schnappschuss enthält etwa 10^6 Pixel, deren Graustufen wir als Merkmale des Datenpunkts verwenden können. Dies führt zu mehr als 10^9 Merkmalen (pro

Jahr!). Wenn wir all diese Merkmale in einen Merkmalsvektor $\mathbf{x}$ stapeln, wäre seine Länge n von der Größenordnung 10^9.

Wie oben angegeben, beinhalten viele wichtige ML-Anwendungen Datenpunkte, die durch sehr lange Merkmalsvektoren repräsentiert werden. Um solche hochdimensionalen Daten zu verarbeiten, stützen sich moderne ML-Methoden auf Konzepte aus der hochdimensionalen Statistik [3, 4]. Ein solches Konzept aus der hochdimensionalen Statistik ist die Vorstellung von Sparsity. Abschn. 3.4 diskutiert Methoden, die die Tendenz von hochdimensionalen Datenpunkten, die durch eine große Anzahl n von Merkmalen gekennzeichnet sind, ausnutzen, sich in der Nähe von niedrigdimensionalen Unterräumen im Merkmalsraum zu konzentrieren [5].

Auf den ersten Blick könnte es scheinen, dass „je mehr Merkmale, desto besser“, da die Verwendung von mehr Merkmalen möglicherweise mehr relevante Informationen liefert, um das Gesamtziel zu erreichen. Wie wir jedoch in Kap. 7 diskutieren, kann es für die Leistung von ML-Methoden schädlich sein, eine übermäßige Anzahl von (irrelevanten) Merkmalen zu verwenden. Rechnerisch könnte die Verwendung zu vieler Merkmale zu prohibitiven Anforderungen an die Rechenressourcen (wie die Verarbeitungszeit) führen. Statistisch gesehen führt jedes zusätzliche Merkmal typischerweise eine zusätzliche Menge an Rauschen ein (aufgrund von Mess- oder Modellierungsfehlern), was sich negativ auf die Genauigkeit der ML-Methode auswirkt.

Es ist schwierig, eine genaue und allgemein anwendbare Charakterisierung der maximalen Anzahl von Merkmalen zu geben, die zur Charakterisierung der Datenpunkte verwendet werden sollten. Als Faustregel sollte die Anzahl m der (beschrifteten) Datenpunkte, die zum Trainieren einer ML-Methode verwendet werden, viel größer sein als die Anzahl n der numerischen Merkmale (siehe Abb. 2.3). Die informelle Bedingung $m/n \gg 1$ kann durch das Sammeln einer ausreichend großen Anzahl m von Datenpunkten oder durch die Verwendung einer ausreichend kleinen Anzahl n von Merkmalen sichergestellt werden. Wir diskutieren als nächstes Implementierungen für jeden dieser beiden komplementären Ansätze.

Die Beschaffung von (beschrifteten) Datenpunkten kann kostspielig sein und erfordert menschliche Expertenarbeit. Anstatt mehr Rohdaten zu sammeln, könnte es effizienter sein, neue künstliche (synthetische) Daten über Datenanreicherungstechniken zu generieren. Abschn. 7.3 zeigt, wie intrinsische Symmetrien in den Daten genutzt werden können, um die Rohdaten mit synthetischen Daten zu erweitern. Als Beispiel für eine intrinsische Symmetrie von Daten betrachten Sie Datenpunkte, die ein Bild repräsentieren. Wir weisen jedem Bild das Label $y = 1$ zu, wenn es eine Katze zeigt und $y = -1$ sonst. Für jedes Bild mit bekanntem Label können wir mehrere erweiterte (zusätzliche) Bilder mit demselben Label generieren. Diese zusätzlichen Bilder könnten durch einfache Bildtransformationen wie Drehungen oder Skalierungen (Vergrößerung oder Verkleinerung) erhalten werden, die die abgebildeten Objekte (die Bedeutung des Bildes) nicht verändern. Kap. 7 zeigt, dass einige grundlegende Regularisierungstechniken als eine implizite Form von Datenaugmentation interpretiert werden können.

Die informelle Bedingung $m/n \gg 1$ kann auch durch Reduzierung der Anzahl n der zur Charakterisierung von Datenpunkten verwendeten Merkmale gewährleistet werden. In einigen Anwendungen könnten wir einige Domänenkenntnisse verwenden, um die relevantesten Merkmale auszuwählen. Für andere Anwendungen könnte es schwierig sein zu bestimmen, welche Mengen die beste Wahl für Merkmale sind. Kap. 9 diskutiert Methoden, die auf der Grundlage eines gegebenen Datensatzes lernen, eine kleine Anzahl relevanter Merkmale von Datenpunkten zu bestimmen.

Neben der verfügbaren Recheninfrastruktur müssen auch die statistischen Eigenschaften von Datensätzen bei der Auswahl des Merkmalsraums berücksichtigt werden. Die lineare algebraische Struktur von $\mathbb{R}^n$ ermöglicht es uns, Datensätze, die gut entlang linearer Unterräume ausgerichtet sind, effizient darzustellen und zu approximieren. Abschn. 9.2 diskutiert eine grundlegende Methode zur optimalen Approximation von Datensätzen durch lineare Unterräume einer gegebenen Dimension. Die geometrische Struktur von $\mathbb{R}^n$ wird auch in Kap. 8 verwendet, um einen Datensatz in wenige Gruppen oder Cluster zu zerlegen, die aus ähnlichen Datenpunkten bestehen.

In diesem Buch werden wir hauptsächlich den Merkmalsraum $\mathbb{R}^n$ mit der Dimension n verwenden, die die Anzahl der Merkmale eines Datenpunkts ist. Dieser Merkmalsraum hat sich in vielen ML-Anwendungen als nützlich erwiesen, da effiziente Software und Hardware für numerische lineare Algebra verfügbar sind. Darüber hinaus spiegelt die algebraische und geometrische Struktur von $\mathbb{R}^n$ die intrinsische Struktur der Daten wider, die in vielen wichtigen Anwendungsbereichen erzeugt werden. Dies sollte nicht allzu überraschend sein, da der Euclidean Raum sich als nützliche mathematische Abstraktion von physischen Phänomenen entwickelt hat.

Im Allgemeinen gibt es keine mathematisch korrekte Wahl dafür, welche Eigenschaften eines Datenpunkts als seine Merkmale verwendet werden sollen. Die meisten Anwendungsbereiche lassen eine gewisse Gestaltungsfreiheit bei der Auswahl der Merkmale zu. Lassen Sie uns diese Gestaltungsfreiheit anhand einer personalisierten Gesundheitsanwendung veranschaulichen. Diese Anwendung beinhaltet Datenpunkte, die Tonaufnahmen mit einer festen Dauer von drei Sekunden darstellen. Diese Aufnahmen werden über Smartphone-Mikrofone erfasst und zur Erkennung von Husten verwendet [6].

Audioaufnahmen sind typischerweise verfügbar als eine Sequenz von Signalamplituden a_t, die regelmäßig zu Zeitpunkten $t = 1, \ldots, n$ mit einer Abtastfrequenz von ≈ 44 kHz gesammelt werden. Aus der Sicht der Signalverarbeitung scheint es natürlich, die Signalamplituden direkt als Merkmale zu verwenden, $x_j = a_j$ für $j = 1, \ldots, n$. Eine andere Wahl für die Merkmale könnten jedoch die Pixel-RGB-Werte einer Visualisierung der Tonaufnahme sein. Abb. 2.5 zeigt zwei mögliche Visualisierungen eines Audiosignals, die aus einem Liniendiagramm der Signalamplituden (als Funktion des Zeitindex t) oder einem Intensitätsdiagramm des Spektrogramms [7, 8] erhalten wurden.

2.1.2 Labels

Neben seinen Merkmalen könnte ein Datenpunkt andere Arten von Eigenschaften haben. Diese Eigenschaften repräsentieren eine höhere Tatsache oder Menge von Interesse, die mit dem Datenpunkt verbunden ist. Wir bezeichnen solche Eigenschaften eines Datenpunkts als sein Label (oder „Ausgabe“ oder „Ziel“) und bezeichnen es typischerweise durch y (wenn es eine einzelne Zahl ist) oder durch $\mathbf{y}$ (wenn es sich um einen Vektor von verschiedenen Labelwerten handelt, wie bei der Mehrklassenklassifikation). Wir bezeichnen die Menge aller möglichen Labelwerte von Datenpunkten, die in einer ML-Anwendung auftreten, als Label Raum $\mathcal{Y}$. Im Allgemeinen ist die Bestimmung des Labels eines Datenpunkts schwieriger (zu automatisieren) als die Bestimmung seiner Merkmale. Viele ML-Methoden drehen sich darum, effiziente Wege zu finden, um das Label eines Datenpunkts ausschließlich auf der Grundlage seiner Merkmale zu vorhersagen (schätzen oder approximieren).

Wie bereits erwähnt, ist die Unterscheidung von Datenpunkteigenschaften in Labels und Merkmale unscharf. Grob gesagt, sind Labels Eigenschaften von Datenpunkten, die möglicherweise nur mit Hilfe von menschlichen Experten bestimmt werden können. Für Datenpunkte, die Menschen repräsentieren, könnten wir sein Label y als Indikator definieren, ob die Person Grippe hat ($y = 1$) oder nicht ($y = 0$). Dieser Labelwert kann typischerweise nur von einem Arzt bestimmt werden. In einer anderen Anwendung könnten wir jedoch genügend Ressourcen haben, um den Grippestatus jeder interessierenden Person zu bestimmen und ihn als Merkmal zu verwenden, das eine Person charakterisiert.

Betrachten Sie einen Datenpunkt, der eine Wanderung repräsentiert, zu Beginn derer die Momentaufnahme in Abb. 2.2 aufgenommen wurde. Die Merkmale dieses Datenpunkts könnten die Rot-, Grün- und Blau- (RGB) Intensitäten jedes Pixels in der Momentaufnahme in Abb. 2.2 sein. Wir stapeln diese RGB-Werte in einen Vektor $\mathbf{x} \in \mathbb{R}^n$ dessen Länge n dreimal die Anzahl der Pixel im Bild ist. Das mit einem Datenpunkt (der eine Wanderung repräsentiert) assoziierte Label y könnte die erwartete Wanderzeit sein, um den Berg auf der Momentaufnahme zu erreichen. Alternativ könnten wir das Label y als die Wassertemperatur des auf der Momentaufnahme sichtbaren Sees definieren.

Numerische Labels (Regression). Für eine gegebene ML-Anwendung enthält der Labelraum $\mathcal{Y}$ alle möglichen Labelwerte von Datenpunkten. Im Allgemeinen ist der Labelraum nicht nur eine Menge von verschiedenen Elementen, sondern auch mit (algebraischer oder geometrischer) Struktur ausgestattet. Um effiziente ML-Methoden zu erhalten, sollten wir solche Strukturen ausnutzen. Vielleicht das prominenteste Beispiel für einen solchen strukturierten Labelraum sind die reellen Zahlen $\mathcal{Y} = \mathbb{R}$. Dieser Labelraum ist nützlich für ML-Anwendungen, die Datenpunkte mit numerischen Labels beinhalten, die durch reelle Zahlen modelliert werden können. ML-Methoden, die darauf abzielen, ein numerisches Label vorherzusagen, werden als **Regressionsmethoden** bezeichnet.

Kategoriale Labels (Klassifikation). Viele wichtige ML-Anwendungen beinhalten Datenpunkte, deren Label die Kategorie oder Klasse angibt, zu der die

Datenpunkte gehören. ML-Methoden, die darauf abzielen, solche kategorialen Labels vorherzusagen, werden als **Klassifikationsmethoden** bezeichnet. Beispiele für Klassifikationsprobleme sind die Diagnose von Tumoren als gutartig oder bösartig, die Klassifikation von Personen in Altersgruppen oder die Erkennung der aktuellen Bodenbedingungen („Gras", „Fliesen" oder „Boden") für einen Mähroboter.

Die einfachste Art eines Klassifikationsproblems ist ein **binäres Klassifikationsproblem.** Innerhalb der binären Klassifikation gehört jeder Datenpunkt genau einer von zwei verschiedenen Klassen an. Daher nimmt das Label eines Datenpunkts Werte aus einer Menge an, die zwei verschiedene Elemente enthält, wie $\{0, 1\}$ oder $\{-1, 1\}$ oder $\{$ shows cat, shows no cat $\}$.

Wir sprechen von einem **Multi-Klassen-Klassifikation** Problem, wenn Datenpunkte genau einer von mehr als zwei Kategorien angehören (z. B. Bildkategorien „keine Katze gezeigt" vs. „eine Katze gezeigt" und „mehr als eine Katze gezeigt"). Wenn es K verschiedene Kategorien gibt, könnten wir die Labelwerte $\{1, 2, \ldots, K\}$ verwenden.

Es gibt auch Anwendungen, bei denen Datenpunkte gleichzeitig zu mehreren Kategorien gehören können. Zum Beispiel kann ein Bild gleichzeitig ein Katzen- und ein Hundebild sein, wenn es einen Hund und eine Katze enthält. Multi-Label-Klassifikation Probleme und Methoden verwenden mehrere Labels $y_1, y_2, \ldots,$ für verschiedene Kategorien, zu denen ein Datenpunkt gehören kann. Das Label y_j repräsentiert die $j$te Kategorie und sein Wert ist $y_j = 1$ wenn der Datenpunkt zur j -ten Kategorie gehört und $y_j = 0$ wenn nicht.

Ordinale Labels. Ordinale Labelwerte liegen irgendwo zwischen numerischen und kategorischen Labels. Ähnlich wie kategorische Labels nehmen ordinale Labels Werte aus einer endlichen Menge an. Darüber hinaus nehmen ordinale Labels, ähnlich wie numerische Labels, Werte aus einer geordneten Menge an. Als Beispiel für einen solchen geordneten Labelraum betrachten Sie Datenpunkte, die rechteckige Flächen von 1 km mal 1 km repräsentieren. Die Merkmale $\mathbf{x}$ eines solchen Datenpunkts können durch Stapeln der RGB-Pixelwerte eines Satellitenbildes, das dieses Gebiet darstellt (siehe Abb. 2.4), ermittelt werden. Neben dem Merkmalsvektor wird jedes rechteckige Gebiet durch ein Label $y \in \{1, 2, 3\}$ charakterisiert, bei dem

- $y = 1$ bedeutet, dass das Gebiet keine Bäume enthält.
- $y = 2$ bedeutet, dass das Gebiet teilweise von Bäumen bedeckt ist.
- $y = 3$ bedeutet, dass das Gebiet vollständig von Bäumen bedeckt ist.

So könnten wir sagen, dass der Label-Wert $y = 2$ „größer" ist als der Label-Wert $y = 1$ und der Label-Wert $y = 3$ „größer" ist als der Label-Wert $y = 2$.

Die Unterscheidung zwischen Regressions- und Klassifikationsproblemen und -methoden ist etwas unscharf. Betrachten Sie ein binäres Klassifikationsproblem basierend auf Datenpunkten, deren Label y die Werte -1 oder 1 annimmt. Wir könnten dies zu einem Regressionsproblem machen, indem wir ein neues Label y' verwenden, das als das Vertrauen in das Label y definiert ist, gleich 1 zu sein. Andererseits können wir bei einer Vorhersage $\hat{y}'$ für das numerische Label $y' \in \mathbb{R}$

eine Vorhersage $\hat{y}$ für das binäre Label $y \in \{-1, 1\}$ durch Schwellenwertbildung erhalten, $\hat{y} := 1$ wenn $\hat{y'} \geq 0$ während $\hat{y} := -1$ sonst. Ein prominentes Beispiel für diese Verbindung zwischen Regression und Klassifikation ist die logistische Regression, die in Abschn. 3.6 diskutiert wird. Trotz ihres Namens ist die logistische Regression eine Methode zur binären Klassifikation.

Wir bezeichnen einen Datenpunkt als *markiert,* wenn neben seinen Merkmalen $\mathbf{x}$ der Wert seines Labels y bekannt ist. Die Beschaffung von markierten Datenpunkten erfordert in der Regel menschliche Arbeit, wie zum Beispiel das Bedienen eines Wasserthermometers an bestimmten Stellen in einem See. In anderen Anwendungen könnte das Erhalten von Labels das Aussenden eines Teams von Meeresbiologen in die Ostsee [9], das Durchführen eines Teilchenphysik-Experiments bei der Europäischen Organisation für Kernforschung (CERN) [10], oder das Durchführen von Tierversuchen in der Pharmakologie [11] erfordern.

Wir möchten auch auf Online-Marktplätze für menschliche Labeling-Arbeitskräfte hinweisen [12]. Diese Marktplätze ermöglichen das Hochladen von Datenpunkten, wie Sammlungen von Bildern oder Tonaufnahmen, und bieten dann einen Stundenlohn für Menschen an, die die Datenpunkte markieren. Diese Markierungsarbeit könnte darin bestehen, Bilder zu markieren, auf denen eine Katze zu sehen ist.

Viele Anwendungen beinhalten Datenpunkte, deren Merkmale leicht bestimmt werden können, aber deren Labels nur für wenige Datenpunkte bekannt sind. Markierte Daten sind eine knappe Ressource. Einige der erfolgreichsten ML-Methoden wurden in Anwendungsbereichen entwickelt, in denen Labelinformationen leicht zu beschaffen sind [13]. ML-Methoden für Spracherkennung und maschinelle Übersetzung können massive, frei verfügbare markierte Datensätze nutzen [14].

Im extremen Fall kennen wir das Label von keinem einzigen Datenpunkt. Selbst in Abwesenheit jeglicher markierter Daten können ML-Methoden nützlich sein, um relevante Informationen nur aus Merkmalen zu extrahieren. Wir bezeichnen ML-Methoden, die keine markierten Datenpunkte benötigen, als **unüberwachte ML-Methoden.** Wir diskutieren einige der wichtigsten unüberwachten ML-Methoden in den Kap. 8 und 9.

Wie im Folgenden diskutiert wird, zielen viele ML-Methoden darauf ab, einen „guten" Prädiktor $h : \mathcal{X} \rightarrow \mathcal{Y}$ zu konstruieren (oder zu finden), der die Merkmale $\mathbf{x} \in \mathcal{X}$ eines Datenpunkts als Eingabe nimmt und ein vorhergesagtes Label (oder Ausgabe, oder Ziel) $\hat{y} = h(\mathbf{x}) \in \mathcal{Y}$ ausgibt. Ein guter Prädiktor sollte so sein, dass $\hat{y} \approx y$, d. h., das vorhergesagte Label $\hat{y}$ ist nahe (mit kleinem Fehler $\hat{y} - y$) am wahren zugrunde liegenden Label y.

2.1.3 Streudiagramm

Betrachten Sie Datenpunkte, die durch ein einzelnes numerisches Merkmal x und ein einzelnes numerisches Label y gekennzeichnet sind. Um mehr Einblick in die Beziehung zwischen den Merkmalen und dem Label eines Datenpunkts zu erhalten, kann es aufschlussreich sein, ein Streudiagramm zu erstellen, wie in Abb. 1.2 gezeigt. Ein Streudiagramm stellt die Datenpunkte $\mathbf{z}^{(i)} = (x^{(i)}, y^{(i)})$ in einer zweidimensionalen Ebene dar, wobei die Achsen die Werte des Merkmals x und des Labels y repräsentieren.

Die visuelle Inspektion eines Streudiagramms könnte potenzielle Beziehungen zwischen Merkmal x (minimale Tagestemperatur) und Label y (maximale Tagestemperatur) nahelegen. Aus Abb. 1.2 scheint es, dass es eine Beziehung zwischen Merkmal x und Label y gibt, da Datenpunkte mit größerem x tendenziell auch ein größeres y haben. Dies macht Sinn, da eine größere minimale Tagestemperatur in der Regel auch eine größere maximale Tagestemperatur impliziert.

Um ein Streudiagramm für Datenpunkte mit mehr als zwei Merkmalen zu erstellen, können wir Methoden des Merkmalslernens verwenden (siehe Kap. 9). Diese Methoden transformieren hochdimensionale Datenpunkte, die Milliarden von Rohmerkmalen haben, in drei oder zwei neue Merkmale. Diese neuen Merkmale können dann als Koordinaten der Datenpunkte in einem Streudiagramm verwendet werden.

2.1.4 Probabilistische Modelle für Daten

Eine leistungsfähige Idee in ML besteht darin, jeden Datenpunkt als Realisierung einer **Zufallsvariable (ZV)** zu interpretieren. Zur Vereinfachung der Darstellung betrachten wir Datenpunkte, die durch ein einzelnes Merkmal x gekennzeichnet sind. Die folgenden Konzepte können leicht auf Datenpunkte erweitert werden, die durch einen Merkmalsvektor $\mathbf{x}$ und ein Label y gekennzeichnet sind.

Eines der grundlegendsten Beispiele für ein probabilistisches Modell für Datenpunkte in ML ist die i.i.d. Annahme. Diese Annahme interpretiert Datenpunkte $x^{(1)}, \ldots, x^{(m)}$ als Realisierungen statistisch unabhängiger Zufallsvariablen mit der gleichen Wahrscheinlichkeitsverteilung $p(x)$. Es mag nicht sofort klar sein, warum es eine gute Idee ist, Datenpunkte als Realisierungen von Zufallsvariablen mit der gemeinsamen Wahrscheinlichkeitsverteilung $p(x)$ zu interpretieren. Diese Interpretation ermöglicht es uns jedoch, die Eigenschaften der Wahrscheinlichkeitsverteilung zu nutzen, um die Gesamteigenschaften ganzer Datensätze, d. h. großer Sammlungen von Datenpunkten, zu charakterisieren.

Die Wahrscheinlichkeitsverteilung $p(x)$, die den Datenpunkten innerhalb der i.i.d. Annahme zugrunde liegt, ist entweder bekannt (basierend auf einiger Fachkenntnis) oder wird aus Daten geschätzt. Es reicht oft aus, nur einige Parameter der Verteilung $p(x)$ zu schätzen. Abschn. 3.12 diskutiert einen prinzipiellen Ansatz zur Schätzung der Parameter einer Wahrscheinlichkeitsverteilung aus Datenpunkten. Dieser Ansatz wird manchmal als Maximum-Likelihood bezeichnet und zielt darauf ab, (Parameter einer) Wahrscheinlichkeitsverteilung $p(x)$ zu finden, so dass die Wahrscheinlichkeit (Dichte) der tatsächlichen Beobachtung der verfügbaren Datenpunkte maximiert wird [15–17].

Zwei der grundlegendsten und am häufigsten verwendeten Parameter einer Wahrscheinlichkeitsverteilung $p(x)$ sind der Erwartungswert oder Mittelwert [18]

$$\mu_x = \mathbb{E}\{x\} := \int_{x'} x' p(x') dx'$$

und die Varianz

$$\sigma_x^2 := \mathbb{E}\{\left(x - \mathbb{E}\{x\}\right)^2\}.$$

Diese Parameter können mit Hilfe des Stichprobenmittelwerts (Durchschnitt) und der Stichprobenvarianz geschätzt werden,

$$\begin{aligned} \hat{\mu}_x &:= (1/m) \sum_{i=1}^{m} x^{(i)}, \text{ und} \\ \widehat{\sigma_x^2} &:= (1/m) \sum_{i=1}^{m} \left(x^{(i)} - \hat{\mu}_x\right)^2. \end{aligned} \tag{2.1}$$

Der Stichprobenmittelwert und die Stichprobenvarianz (2.1) sind die Maximum Likelihood-Schätzer für den Mittelwert und die Varianz einer normalen (Gaußschen) Verteilung $p(x)$ (siehe [19, Abschn. 2.3.4]).

Die meisten der in diesem Buch diskutierten ML-Methoden basieren auf der i.i.d. Annahme. Es ist wichtig zu beachten, dass diese i.i.d. Annahme lediglich eine Modellannahme ist. Es gibt keine Möglichkeit zu überprüfen, ob eine beliebige Menge von Datenpunkten „genau" Realisierungen von i.i.d. Zufallsvariablen sind. Es gibt jedoch prinzipielle statistische Methoden (Hypothesentests), ob eine gegebene Menge von Datenpunkten gut als Realisierungen von i.i.d. Zufallsvariablen approximiert werden kann [20]. Der einzige Weg, die i.i.d. Annahme zu gewährleisten, besteht darin, synthetische Daten mit einem Zufallszahlengenerator zu erzeugen. Solche synthetischen i.i.d. Datenpunkte könnten durch Sampling-Algorithmen erhalten werden, die einen synthetischen Datensatz schrittweise aufbauen, indem sie zufällig ausgewählte Rohdatenpunkte hinzufügen [21].

2.2 Das Modell

Betrachten Sie eine ML-Anwendung, die Datenpunkte generiert, die jeweils durch Merkmale $\mathbf{x} \in \mathcal{X}$ und Label $y \in \mathcal{Y}$ gekennzeichnet sind. Das informelle Prinzip der meisten (wenn nicht aller) ML-Methoden besteht darin, eine Hypothesenkarte $h : \mathcal{X} \rightarrow \mathcal{Y}$ so zu lernen, dass

$$y \approx \underbrace{h(\mathbf{x})}_{\hat{y}} \text{ für jeden Datenpunkt.} \tag{2.2}$$

Das informelle Ziel (2.2) wird im Laufe unseres Buches in mehreren Aspekten präzisiert. Zunächst müssen wir den Approximationsfehler (2.2) quantifizieren, der durch eine gegebene Hypothesenkarte h verursacht wird. Zweitens müssen wir präzisieren, was wir eigentlich meinen, wenn wir verlangen, dass (2.2) für „jeden" Datenpunkt gilt. Das erste Problem lösen wir mit dem Konzept einer Verlustfunktion in Abschn. 2.3. Das zweite Problem wird dann in Kap. 4 durch die Verwendung eines einfachen probabilistischen Modells für Daten gelöst.

Gehen wir vorerst davon aus, dass wir eine vernünftige Hypothese h im Sinne von (2.2) gefunden haben. Wir können dann diese Hypothese verwenden, um das Label eines beliebigen Datenpunkts vorherzusagen, für den wir seine Merkmale kennen. Die Vorhersage $\hat{y} = h(\mathbf{x})$ wird durch Auswertung der Hypothese für die Merkmale $\mathbf{x}$ eines Datenpunkts erzielt (siehe Abb. 2.6 und 2.7). Es scheint natürlich, eine Hypothesenkarte als Vorhersagekarte zu bezeichnen, da sie zur Berechnung von Vorhersagen für das Label verwendet wird.

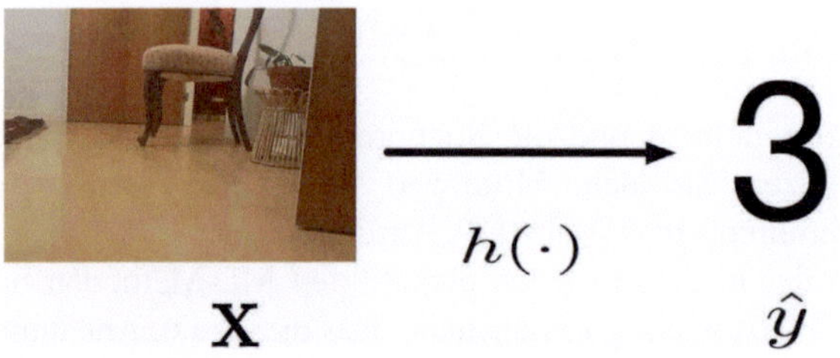

Abb. 2.6 Eine Hypothese (Prädiktor) h bildet Merkmale $\mathbf{x} \in \mathcal{X}$, eines Schnappschusses einer On-Board-Kamera, auf die Vorhersage $\hat{y} = h(\mathbf{x}) \in \mathcal{Y}$ für die Koordinate des aktuellen Standorts eines Reinigungsroboters ab. ML-Methoden verwenden Daten, um Prädiktoren h zu lernen, so dass $\hat{y} \approx y$ (mit wahrem Label y)

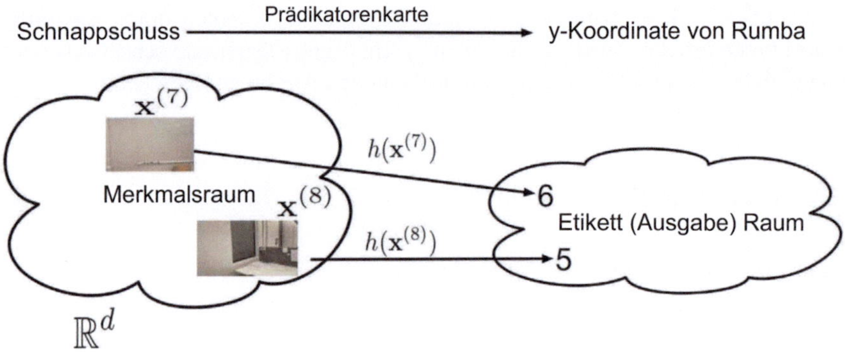

Abb. 2.7 Eine Hypothese $h : \mathcal{X} \rightarrow \mathcal{Y}$ nimmt den Merkmalsvektor $\mathbf{x}^{(t)} \in \mathcal{X}$ (z. B., die zu Zeit t von Rumba aufgenommene Momentaufnahme) als Eingabe und gibt ein vorhergesagtes Label $\hat{y}^{(t)} = h(\mathbf{x}^{(t)})$ aus (z. B., die vorhergesagte y-Koordinate von Rumba zu Zeit t). Ein Schlüsselproblem, das im ML untersucht wird, ist, wie man automatisch einen guten (genauen) Prädiktor h lernt, so dass $y^{(t)} \approx h(\mathbf{x}^{(t)})$

Für ML-Probleme mit einem endlichen Labelraum $\mathcal{Y}$ (z. B., $\mathcal{Y} = \{-1, 1\}$, bezeichnen wir eine Hypothese auch als Klassifikator. Für einen endlichen $\mathcal{Y}$, können wir eine bestimmte Klassifikatorkarte h anhand ihrer verschiedenen Entscheidungsregionen charakterisieren

$$\mathcal{R}^{(a)} := \{\mathbf{x} \in \mathbb{R}^n : h = a\} \subseteq \mathcal{X}. \tag{2.3}$$

Jeder Labelwert $a \in \mathcal{Y}$ ist mit einer spezifischen Entscheidungsregion $\mathcal{R}^{(a)} := \{\mathbf{x} \in \mathbb{R}^n : h = a\}$ verbunden. Für einen gegebenen Labelwert $a \in \mathcal{Y}$ besteht die Entscheidungsregion $\mathcal{R}^{(a)} := \{\mathbf{x} \in \mathbb{R}^n : h = a\}$ aus allen Merkmalsvektoren $\mathbf{x} \in \mathcal{X}$, die auf diesen Labelwert abgebildet werden, $h(\mathbf{x}) = a$.

Im Prinzip könnten ML-Methoden jede mögliche Abbildung $h : \mathcal{X} \rightarrow \mathcal{Y}$ verwenden, um das Label $y \in \mathcal{Y}$ durch Berechnung $\hat{y} = h(\mathbf{x})$ vorherzusagen. Die Menge aller Abbildungen vom Merkmalsraum $\mathcal{X}$ zum Labelraum wird typischerweise als $\mathcal{Y}^{\mathcal{X}}$ bezeichnet.[1] Im Allgemeinen ist die Menge $\mathcal{Y}^{\mathcal{X}}$ viel zu groß, um von praktischen ML-Methoden durchsucht zu werden. Als Beispiel betrachten Sie Datenpunkte, die durch ein einziges numerisches Merkmal $x \in \mathbb{R}$ und Label $y \in \mathbb{R}$ gekennzeichnet sind. Die Menge aller reellwertigen Abbildungen $h(x)$ eines reellwertigen Arguments enthält bereits unendlich viele verschiedene Hypothesenkarten [22].

Praktische ML-Methoden können nur einen (winzigen) Teilmenge aller möglichen Hypothesenkarten suchen und bewerten. Diese Teilmenge von rechnerisch machbaren („bezahlbaren") Hypothesenkarten wird als Hypothesenraum oder Modell bezeichnet, das einer ML-Methode zugrunde liegt. Wie in Abb. 2.10 dargestellt, verwenden ML-Methoden typischerweise einen Hypothesenraum $\mathcal{H}$, der eine winzige Teilmenge von $\mathcal{Y}^{\mathcal{X}}$ ist. Ähnlich wie die Merkmale und Labels, die zur Charakterisierung von Datenpunkten verwendet werden, ist auch der Hypothesenraum, der einer ML-Methode zugrunde liegt, eine Designwahl. Wie wir sehen werden, beinhaltet die Wahl des Hypothesenraums einen Kompromiss zwischen rechnerischer Komplexität und statistischen Eigenschaften der resultierenden ML-Methoden.

Die Präferenz für einen bestimmten Hypothesenraum hängt oft von der verfügbaren rechnerischen Infrastruktur ab, die einer ML-Methode zur Verfügung steht. Verschiedene rechnerische Infrastrukturen bevorzugen verschiedene Hypothesenräume. ML-Methoden, die in einem kleinen eingebetteten System implementiert sind, bevorzugen möglicherweise einen linearen Hypothesenraum, der zu Algorithmen führt, die eine geringe Anzahl von Rechenoperationen erfordern. Deep-Learning-Methoden, die in einer Cloud-Computing-Umgebung implementiert sind, verwenden typischerweise viel größere Hypothesenräume, die aus tiefen neuronalen Netzwerken gewonnen werden.

ML-Methoden können auch mit einer Tabellenkalkulationssoftware implementiert werden. Hier könnten wir einen Hypothesenraum verwenden, der aus Abbildungen $h : \mathcal{X} \rightarrow \mathcal{Y}$ besteht, die durch Nachschlagetabellen repräsentiert werden (siehe Tab. 2.1). Wenn wir stattdessen die Programmiersprache Python

[1]Die Notation $\mathcal{Y}^{\mathcal{X}}$ ist als symbolische Abkürzung zu verstehen und sollte nicht wörtlich als Potenz wie 4^5 verstanden werden.

Tab. 2.1 Eine Nachschlagetabelle definiert eine Hypothesenkarte h. Der Wert $h(x)$ wird durch den Eintrag in der zweiten Spalte der Zeile gegeben, deren erster Spalteneintrag x ist. Wir können einen Hypothesenraum $\mathcal{H}$ erstellen, indem wir eine Sammlung verschiedener Nachschlagetabellen verwenden

Merkmal x	Vorhersage $h(x)$
0	0
1/10	10
2/10	3
$\vdots$	$\vdots$
1	22,3

verwenden, um eine ML-Methode zu implementieren, können wir eine Hypothesenklasse erhalten, indem wir alle möglichen Python-Unterroutinen mit einer Eingabe (skalares Merkmal x), einem Ausgabeargument (vorhergesagtes Label $\hat{y}$) und weniger als 100 Codezeilen sammeln.

Im Großen und Ganzen muss die Designwahl für den Hypothesenraum $\mathcal{H}$ einer ML-Methode zwischen zwei sich widersprechenden Anforderungen abwägen.

- Es muss **ausreichend groß** sein, so dass es mindestens eine genaue Vorhersagekarte $\hat{h} \in \mathcal{H}$ enthält. Ein Hypothesenraum $\mathcal{H}$, der zu klein ist, könnte scheitern, eine Vorhersagekarte zu enthalten, die benötigt wird, um die (möglicherweise stark nichtlineare) Beziehung zwischen Merkmalen und Label zu reproduzieren. Betrachten Sie die Aufgabe, Bilder in „Katzenbilder" und „keine Katzenbilder" zu gruppieren oder zu klassifizieren. Die Klassifizierung jedes Bildes basiert ausschließlich auf dem Merkmalsvektor, der aus den Pixel-Farbwerten gewonnen wird. Die Beziehung zwischen Merkmalen und Label ($y \in \{ \text{cat}, \text{no cat} \}$) ist stark nichtlinear. Jede ML-Methode, die einen Hypothesenraum verwendet, der nur aus linearen Karten besteht, wird höchstwahrscheinlich scheitern, einen guten Vorhersager (Klassifikator) zu lernen. Wir sagen, dass eine ML-Methode underfitting betreibt, wenn sie einen Hypothesenraum verwendet, der keine Hypothesenkarten enthält, die das Label von Datenpunkten genau vorhersagen können.
- Es muss **ausreichend klein** sein, so dass seine Verarbeitung in die verfügbaren Rechenressourcen (Speicher, Bandbreite, Verarbeitungszeit) passt. Wir müssen in der Lage sein, effizient über den Hypothesenraum zu suchen, um gute Vorhersager zu finden (siehe Abschn. 2.3 und Kap. 4). Diese Anforderung impliziert auch, dass die Karten $h(\mathbf{x})$, die in $\mathcal{H}$ enthalten sind, effizient ausgewertet (berechnet) werden können [23]. Ein weiterer wichtiger Grund für die Verwendung eines Hypothesenraums $\mathcal{H}$, der nicht zu groß ist, besteht darin, Overfitting zu vermeiden (siehe Kap. 7). Wenn der Hypothesenraum $\mathcal{H}$ zu groß ist, könnten wir einfach durch Glück eine Hypothese finden, die die Labels von Datenpunkten in einem Trainingssatz, der zum Lernen einer Hypothese verwendet wird, (fast) perfekt vorhersagt. Eine solche Hypothese könnte jedoch schlechte Vorhersagen für Labels von Datenpunkten außerhalb des Trainingssatzes liefern. Wir sagen, dass die Hypothese nicht gut generalisiert.

2.2.1 Parametrisierte Hypothesenräume

Eine breite Palette aktueller wissenschaftlicher Rechenumgebungen ermöglicht eine effiziente numerische lineare Algebra. Diese Hard- und Software ermöglicht es, Daten effizient zu verarbeiten, die in Form von numerischen Arrays wie Vektoren, Matrizen oder Tensoren bereitgestellt werden [24]. Um diese Recheninfrastruktur zu nutzen, verwenden viele ML-Methoden den Hypothesenraum

$$\mathcal{H}^{(n)} := \{h^{(\mathbf{w})} : \mathbb{R}^n \to \mathbb{R} : h^{(\mathbf{w})}(\mathbf{x}) = \mathbf{x}^T\mathbf{w} \text{ mit einem Gewichtsvektor } \mathbf{w} \in \mathbb{R}^n\}. \quad (2.4)$$

Der Hypothesenraum (2.4) besteht aus linearen Abbildungen (Funktionen)

$$h^{(\mathbf{w})}(\mathbf{x}) : \mathbb{R}^n \to \mathbb{R} : \mathbf{x} \mapsto \mathbf{w}^T\mathbf{x}. \quad (2.5)$$

Die Funktion $h^{(\mathbf{w})}$ (2.5) bildet den Merkmalsvektor in linearer Weise ab.$\mathbf{x} \in \mathbb{R}^n$ zum vorhergesagten Label (oder Ausgabe) $h^{(\mathbf{w})}(\mathbf{x}) = \mathbf{x}^T\mathbf{w} \in \mathbb{R}$. Für $n = 1$ reduziert der Merkmalsvektor auf ein einzelnes Merkmal x und der Hypothesenraum (2.4) besteht aus allen Abbildungen $h^{(w)}(x) = wx$ mit einem gewissen Gewicht $w \in \mathbb{R}$ (siehe Abb. 2.8).

Die Elemente des Hypothesenraums $\mathcal{H}$ in (2.4) werden durch den Gewichtsvektor $\mathbf{w} \in \mathbb{R}^n$ parametrisiert. Jede Abbildung $h^{(\mathbf{w})} \in \mathcal{H}$ ist vollständig durch den Gewichtsvektor $\mathbf{w} \in \mathbb{R}^n$ spezifiziert. Diese Parametrisierung des Hypothesenraums $\mathcal{H}$ ermöglicht es, Hypothesenkarten durch Vektoroperationen zu verarbeiten und zu manipulieren. Insbesondere können wir anstelle der Suche im Funktionenraum $\mathcal{H}$ (dessen Elemente Funktionen sind!) nach einer guten Hypothese, äquivalent über alle möglichen Gewichtsvektoren $\mathbf{w} \in \mathbb{R}^n$ suchen.

Der Suchraum $\mathbb{R}^n$ ist immer noch (unzählbar) unendlich, hat aber eine reiche geometrische und algebraische Struktur, die es uns ermöglicht, effizient über diesen Raum zu suchen. Kap. 5 diskutiert Methoden, die das Konzept der

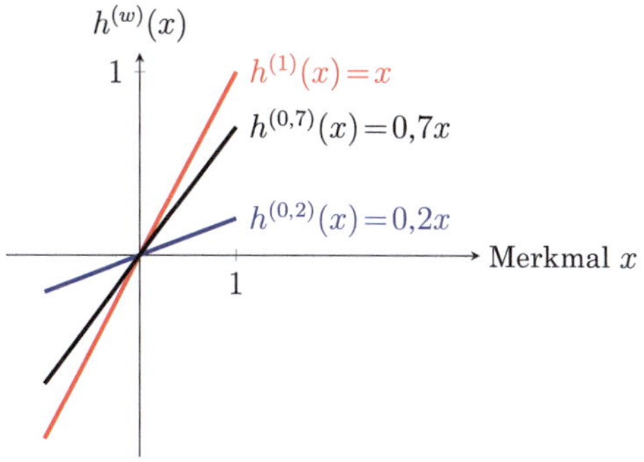

Abb. 2.8 Drei spezielle Mitglieder des Hypothesenraums $\mathcal{H} = \{h^{(w)} : \mathbb{R} \to \mathbb{R}, h^{(w)}(x) = w \cdot x\}$, der aus allen linearen Funktionen des Skalarmerkmals x besteht. Wir können diesen Hypothesenraum bequem mit dem Gewicht $w \in \mathbb{R}$ parametrisieren als $h^{(w)}(x) = w \cdot x$

Gradienten verwenden, um eine effiziente Suche nach guten Gewichten $\mathbf{w} \in \mathbb{R}^n$ zu implementieren.

Der Hypothesenraum (2.4) ist auch attraktiv wegen der breiten Verfügbarkeit von Rechenhardware wie Grafikprozessoreinheiten. Ein weiterer Faktor, der die weit verbreitete Nutzung von (2.4) fördern könnte, ist das Angebot optimierter Softwarebibliotheken für numerische lineare Algebra.

Der Hypothesenraum (2.4) kann auch für Klassifizierungsprobleme verwendet werden, z. B. mit Labelraum $\mathcal{Y} = \{-1, 1\}$. Tatsächlich können wir, gegeben eine lineare Vorhersagekarte $h^{(\mathbf{w})}$, Datenpunkte gemäß $\hat{y}=1$ für $h^{(\mathbf{w})}(\mathbf{x}) \geq 0$ und $\hat{y}=-1$ sonst klassifizieren. Wir bezeichnen einen Klassifikator, der das vorhergesagte Label berechnet, indem er zuerst eine lineare Abbildung auf die Merkmale anwendet, als linearen Klassifikator.

Abb. 2.9 veranschaulicht die Entscheidungsregionen (2.3) eines linearen Klassifikators für binäre Labels. Die Entscheidungsregionen sind Halbräume und die Entscheidungsgrenze ist dementsprechend eine Hyperebene $\{\mathbf{x} : \mathbf{w}^T\mathbf{x} = b\}$. Beachten Sie, dass jeder lineare Klassifikator einer bestimmten linearen Hypothesenkarte aus dem Hypothesenraum (2.4) entspricht (Abb. 2.10). Wir können jedoch verschiedene Verlustfunktionen verwenden, um die Qualität eines linearen Klassifikators zu messen. Drei weit verbreitete Beispiele für ML-Methoden, die einen linearen Klassifikator erlernen, sind die logistische Regression (siehe Abschn. 3.6), die Support-Vektor-Maschine (siehe Abschn. 3.7) und der naive Bayes-Klassifikator (siehe Abschn. 3.8).

In einigen Anwendungsbereichen ist die Beziehung zwischen Merkmalen $\mathbf{x}$ und Label y eines Datenpunkts stark nicht-linear. Betrachten Sie zum Beispiel Datenpunkte, die Bilder von Tieren repräsentieren. Die Karte, die die Pixelintensitäten des Bildes mit dem Label in Beziehung setzt, das angibt, ob es sich um ein Katzenbild handelt, ist stark nicht-linear. Für solche Anwendungen ist der Hypothesenraum (2.4) nicht geeignet, da er nur lineare Karten enthält. Das zweite

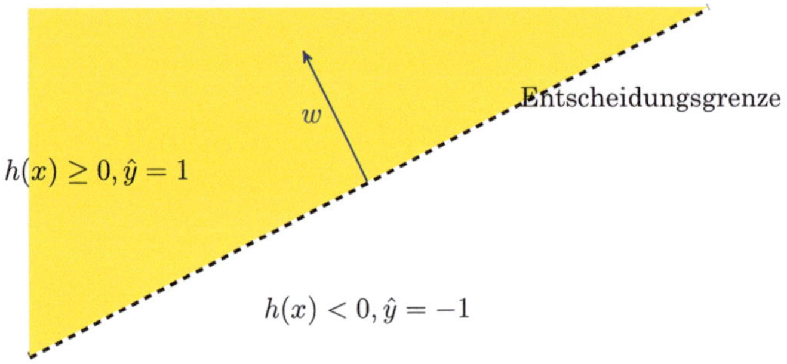

Abb. 2.9 Eine Hypothese $h : \mathcal{X} \rightarrow \mathcal{Y}$ für ein binäres Klassifikationsproblem, mit Labelraum $\mathcal{Y} = \{-1, 1\}$ und Merkmalsraum $\mathcal{X} = \mathbb{R}^2$, kann bequem über die Entscheidungsgrenze (gestrichelte Linie) dargestellt werden, die alle Merkmalsvektoren $\mathbf{x}$ mit $h(\mathbf{x}) \geq 0$ von der Region der Merkmalsvektoren mit $h(\mathbf{x}) < 0$ trennt. Wenn die Entscheidungsgrenze eine Hyperebene $\{\mathbf{x} : \mathbf{w}^T\mathbf{x} = b\}$ (mit Normalvektor $\mathbf{w} \in \mathbb{R}^n$) ist, bezeichnen wir die Karte h als linearen Klassifikator

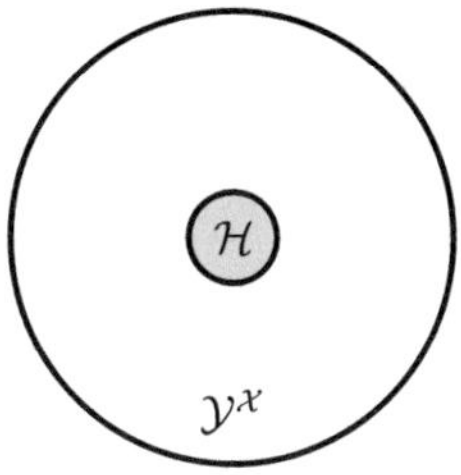

Abb. 2.10 Der Hypothesen Raum $\mathcal{H}$ ist eine (typischerweise sehr kleine) Teilmenge der (typischerweise sehr großen) Menge $\mathcal{Y}^{\mathcal{X}}$ aller möglichen Abbildungen vom Merkmalsraum $\mathcal{X}$ in den Labelraum $\mathcal{Y}$

Hauptbeispiel für einen parametrisierten Hypothesenraum, das in diesem Buch untersucht wird, enthält auch nicht-lineare Karten. Dieser parametrisierte Hypothesenraum wird aus einem parametrisierten Signalflussdiagramm gewonnen, das als künstliches neuronales Netzwerk bezeichnet wird. Abschn. 3.11 wird die Konstruktion von nicht-linearen parametrisierten Hypothesenräumen mit Hilfe eines künstlichen neuronalen Netzwerks diskutieren.

Erweiterung eines Hypothesenraums durch Merkmalsabbildungen. Lassen Sie uns eine einfache, aber leistungsstarke Technik zur Vergrößerung („Upgrade") eines gegebenen Hypothesenraums $\mathcal{H}$ zu einem größeren Hypothesenraum $\mathcal{H}' \supseteq \mathcal{H}$ diskutieren, der eine größere Auswahl an Hypothesenabbildungen bietet. Die Idee besteht darin, die ursprünglichen Merkmale $\mathbf{x}$ eines Datenpunkts durch neue (transformierte) Merkmale $\mathbf{z} = \Phi(\mathbf{x})$ zu ersetzen. Die transformierten Merkmale werden durch Anwendung einer feature map $\Phi(\cdot)$ auf die ursprünglichen Merkmale $\mathbf{x}$ erzielt. Dieser erweiterte Hypothesenraum $\mathcal{H}'$ besteht aus allen Verkettungen der Merkmalsabbildung Φ und einer Hypothese $h \in \mathcal{H}$,

$$\mathcal{H}' := \{h'(\cdot) : \mathbf{x} \mapsto h(\Phi(\mathbf{x})) : h \in \mathcal{H}\}. \tag{2.6}$$

Die Konstruktion (2.6) wird für beliebige Kombinationen einer Merkmalsabbildung $\Phi(\cdot)$ und eines „Basis"-Hypothesenraums $\mathcal{H}$ verwendet. Die einzige Anforderung ist, dass die Ausgabe der Merkmalsabbildung als Eingabe für eine Hypothese $h \in \mathcal{H}$ verwendet werden kann. Formeller ausgedrückt, muss der Bereich der Merkmalsabbildung zum Bereich der Abbildungen in $\mathcal{H}$ gehören. Beispiele für ML-Methoden, die einen Hypothesenraum der Form (2.6) verwenden, sind die Polynomregression (siehe Abschn. 3.2), die Gaußsche Basisregression (siehe Abschn. 3.5) und die wichtige Familie der Kernel-Methoden (siehe Abschn. 3.9). Die Merkmalsabbildung in (<2.6) könnte auch durch Clustering oder Feature-Learning-Methoden erzielt werden (siehe Abschn. 8.4 und 9.2.1).

Für den Spezialfall des linearen Hypothesenraums (2.4), ist der resultierende erweiterte Hypothesenraum (2.6) gegeben durch alle linearen Abbildungen $\mathbf{w}^T\mathbf{z}$ der transformierten Merkmale $\Phi(\mathbf{x})$. Die Kombination des Hypothesenraums (2.4) mit einer nicht-linearen Feature-Abbildung führt zu einem Hypothesenraum, der nicht-lineare Abbildungen vom ursprünglichen Merkmalsvektor $\mathbf{x}$ zum vorhergesagten Label $\hat{y}$ enthält,

$$\hat{y} = \mathbf{w}^T\mathbf{z} = \mathbf{w}^T\Phi(\mathbf{x}). \tag{2.7}$$

Nicht-numerische Merkmale. Der Hypothesenraum (2.4) kann nur für Datenpunkte verwendet werden, deren Merkmale numerische Vektoren sind $\mathbf{x} = (x_1, \ldots, x_n)^T \in \mathbb{R}^n$. In einigen Anwendungsbereichen, wie der natürlichen Sprachverarbeitung, gibt es keine offensichtliche natürliche Wahl für numerische Merkmale. Da jedoch ML-Methoden, die auf dem Hypothesenraum (2.4) basieren, gut entwickelt sind (unter Verwendung numerischer linearer Algebra), könnte es nützlich sein, numerische Merkmale auch für nicht-numerische Daten (wie Text) zu konstruieren. Für Textdaten gab es in jüngster Zeit erhebliche Fortschritte bei Methoden, die einen vom Menschen generierten Text in Sequenzen von Vektoren abbilden (siehe [25, Kap. 12] für weitere Details). Darüber hinaus wird Abschn. 9.3 einen Ansatz zur Generierung numerischer Merkmale für Datenpunkte diskutieren, die eine intrinsische Vorstellung von Ähnlichkeit haben.

2.2.2 *Die Größe eines Hypothesenraums*

Die Vorstellung, dass ein Hypothesenraum zu klein oder zu groß sein kann, kann auf verschiedene Weisen präzisiert werden. Die Größe eines endlichen Hypothesenraums $\mathcal{H}$ kann als seine Kardinalität $|\mathcal{H}|$ definiert werden, die einfach die Anzahl seiner Elemente ist. Betrachten Sie zum Beispiel Datenpunkte, die durch $100 \times 10 = 1000$ Schwarz-Weiß-Pixel dargestellt und durch ein binäres Label $y \in \{0, 1\}$ charakterisiert werden. Wir können solche Datenpunkte mit dem Merkmalsraum $\mathcal{X} = \{0, 1\}^{1000}$ und dem Labelraum $\mathcal{Y} = \{0, 1\}$ modellieren. Der größtmögliche Hypothesenraum $\mathcal{H} = \mathcal{Y}^{\mathcal{X}}$ besteht aus allen Abbildungen von $\mathcal{X}$ nach $\mathcal{Y}$. Die Größe oder Kardinalität dieses Raums ist $|\mathcal{H}| = 2^{2^{1000}}$.

Viele ML-Methoden verwenden einen Hypothesenraum, der unendlich viele verschiedene Prädiktorabbildungen enthält (siehe z. B. (2.4)). Für einen unendlichen Hypothesenraum können wir die Anzahl seiner Elemente nicht als Maß für seine Größe verwenden. Tatsächlich ist die Anzahl der Elemente für einen unendlichen Hypothesenraum nicht gut definiert. Daher messen wir die Größe eines Hypothesenraums $\mathcal{H}$ mit seiner effektiven Dimension $d_{\mathrm{eff}}(\mathcal{H})$.

Betrachten Sie einen Hypothesenraum $\mathcal{H}$, bestehend aus Abbildungen $h : \mathcal{X} \rightarrow \mathcal{Y}$, die die Merkmale $\mathbf{x} \in \mathcal{X}$ einlesen und ein vorhergesagtes Label $\hat{y} = h(\mathbf{x}) \in \mathcal{Y}$ ausgeben. Wir definieren die effektive Dimension $d_{\mathrm{eff}}(\mathcal{H})$ von $\mathcal{H}$ als die maximale Anzahl $D \in \mathbb{N}$, so dass für jede Menge $\mathcal{D} = \{(\mathbf{x}^{(1)}, y^{(1)}), \ldots, (\mathbf{x}^{(D)}, y^{(D)})\}$ von D Datenpunkten mit unterschiedlichen Merkmalen, wir immer eine Hypothese $h \in \mathcal{H}$ finden können, die die Labels perfekt passt, $y^{(i)} = h(\mathbf{x}^{(i)})$ für $i = 1, \ldots, D$.

Die effektive Dimension eines Hypothesenraums steht in engem Zusammenhang mit der Vapnik-Chervonenkis (VC) Dimension [26]. Die Vapnik-Chervonenkis (VC) Dimension ist vielleicht das am häufigsten verwendete Konzept zur Messung der Größe von unendlichen Hypothesenräumen [19, 26–28]. Die genaue Definition der Vapnik-Chervonenkis (VC) Dimension geht jedoch über den Rahmen dieses Buches hinaus. Darüber hinaus erfasst die effektive Dimension die meisten relevanten Eigenschaften der Vapnik-Chervonenkis (VC) Dimension für unsere Zwecke. Für eine genaue Definition der Vapnik-Chervonenkis (VC) Dimension und eine Diskussion ihrer Anwendungen in ML verweisen wir auf [27].

Lassen Sie uns unser Konzept für die Größe eines Hypothesenraums anhand von zwei Beispielen veranschaulichen: lineare Regression und polynomiale Regression. Die lineare Regression verwendet den Hypothesenraum

$$\mathcal{H}^{(n)} = \{h : \mathbb{R}^n \to \mathbb{R} : h(\mathbf{x}) = \mathbf{w}^T\mathbf{x} \text{ mit irgendeinem Vektor } \mathbf{w} \in \mathbb{R}^n\}.$$

Betrachten Sie einen Datensatz $\mathcal{D} = \{(\mathbf{x}^{(1)}, y^{(1)}), \ldots, (\mathbf{x}^{(m)}, y^{(m)})\}$ bestehend aus m Datenpunkten. Wir bezeichnen diese Anzahl auch als Stichprobengröße des Datensatzes. Jeder Datenpunkt ist durch einen Merkmalsvektor $\mathbf{x}^{(i)} \in \mathbb{R}^n$ und ein numerisches Label $y^{(i)} \in \mathbb{R}$ gekennzeichnet.

Nehmen wir an, dass Datenpunkte Realisierungen von kontinuierlichen i.i.d. Zufallsvariablen mit einer gemeinsamen Wahrscheinlichkeitsdichtefunktion sind. Unter dieser Annahme ist die Matrix

$$\mathbf{X} = \left(\mathbf{x}^{(1)}, \ldots, \mathbf{x}^{(m)}\right) \in \mathbb{R}^{n \times m},$$

die durch Stapeln (spaltenweise) der Merkmalsvektoren $\mathbf{x}^{(i)}$ (für $i = 1, \ldots, m$), mit Wahrscheinlichkeit eins vollständig ist. Grundlegende Ergebnisse der linearen Algebra ermöglichen es zu zeigen, dass die Datenpunkte in $\mathcal{D}$ perfekt durch eine lineare Abbildung $h \in \mathcal{H}^{(n)}$ dargestellt werden können, solange $m \leq n$. Sobald die Anzahl m der Datenpunkte nicht strikt größer ist als die Anzahl der Merkmale, die jeden Datenpunkt charakterisieren, d. h., $m \leq n$, können wir (mit Wahrscheinlichkeit eins) einen Gewichtsvektor $\widehat{\mathbf{w}}$ finden, so dass $y^{(i)} = \widehat{\mathbf{w}}^T\mathbf{x}^{(i)}$ für alle $i = 1, \ldots, m$. Die effektive Dimension des linearen Hypothesenraums $\mathcal{H}^{(n)}$ ist daher $D = n$.

Als zweites Beispiel betrachten wir den Hypothesenraum $\mathcal{H}^{(n)}_{\text{poly}}$, der aus der Menge der Polynome mit maximalem Grad n besteht. Der Fundamentalsatz der Algebra besagt, dass jede Menge von m Datenpunkten mit unterschiedlichen Merkmalen perfekt durch ein Polynom des Grades n angepasst werden kann, solange $n \geq m$. Daher ist die effektive Dimension des Hypothesenraums $\mathcal{H}^{(n)}_{\text{poly}}$ $D = n$. Abschn. 3.2 diskutiert die Polynomregression im Detail.

2.3 Der Verlust

Jede ML-Methode verwendet einen (mehr oder weniger expliziten) Hypothesenraum $\mathcal{H}$, der aus allen **rechnerisch machbaren** Vorhersagekarten h besteht. Welche Vorhersagekarte h aus allen Karten im Hypothesenraum $\mathcal{H}$ ist die beste für das vorliegende ML-Problem? Um diese Frage zu beantworten, verwenden ML-Methoden das Konzept einer **Verlustfunktion.** Formal ist eine Verlustfunktion eine Abbildung

$$L : \mathcal{X} \times \mathcal{Y} \times \mathcal{H} \rightarrow \mathbb{R}_+ : \big((\mathbf{x}, y), h\big) \mapsto L((\mathbf{x}, y), h)$$

die einem Paar, bestehend aus einem Datenpunkt mit Merkmalen $\mathbf{x}$ und Label y, und einer Hypothese $h \in \mathcal{H}$ die nicht-negative reale Zahl $L((\mathbf{x}, y), h)$ zuweist.

Der Verlustwert $L((\mathbf{x}, y), h)$ quantifiziert die Diskrepanz zwischen dem wahren Label y und dem vorhergesagten Label $h(\mathbf{x})$. Ein kleiner (nahe Null) Wert $L((\mathbf{x}, y), h)$ deutet auf eine geringe Diskrepanz zwischen vorhergesagtem Label und wahrem Label eines Datenpunkts hin. Abb. 2.11 zeigt eine Verlustfunktion für einen gegebenen Datenpunkt, mit Merkmalen $\mathbf{x}$ und Label y, als Funktion der Hypothese $h \in \mathcal{H}$. Das grundlegende Prinzip von ML-Methoden kann dann formuliert werden als: Lernen (Finden) einer Hypothese aus einem gegebenen Hypothesenraum $\mathcal{H}$, die einen minimalen Verlust $L((\mathbf{x}, y), h)$ für jeden Datenpunkt verursacht (siehe Kap. 4).

Ähnlich wie die Wahl des Hypothesenraums $\mathcal{H}$, der in einer ML-Methode verwendet wird, ist auch die Verlustfunktion eine Designwahl. Wir werden einige weit verbreitete Beispiele für Verlustfunktionen in den Abschn. 2.3.1 und 2.3.2 diskutieren. Die Wahl der Verlustfunktion sollte die Rechenkomplexität der Suche im Hypothesenraum nach einer Hypothese mit minimalem Verlust berücksichtigen. Betrachten Sie eine ML-Methode, die einen Hypothesenraum verwendet, der durch einen Gewichtsvektor parametrisiert ist, und eine Verlustfunktion, die eine konvexe und differenzierbare (glatte) Funktion des Gewichtsvektors ist. In diesem Fall kann die Suche nach einer Hypothese mit geringem Verlust effizient mit den in Kap. 5 diskutierten gradientenbasierten Methoden durchgeführt werden. Die Minimierung einer Verlustfunktion, die entweder nicht konvex oder nicht differenzierbar ist, ist typischerweise rechnerisch viel schwieriger. Abschn. 4.2 diskutiert die Rechenkomplexitäten verschiedener Arten von Verlustfunktionen genauer.

Neben rechnerischen Aspekten sollte die Wahl der Verlustfunktion auch statistische Aspekte berücksichtigen. Einige Verlustfunktionen führen zu ML-Methoden, die robuster gegen Ausreißer sind (siehe Abschn. 3.3 und 3.7). Die

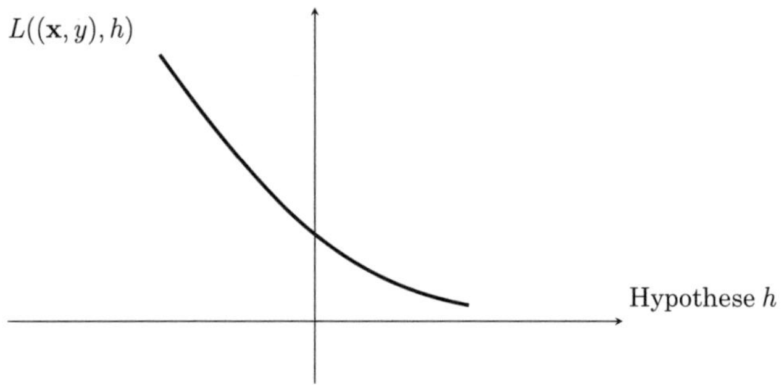

Abb. 2.11 Eine Verlustfunktion $L((\mathbf{x}, y), h)$ für einen festen Datenpunkt, mit Merkmalen $\mathbf{x}$ und Label y, und variierender Hypothese h. ML-Methoden versuchen, eine Hypothese zu finden (zu lernen), die einen minimalen Verlust verursacht

Wahl der Verlustfunktion könnte auch durch probabilistische Modelle für die in einer ML-Anwendung generierten Daten geleitet werden. Abschn. 3.12 erläutert, wie das Prinzip der maximalen Wahrscheinlichkeit der statistischen Inferenz eine explizite Konstruktion von Verlustfunktionen in Bezug auf eine (angenommene) Wahrscheinlichkeitsverteilung für Datenpunkte liefert.

Die Wahl der Verlustfunktion zur Bewertung der Qualität einer Hypothese könnte auch durch ihre Interpretierbarkeit beeinflusst werden. Abschn. 2.3.2 diskutiert Verlustfunktionen für Hypothesen, die dazu dienen, Datenpunkte in zwei Kategorien zu klassifizieren. Es scheint natürlich, die Qualität einer solchen Hypothese durch die durchschnittliche Anzahl falsch klassifizierter Datenpunkte zu messen, was genau dem durchschnittlichen 0/1-Verlust (2.9) entspricht (siehe Abschn. 2.3.2). Daher kann der durchschnittliche 0/1-Verlust als Fehlklassifikations- (oder Fehler-) Rate interpretiert werden. Die Verwendung des durchschnittlichen 0/1-Verlusts zum Erlernen einer genauen Hypothese führt jedoch zu rechnerisch anspruchsvollen Problemen. Abschn. 2.3.2 stellt den logistischen Verlust als rechnerisch attraktive alternative Wahl für die Verlustfunktion in binären Klassifikationsproblemen vor.

Die oben genannten Aspekte (Berechnung, Statistik, Interpretierbarkeit) führen typischerweise zu konfliktierenden Zielen bei der Wahl einer Verlustfunktion. Eine Verlustfunktion, die günstige statistische Eigenschaften hat, könnte eine hohe rechnerische Komplexität der resultierenden ML-Methode verursachen. Verlustfunktionen, die zu rechnerisch effizienten ML-Methoden führen, ermöglichen möglicherweise keine einfache Interpretation (was bedeutet es, wenn der logistische Verlust einer Hypothese in einem binären Klassifikationsproblem 10^{-1} ist?). Es könnte daher nützlich sein, verschiedene Verlustfunktionen für die Suche nach einer guten Hypothese (siehe Kap. 4) und für ihre endgültige Bewertung zu verwenden. Abb. 2.12 zeigt ein Beispiel für zwei solche Verlustfunktionen, eine

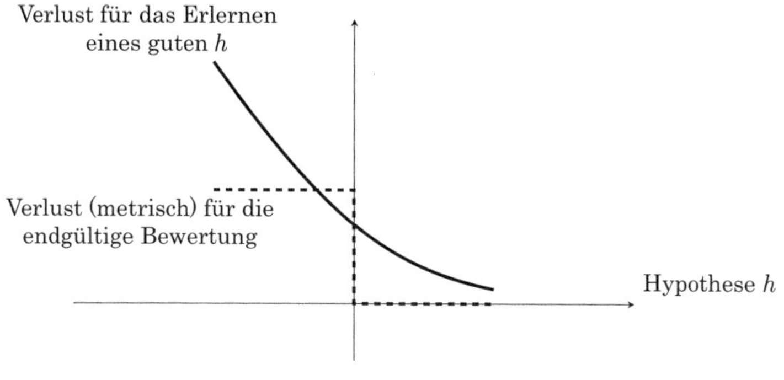

Abb. 2.12 Zwei verschiedene Verlustfunktionen für einen gegebenen Datenpunkt und variierende Hypothese h. Eine Verlustfunktion (feste Kurve) wird verwendet, um eine gute Hypothese durch Minimierung des Verlusts zu lernen. Eine andere Verlustfunktion (gestrichelte Kurve) wird für die endgültige Leistungsbewertung der gelernten Hypothese verwendet. Die für die endgültige Leistungsbewertung verwendete Verlustfunktion wird als Metrik bezeichnet

davon wird verwendet, um eine Hypothese durch Minimierung des Verlusts zu lernen und die andere wird für die endgültige Leistungsbewertung verwendet.

Zum Beispiel könnten wir in einem binären Klassifikationsproblem den logistischen Verlust verwenden, um (zu lernen) eine genaue Hypothese mit den Optimierungsmethoden in Kap. 4 zu suchen. Der logistische Verlust ist für diesen Zweck attraktiv, da er effiziente gradientenbasierte Methoden (siehe Kap. 5) zur Suche nach einer genauen Hypothese ermöglicht. Nachdem wir (gelernt haben) eine genaue Hypothese gefunden haben, verwenden wir den durchschnittlichen 0/1-Verlust für die endgültige Leistungsbewertung. Der 0/1-Verlust ist für diesen Zweck attraktiv, da er als Fehler- oder Fehlklassifikationsrate interpretiert werden kann. Die für die endgültige Leistungsbewertung einer gelernten Hypothese verwendete Verlustfunktion wird manchmal als Metrik bezeichnet.

2.3.1 Verlustfunktionen für numerische Labels

Für ML-Probleme, die Datenpunkte mit numerischen Labels $y \in \mathbb{R}$ betreffen, d. h. für Regressionsprobleme (siehe Abschn. 2.1.2), kann eine häufig verwendete (erste) Wahl für die Verlustfunktion der **quadratische Fehlerverlust**

$$L((\mathbf{x}, y), h) := \big(y - \underbrace{h(\mathbf{x})}_{=\hat{y}}\big)^2. \tag{2.8}$$

sein. Der quadratische Fehlerverlust (2.8) hängt von den Merkmalen $\mathbf{x}$ nur über den vorhergesagten Labelwert $\hat{y} = h(\mathbf{x})$ ab. Wir können den quadratischen Fehlerverlust ausschließlich anhand der Vorhersage $h(\mathbf{x})$ und dem wahren Labelwert y bewerten. Neben der Vorhersage $h(\mathbf{x})$ sind keine weiteren Eigenschaften der Merkmale $\mathbf{x}$ erforderlich, um den quadratischen Fehlerverlust zu bestimmen. Wir werden die Notation etwas missbrauchen und die Abkürzung $L(y, \hat{y})$ für jede Verlustfunktion verwenden, die von den Merkmalen $\mathbf{x}$ nur über das vorhergesagte Label $\hat{y} = h(\mathbf{x})$ abhängt. Abb. 2.13 zeigt den quadratischen Fehlerverlust als Funktion des Vorhersagefehlers $y - \hat{y}$.

Der quadratische Fehlerverlust (2.8) hat ansprechende rechnerische und statistische Eigenschaften. Für lineare Prädiktorkarten $h(\mathbf{x}) = \mathbf{w}^T\mathbf{x}$ ist der quadratische Fehlerverlust eine konvexe und differenzierbare Funktion des Gewichtsvektors $\mathbf{w}$. Dies ermöglicht wiederum eine effiziente Suche nach dem optimalen linearen Prädiktor mit Hilfe effizienter iterativer Optimierungsmethoden (siehe Kap. 5). Der quadratische Fehlerverlust hat auch eine nützliche Interpretation in Bezug auf ein probabilistisches Modell für die Merkmale und Labels. Die Minimierung des quadratischen Fehlerverlusts entspricht der Maximum-Likelihood-Schätzung innerhalb eines linearen Gauß-Modells [28, Abschn. 2.6.3].

Eine andere in Regressionsproblemen verwendete Verlustfunktion ist der absolute Fehlerverlust $|\hat{y} - y|$. Die Verwendung dieser Verlustfunktion zur Steuerung des Lernens eines Prädiktors führt zu Methoden, die robust gegenüber

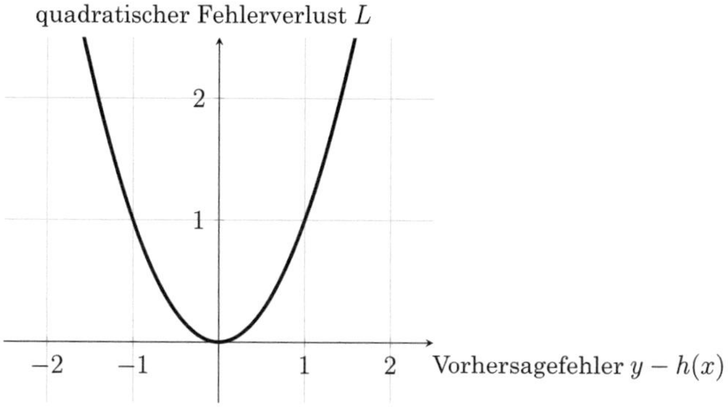

Abb. 2.13 Eine häufig verwendete Wahl für die Verlustfunktion bei Regressionsproblemen (mit Datenpunkten, die numerische Labels haben) ist der quadratische Fehlerverlust (2.8). Beachten Sie, dass wir den quadratischen Fehlerverlust für eine gegebene Hypothese h nur bewerten können, wenn wir die Merkmale $\mathbf{x}$ und das Label y des Datenpunkts kennen

wenigen Ausreißern im Trainingsset sind (siehe Abschn. 3.3). Diese verbesserte Robustheit geht jedoch auf Kosten einer erhöhten rechnerischen Komplexität bei der Minimierung des (nicht differenzierbaren) absoluten Fehlerverlusts im Vergleich zum (differenzierbaren) quadratischen Fehlerverlust (2.8).

2.3.2 Verlustfunktionen für kategoriale Labels

Klassifikationsprobleme beinhalten Datenpunkte, deren Labels Werte aus einem diskreten Labelraum annehmen $\mathcal{Y}$. Im Folgenden konzentrieren wir uns, sofern nicht anders angegeben, auf binäre Klassifikationsprobleme. Darüber hinaus nehmen wir ohne Einschränkung der Allgemeinheit an, dass die Labelwerte $\mathcal{Y} = \{-1, 1\}$ sind. Klassifikationsmethoden zielen darauf ab, einen Klassifikator zu lernen, der die Merkmale $\mathbf{x}$ eines Datenpunkts auf ein vorhergesagtes Label $\hat{y} \in \mathcal{Y}$ abbildet.

Wir implementieren einen Klassifikator, indem wir den Wert $h(\mathbf{x}) \in \mathbb{R}$ einer Hypothese, die beliebige reale Zahlen liefern kann, schwellen. Dann klassifizieren wir einen Datenpunkt als $\hat{y} = 1$ wenn $h(\mathbf{x}) > 0$ und $\hat{y} = -1$ sonst. Daher wird das vorhergesagte Label aus dem Vorzeichen des Werts $h(\mathbf{x})$ ermittelt. Während das Vorzeichen von $h(\mathbf{x})$ das Klassifikationsergebnis bestimmt, d. h., das vorhergesagte Label $\hat{y}$, interpretieren wir den absoluten Wert $|h(\mathbf{x})|$ als das Vertrauen in diese Klassifikation.

Grundsätzlich können wir die Qualität einer Hypothese messen, wenn sie zur Klassifikation von Datenpunkten mit dem quadratischen Fehlerverlust (2.8) verwendet wird. Allerdings ist der quadratische Fehler typischerweise ein schlechtes Maß für die Qualität einer Hypothese $h(\mathbf{x})$, die zur Klassifikation

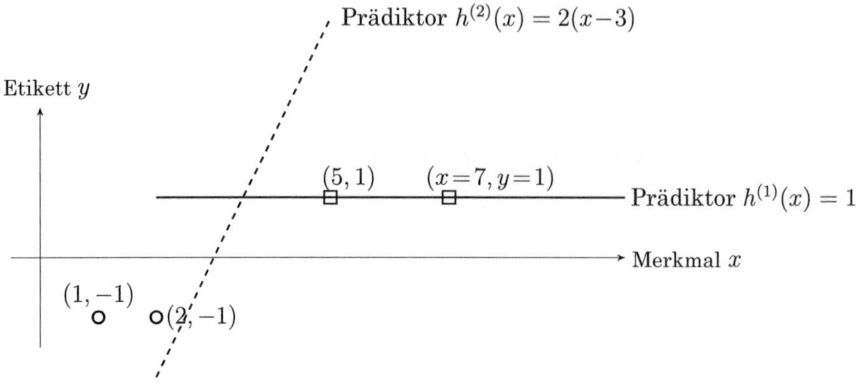

Abb. 2.14 Eine Trainingsmenge bestehend aus vier Datenpunkten mit binären Labels $\hat{y}^{(i)} \in \{-1, 1\}$. Die Minimierung des quadratischen Fehlerverlusts (2.8) würde den (schlechten) Klassifikator $h^{(1)}$ dem (vernünftigen) Klassifikator $h^{(2)}$ vorziehen.

eines Datenpunkts mit binärem Label $y \in \{-1, 1\}$ verwendet wird. Abb. 2.14 veranschaulicht, wie der quadratische Fehlerverlust einer Hypothese in einem binären Klassifikationsproblem irreführend sein kann.

Abb. 2.14 zeigt einen Datensatz, der aus $m = 4$ Datenpunkten mit binären Labels $y^{(i)} \in \{-1, 1\}$ besteht, für $i = 1, \ldots, m$. Die Abbildung zeigt auch zwei Kandidatenhypothesen $h^{(1)}(x)$ und $h^{(2)}(x)$, die zur Klassifizierung von Datenpunkten verwendet werden können. Die Klassifikationen $\hat{y}$, die mit der Hypothese $h^{(2)}(x)$ erzielt wurden, würden perfekt zu den Labels der vier Trainingsdatenpunkte passen, da $h^{(2)}\big(x^{(i)}\big) \geq 0$ wenn und nur wenn $y^{(i)} = 1$. Im Gegensatz dazu sind die Klassifikationen $\hat{y}^{(i)}$, die durch Schwellenwertbildung von $h^{(1)}(x)$ erzielt wurden, falsch für Datenpunkte mit $y = -1$. Daher würden wir auf Basis der Trainingsdaten bevorzugen, $h^{(2)}(x)$ anstelle von $h^{(1)}$ zur Klassifizierung von Datenpunkten zu verwenden. Der quadratische Fehlerverlust, der durch den (vernünftigen) Klassifikator $h^{(2)}$ verursacht wird, ist jedoch viel größer als der quadratische Fehlerverlust, der durch den (schlechten) Klassifikator $h^{(1)}$ verursacht wird. Der quadratische Fehlerverlust ist typischerweise eine schlechte Wahl zur Beurteilung der Qualität einer Hypothesenkarte, die zur Klassifizierung von Datenpunkten in verschiedene Kategorien verwendet wird.

Im Allgemeinen möchten wir, dass die Verlustfunktion eine Hypothese bestraft (große Werte liefert für), die sehr zuversichtlich ist ($|h(\mathbf{x})|$ ist groß) bei einer falschen Klassifizierung ($\hat{y} \neq y$). Darüber hinaus sollte eine gute Verlustfunktion eine Hypothese nicht bestrafen (kleine Werte liefern für), die sehr zuversichtlich ist ($|h(\mathbf{x})|$ ist groß) bei einer korrekten Klassifizierung ($\hat{y} = y$). Allerdings liefert der quadratische Verlust aufgrund seiner Definition große Werte, wenn das Vertrauen $|h(\mathbf{x})|$ groß ist, unabhängig davon, ob die resultierende Klassifizierung korrekt oder falsch ist.

Wir diskutieren nun einige Verlustfunktionen, die sich als nützlich erwiesen haben, um die Qualität einer Hypothese zu bewerten, die zur Klassifizierung von Datenpunkten verwendet wird. Sofern nicht anders angegeben, gelten die Formeln für diese Verlustfunktionen nur, wenn die Labelwerte die reellen Zahlen -1 und 1 sind, d. h., wenn der Labelraum $\mathcal{Y} = \{-1, 1\}$ ist. Diese Formeln müssen entsprechend geändert werden, wenn man für ein binäres Klassifizierungsproblem andere Labelwerte bevorzugt. Zum Beispiel könnten wir anstelle des Labelraums $\mathcal{Y} = \{-1, 1\}$ genauso gut den Labelraum $\mathcal{Y} = \{0, 1\}$, oder $\mathcal{Y} = \{\square, \triangle\}$ or $\mathcal{Y} = \{$ "Class 1", "Class 2"$\}$ verwenden.

Die erste Verlustfunktion, die wir diskutieren, ist die direkte Formalisierung der natürlichen Anforderung, dass eine Hypothese zu korrekten Klassifikationen führen sollte, d. h., $\hat{y} = y$ für jeden Datenpunkt. Dies legt nahe, eine Hypothese $h(\mathbf{x})$ durch Minimierung des 0/1-Verlusts zu lernen

$$L((\mathbf{x}, y), h) := \begin{cases} 1 & \text{wenn } y \neq \hat{y} \\ 0 & \text{sonst,} \end{cases} \quad \text{mit } \hat{y} = 1 \text{ für } h(\mathbf{x}) \geq 0, \text{ und } \hat{y} = -1 \text{ für } h(\mathbf{x}) < 0. \tag{2.9}$$

Abb. 2.15 veranschaulicht den 0/1-Verlust (2.9) für einen Datenpunkt mit Merkmalen $\mathbf{x}$ und Label $y=1$ als Funktion des Hypothesenwerts $h(\mathbf{x})$. Der 0/1-Verlust ist gleich null, wenn die Hypothese eine korrekte Klassifikation liefert $\hat{y} = y$. Bei einer falschen Klassifikation $\hat{y} \neq y$ ergibt der 0/1-Verlust den Wert eins. Der 0/1-Verlust (2.9) ist konzeptionell ansprechend, wenn Datenpunkte als Realisierungen von i.i.d. Zufallsvariablen mit der gleichen Wahrscheinlichkeitsverteilung $p(\mathbf{x}, y)$ interpretiert werden. Gegeben m Realisierungen $\{(\mathbf{x}^{(i)}, y^{(i)})\}_{i=1}^{m}$ solcher i.i.d. Zufallsvariablen,

$$(1/m) \sum_{i=1}^{m} L((\mathbf{x}^{(i)}, y^{(i)}), h) \approx p(y \neq \hat{y}) \tag{2.10}$$

mit hoher Wahrscheinlichkeit für ausreichend große Stichprobengröße m. Eine genaue Formulierung der Approximation (2.10) kann aus dem Gesetz der großen

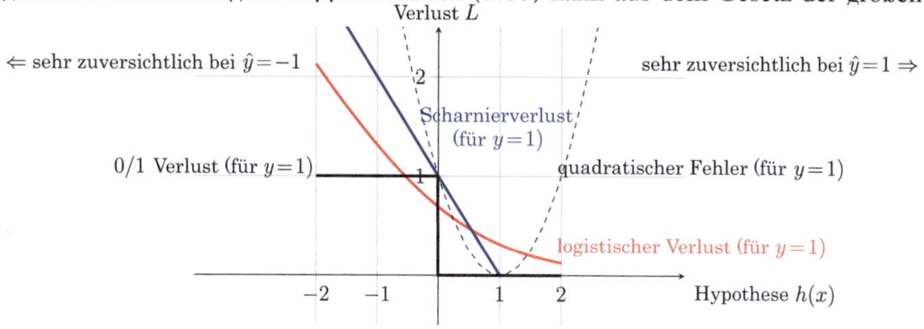

Abb. 2.15 Die festen Kurven stellen drei weit verbreitete Verlustfunktionen für binäre Klassifikationsprobleme dar. Ein Datenpunkt wird als $\hat{y} = 1$ klassifiziert, wenn $h(x) \geq 0$ und als $\hat{y} = -1$ klassifiziert, wenn $h(x) < 0$. Wir können den absoluten Wert $|h(x)|$ als das Vertrauen in die Klassifikation interpretieren. Je sicherer wir uns bei einer korrekten Klassifikation ($\hat{y}=1$) sind, d. h., je positiver $h(x)$, desto kleiner ist der Verlust. Beachten Sie, dass jede der drei Verlustfunktionen für binäre Klassifikation monoton auf 0 zustrebt, wenn $h(x)$ zunimmt. Die gestrichelte Kurve stellt den quadratischen Fehlerverlust (2.8) dar, der für zunehmendes $h(x)$ zunimmt.

Zahlen [18, Abschn. 1] abgeleitet werden. Wir können das Gesetz der großen Zahlen anwenden, da die Verlustwerte $L((\mathbf{x}^{(i)}, y^{(i)}), h)$ Realisierungen von i.i.d. Zufallsvariablen sind. Der durchschnittliche 0/1-Verlust auf der linken Seite von (2.10) wird als die **Genauigkeit** der Hypothese h bezeichnet.

In Anbetracht von (2.10) scheint der 0/1-Verlust eine sehr natürliche Wahl zur Beurteilung der Qualität eines Klassifikators zu sein, wenn unser Ziel darin besteht, eine korrekte Klassifikation durchzusetzen ($\hat{y} = y$). Diese ansprechende statistische Eigenschaft des 0/1-Verlusts geht jedoch mit einer hohen Rechenkomplexität einher. Tatsächlich ist der 0/1-Verlust (2.9) für einen gegebenen Datenpunkt $(\mathbf{x}, y)$ weder konvex noch differenzierbar, wenn er als Funktion des Klassifikators h betrachtet wird. Daher erfordert die Verwendung des 0/1-Verlusts für binäre Klassifikationsprobleme in der Regel fortgeschrittene Optimierungsmethoden zur Lösung des resultierenden Lernproblems (siehe Abschn. 3.8).

Um die Nicht-Konvexität des 0/1-Verlusts zu vermeiden, können wir ihn durch eine konvexe Verlustfunktion approximieren. Eine beliebte konvexe Approximation des 0/1-Verlusts ist der hinge Verlust

$$L((\mathbf{x}, y), h) := \max\{0, 1 - y \cdot h(\mathbf{x})\}. \tag{2.11}$$

Abb. 2.15 zeigt den Hinge-Verlust (2.11) als Funktion der Hypothese $h(\mathbf{x})$. Während der Hinge-Verlust die Nicht-Konvexität des 0/1-Verlusts vermeidet, ist er dennoch eine nicht differenzierbare Funktion des Klassifikators h. Nicht differenzierbare Verlustfunktionen sind in der Regel schwieriger zu minimieren, was auf eine höhere Rechenkomplexität der ML-Methode hinweist, die einen solchen Verlust verwendet.

Abschn. 3.6 diskutiert den logistischen Verlust, der eine differenzierbare Verlustfunktion ist, die für Klassifikationsprobleme nützlich ist. Der logistische Verlust

$$L((\mathbf{x}, y), h) := \log(1 + \exp(-yh(\mathbf{x}))), \tag{2.12}$$

wird in der logistischen Regression verwendet, um die Nützlichkeit einer linearen Hypothese $h(\mathbf{x}) = \mathbf{w}^T\mathbf{x}$ zu messen.

Betrachten Sie einen spezifischen Datenpunkt mit dem Merkmalsvektor $\mathbf{x} \in \mathbb{R}^n$ und einem binären Label $y \in \{-1, 1\}$. Wir verwenden eine lineare Hypothese $h^{(\mathbf{w})}(\mathbf{x}) = \mathbf{w}^T\mathbf{x}$, mit einem bestimmten Gewichtsvektor $\mathbf{w} \in \mathbb{R}^n$, um das Label basierend auf den Merkmalen $\mathbf{x}$ gemäß $\hat{y} = 1$ vorherzusagen, wenn $h^{(\mathbf{w})}(\mathbf{x}) = \mathbf{w}^T\mathbf{x} > 0$ und $\hat{y} = -1$ sonst. Dann sind sowohl der Hinge-Verlust (2.11) als auch der logistische Verlust (2.12) **konvexe Funktionen** des Gewichtsvektors $\mathbf{w} \in \mathbb{R}^n$. Der logistische Verlust (2.12) hängt stetig von $\mathbf{w}$ ab. Es handelt sich um eine differenzierbare Funktion im Sinne der Definition eines Gradienten in Bezug auf w. Im Gegensatz dazu ist der Hinge-Verlust (2.11) nicht glatt, was seine Minimierung schwieriger macht [29, Kap. 3].

ML-Methoden, die die konvexe und differenzierbare logistische Verlustfunktion verwenden, wie die logistische Regression in Abschn. 3.6, können einfache gradientenbasierte Methoden wie den Gradientenabstieg (GD) anwenden, um den durchschnittlichen Verlust zu minimieren (siehe Kap. 5). Im Gegensatz dazu können wir gradientenbasierte Methoden nicht verwenden, um den Hinge-Verlust zu minimieren, da er nicht differenzierbar ist. Wir können jedoch eine Verallgemeinerung von GD anwenden, die als Subgradientenabstieg bekannt ist [30] Der Subgradientenabstieg wird aus GD gewonnen, indem das Konzept eines Gradienten auf das eines Subgradienten verallgemeinert wird.

2.3.3 Verlustfunktionen für ordinale Labelwerte

Es gibt auch Verlustfunktionen, die besonders gut für die Vorhersage von ordinalen Labelwerten geeignet sind (siehe Abschn. 2.1). Betrachten Sie Datenpunkte, die Flächenbilder von rechteckigen Bereichen der Größe 1 km mal 1 km darstellen. Wir charakterisieren jeden Datenpunkt (rechteckiger Bereich) durch den Merkmalsvektor $\mathbf{x}$, der durch Stapeln der RGB-Werte jedes Bildpixels erzeugt wird (siehe Abb. 2.4). Neben dem Merkmalsvektor wird jeder rechteckige Bereich durch ein Label $y \in \{1, 2, 3\}$ charakterisiert, wobei

- $y = 1$ bedeutet, dass das Gebiet keine Bäume enthält.
- $y = 2$ bedeutet, dass das Gebiet teilweise von Bäumen bedeckt ist.
- $y = 3$ bedeutet, dass das Gebiet vollständig von Bäumen bedeckt ist.

So könnten wir sagen, dass der Labelwert $y = 2$ „größer" ist als der Labelwert $y = 1$ und der Labelwert $y = 3$ „größer" ist als der Labelwert $y = 2$. Es könnte nützlich sein, die Reihenfolge der Labelwerte zu berücksichtigen, wenn die Qualität der Vorhersagen bewertet wird, die durch eine Hypothese $h(\mathbf{x})$ erzielt werden.

Betrachten Sie einen Datenpunkt mit Merkmalsvektor $\mathbf{x}$ und Label $y = 1$ sowie zwei verschiedene Hypothesen $h^{(a)}, h^{(b)} \in \mathcal{H}$. Die Hypothese $h^{(a)}$ liefert das vorhergesagte Label $\hat{y}^{(a)} = h^{(a)}(\mathbf{x}) = 2$, während die andere Hypothese $h^{(b)}$ das vorhergesagte Label $\hat{y}^{(a)} = h^{(a)}(\mathbf{x}) = 3$ liefert. Beide Vorhersagen sind falsch, da sie sich vom wahren Labelwert $y = 1$ unterscheiden. Es scheint vernünftig, die Vorhersage $\hat{y}^{(a)}$ als weniger falsch zu betrachten als die Vorhersage $\hat{y}^{(b)}$ und daher würden wir die Hypothese $h^{(a)}$ gegenüber $h^{(b)}$ bevorzugen. Der 0/1-Verlust ist jedoch für $h^{(a)}$ und $h^{(b)}$ gleich und spiegelt daher nicht unsere Präferenz für $h^{(a)}$ wider. Wir müssen den 0/1-Verlust modifizieren (oder anpassen), um die anwendungsspezifische Ordnung der Labelwerte zu berücksichtigen. Für die oben genannte Anwendung könnten wir eine Verlustfunktion definieren über

$$L((\mathbf{x}, y), h) := \begin{cases} 0 & , \text{ als } y = h(\mathbf{x}) \\ 10 & , \text{ als } |y - h(\mathbf{x})| = 1 \\ 100 & \text{ansonsten.} \end{cases} \tag{2.13}$$

2.3.4 Empirisches Risiko

Die grundlegende Idee von ML-Methoden (einschließlich der in Kap. 3 diskutierten) besteht darin, eine Hypothese (aus einem gegebenen Hypothesenraum $\mathcal{H}$) zu finden (oder zu lernen), die bei Anwendung auf beliebige Datenpunkte einen minimalen Verlust verursacht. Um dieses informelle Ziel präzise zu machen, müssen wir spezifizieren, was wir unter „beliebiger Datenpunkt" verstehen. Einer der erfolgreichsten Ansätze zur Definition des Begriffs „beliebiger Datenpunkt" besteht in probabilistischen Modellen für die beobachteten Datenpunkte.

Das grundlegendste und am weitesten verbreitete probabilistische Modell interpretiert Datenpunkte $\left(\mathbf{x}^{(i)}, y^{(i)}\right)$ als Realisierungen von i.i.d. Zufallsvariablen mit einer gemeinsamen Wahrscheinlichkeitsverteilung $p(\mathbf{x}, y)$. Angesichts eines solchen probabilistischen Modells scheint es natürlich, die Qualität einer Hypothese anhand des erwarteten Verlusts oder des Bayes-Risikos [15]

$$\mathbb{E}\{L((\mathbf{x}, y), h)\} := \int_{\mathbf{x},y} L((\mathbf{x}, y), h) dp(\mathbf{x}, y). \tag{2.14}$$

zu messen. Das Bayes-Risiko ist der erwartete Wert des Verlusts $L((\mathbf{x}, y), h)$, der entsteht, wenn die Hypothese h auf (die Realisierung von) einen zufälligen Datenpunkt mit Merkmalen $\mathbf{x}$ und Label y angewendet wird. Beachten Sie, dass die Berechnung des Bayes-Risikos (2.15) die gemeinsame Wahrscheinlichkeitsverteilung $p(\mathbf{x}, y)$ der (zufälligen) Merkmale und des Labels von Datenpunkten erfordert.

Das Bayes-Risiko scheint eine vernünftige Leistungsmessung für eine Hypothese h zu sein. Tatsächlich ist das Bayes-Risiko einer Hypothese nur dann klein, wenn die Hypothese im Durchschnitt einen geringen Verlust für Datenpunkte verursacht, die aus der Wahrscheinlichkeitsverteilung $p(\mathbf{x}, y)$ gezogen werden. Es kann jedoch herausfordernd sein zu überprüfen, ob die in einem bestimmten Anwendungsbereich generierten Datenpunkte genau als Realisierungen (Ziehungen) aus einer Wahrscheinlichkeitsverteilung $p(\mathbf{x}, y)$ modelliert werden können. Darüber hinaus ist es oft auch der Fall, dass wir die korrekte Wahrscheinlichkeitsverteilung $p(\mathbf{x}, y)$ nicht kennen.

Gehen wir für den Moment davon aus, dass Datenpunkte als i.i.d. Realisierungen einer gemeinsamen Wahrscheinlichkeitsverteilung $p(\mathbf{x}, y)$ erzeugt werden, die bekannt ist. Es scheint vernünftig, eine Hypothese h^* zu lernen, die das minimale Bayes-Risiko verursacht,

$$\mathbb{E}\{L((\mathbf{x}, y), h^*)\} := \min_{h \in \mathcal{H}} \mathbb{E}\{L((\mathbf{x}, y), h)\}. \tag{2.15}$$

Eine Hypothese, die (2.15) löst, d. h., die das minimal mögliche Bayes-Risiko erreicht, wird als Bayes-Schätzer bezeichnet [15, Kap. 4]. Die Hauptrechenherausforderung beim Lernen der optimalen Hypothese ist die effiziente (numerische) Lösung des Optimierungsproblems (2.15). Effiziente Methoden zur Lösung des

Optimierungsproblems (2.15) werden innerhalb der Schätzungstheorie untersucht [15 , 31].

Der Fokus dieses Buches liegt auf ML-Methoden, die keine Kenntnis der zugrunde liegenden Wahrscheinlichkeitsverteilung $p(\mathbf{x}, y)$ erfordern. Eines der am häufigsten verwendeten Prinzipien für diese ML-Methoden besteht darin, das Bayes-Risiko durch einen empirischen (Stichproben-) Durchschnitt über eine endliche Menge von gelabelten Daten $\mathcal{D} = \left(\mathbf{x}^{(1)}, y^{(1)}\right), \ldots, \left(\mathbf{x}^{(m)}, y^{(m)}\right)$ zu approximieren. Insbesondere definieren wir das empirische Risiko einer Hypothese $h \in \mathcal{H}$ für einen Datensatz $\mathcal{D}$ als

$$\widehat{L}(h|\mathcal{D}) = (1/m) \sum_{i=1}^{m} L((\mathbf{x}^{(i)}, y^{(i)}), h). \tag{2.16}$$

Das empirische Risiko der Hypothese $h \in \mathcal{H}$ ist der durchschnittliche Verlust an den Datenpunkten in $\mathcal{D}$. Um die Notationslast zu erleichtern, verwenden wir $\widehat{L}(h)$ als Abkürzung für $\widehat{L}(h|\mathcal{D})$ wenn der zugrunde liegende Datensatz $\mathcal{D}$ aus dem Kontext klar ist. Beachten Sie, dass das empirische Risiko im Allgemeinen sowohl von der Hypothese h als auch von den (Merkmale und Labels der) Datenpunkten im Datensatz $\mathcal{D}$ abhängt.

Wenn die Datenpunkte, die zur Berechnung des empirischen Risikos (2.16) verwendet werden, Realisierungen von i.i.d. Zufallsvariablen sind (als solche modelliert werden können), deren gemeinsame Verteilung $p(\mathbf{x}, y)$ ist, sagen uns grundlegende Ergebnisse der Wahrscheinlichkeitstheorie, dass

$$\mathbb{E}\{L((\mathbf{x}, y), h)\} \approx (1/m) \sum_{i=1}^{m} L((\mathbf{x}^{(i)}, y^{(i)}), h) \text{ bei ausreichend großem Stichprobenumfang } m. \tag{2.17}$$

Der Approximationsfehler in (2.17) kann genau durch einige der grundlegendsten Ergebnisse der Wahrscheinlichkeitstheorie quantifiziert werden. Diese Ergebnisse werden als das Gesetz der großen Zahlen bezeichnet.

Viele (wenn nicht die meisten) ML-Methoden sind motiviert durch (2.17), was darauf hindeutet, dass eine Hypothese mit kleinem empirischen Risiko (2.16) auch zu einem kleinen erwarteten Verlust führen wird. Der minimal mögliche erwartete Verlust wird durch den Bayes-Schätzer des Labels y, gegeben die Merkmale $\mathbf{x}$, erreicht. Um jedoch den optimalen Schätzer tatsächlich zu berechnen, müssten wir die (gemeinsame) Wahrscheinlichkeitsverteilung $p(\mathbf{x}, y)$ der Merkmale $\mathbf{x}$ und des Labels y kennen.

2.3.4.1 Verwirrungsmatrix

Betrachten Sie einen Datensatz $\mathcal{D}$ mit Datenpunkten, die durch Merkmalsvektoren $\mathbf{x}^{(i)}$ und Labels $y^{(i)} \in \{1, \ldots, k\}$ gekennzeichnet sind. Wir könnten den Labelwert eines Datenpunkts als den Index einer Kategorie oder Klasse interpretieren, zu der

der Datenpunkt gehört. Multiklassen-Klassifikationsprobleme zielen darauf ab, eine Hypothese h zu lernen, so dass $h(\mathbf{x}) \approx y$ für jeden Datenpunkt gilt.

Im Prinzip könnten wir die Qualität einer gegebenen Hypothese h durch den durchschnittlichen 0/1-Verlust messen, der bei den gelabelten Datenpunkten in (dem Trainingsset) $\mathcal{D}$ anfällt. Wenn der Datensatz $\mathcal{D}$ jedoch hauptsächlich Datenpunkte mit einem bestimmten Labelwert enthält, könnte der durchschnittliche 0/1-Verlust die Leistung von h für Datenpunkte mit einem der seltenen Labelwerte verschleiern. Tatsächlich könnte die Hypothese selbst bei einem sehr kleinen durchschnittlichen 0/1-Verlust schlecht für Datenpunkte einer Minderheitskategorie abschneiden.

Die Verwirrung Matrix verallgemeinert das Konzept des 0/1-Verlusts auf Anwendungsdomänen, in denen die relative Häufigkeit (Fraktion) von Datenpunkten mit einem bestimmten Labelwert erheblich variiert (unausgeglichene Daten). Anstatt nur den durchschnittlichen 0/1-Verlust zu betrachten, den eine Hypothese auf einem Datensatz $\mathcal{D}$ verursacht, verwenden wir eine ganze Familie von Verlustfunktionen. Insbesondere definieren wir für jedes Paar von Labelwerten $p, q \in \{1, \ldots, k\}$ den Verlust

$$L^{(p \to q)}\big((\mathbf{x}, y), h\big) := \begin{cases} 1 & \text{wenn } y = p \text{ und } h(\mathbf{x}) = q \\ 0 & \text{ansonsten.} \end{cases} \tag{2.18}$$

Wir berechnen dann den durchschnittlichen Verlust (2.18) auf dem Datensatz $\mathcal{D}$,

$$\widehat{L}^{(p \to q)}(h|\mathcal{D}) := (1/m) \sum_{i=1}^{m} L^{(p \to q)}\big((\mathbf{x}^{(i)}, y^{(i)}), h\big) \text{ für } p, q \in \{1, \ldots, k\}. \tag{2.19}$$

Es ist praktisch, die Werte (2.19) als Matrix zu arrangieren, die als Verwirrungsmatrix bezeichnet wird. Die Zeilen einer Verwirrungsmatrix entsprechen verschiedenen Labelwerten p von Datenpunkten. Die Spalten einer Verwirrungsmatrix entsprechen verschiedenen Werten q, die von der Hypothese $h(\mathbf{x})$ geliefert werden. Der (p, q)-te Eintrag der Verwirrungsmatrix ist $\widehat{L}^{(p \to q)}(h|\mathcal{D})$.

2.3.4.2 Präzision, Abruf und F-Maß

Betrachten Sie eine Objekterkennungsanwendung, bei der Datenpunkte Bilder darstellen. Das Label der Datenpunkte könnte die Anwesenheit ($y = 1$) oder Abwesenheit ($y = -1$) eines Objekts anzeigen, es ist dann üblich, die [32]

$$\text{Abruf} := \widehat{L}^{(1 \to 1)}(h|\mathcal{D}), \text{ und die Genauigkeit } := \frac{\widehat{L}^{(1 \to 1)}(h|\mathcal{D})}{\widehat{L}^{(1 \to 1)}(h|\mathcal{D}) + \widehat{L}^{(-1 \to 1)}(h|\mathcal{D})}. \tag{2.20}$$

Offensichtlich möchten wir eine Hypothese mit sowohl großem Abruf als auch großer Präzision finden. Diese beiden Ziele stehen jedoch typischerweise im

Konflikt, eine Hypothese mit hohem Abruf wird eine geringe Präzision haben. Je nach Anwendung könnten wir es vorziehen, einen hohen Abruf zu haben und eine geringere Präzision zu tolerieren.

Es könnte praktisch sein, den Abruf und die Präzision einer Hypothese in eine einzige Größe zu kombinieren,

$$F_1 := 2 \cdot \frac{\text{Präzision} \cdot \text{Abruf}}{\text{Präzision} + \text{Abruf}} \tag{2.21}$$

Das F-Maß (2.21) ist das harmonische Mittel [33] der Präzision und des Abrufs einer Hypothese h. Es ist ein Spezialfall des F_β -Scores

$$F_\beta := \left(1 + \beta^2\right) \cdot \frac{\text{Präzision} \cdot \text{Abruf}}{\beta^2\,\text{Präzision} + \text{Abruf}}. \tag{2.22}$$

Das F-Maß (2.21) wird aus (2.22) für die Wahl $\beta = 1$ ermittelt. Es ist daher üblich, auf (2.21) als den F_1-Score einer Hypothese h zu verweisen.

2.3.5 Bereuen

In einigen ML-Anwendungen haben wir möglicherweise Zugang zu den Vorhersagen, die von einigen Referenzmethoden oder **Experten** erhalten wurden. Die Qualität einer Hypothese h kann dann über die Differenz zwischen dem Verlust, der durch ihre Vorhersagen $h(\mathbf{x})$ und dem Verlust, der durch die Vorhersagen der Experten [34] entsteht, gemessen werden. Diese Differenz, die als **Bereuen** bezeichnet wird, misst, wie sehr wir es bereuen, die Vorhersage $h(\mathbf{x})$ anstelle der (folgenden) Vorhersage des Experten verwendet zu haben. Das Ziel der Bereuungsminimierung besteht darin, eine Hypothese zu lernen, die im Vergleich zu allen betrachteten Experten ein geringes Bereuen aufweist.

Das Konzept der Bereuungsminimierung ist nützlich, wenn wir keine probabilistischen Annahmen (siehe Abschn. 2.1.4) über die Daten machen. Ohne ein probabilistisches Modell können wir das Bayes-Risiko, das das Risiko des Bayes-Schätzers ist, nicht als Benchmark verwenden.

Techniken zur Bereuungsminimierung können entworfen und analysiert werden, ohne dass ein solches probabilistisches Modell für die Daten vorliegt [35]. Dieser Ansatz ersetzt das Bayes-Risiko durch das Bereuen im Verhältnis zu gegebenen Referenzvorhersagern (Experten) als Benchmark.

2.3.6 Belohnungen als Teilrückmeldungen

Einige Anwendungen beinhalten Datenpunkte, deren Labels so schwierig oder kostspielig zu bestimmen sind, dass wir nicht davon ausgehen können, überhaupt gelabelte Daten zur Verfügung zu haben. Ohne gelabelte Daten können wir die

Verlustfunktion für verschiedene Hypothesenoptionen nicht bewerten. Tatsächlich kommt die Bewertung der Verlustfunktion in der Regel darauf an, den Abstand zwischen vorhergesagtem Label und wahrem Label eines Datenpunkts zu messen. Anstatt eine Verlustfunktion zu bewerten, müssen wir uns auf eine indirekte Rückmeldung oder „Belohnung" verlassen, die die Nützlichkeit einer bestimmten Vorhersage anzeigt [35, 36].

Betrachten Sie das ML-Problem der Vorhersage der optimalen Lenkrichtungen für ein autonomes Auto. Die Vorhersage muss für jeden neuen Zustand des Autos neu berechnet werden. ML-Methoden können den Zustand über einen Merkmalsvektor $\mathbf{x}$ erfassen, dessen Einträge die Pixelintensitäten eines Schnappschusses sind. Das Ziel ist es, eine Hypothesenkarte von dem Merkmalsvektor $\mathbf{x}$ zu einer Vermutung $\hat{y} = h(\mathbf{x})$ für die optimale Lenkrichtung y (wahres Label) zu lernen. Es sei denn, das Auto fährt in einem kleinen Bereich mit festen Hindernissen herum, haben wir keinen Zugang zu gelabelten Datenpunkten oder Referenzfahrtszenen, für die wir bereits die optimale Lenkrichtung kennen. Stattdessen muss das Auto (Steuergerät) die Hypothese $h(\mathbf{x})$ ausschließlich auf der Grundlage der Rückmeldesignale lernen, die von verschiedenen Sensoren (Kameras, Abstandssensoren) erhalten werden.

2.4 Die Teile zusammenfügen

Das Hauptthema des Buches ist, dass ML-Methoden durch verschiedene Kombinationen von Daten, Modell und Verlust erzielt werden. Wir werden einige Schlüsselprinzipien hinter diesen Kombinaten in den folgenden Kapiteln ausführlich diskutieren. Lassen Sie uns ein Gefühl dafür entwickeln, wie ML-Methoden funktionieren, indem wir ein sehr einfaches ML-Problem betrachten. Dieses Problem beinhaltet Datenpunkte, die durch ein einziges numerisches Merkmal $x \in \mathbb{R}$ und ein numerisches Label $y \in \mathbb{R}$ gekennzeichnet sind. Wir gehen davon aus, dass wir Zugang zu m gelabelten Datenpunkten

$$\left(x^{(1)}, y^{(1)}\right), \ldots, \left(x^{(m)}, y^{(m)}\right) \tag{2.23}$$

haben, für die wir die wahren Labelwerte $y^{(i)}$ kennen.

Die Annahme, die genauen wahren Labelwerte $y^{(i)}$ für jeden Datenpunkt zu kennen, ist eine Idealisierung. Wir könnten oft mit Etikettierungs- oder Messfehlern konfrontiert sein, so dass die beobachteten Labels verrauschte Versionen des wahren Labels sind. Später werden wir Techniken diskutieren, die es ML-Methoden ermöglichen, mit verrauschten Labels in Kap. 7 umzugehen.

Unser Ziel ist es, eine (Hypothese) Karte $h : \mathbb{R} \rightarrow \mathbb{R}$ zu lernen, so dass $h(x) \approx y$ für jeden Datenpunkt gilt. Mit anderen Worten, gegeben einen beliebigen Datenpunkt mit Merkmal x, sollte der Funktionswert $h(x)$ eine genaue Annäherung an seinen Label-Wert y sein. Wir verlangen, dass die Karte zur Hypothesenraum $\mathcal{H}$ der linearen Karten gehört,

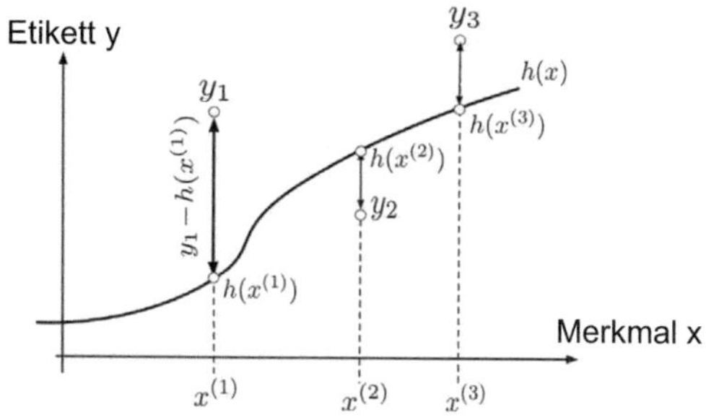

Abb. 2.16 Wir können die Qualität eines bestimmten Prädiktors $h \in \mathcal{H}$ messen, indem wir den Vorhersagefehler $y - h(x)$ für einen beschrifteten Datenpunkt (x, y) ermitteln.

$$h^{(w_0,w_1)}(x) = w_1 x + w_0. \tag{2.24}$$

Der Prädiktor (2.24) ist durch die Steigung w_1 und den Schnittpunkt (Bias oder Offset) w_0 parametrisiert. Wir kennzeichnen dies durch die Notation $h^{(w_0,w_1)}$. Eine bestimmte Wahl für die Gewichte w_1, w_0 definiert eine lineare Hypothese $h^{(w_0,w_1)}(x) = w_1 x + w_0$.

Lassen Sie uns die lineare Hypothesenkarte $h^{(w_0,w_1)}(x)$ verwenden, um die Labels der Trainingsdatenpunkte vorherzusagen. Im Allgemeinen werden die Vorhersagen $\hat{y}^{(i)} = h^{(w_0,w_1)}\big(x^{(i)}\big)$ nicht perfekt sein und einen nicht-null Vorhersage Fehler $\hat{y}^{(i)} - y^{(i)}$ verursachen (siehe Abb. 2.16).

Wir messen die Güte der Vorhersagekarte $h^{(w_0,w_1)}$ mit Hilfe des durchschnittlichen quadratischen Fehlerverlusts (siehe (2.8))

$$\begin{aligned} f(w_0, w_1) &:= (1/m) \sum_{i=1}^{m} \big(y^{(i)} - h^{(w_0,w_1)}(x^{(i)})\big)^2 \\ &\overset{(2.24)}{=} (1/m) \sum_{i=1}^{m} \big(y^{(i)} - (w_1 x^{(i)} + w_0)\big)^2. \end{aligned} \tag{2.25}$$

Der Trainingsfehler $f(w_0, w_1)$ ist der Durchschnitt der quadratischen Vorhersagefehler, die durch den Vorhersager $h^{(w_0,w_1)}(x)$ bei den beschrifteten Datenpunkten verursacht werden (2.23).

Es scheint natürlich, einen guten Vorhersager (2.24) zu erlernen, indem man die Gewichte w_0, w_1 so wählt, dass der Trainingsfehler minimiert wird

$$\min_{w_0,w_1 \in \mathbb{R}} f(w_0, w_1) \overset{(2.25)}{=} \min_{w_1,w_0 \in \mathbb{R}} (1/m) \sum_{i=1}^{m} \big(y^{(i)} - (w_1 x^{(i)} + w_0)\big)^2. \tag{2.26}$$

Die optimalen Gewichte w_0', w_1' sind durch die **Null-Gradienten-Bedingung** gekennzeichnet,[2]

[2]Eine notwendige und hinreichende Bedingung dafür, dass $\mathbf{w}'$ eine konvexe differenzierbare Funktion $f(\mathbf{w})$ minimiert, ist $\nabla f(\mathbf{w}') = \mathbf{0}$ [37, Abschn. 4.2.3].

$$\frac{\partial f(w_0', w_1')}{\partial w_0} = 0, \text{ und } \frac{\partial f(w_0', w_1')}{\partial w_1} = 0. \tag{2.27}$$

Wenn man (2.25) in (2.27) einsetzt und grundlegende Regeln für die Berechnung von Ableitungen verwendet, erhält man die folgenden Optimalitätsbedingungen

$$(1/m)\sum_{i=1}^{m}\big(y^{(i)} - (w_1'x^{(i)} + w_0')\big) = 0, \text{ und } (1/m)\sum_{i=1}^{m}x^{(i)}\big(y^{(i)} - (w_1'x^{(i)} + w_0')\big) = 0. \tag{2.28}$$

Alle Gewichte w_0', w_1', die (2.28) erfüllen, definieren einen Prädiktor $h^{(w_0', w_1')} = w_1'x + w_0'$, der im Sinne eines minimalen Trainingsfehlers optimal ist,

$$f(w_0', w_1') = \min_{w_0, w_1 \in \mathbb{R}} f(w_0, w_1).$$

Wir finden es praktisch, die Optimalitätsbedingung (2.28) mit Matrizen und Vektoren neu zu formulieren. Zu diesem Zweck schreiben wir den Prädiktor (2.24) zunächst um als

$$h(\mathbf{x}) = \mathbf{w}^T\mathbf{x} \text{ mit } \mathbf{w} = \big(w_0, w_1\big)^T, \mathbf{x} = \big(1, x\big)^T.$$

Lassen Sie uns die Merkmalsvektoren $\mathbf{x}^{(i)} = \big(1, x^{(i)}\big)^T$ und Labels $y^{(i)}$ der Trainingsdatenpunkte (2.23) in die Merkmalsmatrix und den Labelvektor,

$$\mathbf{X} = \big(\mathbf{x}^{(1)}, \ldots, \mathbf{x}^{(m)}\big)^T \in \mathbb{R}^{m \times 2}, \mathbf{y} = \big(y^{(1)}, \ldots, y^{(m)}\big)^T \in \mathbb{R}^m. \tag{2.29}$$

Dann können wir (2.28) umformulieren als

$$\mathbf{X}^T\big(\mathbf{y} - \mathbf{X}\mathbf{w}'\big) = \mathbf{0}. \tag{2.30}$$

Die Einträge eines beliebigen Gewichtsvektors $\mathbf{w}' = \big(w_0', w_1'\big)$, der (2.30) erfüllt, sind Lösungen für (2.28).

2.5 Übungen

Übung 2.1 Perfekte Vorhersage Betrachten Sie Datenpunkte, die durch ein einzelnes numerisches Merkmal $x \in \mathbb{R}$ und ein numerisches Label $y \in \mathbb{R}$ gekennzeichnet sind. Wir verwenden eine ML-Methode, um eine Hypothesenkarte $h : \mathbb{R} \to \mathbb{R}$ basierend auf einem Trainingssatz zu lernen, der aus drei Datenpunkten besteht

$$(x^{(1)} = 1, y^{(1)} = 3), (x^{(2)} = 4, y^{(2)} = -1), (x^{(3)} = 1, y^{(3)} = 5).$$

Gibt es eine Chance, dass die ML-Methode eine Hypothesenkarte lernt, die perfekt zu den Trainingsdatenpunkten passt, so dass $h(x^{(i)}) = y^{(i)}$ für $i = 1, \ldots, 3$. Hinweis: Versuchen Sie, die Datenpunkte in einem Streudiagramm und verschiedene Hypothesenkarten zu visualisieren (siehe Abb. 1.3).

Übung 2.2 Temperaturdaten Betrachten Sie einen Datensatz von täglichen Lufttemperaturen $x^{(1)}, \ldots, x^{(m)}$ gemessen an der Beobachtungsstation Utsjoki Nuorgam zwischen dem 01.12.2019 und dem 29.02.2020. Daher ist $x^{(1)}$ die täglich gemessene Temperatur am 01.12.2019, $x^{(2)}$ ist die täglich gemessene Temperatur am 02.12.2019, und $x^{(m)}$ ist die täglich gemessene Temperatur am 29.02.2020. Sie können diesen Datensatz von dem Link https://en.ilmatieteenlaitos.fi/download-observations herunterladen. ML-Methoden bestimmen oft wenige Parameter, um große Mengen von Datenpunkten zu charakterisieren. Berechnen Sie für den oben genannten Temperaturmessdatensatz die folgenden Parameter

- das Minimum $A := \min_{i=1,\ldots,m} x^{(i)}$
- das Maximum $B := \max_{i=1,\ldots,m} x^{(i)}$
- den Durchschnitt $C := (1/m) \sum_{i=1,\ldots,m} x^{(i)}$
- die Standardabweichung $D := \sqrt{(1/m) \sum_{i=1,\ldots,m} \left(x^{(i)} - C\right)^2}$

Übung 2.3 Deep Learning auf Raspberry PI Betrachten Sie den kleinen Desktop-Computer „RaspberryPI" ausgestattet mit insgesamt 8 Gigabyte Speicher [38]. Auf diesem Computer möchten wir einen ML-Algorithmus implementieren, der eine Hypothesenkarte lernt, die durch ein tiefes neuronales Netzwerk mit $n = 10^6$ numerischen Gewichten (oder Parametern) dargestellt wird. Jedes Gewicht wird mit 8 Bits quantisiert (= 1 Byte). Wie viele verschiedene Hypothesen können wir höchstens auf einem RaspberryPI-Computer speichern? (Sie können annehmen, dass 1 Gigabyte = 10^9 Bytes.)

Übung 2.4 Ensembles. Für einige Anwendungen kann es eine gute Idee sein, nicht eine einzelne Hypothese zu lernen, sondern ein ganzes Ensemble von Hypothesenkarten $h^{(1)}, \ldots, h^{(B)}$. Diese Hypothesen könnten sogar zu verschiedenen Hypothesenräumen gehören, $h^{(1)} \in \mathcal{H}^{(1)}, \ldots, h^{(B)} \in \mathcal{H}^{(B)}$. Diese Hypothesenräume können beliebig sein, außer dass sie für denselben Merkmalsraum und Labelraum definiert sind. Gegeben ein solches Ensemble können wir eine neue („Meta") Hypothese $\tilde{h}$ konstruieren, indem wir die einzelnen Vorhersagen, die aus jeder Hypothese gewonnen wurden, kombinieren (oder aggregieren),

$$\tilde{h}(\mathbf{x}) := a\left(h^{(1)}(\mathbf{x}), \ldots, h^{(B)}(\mathbf{x})\right). \tag{2.31}$$

Hier bezeichnet $a(\cdot)$ eine gegebene (feste) Kombinations- oder Aggregationsfunktion. Ein Beispiel für eine solche Aggregationsfunktion ist der Durchschnitt $a\left(h^{(1)}(\mathbf{x}), \ldots, h^{(B)}(\mathbf{x})\right) := (1/B) \sum_{b=1}^{B} h^{(b)}(\mathbf{x})$. Wir erhalten einen neuen „Meta"-Hypothesenraum $\widetilde{\mathcal{H}}$, der aus allen Hypothesen der Form (2.31) mit $h^{(1)} \in \mathcal{H}^{(1)}, \ldots, h^{(B)} \in \mathcal{H}^{(B)}$ besteht. Welche Bedingungen an die

Aggregationsfunktion $a(\cdot)$ und die einzelnen Hypothesenräume $\mathcal{H}^{(1)}, \ldots, \mathcal{H}^{(B)}$ stellen sicher, dass $\widetilde{\mathcal{H}}$ jeden einzelnen Hypothesenraum enthält, d. h., $\mathcal{H}^{(1)}, \ldots, \mathcal{H}^{(B)} \subseteq \widetilde{\mathcal{H}}$.

Übung 2.5 Wie viele Merkmale? Betrachten Sie das ML-Problem, das einer Musikinformationsabruf-App für Smartphones zugrunde liegt [39]. Eine solche App zielt darauf ab, einen Songtitel anhand einer kurzen Audioaufnahme einer Songinterpretation zu identifizieren. Hier repräsentiert der Merkmalsvektor $\mathbf{x}$ das abgetastete Audiosignal und das Label y ist ein bestimmter Songtitel aus einer riesigen Musikdatenbank. Wie lang ist der Merkmalsvektor n des Merkmalsvektors $\mathbf{x} \in \mathbb{R}^n$, wenn seine Einträge die Signalamplituden einer 20-sekündigen Aufnahme sind, die mit einer Rate von 44 kHz abgetastet wird?

Übung 2.6 Multilabel-Prognose. Betrachten Sie Datenpunkte, die durch einen Merkmalsvektor $\mathbf{x} \in \mathbb{R}^{10}$ und ein vektorwertiges Label $\mathbf{y} \in \mathbb{R}^{30}$ gekennzeichnet sind. Solche vektorwertigen Labels treten in Multilabel-Klassifikationsproblemen auf. Wir möchten den Label-Vektor mit einer linearen Vorhersagekarte vorhersagen

$$\mathbf{h}(\mathbf{x}) = \mathbf{W}\mathbf{x} \text{ mit irgendeiner Matrix } \mathbf{W} \in \mathbb{R}^{30 \times 10}. \tag{2.32}$$

Wie viele verschiedene lineare Vorhersager (2.32) gibt es? 10, 30, 40 oder unendlich?

Übung 2.7 Durchschnittlicher quadratischer Fehlerverlust als quadratische Form Betrachten Sie den Hypothesenraum, der aus allen linearen Abbildungen $h(\mathbf{x}) = \mathbf{w}^T\mathbf{x}$ mit einem bestimmten Gewichtsvektor $\mathbf{w} \in \mathbb{R}^n$ besteht. Wir versuchen, die beste lineare Abbildung zu finden, indem wir den durchschnittlichen quadratischen Fehlerverlust (das empirische Risiko) minimieren, der bei beschrifteten Datenpunkten (Trainingsset) anfällt $(\mathbf{x}^{(1)}, y^{(1)}), (\mathbf{x}^{(2)}, y^{(2)}), \ldots, (\mathbf{x}^{(m)}, y^{(m)})$. Ist es möglich, das resultierende empirische Risiko als konvexe quadratische Funktion darzustellen$f(\mathbf{w}) = \mathbf{w}^T\mathbf{C}\mathbf{w} + \mathbf{b}\mathbf{w} + c$? Wenn dies möglich ist, wie sind die Matrix $\mathbf{C}$, der Vektor $\mathbf{b}$ und die Konstante c in Bezug auf die Merkmalsvektoren und Labels der Trainingsdaten?

Übung 2.8 Finden Sie beschriftete Daten für das gegebene empirische Risiko. Betrachten Sie den linearen Hypothesenraum, der aus linearen Abbildungen $h^{(\mathbf{w})}(\mathbf{x}) = \mathbf{w}^T\mathbf{x}$ besteht, die durch einen Gewichtsvektor $\mathbf{w}$ parametrisiert sind. Wir lernen einen optimalen Gewichtsvektor, indem wir den durchschnittlichen quadratischen Fehlerverlust $f(\mathbf{w}) = \widehat{L}\big(h^{(\mathbf{w})}|\mathcal{D}\big)$ minimieren, der durch $h^{(\mathbf{w})}(\mathbf{x})$ auf dem Trainingssatz $\mathcal{D} = \big(\mathbf{x}^{(1)}, y^{(1)}\big), \ldots, \big(\mathbf{x}^{(m)}, y^{(m)}\big)$ verursacht wird. Ist es möglich, den Datensatz $\mathcal{D}$ nur aus der Kenntnis der Funktion $f(\mathbf{w})$ zu rekonstruieren? Ist die resultierende beschriftete Trainingsdaten eindeutig oder gibt es verschiedene Trainingssätze, die zur gleichen empirischen Risikofunktion geführt haben könnten? Hinweis: Schreiben Sie den Trainingsfehler $f(\mathbf{w})$ in der Form $f(\mathbf{w}) = \mathbf{w}^T\mathbf{Q}\mathbf{w} + c + \mathbf{b}^T\mathbf{w}$ mit einer Matrix $\mathbf{Q}$, Vektor $\mathbf{b}$ und Skalar c, der von den Merkmalen und Beschriftungen der Trainingsdatenpunkte abhängen könnte.

Übung 2.9 Dummy-Merkmal anstelle von Intercept Zeigen Sie, dass jede Hypothesenkarte der Form $h(x) = w_1 x + w0$ als Verkettung einer Merkmalskarte $\Phi : x \mapsto \mathbf{z}$ mit einer Karte $\tilde{h}(\mathbf{z}) := \widetilde{\mathbf{w}}^T \mathbf{z}$ mit einem Gewichtsvektor $\widetilde{\mathbf{w}} \in \mathbb{R}^2$ erhalten werden kann.

Übung 2.10 Näherungsweise nichtlineare Abbildungen mit Indikatorfunktionen für Merkmalsabbildungen. Betrachten Sie eine ML-Anwendung, die Datenpunkte erzeugt, die durch ein skalares Merkmal $x \in \mathbb{R}$ und numerisches Label $y \in \mathbb{R}$ gekennzeichnet sind. Wir konstruieren eine nichtlineare Abbildung, indem wir das Merkmal x zuerst in einen neuen Merkmalsvektor $\mathbf{z} = (\phi_1(x), \phi_2(x), \phi_3(x), \phi_4(x))$ transformieren. Die Komponenten $\phi_1(x), \ldots, \phi_4(x)$ sind Indikatorfunktionen von Intervallen $[-10, -5), [-5, 0), [0, 5), [5, 10]$. Insbesondere gilt $\phi_1(x) = 1$ für $x \in [-10, -5)$ und $\phi_1(x) = 0$ sonst. Wir konstruieren einen Hypothesenraum $\mathcal{H}_1$ durch alle Abbildungen der Form $\mathbf{w}^T \mathbf{z}$. Beachten Sie, dass die Abbildung eine Funktion des Merkmals x ist, da der Merkmalsvektor $\mathbf{z}$ eine Funktion von x ist. Welche der folgenden Prädiktorabbildungen gehören zu $\mathcal{H}_1$?

(a)

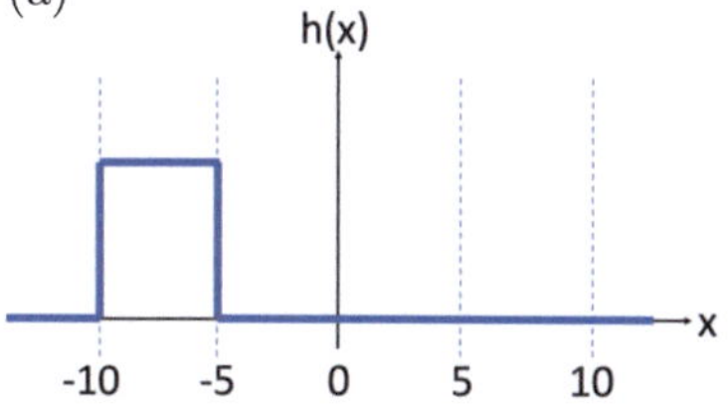

(b)

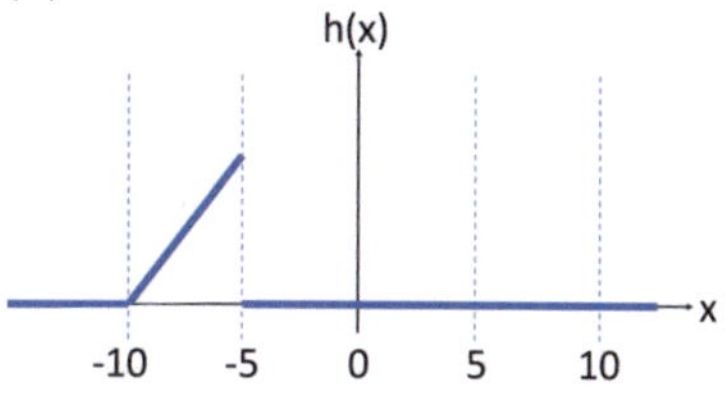

Übung 2.11 Python Hypothesenraum. Betrachten Sie die untenstehenden Quellcodes für fünf verschiedene Python-Funktionen, die das numerische Merkmal x einlesen, einige Berechnungen durchführen, die zu einer Vorhersage $\hat{y}$ führen. Wie groß ist der Hypothesenraum, der durch alle Abbildungen gebildet wird, die durch eine dieser Python-Funktionen dargestellt werden können?

```
def func1(x):
hat_y = 5*x+3
return hat_y
```

```
def func2(x):
tmp = 3*x+3
hat_y = tmp+2*x
return hat_y
```

```
def func3(x):
tmp = 3*x+3
hat_y = tmp-2*x
return hat_y
```

```
def func4(x):
tmp = 3*x+3
hat_y = tmp-2*x+4
return hat_y
```

```
def func5(x):
tmp = 3*x+3
hat_y = 4*tmp-2*x
return hat_y
```

Übung 2.12 Viele Merkmale Ein wichtiges Anwendungsgebiet für ML-Methoden ist das Gesundheitswesen. Hier repräsentieren Datenpunkte menschliche Patienten, die durch Gesundheitsakten charakterisiert sind. Diese Akten können physiologische Parameter, CT-Scans sowie verschiedene Diagnosen von Gesundheitsfachleuten enthalten. Ist es eine gute Idee, jedes Datenfeld einer Gesundheitsakte als Merkmale des Datenpunkts zu verwenden?

Übung 2.13 Über-Parametrisierung Betrachten Sie Datenpunkte, die durch Merkmalsvektoren $\mathbf{x} \in \mathbb{R}^2$ und ein numerisches Label $y \in \mathbb{R}$ charakterisiert sind. Wir möchten den besten Prädiktor aus dem Hypothesenraum

$$\mathcal{H} = \{h(\mathbf{x}) = \mathbf{x}^T \mathbf{A}\mathbf{w} : \mathbf{w} \in \mathcal{S}\}.$$

Hier haben wir die Matrix $\mathbf{A} = \begin{pmatrix} 1 & -1 \\ -1 & 1 \end{pmatrix}$ und die Menge

$$\mathcal{S} = \{(1,1)^T, (2,2)^T, (-1,3)^T, (0,4)^T\} \subseteq \mathbb{R}^2.$$

Was ist die Kardinalität des Hypothesenraums $\mathcal{H}$, d. h., wie viele verschiedene Prädiktorabbildungen enthält $\mathcal{H}$?

Übung 2.14 Quadratischer Fehlerverlust Betrachten Sie einen Hypothesenraum $\mathcal{H}$, der aus drei Prädiktoren $h^{(1)}(\cdot), h^{(2)}(\cdot), h^{(3)}(\cdot)$ besteht. Jeder Prädiktor $h^{(j)}(x)$ ist eine reellwertige Funktion eines reellwertigen Arguments x. Darüber hinaus gilt für jedes $j \in \{1, 2, 3\}$, $h^{(j)}(x) = 0$ für alle $x^2 \leq j$ und $h^{(j)}(x) = j$ sonst. Können Sie sagen, welche dieser Hypothesen im Sinne des kleinsten durchschnittlichen quadratischen Fehlerverlusts auf den drei (Trainings-)Datenpunkten $(x = 1/10, y = 3)$, $(0, 0)$ und $(1, -1)$ optimal ist?

Übung 2.15 Klassifikationsverlust Die Abb. 2.15 zeigt verschiedene Verlustfunktionen für einen festen Datenpunkt mit dem Label $y = 1$ und variierender Hypothese $h \in \mathcal{H}$. Wie würde Abb. 2.15 sich ändern, wenn wir die gleichen Verlustfunktionen für einen anderen Datenpunkt $z = (x, y)$ mit dem Label $y = -1$ bewerten?

Übung 2.16 Intercept Term Lineare Regressionsmethoden modellieren die Beziehung zwischen dem Label y und dem Merkmal x eines Datenpunkts als $y = h(x) + e$ mit einem kleinen additiven Term e. Es wird angenommen, dass die Vorhersagekarte $h(x)$ linear ist $h(x) = w_1 x + w_0$. Das Gewicht w_0 wird manchmal als Intercept (oder Bias) Term bezeichnet. Angenommen, wir kennen für eine gegebene lineare Vorhersagekarte ihre Werte $h(x)$ für $x = 1$ und $x = 3$. Können Sie die Gewichte w_1 und w_0 basierend auf $h(1)$ und $h(3)$ bestimmen?

Übung 2.17 Bildklassifikation Betrachten Sie eine riesige Sammlung von Outdoor-Bildern, die Sie auf Ihrer letzten Abenteuerreise aufgenommen haben. Sie möchten diese Bilder in drei Kategorien (oder Klassen) *Hund, Vogel* und *Fisch* organisieren. Wie könnten Sie diese Aufgabe als ML-Problem formalisieren?

Übung 2.18 Maximaler Hypothesenraum Betrachten Sie Datenpunkte, die durch ein einziges reellwertiges Merkmal x und ein einziges reellwertiges Label y charakterisiert sind. Wie groß ist der größtmögliche Hypothesenraum von Vorhersagekarten $h(x)$, die den Merkmalswert eines Datenpunkts einlesen und eine reellwertige Vorhersage $\hat{y} = h(x)$ liefern?

Übung 2.19 Ein großer, aber endlicher Hypothesenraum Betrachten Sie Datenpunkte, deren Merkmale 10×10 Schwarz-Weiß (bw) Pixelbilder sind. Jeder Datenpunkt ist auch durch ein binäres Label $y \in \{0, 1\}$ gekennzeichnet. Betrachten Sie den Hypothesenraum, der aus allen Abbildungen besteht, die ein bw-Bild als Eingabe nehmen und eine Vorhersage für das Label liefern. Wie groß ist dieser Hypothesenraum?

Übung 2.20 Größe des linearen Hypothesenraums Betrachten Sie einen Trainingsdatensatz von m Datenpunkten mit Merkmalsvektoren $\mathbf{x}^{(i)} \in \mathbb{R}^n$ und numerischen Labels $y^{(1)}, \ldots, y^{(m)}$. Die Merkmalsvektoren und Labelwerte des Trainingsdatensatzes sind beliebig, außer dass wir annehmen, dass die Merkmalsmatrix $\mathbf{X} = \left(\mathbf{x}^{(1)}, \ldots\right)$ vollen Rang hat. Welche Bedingung an m und n garantiert, dass wir einen linearen Prädiktor $h(\mathbf{x}) = \mathbf{w}^T\mathbf{x}$ finden können, der den Trainingsdatensatz perfekt anpasst, d. h., $y^{(1)} = h\big(\mathbf{x}^{(1)}\big), \ldots, y^{(m)} = h\big(\mathbf{x}^{(m)}\big)$.

Literatur

1. K. Abayomi, A. Gelman, M.A. Levy, Diagnostics for multivariate imputations. Journal of The Royal Statistical Society Series C-applied Statistics **57**, 273–291 (2008)
2. W. Rudin, *Principles of Mathematical Analysis*, 3. Aufl. (McGraw-Hill, New York, 1976)
3. P. Bühlmann, S. van de Geer, *Statistics for High-Dimensional Data* (Springer, New York, 2011)
4. M. Wainwright, *High-Dimensional Statistics: A Non-Asymptotic Viewpoint* (Cambridge University Press, Cambridge, 2019)
5. R. Vidal, Subspace clustering. *IEEE Signal Processing Magazine*, March 2011
6. F. Barata, K. Kipfer, M. Weber, P. Tinschert, E. Fleisch, und T. Kowatsch, Towards device-agnostic mobile cough detection with convolutional neural networks, in *2019 IEEE International Conference on Healthcare Informatics (ICHI)*, S. 1–11 (IEEE, New York, 2019)
7. B. Boashash (Hrsg.), *Time Frequency Signal Analysis and Processing: A Comprehensive Reference* (Elsevier, Amsterdam, The Netherlands, 2003)
8. S.G. Mallat, *A Wavelet Tour of Signal Processing - The Sparse Way*, 3. Aufl. (Academic Press, San Diego, CA, 2009)
9. S. Smoliski, K. Radtke, Spatial prediction of demersal fish diversity in the Baltic sea: comparison of machine learning and regression-based techniques. ICES Journal of Marine Science **74**(1), 102–111 (2017)
10. S. Carrazza, Machine learning challenges in theoretical HEP (2018)
11. M. Gao, H. Igata, A. Takeuchi, K. Sato, Y. Ikegaya, Machine learning-based prediction of adverse drug effects: An example of seizure-inducing compounds. Journal of Pharmacological Sciences **133**(2), 70–78 (2017)

12. K. Mortensen, T. Hughes, Comparing amazon's mechanical Turk platform to conventional data collection methods in the health and medical research literature. J. Gen. Intern Med. **33**(4), 533–538 (2018)
13. A. Halevy, P. Norvig, F. Pereira, *The unreasonable effectiveness of data* (IEEE Intelligent Systems, New York, 2009)
14. P. Koehn, Europarl: A parallel corpus for statistical machine translation, in *The 10th Machine Translation Summit*, S. 79–86 (AAMT, 2005)
15. E.L. Lehmann, G. Casella, *Theory of Point Estimation*, 2. Aufl. (Springer, New York, 1998)
16. S.M. Kay, *Fundamentals of Statistical Signal Processing: Estimation Theory* (Prentice Hall, Englewood Cliffs, NJ, 1993)
17. D. Bertsekas, J. Tsitsiklis, *Introduction to Probability*, 2. Aufl. (Athena Scientific, Singapore, 2008)
18. P. Billingsley, *Probability and Measure*, 3. Aufl. (Wiley, New York, 1995)
19. C.M. Bishop, *Pattern Recognition and Machine Learning* (Springer, Berlin, 2006)
20. H. Lütkepohl, *New Introduction to Multiple Time Series Analysis* (Springer, New York, 2005)
21. B. Efron, R. Tibshirani, Improvements on cross-validation: The 632+ bootstrap method. Journal of the American Statistical Association **92**(438), 548–560 (1997)
22. P. Halmos, *Naive Set Theory* (Springer, Berlin, 1974)
23. P. Austin, P. Kaski, und K. Kubjas, Tensor network complexity of multilinear maps (2018)
24. F. Pedregosa, Scikit-learn: Machine learning in python. Journal of Machine Learning Research **12**(85), 2825–2830 (2011)
25. I. Goodfellow, Y. Bengio, A. Courville, *Deep Learning* (MIT Press, Cambridge, 2016)
26. V.N. Vapnik, *The Nature of Statistical Learning Theory* (Springer, Berlin, 1999)
27. S. Shalev-Shwartz, S. Ben-David, *Understanding Machine Learning-From Theory to Algorithms* (Cambridge University Press, New York, 2014)
28. T. Hastie, R. Tibshirani, J. Friedman, *The Elements of Statistical Learning* Springer Series in Statistics. (Springer, New York, 2001)
29. Y. Nesterov, *Introductory Lectures on Convex Optimization, Vol. 87 of Applied Optimization* (Kluwer Academic Publishers, Boston, 2004)
30. S. Bubeck, Convex optimization: Algorithms and complexity. Foundations and Trends in Machine Learning **8**(3–4), 231–357 (2015)
31. M.J. Wainwright, M.I. Jordan, *Graphical Models, Exponential Families, and Variational Inference, Foundations and Trends in Machine Learning*, Bd. 1 (Now Publishers, Hanover, MA, 2008)
32. R. Baeza-Yates, B. Ribeiro-Neto, *Modern Information Retrieval* (ACM Press, New York, 1999)
33. M. Abramowitz, I.A. Stegun (Hrsg.), *Handbook of Mathematical Functions* (Dover, New York, 1965)
34. E. Hazan, *Introduction to Online Convex Optimization* (Now Publishers Inc., Hanover, MA, 2016)
35. N. Cesa-Bianchi, G. Lugosi, *Prediction, Learning, and Games* (Cambridge University Press, New York, 2006)
36. R. Sutton, A. Barto, *Reinforcement Learning: An Introduction*, 2. Aufl. (MIT Press, Cambridge, MA, 2018)
37. S. Boyd, L. Vandenberghe, *Convex Optimization* (Cambridge University Press, Cambridge, UK, 2004)
38. O. Dürr, Y. Pauchard, D. Browarnik, R. Axthelm, und M. Loeser. Deep learning on a raspberry pi for real time face recognition (2015)
39. A. Wang, An industrial-strength audio search algorithm, in *International Symposium on Music Information Retrieval* (2003)

Kapitel 3
Die Landschaft des ML

Wie in Kap. 2 besprochen, kombinieren ML-Methoden drei Hauptkomponenten:

- einen Satz von Datenpunkten, die durch Merkmale und Labels charakterisiert sind
- ein Modell oder Hypothesenraum $\mathcal{H}$, der aus verschiedenen Hypothesen $h \in \mathcal{H}$ besteht.
- eine Verlustfunktion zur Messung der Qualität einer bestimmten Hypothese h.

Jede dieser drei Komponenten beinhaltet Designentscheidungen für die Darstellung von Daten, deren Merkmale und Labels, das Modell und die Verlustfunktion. Dieses Kapitel beschreibt die auf hoher Ebene verwendeten Designentscheidungen einiger der beliebtesten ML-Methoden. Abb. 3.1 stellt diese ML-Methoden in einer zweidimensionalen Ebene dar, deren horizontale Achsen verschiedene Hypothesenräume und die vertikale Achse verschiedene Verlustfunktionen repräsentiert.

Um eine praktische ML-Methode zu erhalten, müssen wir auch die oben genannten Komponenten kombinieren. Das grundlegende Prinzip jeder ML-Methode besteht darin, das Modell nach einer Hypothese zu durchsuchen, die den geringsten Verlust bei jedem Datenpunkt verursacht. Kap. 4 wird dann eine prinzipielle Methode diskutieren, um diese informelle Aussage in tatsächliche ML-Algorithmen umzuwandeln, die auf einem Computer implementiert werden könnten.

3.1 Lineare Regression

Betrachten Sie Datenpunkte, die durch Merkmalsvektoren $\mathbf{x} \in \mathbb{R}^n$ und numerische Labels $y \in \mathbb{R}$ gekennzeichnet sind. Die lineare Regression zielt darauf ab, eine Hypothese aus dem linearen Hypothesenraum

$$\mathcal{H}^{(n)} := \{h^{(\mathbf{w})} : \mathbb{R}^n \to \mathbb{R} : h^{(\mathbf{w})}(\mathbf{x}) = \mathbf{w}^T \mathbf{x} \text{ mit einem Gewichtsvektor } \mathbf{w} \in \mathbb{R}^n\}. \tag{3.1}$$

A. Jung, *Maschinelles Lernen*, https://doi.org/10.1007/978-981-99-7972-1_3

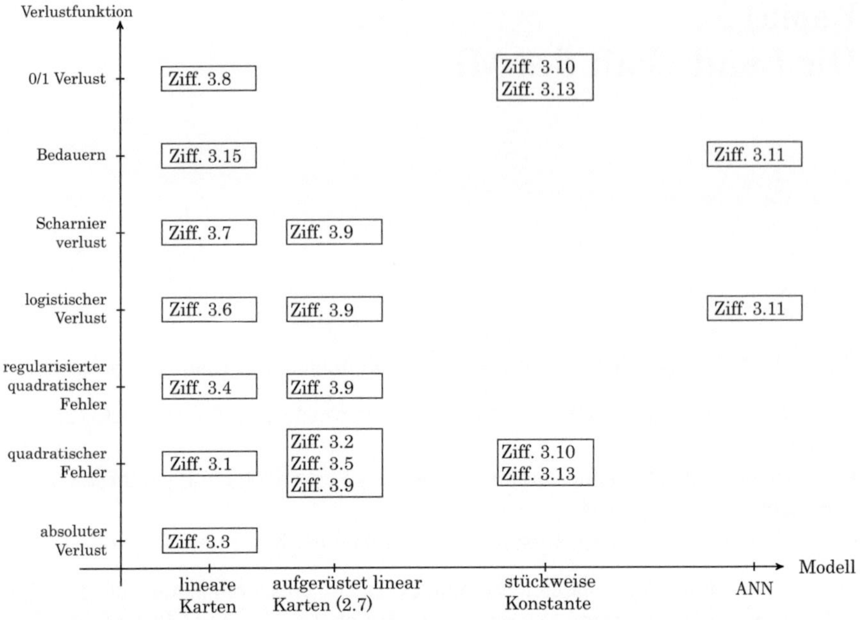

Abb. 3.1 ML-Methoden passen ein Modell an Daten an, indem sie eine Verlustfunktion minimieren. Verschiedene ML-Methoden verwenden unterschiedliche Designentscheidungen für Daten, Modell und Verlust

zu lernen. Abb. 1.3 zeigt die Graphen einiger Abbildungen aus $\mathcal{H}^{(2)}$ für Datenpunkte mit Merkmalsvektoren der Form $\mathbf{x} = (1, x)^T$. Die Qualität eines bestimmten Prädiktors $h^{(\mathbf{w})}$ wird durch den quadratischen Fehlerverlust gemessen (2.8). Mit beschrifteten Daten $\mathcal{D} = \{(\mathbf{x}^{(i)}, y^{(i)})\}_{i=1}^{m}$ lernt die lineare Regression einen Prädiktor $\hat{h}$, der den durchschnittlichen quadratischen Fehlerverlust minimiert, oder den **mittleren quadratischen Fehler**, (siehe 2.8))

$$\hat{h} = \underset{h \in \mathcal{H}^{(n)}}{\operatorname{argmin}} \widehat{L}(h|\mathcal{D}) \overset{(2.16)}{=} \underset{h \in \mathcal{H}^{(n)}}{\operatorname{argmin}} (1/m) \sum_{i=1}^{m} (y^{(i)} - h(\mathbf{x}^{(i)}))^2. \tag{3.2}$$

Da der Hypothesenraum $\mathcal{H}^{(n)}$ durch den Gewichtsvektor $\mathbf{w}$ parametrisiert ist (siehe (3.1)), können wir (3.2) als Optimierungsproblem direkt über den Gewichtsvektor $\mathbf{w}$ umschreiben:

$$\begin{aligned} \widehat{\mathbf{w}} &= \underset{\mathbf{w} \in \mathbb{R}^n}{\operatorname{argmin}} (1/m) \sum_{i=1}^{m} (y^{(i)} - h^{(\mathbf{w})}(\mathbf{x}^{(i)}))^2 \\ &\overset{h^{(\mathbf{w})}(\mathbf{x}) = \mathbf{w}^T \mathbf{x}}{=} \underset{\mathbf{w} \in \mathbb{R}^n}{\operatorname{argmin}} (1/m) \sum_{i=1}^{m} (y^{(i)} - \mathbf{w}^T \mathbf{x}^{(i)})^2. \end{aligned} \tag{3.3}$$

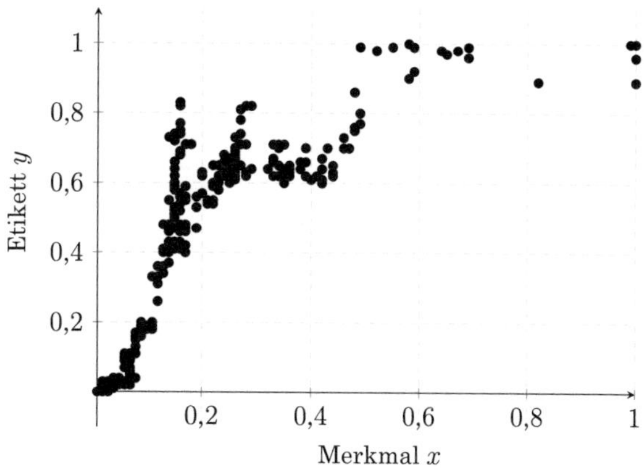

Abb. 3.2 Ein Streudiagramm, das einige Datenpunkte $(x^{(1)}, y^{(1)}), \ldots,$ darstellt. Der $i$te Datenpunkt wird durch einen Punkt dargestellt, dessen Koordinaten das Merkmal $x^{(i)}$ und das Label $y^{(i)}$ dieses Datenpunkts sind

Die Optimierungsprobleme (3.2) und (3.3) sind im folgenden Sinne äquivalent: Jeder optimale Gewichtsvektor $\widehat{\mathbf{w}}$, der (3.3) löst, kann verwendet werden, um einen optimalen Prädiktor $\hat{h}$, der (3.2) löst, über $\hat{h}(\mathbf{x}) = h^{(\widehat{\mathbf{w}})}(\mathbf{x}) = \left(\widehat{\mathbf{w}}\right)^T \mathbf{x}$ zu konstruieren.

3.2 Polynomiale Regression

Betrachten Sie ein ML-Problem, das Datenpunkte beinhaltet, die durch ein einzelnes numerisches Merkmal $x \in \mathbb{R}$ gekennzeichnet sind (der Merkmalsraum ist $\mathcal{X} = \mathbb{R}$) und einem numerischen Label $y \in \mathbb{R}$ (der Labelraum ist $\mathcal{Y} = \mathbb{R}$). Wir beobachten eine Reihe von gelabelten Datenpunkten, die in Abb. 3.2 dargestellt sind.

Abb. 3.2 deutet darauf hin, dass die Beziehung $x \mapsto y$ zwischen Merkmal x und Label y stark nicht-linear ist. Für solche nicht-linearen Beziehungen zwischen Merkmalen und Labels ist es nützlich, einen Hypothesenraum zu betrachten, der aus polynomialen Abbildungen besteht

$$\mathcal{H}^{(n)}_{\text{poly}} = \{h^{(\mathbf{w})} : \mathbb{R} \to \mathbb{R} : h^{(\mathbf{w})}(x) = \sum_{r=1}^{n} w_r x^{r-1}, \text{ mit einigen } \mathbf{w} = (w_1, \ldots, w_n)^T \in \mathbb{R}^n\}. \tag{3.4}$$

Wir können jede nicht-lineare Beziehung $y = h(x)$ mit jeder gewünschten Genauigkeit approximieren, indem wir ein Polynom $\sum_{r=1}^{n} w_r x^{r-1}$ von ausreichend hohem Grad n verwenden.[1]

[1]Die genaue Formulierung dieser Aussage ist als „Stone-Weierstrass Theorem“ bekannt [1, Thm. 7.26].

Für die lineare Regression (siehe Abschn. 3.1) messen wir die Qualität eines Prädiktors anhand des quadratischen Fehlerverlusts (2.8). Basierend auf beschrifteten Datenpunkten $\mathcal{D} = \{(x^{(i)}, y^{(i)})\}_{i=1}^{m}$, die jeweils ein skalares Merkmal $x^{(i)}$ und ein Label $y^{(i)}$ haben, minimiert die Polynom-Regression den durchschnittlichen quadratischen Fehlerverlust (siehe (2.8)):

$$\min_{h \in \mathcal{H}_{\text{poly}}^{(n)}} (1/m) \sum_{i=1}^{m} (y^{(i)} - h^{(\mathbf{w})}(x^{(i)}))^2. \tag{3.5}$$

Es ist üblich, den durchschnittlichen quadratischen Fehlerverlust auch als den mittleren quadratischen Fehler zu bezeichnen.

Wir können die Polynomregression als Kombination einer Merkmalsabbildung (Transformation) (siehe Abschn. 2.1.1) und der linearen Regression (siehe Abschn. 3.1) interpretieren. Tatsächlich wird jeder polynomiale Prädiktor $h^{(\mathbf{w})} \in \mathcal{H}_{\text{poly}}^{(n)}$ als Verkettung der Merkmalsabbildung

$$\Phi(x) \mapsto (1, x, \ldots, x^n)^T \in \mathbb{R}^{n+1} \tag{3.6}$$

mit einer linearen Abbildung $\tilde{h}^{(\mathbf{w})} : \mathbb{R}^{n+1} \to \mathbb{R} : \mathbf{x} \mapsto \mathbf{w}^T \mathbf{x}$ erzielt, d.h.,

$$h^{(\mathbf{w})}(x) = \tilde{h}^{(\mathbf{w})}(\Phi(x)). \tag{3.7}$$

Daher können wir die Polynomregression implementieren, indem wir zuerst die Merkmalsabbildung Φ (siehe (3.6)) auf die skalaren Merkmale $x^{(i)}$ anwenden, was zu den transformierten Merkmalsvektoren führt

$$\mathbf{x}^{(i)} = \Phi\big(x^{(i)}\big) = \big(1, x^{(i)}, \ldots, \big(x^{(i)}\big)^{n-1}\big)^T \in \mathbb{R}^n, \tag{3.8}$$

und dann die lineare Regression (siehe Abschn. 3.1) auf diese neuen Merkmalsvektoren anwenden.

Indem wir (3.7) in (3.5) einsetzen, erhalten wir ein lineares Regressionsproblem (3.3) mit Merkmalsvektoren (3.8). Daher ist ein Prädiktor $h^{(\mathbf{w})} \in \mathcal{H}_{\text{poly}}^{(n)}$ eine nichtlineare Funktion $h^{(\mathbf{w})}(x)$ des ursprünglichen Merkmals x, aber eine lineare Funktion $\tilde{h}^{(\mathbf{w})}(\mathbf{x}) = \mathbf{w}^T \mathbf{x}$ (siehe (3.7)), der transformierten Merkmale $\mathbf{x}$ (3.8).

3.3 Regression der kleinsten absoluten Abweichung

Das Erlernen eines linearen Prädiktors durch Minimierung des durchschnittlichen quadratischen Fehlerverlusts, der bei Trainingsdaten anfällt, ist nicht robust gegenüber der Anwesenheit von Ausreißern. Diese Empfindlichkeit gegenüber Ausreißern ist in den Eigenschaften des quadratischen Fehlerverlusts $(y - h(\mathbf{x}))^2$ verwurzelt. Die Minimierung des durchschnittlichen quadratischen Fehlers zwingt den resultierenden Prädiktor $\hat{y}$ dazu, nicht zu weit von irgendeinem Datenpunkt entfernt zu sein. Es könnte jedoch nützlich sein, einen großen Vorhersagefehler

$y - h(\mathbf{x})$ für einen ungewöhnlichen oder außergewöhnlichen Datenpunkt zu tolerieren, der als Ausreißer betrachtet werden kann.

Der Austausch des quadratischen Verlusts durch eine andere Verlustfunktion kann das Lernen gegenüber Ausreißern robust machen. Ein wichtiges Beispiel für eine solche „robustifizierende" Verlustfunktion ist der Huber-Verlust [2]

$$L((\mathbf{x}, y), h) = \begin{cases} (1/2)(y - h(\mathbf{x}))^2 & \text{für } |y - h(\mathbf{x})| \leq \varepsilon \\ \varepsilon(|y - h(\mathbf{x})| - \varepsilon/2) & \text{sonst.} \end{cases} \tag{3.9}$$

Abb. 3.3 zeigt den Huber-Verlust als Funktion des Vorhersagefehlers $y - h(\mathbf{x})$.

Die Huber-Verlustdefinition (3.9) enthält einen Abstimmungsparameter ϵ. Der Wert dieses Abstimmungsparameters definiert, wann ein Datenpunkt als Ausreißer betrachtet wird. Abb. 3.4 veranschaulicht die Rolle dieses Parameters als die Breite eines Bandes um eine Hypothesenkarte. Der Vorhersagefehler dieser Hypothesenkarte für Datenpunkte innerhalb dieses Bandes wird mit quadratischem Fehlerverlust gemessen (2.8). Für Datenpunkte außerhalb dieses Bandes (Ausreißer) verwenden wir stattdessen den absoluten Wert des Vorhersagefehlers als resultierenden Verlust.

Der Huber-Verlust ist robust gegenüber Ausreißern, da die entsprechenden (großen) Vorhersagefehler $y - \hat{y}$ nicht quadriert werden. Ausreißer haben einen kleineren Einfluss auf den durchschnittlichen Huber-Verlust (über den gesamten Datensatz) im Vergleich zum durchschnittlichen quadratischen Fehlerverlust. Die verbesserte Robustheit des Huber-Verlusts gegenüber Ausreißern geht auf Kosten

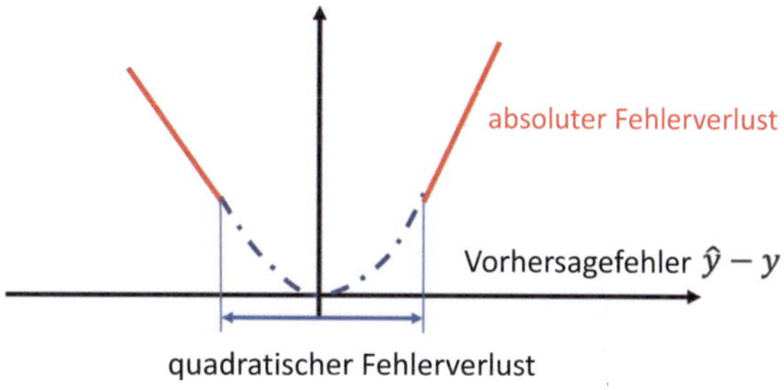

Abb. 3.3 Der Huber-Verlust (3.9) ähnelt dem quadratischen Fehlerverlust (2.8) bei kleinem Vorhersagefehler und dem absoluten Differenzverlust bei größeren Vorhersagefehlern

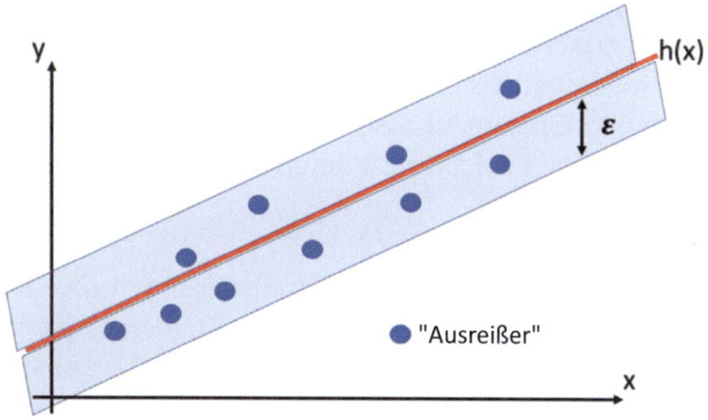

Abb. 3.4 Der Huber-Verlust misst Vorhersagefehler über den quadratischen Fehlerverlust für reguläre Datenpunkte innerhalb des Bandes der Breite ε um die Hypothesenkarte $h(\mathbf{x})$ und über den absoluten Differenzverlust für einen Ausreißer außerhalb des Bandes

einer erhöhten Rechenkomplexität. Der quadratische Fehlerverlust kann mit effizienten gradientenbasierten Methoden minimiert werden (siehe Kap. 5). Im Gegensatz dazu ist der Huber-Verlust für $\varepsilon = 0$ nicht differenzierbar und erfordert fortgeschrittenere Optimierungsmethoden.

Der Huber-Verlust (3.9) enthält zwei wichtige Spezialfälle. Der erste Spezialfall tritt auf, wenn ε sehr groß gewählt wird, so dass die Bedingung $|y - \hat{y}| \leq \varepsilon$ für die meisten Datenpunkte erfüllt ist. In diesem Fall ähnelt der Huber-Verlust dem quadratischen Fehlerverlust (2.8) (bis auf einen Skalierungsfaktor 1/2). Der zweite Spezialfall ergibt sich für $\varepsilon = 0$. In diesem Fall reduziert sich der Huber-Verlust auf den skalierten absoluten Differenzverlust $|y - \hat{y}|$.

3.4 Das Lasso

Wir werden in Kap. 6 sehen, dass die lineare Regression (siehe Abschn. 3.1) in der Regel einen größeren Trainingsdatensatz benötigt als die Anzahl der Merkmale, die zur Charakterisierung eines Datenpunkts verwendet werden. Allerdings erzeugen viele wichtige Anwendungsbereiche Datenpunkte mit einer Anzahl n von Merkmalen, die deutlich höher ist als die Anzahl m der verfügbaren beschrifteten Datenpunkte im Trainingsdatensatz. In diesem hochdimensionalen Regime, in dem $m \ll n$ gilt, wird die einfache lineare Regression nicht in der Lage sein, nützliche Gewichte $\mathbf{w}$ für eine lineare Hypothese zu lernen.

Abschn. 6.4 zeigt, dass die lineare Regression für $m \ll n$ in der Regel eine Hypothese lernt, die die Labels der Datenpunkte im Trainingsdatensatz perfekt vorhersagt, aber schlechte Vorhersagen für Datenpunkte außerhalb des Trainingsdatensatzes liefert. Dieses Phänomen wird als Overfitting bezeichnet und stellt eine Hauptherausforderung für ML-Anwendungen im hochdimensionalen Regime dar.

Kap. 7 diskutiert grundlegende Regularisierungstechniken, die es ermöglichen, ML-Methoden vor Overfitting zu schützen. Wir können die lineare Regression regularisieren, indem wir den quadratischen Fehlerverlust (2.8) einer Hypothese $h^{(\mathbf{w})}(\mathbf{x}) = \mathbf{w}^T\mathbf{x}$ mit einem zusätzlichen Strafterm ergänzen. Dieser Strafterm hängt ausschließlich von den Gewichten $\mathbf{w}$ ab und dient als Schätzung für die Zunahme des durchschnittlichen Verlusts bei Datenpunkten außerhalb des Trainingssets. Unterschiedliche ML-Methoden ergeben sich aus unterschiedlichen Auswahlmöglichkeiten für diesen Strafterm. Der Least Absolute Shrinkage and Selection Operator (Lasso) wird aus der linearen Regression erhalten, indem der quadratische Fehlerverlust durch den regularisierten Verlust

$$L((\mathbf{x}, y), h^{(\mathbf{w})}) = (y - \mathbf{w}^T\mathbf{x})^2 + \lambda\|\mathbf{w}\|_1. \tag{3.10}$$

ersetzt wird. Hier wird der Strafterm durch die skalierte Norm $\lambda\|\mathbf{w}\|_1$ gegeben. Der Wert von λ kann auf der Grundlage eines probabilistischen Modells gewählt werden, das einen Datenpunkt als Realisierung einer Zufallsvariablen interpretiert.

Das Label dieses zufälligen Datenpunkts steht in Beziehung zu seinen Merkmalen über

$$y = \overline{\mathbf{w}}^T \mathbf{x} + \varepsilon.$$

Hier bezeichnet $\overline{\mathbf{w}}$ einen wahren zugrunde liegenden Gewichtsvektor und ε ist eine Realisierung einer Zufallsvariablen, die unabhängig von den Merkmalen $\mathbf{x}$ ist. Wir benötigen den „Rausch"-Term ε, da die Labels von Datenpunkten, die in einer ML-Anwendung gesammelt werden, typischerweise nicht genau durch eine lineare Kombination $\overline{\mathbf{w}}^T \mathbf{x}$ ihrer Merkmale erzielt werden.

Die Abstimmung von λ in (3.10) kann durch die statistischen Eigenschaften (wie die Varianz) des Rauschens ε, der Anzahl der Nicht-Null-Einträge in $\overline{\mathbf{w}}$ und einer unteren Grenze für die Nicht-Null-Werte [3, 4] geleitet werden. Eine weitere Option zur Auswahl des Wertes λ besteht darin, verschiedene Kandidatenwerte auszuprobieren und denjenigen auszuwählen, der den kleinsten Validierungsfehler ergibt (siehe Abschn. 6.2).

3.5 Gaußsche Basis Regression

Abschn. 3.2 zeigte, wie man die lineare Regression erweitern kann, indem man zuerst das Merkmal x mit einer vektorwertigen Merkmalsabbildung $\Phi : \mathbb{R} \to \mathbb{R}^n$ transformiert. Die Ausgabe dieser Merkmalsabbildung sind die transformierten Merkmale $\Phi(x)$, die wiederum an eine lineare Abbildung $h\big(\Phi(x)\big) = \mathbf{w}^T \Phi(x)$ gefüttert werden. Die Polynom-Regression in Abschn. 3.2 wurde für die spezifische Merkmalsabbildung (3.6) erhalten, deren Einträge die Potenzen x^l des skalaren ursprünglichen Merkmals x sind. Es ist jedoch möglich, andere Funktionen, die sich von Polynomen unterscheiden, zur Konstruktion der Merkmalsabbildung Φ zu verwenden. Wir können die lineare Regression mit einer beliebigen Merkmalsabbildung erweitern

$$\Phi(x) = (\phi_1(x), \ldots, \phi_n(x))^T \tag{3.11}$$

mit den skalaren Abbildungen $\phi_j : \mathbb{R} \to \mathbb{R}$, die als **Basisfunktionen** bezeichnet werden. Die Wahl der Basisfunktionen hängt stark von der speziellen Anwendung und der zugrunde liegenden Beziehung zwischen Merkmalen und Labels der beobachteten Datenpunkte ab. Die Basisfunktionen, die der Polynom-Regression zugrunde liegen, sind $\phi_j(x) = x^j$.

Eine weitere beliebte Wahl für die Basisfunktionen sind „Gaussians"

$$\phi_{\sigma,\mu}(x) = \exp(-(1/(2\sigma^2))(x-\mu)^2). \tag{3.12}$$

Die Familie (3.12) von Abbildungen ist parametrisiert durch die Varianz σ^2 und den Mittelwert (Verschiebung) μ. Wir erhalten **Gaussian basis lineare Regression** durch Kombination der Merkmalsabbildung

$$\Phi(x) = \big(\phi_{\sigma_1,\mu_1}(x), \ldots, \phi_{\sigma_n,\mu_n}(x)\big)^T \tag{3.13}$$

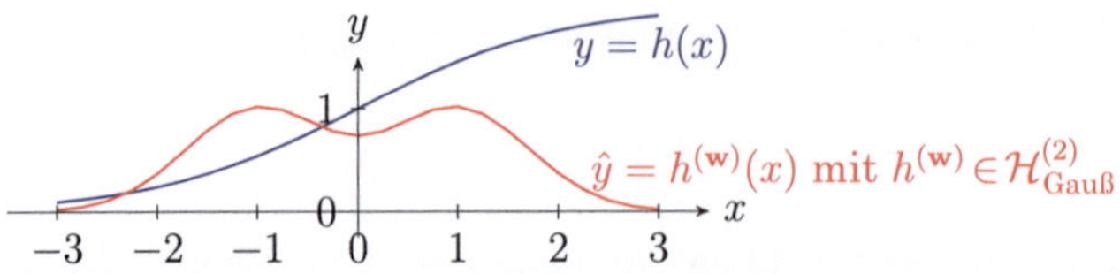

Abb. 3.5 Die wahre Beziehung $x \mapsto y$ (blau) zwischen Merkmal x und Label y der Datenpunkte ist stark nicht-linear. Daher scheint es sinnvoll, das Label mit einer nicht-linearen Hypothesenkarte $h^{(\mathbf{w})}(x) \in \mathcal{H}^{(2)}_{\text{Gauss}}$ mit einem bestimmten Gewichtsvektor $\mathbf{w} \in \mathbb{R}^2$ vorherzusagen.

mit linearer Regression (siehe Abb. 3.5). Der resultierende Hypothesenraum ist dann

$$\mathcal{H}^{(n)}_{\text{Gauss}} = \{h^{(\mathbf{w})} : \mathbb{R} \to \mathbb{R} : h^{(\mathbf{w})}(x) = \sum_{j=1}^{n} w_j \phi_{\sigma_j,\mu_j}(x) \\ \text{mit Gewichten } \mathbf{w} = (w_1, \ldots, w_n)^T \in \mathbb{R}^n\}. \tag{3.14}$$

Unterschiedliche Wahlmöglichkeiten für die Varianz σ^2 und Verschiebungen μ_j der Gaußschen Funktion in (3.12) führen zu unterschiedlichen Hypothesenräumen $\mathcal{H}_{\text{Gauss}}$. Abschn. 6.3 wird Modellauswahltechniken diskutieren, die es ermöglichen, nützliche Werte für diese Parameter zu finden.

Die Hypothesen von (3.14) sind durch einen Gewichtsvektor $\mathbf{w} \in \mathbb{R}^n$ parametrisiert. Jede Hypothese in $\mathcal{H}_{\text{Gauss}}$ entspricht einer bestimmten Wahl für den Gewichtsvektor $\mathbf{w}$. Daher können wir anstatt über $\mathcal{H}_{\text{Gauss}}$ zu suchen, um eine gute Hypothese zu finden, über $\mathbb{R}^n$ suchen.

3.6 Logistische Regression

Die logistische Regression ist eine Methode zur Klassifizierung von Datenpunkten, die durch Merkmalsvektoren $\mathbf{x} \in \mathbb{R}^n$ (Merkmalsraum $\mathcal{X} = \mathbb{R}^n$) nach zwei Kategorien klassifiziert, die durch ein Label y kodiert sind. Es wird bequem sein, den Labelraum $\mathcal{Y} = \mathbb{R}$ zu verwenden und die beiden Labelwerte als $y = 1$ und $y = -1$ zu kodieren. Die logistische Regression lernt eine Hypothese aus dem Hypothesenraum $\mathcal{H}^{(n)}$ (siehe (3.1)).[2] Beachten Sie, dass der Hypothesenraum derselbe ist wie bei der linearen Regression (siehe Abschn. 3.1).

Auf den ersten Blick scheint es verschwenderisch, eine lineare Hypothese $h(\mathbf{x}) = \mathbf{w}^T\mathbf{x}$, mit einem bestimmten Gewichtsvektor $\mathbf{w} \in \mathbb{R}^n$, zur Vorhersage eines binären Labels y zu verwenden. Tatsächlich kann die Vorhersage $h(\mathbf{x})$ jede reale

[2] Es ist wichtig zu beachten, dass die logistische Regression mit einem beliebigen Labelraum verwendet werden kann, der zwei verschiedene Elemente enthält. Eine weitere beliebte Wahl für den Labelraum ist $\mathcal{Y} = \{0, 1\}$.

Zahl annehmen, während das Label $y \in \{-1, 1\}$ nur eine der beiden reellen Zahlen 1 und -1 annimmt.

Es stellt sich heraus, dass es sogar für binäre Labels ziemlich nützlich ist, eine Hypothesenkarte h zu verwenden, die beliebige reale Zahlen annehmen kann. Wir können immer ein vorhergesagtes Label $\hat{y} \in \{-1, 1\}$ erhalten, indem wir den Hypothesenwert $h(\mathbf{x})$ mit einer Schwelle vergleichen. Ein Datenpunkt mit Merkmalen $\mathbf{x}$ wird als $\hat{y} = 1$ klassifiziert, wenn $h(\mathbf{x}) \geq 0$ und $\hat{y} = -1$ für $h(\mathbf{x}) < 0$. Daher verwenden wir das Vorzeichen des Prädiktors h, um die endgültige Vorhersage für das Label zu bestimmen. Der absolute Wert $|h(\mathbf{x})|$ wird dann verwendet, um die Zuverlässigkeit (oder das Vertrauen in) die Klassifikation $\hat{y}$ zu quantifizieren.

Betrachten Sie zwei Datenpunkte mit Merkmalsvektoren $\mathbf{x}^{(1)}, \mathbf{x}^{(2)}$ und eine lineare Klassifikatorkarte h, die die Funktionswerte $h(\mathbf{x}^{(1)}) = 1/10$ und $h(\mathbf{x}^{(2)}) = 100$ liefert. Während die Vorhersagen für beide Datenpunkte im selben Labelvorhersagen resultieren, d.h., $\hat{y}^{(1)} = \hat{y}^{(2)} = 1$, scheint die Klassifikation des Datenpunkts mit dem Merkmalsvektor $\mathbf{x}^{(2)}$ viel zuverlässiger zu sein.

Die logistische Regression verwendet den logistischen Verlust (2.12) um die Qualität einer bestimmten Hypothese zu bewerten $h^{(\mathbf{w})} \in \mathcal{H}^{(n)}$. Insbesondere versucht die logistische Regression, das empirische Risiko (durchschnittlicher logistischer Verlust) zu minimieren, gegeben ein beschriftetes Trainingsset $\mathcal{D} = \{\mathbf{x}^{(i)}, y^{(i)}\}_{i=1}^{m}$

$$\begin{aligned} \widehat{L}(\mathbf{w}|\mathcal{D}) &= (1/m) \sum_{i=1}^{m} \log(1 + \exp(-y^{(i)} h^{(\mathbf{w})}(\mathbf{x}^{(i)}))) \\ &\overset{h^{(\mathbf{w})}(\mathbf{x}) = \mathbf{w}^T\mathbf{x}}{=} (1/m) \sum_{i=1}^{m} \log(1 + \exp(-y^{(i)} \mathbf{w}^T \mathbf{x}^{(i)})). \end{aligned} \tag{3.15}$$

Sobald wir den optimalen Gewichtsvektor $\widehat{\mathbf{w}}$ gefunden haben, der (3.15) minimiert, klassifizieren wir einen Datenpunkt basierend auf seinen Merkmalen $\mathbf{x}$ gemäß

$$\hat{y} = \begin{cases} 1 & \text{wenn } h^{(\widehat{\mathbf{w}})}(\mathbf{x}) \geq 0 \\ -1 & \text{ansonsten.} \end{cases} \tag{3.16}$$

Da $h^{(\widehat{\mathbf{w}})}(\mathbf{x}) = \left(\widehat{\mathbf{w}}\right)^T \mathbf{x}$ (siehe (3.1)), entspricht der Klassifikator (3.16) dem Testen, ob $\left(\widehat{\mathbf{w}}\right)^T \mathbf{x} \geq 0$ oder nicht.

Der Klassifikator (3.16) teilt den Merkmalsraum $\mathcal{X} = \mathbb{R}^n$ in zwei Halbräume $\mathcal{R}_1 = \left\{\mathbf{x} : \left(\widehat{\mathbf{w}}\right)^T \mathbf{x} \geq 0\right\}$ und $\mathcal{R}_{-1} = \left\{\mathbf{x} : \left(\widehat{\mathbf{w}}\right)^T \mathbf{x} < 0\right\}$ auf, die durch die Hyperebene $\left(\widehat{\mathbf{w}}\right)^T \mathbf{x} = 0$ getrennt sind (siehe Abb. 2.9). Jeder Datenpunkt mit Merkmalen $\mathbf{x} \in \mathcal{R}_1$ ($\mathbf{x} \in \mathcal{R}_{-1}$) wird als $\hat{y} = 1$ ($\hat{y} = -1$) klassifiziert.

Die logistische Regression kann als Maximum-Likelihood-Schätzer innerhalb eines bestimmten probabilistischen Modells für die Datenpunkte interpretiert werden. Dieses probabilistische Modell interpretiert das Label $y \in \{-1, 1\}$ eines Datenpunkts als RV mit der Wahrscheinlichkeitsverteilung

$$\begin{aligned} p(y = 1; \mathbf{w}) &= 1/(1 + \exp(-\mathbf{w}^T\mathbf{x})) \\ &\overset{h^{(\mathbf{w})}(\mathbf{x})=\mathbf{w}^T\mathbf{x}}{=} 1/(1 + \exp(-h^{(\mathbf{w})}(\mathbf{x})))). \end{aligned} \tag{3.17}$$

Wie die Notation zeigt, ist die Wahrscheinlichkeit (3.17) durch den Gewichtsvektor $\mathbf{w}$ der linearen Hypothese $h^{(\mathbf{w})}(\mathbf{x}) = \mathbf{w}^T\mathbf{x}$ parametriert. Angesichts des probabilistischen Modells (3.17) können wir die Klassifikation (3.16) als Auswahl von $\hat{y}$ interpretieren, um die Wahrscheinlichkeit $p(y = \hat{y}; \mathbf{w})$ zu maximieren.

Da $p(y = 1) + p(y = -1) = 1$,

$$\begin{aligned} p(y = -1) &= 1 - p(y = 1) \\ &\overset{(3.17)}{=} 1 - 1/(1 + \exp(-\mathbf{w}^T\mathbf{x})) \\ &= 1/(1 + \exp(\mathbf{w}^T\mathbf{x})). \end{aligned} \tag{3.18}$$

In der Praxis kennen wir den Gewichtsvektor in (3.17) nicht. Stattdessen müssen wir den Gewichtsvektor $\mathbf{w}$ in (3.17) aus beobachteten Datenpunkten schätzen. Ein prinzipieller Ansatz zur Schätzung des Gewichtsvektors besteht darin, die Wahrscheinlichkeit (oder Likelihood) zu maximieren, tatsächlich den Datensatz $\mathcal{D} = \{(\mathbf{x}^{(i)}, y^{(i)})\}_{i=1}^m$ als Realisierungen von i.i.d. Datenpunkten zu erhalten, deren Labels gemäß (3.17) verteilt sind. Dies ergibt den Maximum-Likelihood-Schätzer

$$\begin{aligned} \widehat{\mathbf{w}} &= \underset{\mathbf{w} \in \mathbb{R}^n}{\operatorname{argmax}}\, p(\{y^{(i)}\}_{i=1}^m) \\ &\overset{y^{(i)} \text{ i.i.d.}}{=} \underset{\mathbf{w} \in \mathbb{R}^n}{\operatorname{argmax}} \prod_{i=1}^{m} p(y^{(i)}) \\ &\overset{(3.17),(3.18)}{=} \underset{\mathbf{w} \in \mathbb{R}^n}{\operatorname{argmax}} \prod_{i=1}^{m} 1/(1 + \exp(-y^{(i)}\mathbf{w}^T\mathbf{x}^{(i)})). \end{aligned} \tag{3.19}$$

Beachten Sie, dass der letzte Ausdruck (3.19) nur gültig ist, wenn wir die binären Labels mit den Werten 1 und -1 kodieren. Die Verwendung unterschiedlicher Labelwerte führt zu einem anderen Ausdruck.

Die Maximierung einer positiven Funktion $f(\mathbf{w}) > 0$ ist äquivalent zur Maximierung von $\log f(x)$,

$$\underset{\mathbf{w} \in \mathbb{R}^n}{\operatorname{argmax}}\, f(\mathbf{w}) = \underset{\mathbf{w} \in \mathbb{R}^n}{\operatorname{argmax}}\, \log f(\mathbf{w}).$$

Daher kann (3.19) weiter entwickelt werden als

$$\begin{aligned} \widehat{\mathbf{w}} &\overset{(3.19)}{=} \underset{\mathbf{w} \in \mathbb{R}^n}{\operatorname{argmax}} \sum_{i=1}^{m} -\log\big(1+\exp(-y^{(i)}\mathbf{w}^T\mathbf{x}^{(i)})\big) \\ &= \underset{\mathbf{w} \in \mathbb{R}^n}{\operatorname{argmin}} (1/m) \sum_{i=1}^{m} \log\big(1+\exp(-y^{(i)}\mathbf{w}^T\mathbf{x}^{(i)})\big). \end{aligned} \tag{3.20}$$

Der Vergleich von (3.20) mit (3.15) zeigt, dass die logistische Regression nichts anderes ist als die Maximum-Likelihood-Schätzung des Gewichtsvektors $\mathbf{w}$ im probabilistischen Modell (3.17).

3.7 Support-Vektor-Maschinen

Support-Vektor-Maschinen sind eine Familie von ML-Methoden zum Erlernen einer Hypothese zur Vorhersage eines binären Labels y eines Datenpunkts basierend auf seinen Merkmalen $\mathbf{x}$. Ohne Einschränkung der Allgemeinheit betrachten wir binäre Labels, die Werte im Labelraum annehmen $\mathcal{Y} = \{-1, 1\}$. Eine Support-Vektor-Maschine verwendet den linearen Hypothesenraum (3.1), der aus linearen Abbildungen besteht $h(\mathbf{x}) = \mathbf{w}^T\mathbf{x}$ mit einem bestimmten Gewichtsvektor $\mathbf{w} \in \mathbb{R}^n$. Daher verwendet die Support-Vektor-Maschine denselben Hypothesenraum wie die lineare Regression und die logistische Regression, die wir in den Abschn. 3.1 und 3.6 diskutiert haben. Was die Support-Vektor-Maschine von diesen anderen Methoden unterscheidet, ist die Wahl der Verlustfunktion.

Verschiedene Instanzen einer Support-Vektor-Maschine werden durch die Verwendung unterschiedlicher Konstruktionen für die Merkmale eines Datenpunkts erhalten. Kernel Support-Vektor-Maschinen verwenden das Konzept einer Kernel-Abbildung zur Konstruktion (typischerweise hochdimensionaler) Merkmale (siehe Abschn. 3.9 und [5]). Im Folgenden gehen wir davon aus, dass die Merkmalskonstruktion gelöst wurde und wir Zugang zu einem Merkmalsvektor $\mathbf{x} \in \mathbb{R}^n$ für jeden Datenpunkt haben.

Abb. 3.6 zeigt einen Datensatz $\mathcal{D}$ von beschrifteten Datenpunkten, die jeweils durch einen Merkmalsvektor $\mathbf{x}^{(i)} \in \mathbb{R}^2$ (als Koordinaten eines Markers verwendet) und einem binären Label $y^{(i)} \in \{-1, 1\}$ (durch verschiedene Markerformen angezeigt) gekennzeichnet sind. Wir können den Datensatz $\mathcal{D}$ in zwei Klassen aufteilen

$$\mathcal{C}^{(y=1)} = \{\mathbf{x}^{(i)} : y^{(i)} = 1\}, \text{ und } \mathcal{C}^{(y=-1)} = \{\mathbf{x}^{(i)} : y^{(i)} = -1\}. \tag{3.21}$$

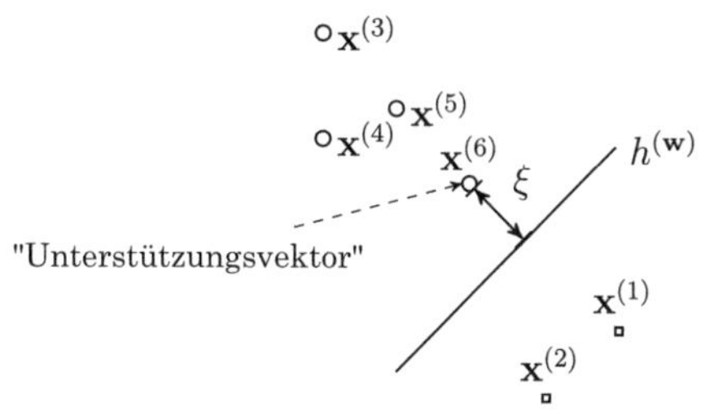

Abb. 3.6 Die Support-Vektor-Maschine lernt eine Hypothese (oder Klassifikator) $h^{(\mathbf{w})}$ mit minimalem durchschnittlichen Soft-Margin-Hinge-Verlust (3.23). Die Minimierung dieses Verlusts entspricht der Maximierung des Abstands ξ zwischen der Entscheidungsgrenze von $h^{(\mathbf{w})}$ und jeder Klasse des Trainingssets

Die Support-Vektor-Maschine versucht, eine lineare Abbildung $h^{(\mathbf{w})}(\mathbf{x}) = \mathbf{w}^T\mathbf{x}$ zu lernen, die die beiden Klassen im Sinne von

$$\underbrace{h\big(\mathbf{x}^{(i)}\big)}_{\mathbf{w}^T\mathbf{x}^{(i)}} > 0 \text{ für } \mathbf{x}^{(i)} \in \mathcal{C}^{(y=1)} \text{ und } \underbrace{h\big(\mathbf{x}^{(i)}\big)}_{\mathbf{w}^T\mathbf{x}^{(i)}} < 0 \text{ für } \mathbf{x}^{(i)} \in \mathcal{C}^{(y=-1)}. \tag{3.22}$$

perfekt trennt. Wir bezeichnen einen Datensatz, dessen Datenpunkte binäre Labels haben, als linear trennbar, wenn wir mindestens eine lineare Abbildung finden können, die im Sinne von (3.22) trennt. Der Datensatz in Abb. 3.6 ist früh trennbar.

Wie leicht zu überprüfen ist, erfüllt jede lineare Abbildung $h^{(\mathbf{w})}(\mathbf{x}) = \mathbf{w}^T\mathbf{x}$, die einen durchschnittlichen Hinge-Loss von Null erzielt (2.11), auf dem Datensatz $\mathcal{D}$ perfekt diese Bedingung (3.22). Es scheint sinnvoll, eine lineare Abbildung zu lernen, indem man den durchschnittlichen Hinge-Loss minimiert (2.11). Ein Nachteil dieses Ansatzes ist jedoch, dass es (unendlich) viele verschiedene lineare Abbildungen geben könnte, die einen durchschnittlichen Hinge-Loss von Null erzielen und somit die Datenpunkte in Abb. 3.6 perfekt trennen. Betrachten Sie tatsächlich eine lineare Abbildung $h^{(\mathbf{w})}$, die für die $\mathcal{D}$ in Abb. 3.6 einen durchschnittlichen Hinge-Loss von Null erzielt (und sie daher perfekt trennt). Dann erzielt jede andere lineare Abbildung $h^{(\mathbf{w}')}$ mit Gewichten $\mathbf{w}' = \lambda\mathbf{w}$, unter Verwendung einer beliebigen Zahl $\lambda > 1$ ebenfalls einen durchschnittlichen Hinge-Loss von Null (und trennt den Datensatz perfekt).

Weder die Anforderung an die Trennbarkeit (3.22) noch der Hinge-Verlust (2.11) sind als alleiniges Trainingskriterium ausreichend. Tatsächlich gibt es viele (wenn nicht die meisten) Datensätze, die nicht linear trennbar sind. Selbst für einen linear trennbaren Datensatz (wie den in Abb. 3.6) gibt es unendlich viele lineare Abbildungen mit einem durchschnittlichen Hinge-Verlust von null. Welche dieser unendlich vielen verschiedenen Abbildungen sollten wir verwenden? Um diese Fragen zu klären, verwendet die Support Vector Machine einen „regularisierten" Hinge-Verlust,

$$\begin{aligned} L((\mathbf{x}, y), h^{(\mathbf{w})}) &:= \max\{0, 1 - y \cdot h^{(\mathbf{w})}(\mathbf{x})\} + \lambda\|\mathbf{w}\|^2 \\ &\overset{h^{(\mathbf{w})}(\mathbf{x})=\mathbf{w}^T\mathbf{x}}{=} \max\{0, 1 - y \cdot \mathbf{w}^T\mathbf{x}\} + \lambda\|\mathbf{w}\|^2. \end{aligned} \tag{3.23}$$

Der Verlust (3.23) erhöht den Hinge-Verlust (2.11) um den Term $\lambda\|\mathbf{w}\|^2$. Dieser Term ist die skalierte (durch $\lambda > 0$) quadrierte euklidische Norm der Gewichte $\mathbf{w}$ der linearen Hypothese h, die zur Klassifizierung von Datenpunkten verwendet wird. Es kann gezeigt werden, dass die Hinzufügung des Terms $\lambda\|\mathbf{w}\|^2$ zum Hinge-Verlust (2.11) einen Regularisierungseffekt hat. Lässig gesprochen, bevorzugt der resultierende Verlust lineare Abbildungen $h^{(\mathbf{w})}$, die robust gegenüber (kleinen) Störungen der Datenpunkte sind. Der Abstimmungsparameter λ in (3.23) steuert die Stärke dieses Regularisierungseffekts und könnte daher auch als Regularisierungsparameter bezeichnet werden. Wir werden die grundlegenden Prinzipien der Regularisierung auf einer allgemeineren Ebene in Kap. 7 diskutieren.

Lassen Sie uns nun eine nützliche geometrische Interpretation der linearen Hypothese entwickeln, die durch Minimierung der Verlustfunktion (3.23) erhalten wird. Nach [5, Kap. 2] maximiert ein Klassifikator $h^{(\mathbf{w}_{\mathrm{SVM}})}$, der den durchschnittlichen Verlust (3.23) minimiert, den Abstand (Rand) ξ zwischen seiner Entscheidungsgrenze und jeder der beiden Klassen $\mathcal{C}^{(y=1)}$ und $\mathcal{C}^{(y=-1)}$ (siehe (3.21)). Die Entscheidungsgrenze wird durch die Menge der Merkmalsvektoren $\mathbf{x}$ bestimmt, die $\mathbf{w}_{\mathrm{SVM}}^{T}\mathbf{x} = 0$ erfüllen,

Es ist sinnvoll, den Rand so groß wie möglich zu machen, da dies sicherstellt, dass die resultierenden Klassifikationen robust gegenüber kleinen Störungen der Merkmale sind (siehe Abschn. 7.2). Wie in Abb. 3.6 dargestellt, wird der Rand zwischen der Entscheidungsgrenze und den Klassen $\mathcal{C}_1$ und $\mathcal{C}_2$ typischerweise durch wenige Datenpunkte (wie $\mathbf{x}^{(6)}$ in Abb. 3.6), die der Entscheidungsgrenze am nächsten sind, bestimmt. Diese Datenpunkte haben den geringsten Abstand zur Entscheidungsgrenze und werden als Stützvektoren bezeichnet.

Wir weisen darauf hin, dass sowohl die Support Vector Machine als auch die logistische Regression denselben Hypothesenraum von linearen Abbildungen verwenden. Daher lernen beide Methoden einen linearen Klassifikator $h^{(\mathbf{w})} \in \mathcal{H}^{(n)}$ (siehe (3.1)), dessen Entscheidungsgrenze eine Hyperebene im Merkmalsraum $\mathcal{X} = \mathbb{R}^n$ ist (siehe Abb. 2.9). Der Unterschied zwischen der Support Vector Machine und der logistischen Regression liegt in ihrer Wahl für die Verlustfunktion, die zur Bewertung der Qualität einer Hypothese $h^{(\mathbf{w})} \in \mathcal{H}^{(n)}$ verwendet wird.

Der Scharnierverlust (2.11) ist (in gewisser Weise) die beste konvexe Annäherung an den 0/1-Verlust (2.9). Daher erwarten wir, dass der durch die Support-Vektor-Maschine erhaltene Klassifikator eine geringere Klassifikationsfehlerwahrscheinlichkeit $p(\hat{y} \neq y)$ (mit $\hat{y} = 1$ wenn $h(\mathbf{x}) \geq 0$ und $\hat{y} = -1$ sonst) im Vergleich zur logistischen Regression, die den logistischen Verlust (2.12) verwendet, liefert. Die Support-Vektor-Maschine ist auch statistisch ansprechend, da sie eine robuste Hypothese lernt. Tatsächlich impliziert das Lernen der Hypothese mit maximalem Rand, dass der resultierende Klassifikator maximal robust gegenüber Störungen der Merkmalsvektoren von Datenpunkten ist. Abschn. 7.2 diskutiert die Bedeutung von Robustheit in ML-Methoden genauer.

Die statistische Überlegenheit der Support-Vektor-Maschine geht auf Kosten einer erhöhten Rechenkomplexität. Insbesondere ist der Scharnierverlust (2.11) nicht differenzierbar, was die Verwendung einfacher gradientenbasierter Methoden (siehe Kap. 5) verhindert und fortgeschrittenere Optimierungsmethoden erfordert. Im Gegensatz dazu ist der logistische Verlust (2.12) konvex und differenzierbar. Wir können daher gradientenbasierte Methoden verwenden, um den durchschnittlichen logistischen Verlust auf einem Trainingsset zu minimieren (siehe Kap. 5).

3.8 Bayes-Klassifikator

Betrachten Sie Datenpunkte, die durch Merkmale $\mathbf{x} \in \mathcal{X}$ und ein binäres Label $y \in \mathcal{Y}$ gekennzeichnet sind. Wir können zwei beliebige Labelwerte verwenden, aber wir gehen davon aus, dass die beiden möglichen Labelwerte $y = -1$ oder $y = 1$ sind. Wir möchten einen Klassifikator $h : \mathcal{X} \rightarrow \mathcal{Y}$ finden (oder lernen), so dass das vorhergesagte (oder geschätzte) Label $\hat{y} = h(\mathbf{x})$ so gut wie möglich mit dem wahren Label $y \in \mathcal{Y}$ übereinstimmt. Daher ist es sinnvoll, die Qualität eines Klassifikators h mit dem 0/1-Verlust (2.9) zu bewerten. Wir könnten dann einen Klassifikator lernen, indem wir die empirische Risikominimierung mit der Verlustfunktion (2.9) verwenden. Das resultierende Optimierungsproblem ist jedoch in der Regel unlösbar, da der Verlust (2.9) nicht konvex und nicht differenzierbar ist.

Anstatt die (unlösbare) empirische Risikominimierung für den 0/1-Verlust zu lösen, gehen wir einen anderen Weg, um einen Klassifikator zu konstruieren. Diese Konstruktion basiert auf einem einfachen probabilistischen Modell für die Datenpunkte. Mit diesem Modell können wir den durchschnittlichen 0/1-Verlust auf den Trainingsdaten als Näherung für die Wahrscheinlichkeit $P_{\text{err}} = p(y \neq h(\mathbf{x}))$ interpretieren. Jeder Klassifikator, der diese Fehlerwahrscheinlichkeit minimiert, wird als Bayes-Schätzer bezeichnet. Beachten Sie, dass der Bayes-Schätzer von dem probabilistischen Modell für die Datenpunkte abhängt. Wir erhalten verschiedene Bayes-Schätzer für verschiedene probabilistische Modelle.

Ein weit verbreitetes probabilistisches Modell führt zu einem Bayes-Schätzer, der zum linearen Hypothesenraum gehört (3.1). Beachten Sie, dass diesem Hypothesenraum auch die logistische Regression (siehe Abschn. 3.6) und die Support-Vektor-Maschine (siehe Abschn. 3.7) zugrunde liegen. Daher sind die logistische Regression, die Support-Vektor-Maschine und der Bayes-Schätzer alle Beispiele für einen linearen Klassifikator (siehe Abb. 2.9).

Ein linearer Klassifikator teilt den Merkmalsraum $\mathcal{X}$ in zwei Halbräume. Ein Halbraum besteht aus allen Merkmalsvektoren $\mathbf{x}$, die das vorhergesagte Label $\hat{y} = 1$ ergeben und der andere Halbraum besteht aus allen Merkmalsvektoren $\mathbf{x}$, die das vorhergesagte Label $\hat{y} = -1$ ergeben. Die Familie der ML-Methoden, die einen linearen Klassifikator lernen, unterscheiden sich in ihrer Wahl der Verlustfunktion und damit, wie sie diese Halbräume wählen. Abschn. 4.5 wird ML-Methoden unter Verwendung des Bayes-Schätzers im Detail diskutieren.

3.9 Kernel-Methoden

Betrachten Sie ein ML-Problem (Klassifikation oder Regression) mit einem zugrunde liegenden Merkmalsraum $\mathcal{X}$. Um das Label $y \in \mathcal{Y}$ eines Datenpunkts basierend auf seinen Merkmalen $\mathbf{x} \in \mathcal{X}$ vorherzusagen, wenden wir einen Prädiktor h aus einem Hypothesenraum $\mathcal{H}$ an. Nehmen wir an, dass die verfügbare

Recheninfrastruktur uns nur erlaubt, einen linearen Hypothesenraum $\mathcal{H}^{(n)}$ zu verwenden (siehe (3.1)).

Für einige Anwendungen ist die Verwendung einer linearen Hypothese $h(\mathbf{x}) = \mathbf{w}^T\mathbf{x}$ nicht geeignet, da die Beziehung zwischen Merkmalen $\mathbf{x}$ und Label y möglicherweise stark nicht-linear ist. Ein Ansatz zur Erweiterung der Fähigkeiten linearer Hypothesen besteht darin, die Rohmerkmale eines Datenpunkts zu transformieren, bevor eine lineare Hypothese h angewendet wird.

Die Familie der Kernel-Methoden basiert auf der Umwandlung der Merkmale $\mathbf{x}$ in neue Merkmale $\hat{\mathbf{x}} \in \mathcal{X}'$, die zu einem (typischerweise sehr) hochdimensionalen Raum $\mathcal{X}'$ [5] gehören. Es ist nicht ungewöhnlich, dass, während der ursprüngliche Merkmalsraum ein niedrigdimensionaler euklidischer Raum ist (z. B., $\mathcal{X} = \mathbb{R}^2$), der transformierte Merkmalsraum $\mathcal{X}'$ ein unendlich dimensionaler Funktionenraum ist.

Die Begründung für die Umwandlung der ursprünglichen Merkmale in einen neuen (höherdimensionalen) Merkmalsraum $\mathcal{X}'$ besteht darin, die intrinsische Geometrie der Merkmalsvektoren $\mathbf{x}^{(i)} \in \mathcal{X}$ so zu verändern, dass die transformierten Merkmalsvektoren $\hat{\mathbf{x}}^{(i)}$ eine „einfachere" Geometrie haben (siehe Abb. 3.7).

Kernel-Methoden werden erzielt, indem ML-Probleme (wie lineare Regression oder logistische Regression) mit den transformierten Merkmalen $\hat{\mathbf{x}} = \phi(\mathbf{x})$ formuliert werden. Eine zentrale Herausforderung innerhalb der Kernel-Methoden ist die Wahl der Merkmalsabbildung $\phi : \mathcal{X} \to \mathcal{X}'$, die den ursprünglichen Merkmalsvektor $\mathbf{x}$ auf einen neuen Merkmalsvektor $\hat{\mathbf{x}} = \phi(\mathbf{x})$ abbildet.

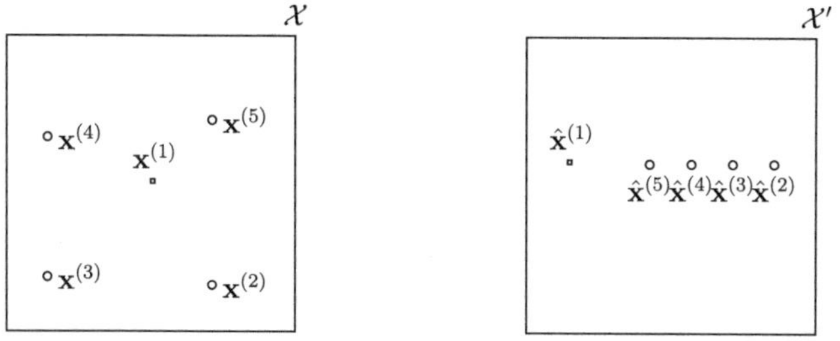

Abb. 3.7 Der Datensatz $\mathcal{D} = \{(\mathbf{x}^{(i)}, y^{(i)})\}_{i=1}^{5}$ besteht aus 5 Datenpunkten mit Merkmalen $\mathbf{x}^{(i)}$ und binären Labels $y^{(i)}$. Links: Im ursprünglichen Merkmalsraum $\mathcal{X}$ können die Datenpunkte nicht perfekt durch einen linearen Klassifikator getrennt werden. Rechts: Die Merkmalsabbildung $\phi : \mathcal{X} \to \mathcal{X}'$ transformiert die Merkmale $\mathbf{x}^{(i)}$ zu den neuen Merkmalen $\hat{\mathbf{x}}^{(i)} = \phi(\mathbf{x}^{(i)})$ im neuen Merkmalsraum $\mathcal{X}'$. Im neuen Merkmalsraum $\mathcal{X}'$ können die Datenpunkte perfekt durch einen linearen Klassifikator getrennt werden

3.10 Entscheidungsbäume

Ein Entscheidungsbaum ist eine flussdiagrammähnliche Beschreibung einer Karte $h : \mathcal{X} \rightarrow \mathcal{Y}$, die die Merkmale $\mathbf{x} \in \mathcal{X}$ eines Datenpunkts auf ein vorhergesagtes Label $h(\mathbf{x}) \in \mathcal{Y}$ abbildet [6]. Obwohl Entscheidungsbäume für beliebige Merkmalsräume $\mathcal{X}$ und Labelräume $\mathcal{Y}$ verwendet werden können, werden wir sie für den speziellen Merkmalsraum $\mathcal{X} = \mathbb{R}^2$ und Labelraum $\mathcal{Y} = \mathbb{R}$ diskutieren.

Abb. 3.8 zeigt ein Beispiel für einen Entscheidungsbaum. Ein Entscheidungsbaum besteht aus Knoten, die durch gerichtete Kanten verbunden sind. Man kann sich einen Entscheidungsbaum als schrittweise Anleitung oder ein „Rezept" vorstellen, wie man den Funktionswert $h(\mathbf{x})$ anhand der Merkmale $\mathbf{x} \in \mathcal{X}$ eines Datenpunkts berechnet. Diese Berechnung beginnt am **Wurzelknoten** und endet an einem der **Blattknoten** des Entscheidungsbaums.

Ein Blattknoten m, der keine ausgehenden Kanten hat, repräsentiert eine Entscheidungsregion $\mathcal{R}_m \subseteq \mathcal{X}$ im Merkmalsraum. Die Hypothese h, die mit einem Entscheidungsbaum verbunden ist, ist konstant über die Regionen $\mathcal{R}_m$, so dass $h(\mathbf{x}) = h_m$ für alle $\mathbf{x} \in \mathcal{R}_m$ und eine festgelegte Zahl $h_m \in \mathbb{R}$ gilt.

Im Allgemeinen gibt es zwei Arten von Knoten in einem Entscheidungsbaum:

- Entscheidungs- (oder Test-) Knoten, die bestimmte „Tests" über den Merkmalsvektor $\mathbf{x}$ darstellen (z. B. „Ist die Norm von $\mathbf{x}$ größer als 10?").
- Blattknoten, die Untergruppen des Merkmalsraums entsprechen.

Der in Abb. 3.8 dargestellte Entscheidungsbaum besteht aus zwei Entscheidungsknoten (einschließlich des Wurzelknotens) und drei Blattknoten.

Angesichts begrenzter Rechenressourcen können wir nur Entscheidungsbäume verwenden, die nicht zu tief sind. Betrachten Sie den Hypothesenraum, der aus allen Entscheidungsbäumen besteht, die die Tests „$\|\mathbf{x} - \mathbf{u}\| \leq r$" und „$\|\mathbf{x} - \mathbf{v}\| \leq r$"

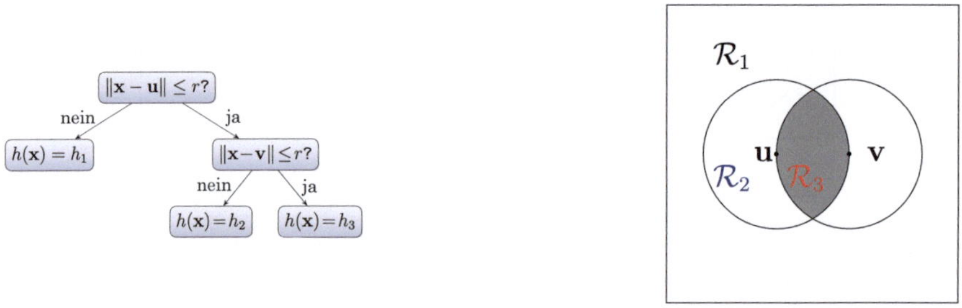

Abb. 3.8 Ein Entscheidungsbaum stellt eine Hypothese h dar, die auf Teilmengen $\mathcal{R}_m$ konstant ist, d.h., $h(\mathbf{x}) = h_m$ für alle $\mathbf{x} \in \mathcal{R}_m$. Jede Teilmenge $\mathcal{R}_m \subseteq \mathcal{X}$ entspricht einem Blattknoten im Entscheidungsbaum

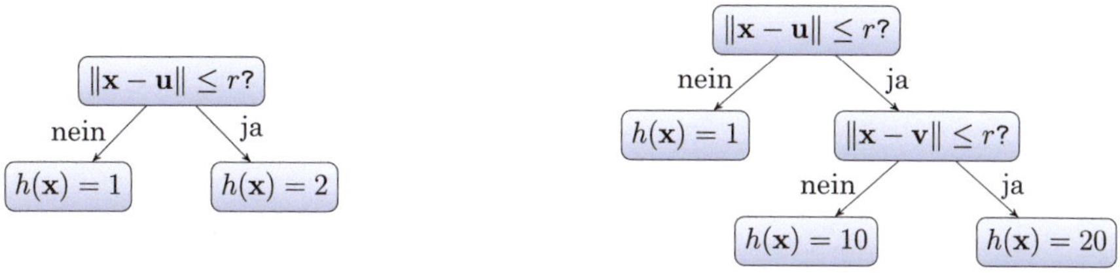

Abb. 3.9 Ein Hypothesenraum $\mathcal{H}$ bestehend aus zwei Entscheidungsbäumen mit einer Tiefe von höchstens 2 und unter Verwendung der Tests $\|\mathbf{x}-\mathbf{u}\| \leq r$ und $\|\mathbf{x}-\mathbf{v}\| \leq r$ mit einem festen Radius r und Vektoren $\mathbf{u}, \mathbf{v} \in \mathbb{R}^n$

verwenden, mit einigen Vektoren **u** und **v**, einem positiven Radius $r > 0$ und einer Tiefe, die nicht größer als 2 ist.[3]

Um die Qualität eines bestimmten Entscheidungsbaums zu bewerten, können wir verschiedene Verlustfunktionen verwenden. Beispiele für Verlustfunktionen, die zur Messung der Qualität eines Entscheidungsbaums verwendet werden, sind der quadratische Fehlerverlust (für numerische Labels) oder die Unreinheit einzelner Entscheidungsregressionen (für diskrete Labels).

Entscheidungsbaummethoden verwenden als Hypothesenraum die Menge aller Hypothesen, die durch eine Sammlung von Entscheidungsbäumen dargestellt werden. Abb. 3.9 zeigt eine Sammlung von Entscheidungsbäumen, die dadurch gekennzeichnet sind, dass sie höchstens zwei Ebenen tief sind. Diese Methoden suchen nach Entscheidungsbäumen, so dass die entsprechende Hypothese den minimalen durchschnittlichen Verlust auf einigen beschrifteten Trainingsdaten hat (siehe Abschn. 4.4).

Eine Sammlung von Entscheidungsbäumen kann auf der Grundlage eines festen Satzes von „elementaren Tests“ auf dem Eingabe-Merkmalvektor erstellt werden, z. B., $\|\mathbf{x}\| > 3$, $x_3 < 1$ oder eine kontinuierliche Gruppe von parametrisierten Tests wie $\{x_2 > \eta\}_{\eta \in [0,10]}$. Wir erstellen dann einen Hypothesenraum, indem wir alle Entscheidungsbäume berücksichtigen, die eine maximale Tiefe nicht überschreiten und deren Entscheidungsknoten einen der elementaren Tests durchführen.

Ein Entscheidungsbaum stellt eine Abbildung $h : \mathcal{X} \rightarrow \mathcal{Y}$ dar, die stückweise konstant über Bereiche des Merkmalsraums $\mathcal{X}$ ist. Diese sich nicht überlappenden Bereiche bilden eine Partitionierung des Merkmalsraums. Jeder Blattknoten eines Entscheidungsbaums entspricht einer bestimmten Region. Mit großen Entscheidungsbäumen, die viele verschiedene Testknoten beinhalten, können wir sehr komplizierte Partitionen darstellen, die einem gegebenen gelabelten Datensatz ähneln (siehe Abb. 3.10).

[3]Die Tiefe eines Entscheidungsbaums ist die maximale Anzahl von Sprüngen, die benötigt werden, um von der Wurzel aus einen Blattknoten zu erreichen, wenn man den Pfeilen folgt. Der in Abb. 3.8 dargestellte Entscheidungsbaum hat eine Tiefe von 2.

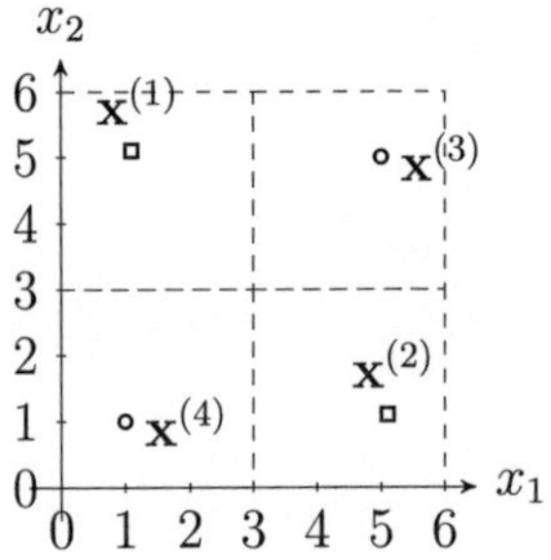

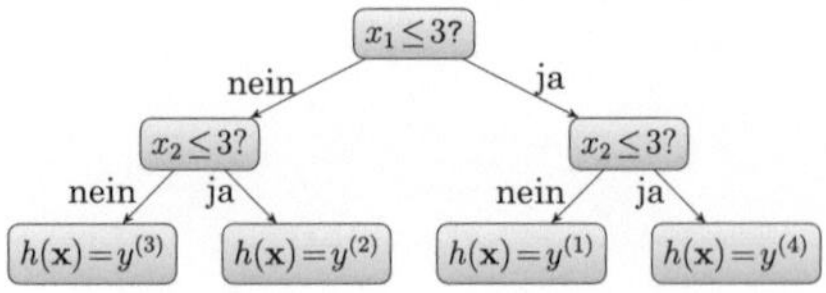

Abb. 3.10 Mit einem ausreichend großen (tiefen) Entscheidungsbaum können wir eine Karte h erstellen, die perfekt zu einem gegebenen beschrifteten Datensatz $\{(\mathbf{x}^{(i)}, y^{(i)})\}_{i=1}^{m}$ passt, so dass $h(\mathbf{x}^{(i)}) = y^{(i)}$ für $i = 1, \ldots, m$

Dies unterscheidet sich stark von ML-Methoden, die den linearen Hypothesenraum verwenden (3.1), wie lineare Regression, logistische Regression oder die Support-Vektor-Maschine. Diese Methoden lernen lineare Hypothesenkarten mit einer eher einfachen Geometrie. Tatsächlich ist eine lineare Karte entlang von Hyperflächen konstant. Darüber hinaus sind die Entscheidungsregionen, die aus linearen Klassifikatoren gewonnen werden, immer ganze Halbräume (siehe Abb. 2.9).

Im Gegensatz dazu kann die Form einer Karte, die durch einen Entscheidungsbaum dargestellt wird, viel komplizierter sein. Mit einem ausreichend großen (tiefen) Entscheidungsbaum können wir eine Hypothesenkarte erhalten, die eine gegebene nichtlineare Karte genau approximiert. Die Verwendung von ausreichend tiefen Entscheidungsbäumen für Klassifikationsprobleme ermöglicht hochgradig unregelmäßige Entscheidungsregionen.

3.11 Tiefes Lernen

Ein weiteres Beispiel für einen Hypothesenraum verwendet eine Signalflussdarstellung einer Hypothesenkarte $h : \mathbb{R}^n \rightarrow \mathbb{R}$. Diese Signalflussdarstellung wird als künstliches neuronales Netzwerk bezeichnet. Abb. 3.8 zeigt ein Beispiel für ein künstliches neuronales Netzwerk, das zur Darstellung einer (parametrisierten) Hypothese $h^{(\mathbf{w})} : \mathbb{R}^n \rightarrow \mathbb{R}$ verwendet wird. Ein Merkmalsvektor $\mathbf{x} \in \mathbb{R}^n$ wird in die Eingabeeinheiten eingespeist, von denen jede ein einzelnes Merkmal $x_j \in \mathbb{R}$ einliest. Die Merkmale x_j werden dann mit den Gewichten $w_{j,j'}$ multipliziert, die mit der Verbindung zwischen dem $j$ten Eingabeknoten („Neuron") und dem j'ten Knoten in der mittleren (verborgenen) Schicht verbunden sind. Die Ausgabe des j' -ten Knotens in der verborgenen Schicht wird gegeben durch $s_{j'} = g(\sum_{j=1}^{n} w_{j,j'} x_j)$ mit einer (typischerweise nicht-linearen) Aktivierungsfunktion $f : \mathbb{R} \rightarrow \mathbb{R}$. Das Eingabeargument für die Aktivierungsfunktion ist die gewichtete Kombination

$\sum_{j=1}^{n} w_{j,j'} s_{j'}$ der Ausgaben s_j der Knoten in einer vorherigen Schicht. Für das in Abb. 3.11 dargestellte künstliche neuronale Netzwerk ist die Ausgabe des Neurons s_1 ist $f(z)$ mit $z = w_{1,1}x_1 + w_{1,2}x_2$.

Zwei beliebte Wahlmöglichkeiten für die in künstlichen neuronalen Netzwerken verwendete Aktivierungsfunktion sind die Sigmoid Funktion $f(z) = \frac{1}{1+\exp(-z)}$ oder die tief Netz $f(z) = \max\{0, z\}$. Künstliche neuronale Netzwerke, die viele, sagen wir 10, versteckte Schichten verwenden, werden oft als tief Netz bezeichnet. ML-Methoden, die Hypothesenräume aus tiefen Netzen verwenden, sind als tief Lernmethoden bekannt [7].

Bemerkenswerterweise ermöglicht uns die Verwendung einer einfachen nichtlinearen Aktivierungsfunktion $f(z)$ als Baustein für künstliche neuronale Netzwerke, eine extrem große Klasse von Vorhersagekarten $h^{(\mathbf{w})} : \mathbb{R}^n \to \mathbb{R}$ darzustellen. Der durch eine gegebene Struktur eines künstlichen neuronalen Netzwerks erzeugte Hypothesenraum, d.h. die Menge aller Vorhersagekarten, die durch ein gegebenes künstliches neuronales Netzwerk und geeignete Gewichte $\mathbf{w}$ implementiert werden können, ist in der Regel viel größer als der Hypothesenraum (2.4) linearer Prädiktoren, die Gewichtsvektoren $\mathbf{w}$ der gleichen Länge verwenden [7, Abschn. 6.4.1.]. Es kann gezeigt werden, dass ein künstliches neuronales Netzwerk mit nur einer einzigen (aber beliebig großen) versteckten Schicht jede gegebene Karte $h : \mathcal{X} \to \mathcal{Y} = \mathbb{R}$ mit beliebiger Genauigkeit approximieren kann [8]. Eine Schlüsselerkenntnis, die vielen Deep-Learning-Methoden zugrunde liegt, ist jedoch, dass die Verwendung mehrerer Schichten mit wenigen Neuronen, anstatt einer einzigen Schicht mit vielen Neuronen, rechnerisch günstiger ist [9].

Der jüngste Erfolg von ML-Methoden, die auf künstlichen neuronalen Netzwerken mit vielen versteckten Schichten (was sie tief macht) basieren, könnte darauf zurückzuführen sein, dass die Netzwerkdarstellung von Hypothesenkarten für die rechnerische Implementierung von ML-Methoden vorteilhaft ist. Erstens können wir eine Karte $h^{(\mathbf{w})}$, die durch ein künstliches neuronales Netzwerk repräsentiert wird, effizient mit moderner paralleler und verteilter Recheninfrastruktur über Nachrichtenübertragung im Netzwerk auswerten. Zweitens

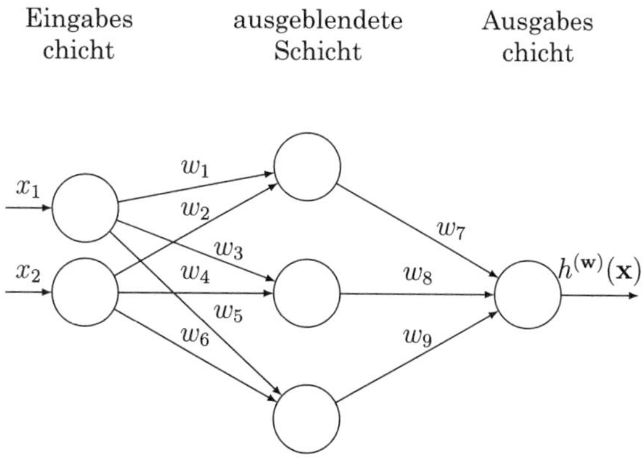

Abb. 3.11 Darstellung eines künstlichen neuronalen Netzwerks eines Prädiktors $h^{(\mathbf{w})}(\mathbf{x})$, der den Eingabevektor (Feature) $\mathbf{x} = (x_1, x_2)^T$ auf ein vorhergesagtes Label (Ausgabe) $h^{(\mathbf{w})}(\mathbf{x})$ abbildet

ermöglicht uns die grafische Darstellung einer parametrisierten Hypothese in Form eines künstlichen neuronalen Netzwerks, den Gradienten der Verlustfunktion effizient über ein (hoch skalierbares) Nachrichtenübertragungsverfahren, das als Backpropagation bekannt ist, zu berechnen [7].

3.12 Maximale Wahrscheinlichkeit

Für viele Anwendungen ist es nützlich, die beobachteten Datenpunkte $\mathbf{z}^{(i)}$, mit $i = 1, \ldots, m$, als i.i.d. Realisierungen einer Zufallsvariable $\mathbf{z}$ mit Wahrscheinlichkeitsverteilung $p(\mathbf{z}; \mathbf{w})$ zu modellieren. Diese Wahrscheinlichkeitsverteilung ist im Sinne einer Abhängigkeit von einem Gewichtsvektor $\mathbf{w} \in \mathbb{R}^n$ parametrisiert. Ein prinzipieller Ansatz zur Schätzung des Vektors $\mathbf{w}$ basierend auf einer Menge von i.i.d. Realisierungen $\mathbf{z}^{(1)}, \ldots, \mathbf{z}^{(m)} \sim p(\mathbf{z}; \mathbf{w})$ ist die **Schätzung nach der Methode der maximalen Wahrscheinlichkeit** [10].

Die Schätzung nach der Methode der maximalen Wahrscheinlichkeit kann als ein ML-Problem interpretiert werden, das durch den Gewichtsvektor $\mathbf{w}$ parametrisiert ist, d.h., jedes Element $h^{(\mathbf{w})}$ des Hypothesenraums $\mathcal{H}$ entspricht einer bestimmten Wahl für den Gewichtsvektor $\mathbf{w}$, und die Verlustfunktion

$$L(\mathbf{z}, h^{(\mathbf{w})}) := -\log p(\mathbf{z}; \mathbf{w}). \tag{3.24}$$

Eine weit verbreitete Wahl für die Wahrscheinlichkeitsverteilung $p\big(\mathbf{z}; \mathbf{w}\big)$ ist eine multivariate Normalverteilung (Gaußsche Verteilung) mit Mittelwert $\boldsymbol{\mu}$ und Kovarianzmatrix Σ, die beide den Gewichtsvektor bilden $\mathbf{w} = (\boldsymbol{\mu}, \Sigma)$ (wir müssen die Matrix Σ geeignet in eine Vektorform umformen). Gegeben die i.i.d. Realisierungen $\mathbf{z}^{(1)}, \ldots, \mathbf{z}^{(m)} \sim p\big(\mathbf{z}; \mathbf{w}\big)$, die Maximum-Likelihood-Schätzungen $\hat{\boldsymbol{\mu}}$, $\widehat{\Sigma}$ des Mittelwertvektors und der Kovarianzmatrix werden über

$$\hat{\boldsymbol{\mu}}, \widehat{\Sigma} = \underset{\boldsymbol{\mu} \in \mathbb{R}^n, \Sigma \in \mathbb{S}^n_+}{\operatorname{argmin}} (1/m) \sum_{i=1}^{m} -\log p\big(\mathbf{z}^{(i)}; (\boldsymbol{\mu}, \Sigma)\big). \tag{3.25}$$

Die Optimierung in (3.25) erfolgt über alle möglichen Auswahlmöglichkeiten für den Mittelwertvektor $\boldsymbol{\mu} \in \mathbb{R}^n$ und die Kovarianzmatrix $\Sigma \in \mathbb{S}^n_+$. Hier bezeichnet $\mathbb{S}^n_+$ die Menge aller positiven semidefiniten hermiteschen $n \times n$ Matrizen.

Das Maximum-Likelihood-Problem (3.25) kann als ein Beispiel für empirische Risikominimierung (4.3) mit einer speziellen Verlustfunktion (3.24) interpretiert werden. Die resultierenden Schätzungen sind explizit als

$$\hat{\boldsymbol{\mu}} = (1/m) \sum_{i=1}^{m} \mathbf{z}^{(i)}, \text{ und } \widehat{\Sigma} = (1/m) \sum_{i=1}^{m} (\mathbf{z}^{(i)} - \hat{\boldsymbol{\mu}})(\mathbf{z}^{(i)} - \hat{\boldsymbol{\mu}})^T. \tag{3.26}$$

Beachten Sie, dass die Ausdrücke (3.26) nur gültig sind, wenn die Wahrscheinlichkeitsverteilung der Datenpunkte als multivariate Normalverteilung modelliert wird.

3.13 Nächste-Nachbar-Methoden

Nächste-Nachbar-Methoden sind eine wichtige Familie von ML-Methoden, die durch eine spezifische Konstruktion des Hypothesenraums gekennzeichnet sind. Diese Familie bietet Methoden für Regressionsprobleme mit numerischen Labels (z. B. mit Labelraum $\mathcal{Y} = \mathbb{R}$) sowie für Klassifikationsprobleme mit kategorischen Labels (z. B. mit Labelraum $\mathcal{Y} = \{-1, 1\}$). Während Nächste-Nachbar-Methoden mit beliebigen Labelräumen kombiniert werden können, erfordern sie, dass der Merkmalsraum ein metrischer Raum ist [1], damit wir Abstände zwischen verschiedenen Merkmalsvektoren berechnen können.

Ein weit verbreitetes Beispiel für einen metrischen Merkmalsraum ist der euklidische Raum $\mathbb{R}^n$ mit dem euklidischen Abstand $\|\mathbf{x}-\mathbf{x}'\|$ zwischen zwei Vektoren $\mathbf{x}, \mathbf{x}' \in \mathbb{R}^n$. Betrachten Sie einen Datensatz $\mathcal{D} = \{(\mathbf{x}^{(i)}, y^{(i)})\}_{i=1}^{m}$ von beschrifteten Datenpunkten, die jeweils durch einen Merkmalsvektor und ein Label charakterisiert sind. Nächste-Nachbar-Methoden verwenden einen Hypothesenraum, der aus stückweisen Abbildungen besteht $h : \mathcal{X} \to \mathcal{Y}$. Der Funktionswert $h(\mathbf{x})$, für einen bestimmten Merkmalsvektor $\mathbf{x}$, hängt nur von den (Labels der) k nächsten Datenpunkten im Datensatz $\mathcal{D}$ ab. Die Anzahl k der nächsten Nachbarn ist ein Designparameter der Methode. Nächste-Nachbar-Methoden werden auch als k-nächste-Nachbar-Methoden (k-NN) bezeichnet, um ihre Abhängigkeit vom Parameter k explizit zu machen.

Es ist wichtig zu beachten, dass im Gegensatz zu den ML-Methoden in den Abschn. 3.1–3.11 der Hypothesenraum von k-NN von einem (Trainings-)Datensatz $\mathcal{D}$ abhängt. Als Konsequenz müssen k-NN-Methoden den Trainingsdatensatz abfragen (einlesen), wann immer sie eine Vorhersage berechnen. Insbesondere um eine Vorhersage $h(\mathbf{x})$ für einen neuen Datenpunkt mit Merkmalen $\mathbf{x}$ zu berechnen, muss k-NN die nächsten Nachbarn im Trainingsdatensatz bestimmen. Bei Verwendung eines großen Trainingsdatensatzes (was in der Regel vorteilhaft für die resultierende Genauigkeit der ML-Methode ist) bedeutet dies einen großen Speicherbedarf für k-NN-Methoden. Darüber hinaus könnten k-NN-Methoden dazu neigen, mit ihren Vorhersagen sensible Informationen preiszugeben (siehe Übung 3.7).

3.14 Tiefes Verstärkungslernen

Tiefes Verstärkungslernen (DRL) bezieht sich auf eine Teilmenge von ML-Problemen und -Methoden, die sich um die Steuerung dynamischer Systeme wie autonom fahrende Autos oder Reinigungsroboter drehen [11–13]. Ein DRL-Problem beinhaltet Datenpunkte, die die Zustände eines dynamischen Systems zu verschiedenen Zeitpunkten repräsentieren $t = 0, 1, \ldots$. Die Datenpunkte, die den Zustand zu einem bestimmten Zeitpunkt t repräsentieren, werden durch den Merkmalsvektor $\mathbf{x}^{(t)}$ charakterisiert. Die Einträge dieses Merkmalsvektors sind die individuellen Merkmale des Zustands zur Zeit t. Diese Merkmale könnten durch Sensoren, Onboard-Kameras oder andere ML-Methoden (die die Position des dynamischen Systems vorhersagen) erlangt werden. Das Label $y^{(t)}$ eines Datenpunkts könnte den optimalen Lenkwinkel zur Zeit t darstellen.

DRL-Methoden lernen eine Hypothese h, die optimale Vorhersagen $\hat{y}^{(t)} := h\big(\mathbf{x}^{(t)}\big)$ für den optimalen Lenkwinkel $y^{(t)}$ liefert. Wie der Name schon sagt, verwenden DRL-Methoden Hypothesenräume, die aus einem tiefen Netz (siehe Abschn. 3.11) gewonnen werden. Die Qualität der Vorhersage $\hat{y}^{(t)}$, die aus einer Hypothese gewonnen wird, wird durch den Verlust $L(\big(\mathbf{x}^{(t)}, y^{(t)}\big), h) := -r^{(t)}$ mit einem Belohnungssignal $r^{(t)}$ gemessen. Dieses Belohnungssignal könnte von einem Abstandssensor (Kollisionsvermeidung) oder niedrigstufigen Eigenschaften eines Onboard-Kamera-Schnappschusses erhalten werden.

Das (negative) Belohnungssignal $-r^{(t)}$ hängt typischerweise von dem Merkmalsvektor $\mathbf{x}^{(t)}$ und der Diskrepanz zwischen optimaler Lenkrichtung $y^{(t)}$ (die unbekannt ist) und ihrer Vorhersage $\hat{y}^{(t)} := h\big(\mathbf{x}^{(t)}\big)$ ab. Was jedoch DRL-Methoden von anderen ML-Methoden wie der linearen Regression (siehe Abschn. 3.1) oder der logistischen Regression (siehe Abschn. 3.6) unterscheidet, ist, dass sie die Verlustfunktion nur punktweise $L(\big(\mathbf{x}^{(t)}, y^{(t)}\big), h)$ für die spezifische Hypothese h, die zur Berechnung der Vorhersage $\hat{y}^{(t)} := h\big(\mathbf{x}^{(t)}\big)$ zum Zeitpunkt t verwendet wurde, bewerten können. Dies unterscheidet sich grundlegend von der linearen Regression, die den quadratischen Fehlerverlust (2.8) verwendet, der für jede mögliche Hypothese $h \in \mathcal{H}$ bewertet werden kann.

3.15 LinUCB

ML-Methoden sind für verschiedene Empfehlungssysteme [14] unerlässlich. Eine grundlegende Form eines Empfehlungssystems besteht darin, zu einem bestimmten Zeitpunkt t den am besten geeigneten Artikel (Produkt, Lied, Film) aus einer endlichen Menge von Alternativen $a = 1, \ldots, A$ auszuwählen. Jede Alternative wird durch einen Merkmalsvektor $\mathbf{x}^{(t,a)}$ charakterisiert, der zwischen verschiedenen Zeitpunkten variiert.

Die in Empfehlungssystemen auftretenden Datenpunkte repräsentieren typischerweise verschiedene Zeitpunkte t, zu denen Empfehlungen berechnet werden. Der Datenpunkt zur Zeit t ist durch einen Merkmalsvektor gekennzeichnet

$$\mathbf{x}^{(t)} = \Big(\big(\mathbf{x}^{(t,1)}\big)^T, \ldots, \big(\mathbf{x}^{(t,A)}\big)^T\Big)^T. \tag{3.27}$$

Der Merkmalsvektor $\mathbf{x}^{(t)}$ wird erhalten, indem die Merkmalsvektoren der Alternativen zur Zeit t zu einem einzigen langen Merkmalsvektor gestapelt werden. Das Label des Datenpunkts t ist ein Vektor von Belohnungen $\mathbf{y}^{(t)} := \big(r_1^{(t)}, \ldots, r_A^{(t)}\big)^T \in \mathbb{R}^A$. Der Eintrag $r_a^{(t)}$ repräsentiert die Belohnung, die durch die Auswahl (Empfehlung) der Alternative a (mit Merkmalen $\mathbf{x}^{(t,a)}$) zur Zeit t erzielt wird. Wir könnten die Belohnung $r^{(t,a)}$ als Indikator interpretieren, ob der Kunde das Produkt, das der empfohlenen Alternative entspricht, tatsächlich kauft a.

Die ML-Methode LinUCB (der Name scheint von den Begriffen „linear" und „upper confidence bound" (UCB) inspiriert zu sein) zielt darauf ab, eine Hypothese h zu lernen, die es ermöglicht, die Belohnungen $\mathbf{y}^{(i)}$ auf der Grundlage des Merkmalsvektors $\mathbf{x}^{(t)}$ (3.27) vorherzusagen. Als Hypothesenraum $\mathcal{H}$ verwendet LinUCB den Raum der linearen Abbildungen von den gestapelten Merkmalsvektoren $\mathbb{R}^{nA}$ in den Raum der Belohnungsvektoren $\mathbb{R}^{A}$. Dieser Hypothesenraum kann durch Matrizen $\mathbf{W} \in \mathbb{R}^{A \times nA}$ parametrisiert werden. Daher lernt LinUCB eine Hypothese, die die vorhergesagten Belohnungen berechnet via

$$\widehat{\mathbf{y}}^{(t)} := \mathbf{W}\mathbf{x}^{(t)}. \tag{3.28}$$

Die Einträge von $\widehat{\mathbf{y}}^{(t)} = \left(\hat{r}_1^{(t)}, \ldots, \hat{r}_A^{(t)}\right)$ sind Vorhersagen der einzelnen Belohnungen $r^{(t,a)}$. Es scheint natürlich, zur Zeit t die Alternative a zu empfehlen, deren vorhergesagte Belohnung maximal ist. Es stellt sich jedoch heraus, dass dieser Ansatz suboptimal ist, da er das Empfehlungssystem daran hindert, die optimale Vorhersagekarte $\mathbf{W}$ zu lernen.

Grob gesagt, probiert LinUCB jede Alternative $a \in \{1, \ldots, A\}$ ausreichend oft aus (erkundet), um eine ausreichende Menge an Trainingsdaten für das Erlernen einer guten Gewichtsmatrix $\mathbf{W}$ zu erhalten. Zum Zeitpunkt t wählt LinUCB die Alternative $a^{(t)}$, die die Menge maximiert

$$\hat{r}_a^{(t)} + R(t,a), a = 1, \ldots, A. \tag{3.29}$$

Wir können die Komponente $R(t,a)$ als eine Art Konfidenzintervall betrachten. Es wird so konstruiert, dass (3.29) die tatsächliche Belohnung $r_a^{(t)}$ mit einem vorgegebenen Konfidenzniveau (oder Wahrscheinlichkeit) nach oben begrenzt. Der Konfidenzterm $R(t,a)$ hängt von den Merkmalsvektoren $\mathbf{x}^{(t',a)}$ der Alternative a zu früheren Zeitpunkten $t' < t$ ab. Daher wählt LinUCB zu jedem Zeitpunkt t die Alternative a, die zur größten oberen Konfidenzgrenze (UCB) (3.29) für die Belohnung führt (daher das „UCB" in LinUCB). Wir verweisen auf die einschlägige Literatur zum sequenziellen Lernen (und Entscheidungsfindung) für weitere Details zu LinUCB [14].

3.16 Übungen

Übung 3.1 Logistischer Verlust und Genauigkeit Abschn. 3.6 diskutierte die logistische Regression als eine ML-Methode, die eine lineare Hypothesenkarte lernt, indem sie den logistischen Verlust minimiert (3.15). Der logistische Verlust hat rechnerisch angenehme Eigenschaften, da er glatt und konvex ist. In einigen Anwendungen könnten wir jedoch letztendlich an der Genauigkeit oder (äquivalent) dem durchschnittlichen 0/1-Verlust (2.9) interessiert sein. Können wir den durchschnittlichen 0/1-Verlust mit dem durchschnittlichen logistischen Verlust, der von einer gegebenen Hypothese auf einem gegebenen Trainingsset verursacht wird, nach oben begrenzen?

Übung 3.2 Wie viele Neuronen? Betrachten Sie eine Prädikatorkarte $h(x)$, die stückweise linear ist und aus 1000 Teilen besteht. Nehmen wir an, wir möchten diese Karte mit einem künstlichen neuronalen Netzwerk darstellen, das Neuronen mit einer versteckten Schicht von Neuronen mit ReLU-Aktivierungsfunktionen verwendet. Die Ausgabeschicht besteht aus einem einzigen Neuron mit linearer Aktivierungsfunktion. Wie viele Neuronen muss das künstliche neuronale Netzwerk mindestens enthalten?

Übung 3.3 Lineare Klassifikatoren Betrachten Sie Datenpunkte, die durch Merkmalsvektoren $\mathbf{x} \in \mathbb{R}^n$ und binäre Labels $y \in \{-1, 1\}$ gekennzeichnet sind. Wir sind daran interessiert, einen guten linearen Klassifikator zu finden, der so ist, dass die resultierenden Merkmalsvektoren in $h(\mathbf{x}) = 1$ ein Halbraum ist. Welche der in diesem Kapitel besprochenen Methoden zielen darauf ab, einen linearen Klassifikator zu erlernen?

Übung 3.4 Datenabhängiger Hypothesenraum Betrachten Sie eine ML-Anwendung, die Datenpunkte beinhaltet, die durch Merkmale $\mathbf{x} \in \mathbb{R}^6$ und ein numerisches Label $y \in \mathbb{R}$ gekennzeichnet sind. Wir lernen eine Hypothese, indem wir den durchschnittlichen Verlust minimieren, der auf einem Trainingssatz $\mathcal{D} = \left\{ \left(\mathbf{x}^{(1)}, y^{(1)}\right), \ldots, \left(\mathbf{x}^{(m)}, y^{(m)}\right) \right\}$ entsteht. Welche der folgenden ML-Methoden verwendet einen Hypothesenraum, der von dem Datensatz $\mathcal{D}$ abhängt?

- logistische Regression
- lineare Regression
- k-NN

Übung 3.5 Dreieck. Betrachten Sie das künstliche neuronale Netzwerk in Abb. 3.12 mit der Deep-Net-Aktivierungsfunktion (siehe Abb. 3.13 und 3.14). Zeigen Sie, dass es eine bestimmte Wahl für die Gewichte $\mathbf{w} = (w_1, \ldots, w_9)^T$ gibt,

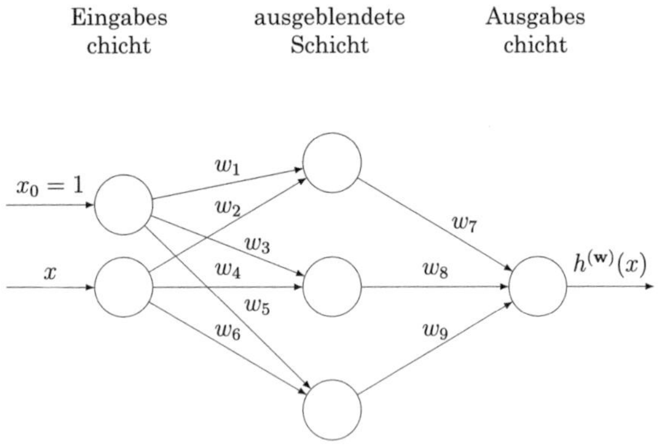

Abb. 3.12 Ein künstliches neuronales Netzwerk mit einer versteckten Schicht definiert einen Hypothesenraum, der aus allen Karten $h^{(\mathbf{w})}(x)$ besteht, die aus allen möglichen Gewichtswahlen $\mathbf{w} = (w_1, \ldots, w_9)^T$ resultieren

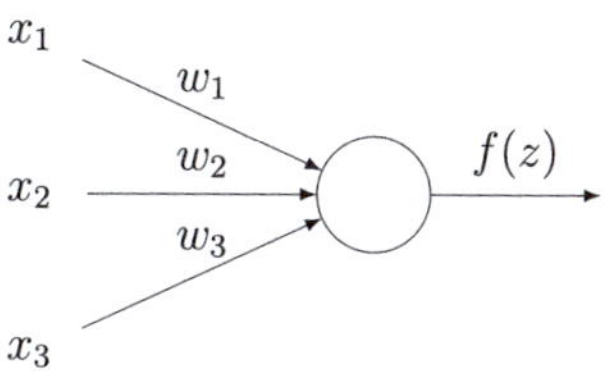

Abb. 3.13 Jedes einzelne Neuron des in Abb. 3.12 dargestellten künstlichen neuronalen Netzwerks implementiert eine gewichtete Summation $z = \sum_j w_j x_j$ seiner Eingaben x_j gefolgt von der Anwendung einer nichtlinearen Aktivierungsfunktion $f(z)$

Abb. 3.14 Eine Hypothesenkarte h für k-NN mit $k = 1$ und Merkmalsraum $\mathcal{X} = \mathbb{R}^2$. Die Hypothesenkarte ist konstant über Regionen (angezeigt durch die farbigen Bereiche) um Merkmalsvektoren $\mathbf{x}^{(i)}$ (angezeigt durch einen Punkt) eines Datensatzes $\mathcal{D} = \{(\mathbf{x}^{(i)}, y^{(i)})\}$

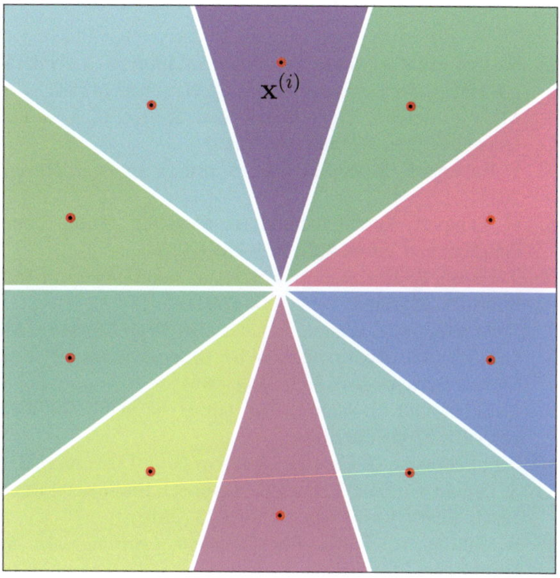

Abb. 3.15 Eine Hypothesenkarte $h : \mathbb{R} \to \mathbb{R}$ in Form eines Dreiecks

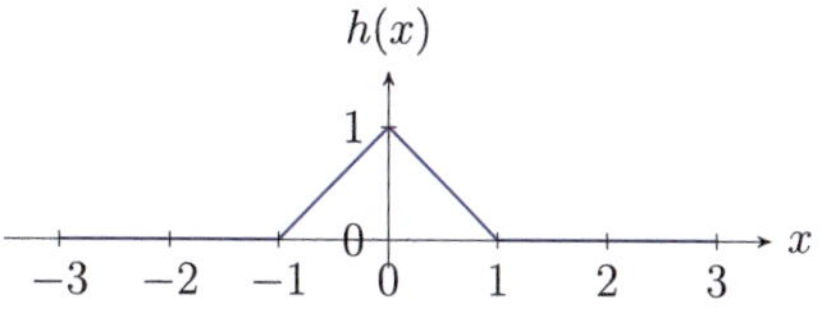

so dass die resultierende Hypothesenkarte $h^{(\mathbf{w})}(x)$ ein Dreieck ist, wie in Abb. 3.15 dargestellt. Können Sie auch eine Wahl für die Gewichte $\mathbf{w} = (w_1, \ldots, w_9)^T$ finden, die die gleiche Dreiecksform erzeugt, wenn wir die Deep-Net-Aktivierungsfunktion durch die lineare Funktion $f(z) = 10 \cdot z$ ersetzen?

Übung 3.6 Annäherung von Dreiecken mit Gaußschen Funktionen Versuchen Sie, die in Abb. 3.15 dargestellte Hypothesenkarte durch ein Element von $\mathcal{H}_{\text{Gauss}}$ (siehe (3.14)) mit $\sigma = 1/10$, $n = 10$ und $\mu_j = -1 + (2j/10)$ zu approximieren.

Übung 3.7 Datenschutzverletzung in k-NN Betrachten Sie eine k-NN-Methode für ein binäres Klassifikationsproblem. Wir verwenden $k = 1$ und einen gegebenen Trainingsdatensatz, dessen Datenpunkte Menschen charakterisieren. Jeder Mensch wird durch einen Merkmalsvektor und ein Label charakterisiert, das sensible Informationen (z. B. eine Krankheit) angibt. Nehmen Sie an, dass Sie Zugang zu den Merkmalsvektoren der Trainingsdatenpunkte haben, aber nicht zu den Labels. Können Sie den Labelwert eines Trainingsdatenpunkts basierend auf der Vorhersage, die Sie aufgrund Ihres Merkmalsvektors erhalten, ableiten?

Literatur

1. W. Rudin, *Principles of Mathematical Analysis*, 3. Aufl. (McGraw-Hill, New York, 1976)
2. P.J. Huber, *Robust Statistics* (Wiley, New York, 1981)
3. M. Wainwright, *High-Dimensional Statistics: A Non-Asymptotic Viewpoint* (Cambridge University Press, Cambridge, 2019)
4. P. Bühlmann, S. van de Geer, *Statistics for High-Dimensional Data* (Springer, New York, 2011)
5. C. Lampert, Kernel methods in computer vision. Foundations and Trends in Computer Graphics and Vision **4**(3), 193–285 (2009)
6. T. Hastie, R. Tibshirani, J. Friedman, *The Elements of Statistical Learning* Springer Series in Statistics. (Springer, New York, 2001)
7. I. Goodfellow, Y. Bengio, A. Courville, *Deep Learning* (MIT Press, Cambridge, 2016)
8. G. Cybenko, Approximation by superpositions of a sigmoidal function. Math. Control Signals Systems **2**(4), 303–314 (1989)
9. R. Eldan und O. Shamir, The power of depth for feedforward neural networks. *CoRR*, abs/1512.03965 (2015)
10. E.L. Lehmann, G. Casella, *Theory of Point Estimation*, 2. Aufl. (Springer, New York, 1998)
11. S. Levine, C. Finn, T. Darrell, P. Abbeel, End-to-end training of deep visuomotor policies. J. Mach. Learn. Res. **17**(1), 1334–1373 (2016)
12. R. Sutton, A. Barto, *Reinforcement Learning: An Introduction*, 2. Aufl. (MIT Press, Cambridge, MA, 2018)
13. A. Ng, Shaping and Policy search in Reinforcement Learning. Ph.D. thesis, University of California, 2003
14. L. Li, W. Chu, J. Langford, und R. Schapire, A contextual-bandit approach to personalized news article recommendation, in *Proceedings of the International World Wide Web Conference*, S. 661–670, 2010

Kapitel 4
Empirische Risikominimierung

Kap. 2 diskutierte drei Hauptkomponenten von ML (siehe Abb. 2.1):

- Datenpunkte, die durch Merkmale $\mathbf{x} \in \mathcal{X}$ und Labels $y \in \mathcal{Y}$ charakterisiert sind,
- ein Hypothesenraum $\mathcal{H}$ von rechnerisch machbaren Vorhersagekarten $\mathcal{X} \to \mathcal{Y}$,
- und eine Verlustfunktion $L((\mathbf{x}, y), h)$, die die Diskrepanz zwischen den Vorhersagen einer Hypothese h und tatsächlichen Datenpunkten misst

Idealerweise möchten wir eine Hypothese $h \in \mathcal{H}$ lernen, so dass $L((\mathbf{x}, y), h)$ klein ist für jeden Datenpunkt $(\mathbf{x}, y)$. In der Praxis können wir den Verlust jedoch nur für eine endliche Menge von beschrifteten Datenpunkten messen, die als Trainingsset dient. Wie können wir den Verlust einer Hypothese h kennen, wenn sie auf Datenpunkte außerhalb des Trainingssets angewendet wird?

Ein möglicher Ansatz, um eine Hypothese außerhalb des Trainingssets zu überprüfen, besteht darin, ein **probabilistisches Modell** für die Daten zu verwenden. Vielleicht ist die am häufigsten verwendete erste Wahl für ein solches probabilistisches Modell die i.i.d. Annahme. Hier interpretieren wir Datenpunkte als Realisierungen von i.i.d. RVs mit einer gemeinsamen Wahrscheinlichkeitsverteilung $p(\mathbf{x}, y)$. Das Trainingsset ist eine bestimmte Gruppe solcher Realisierungen, die aus $p(\mathbf{x}, y)$ gezogen werden. Darüber hinaus können wir Datenpunkte außerhalb des Trainingssets generieren, indem wir Realisierungen aus der Verteilung $p(\mathbf{x}, y)$ ziehen. Angesichts dieser Wahrscheinlichkeitsverteilung über verschiedene Realisierungen von Datenpunkten können wir das Risiko einer Hypothese h als die Erwartung des durch h auf einem zufälligen Datenpunkt verursachten Verlusts definieren.

Wenn wir die Wahrscheinlichkeitsverteilung $p(\mathbf{x}, y)$ kennen würden, aus der die Datenpunkte gezogen werden, könnten wir das Risiko mit Hilfe der Wahrscheinlichkeitstheorie minimieren. Die optimale Hypothese, die als Bayes-Schätzer bezeichnet wird, kann direkt aus der a-posteriori-Wahrscheinlichkeitsverteilung $p(y|\mathbf{x})$ des Labels y gegeben die Merkmale $\mathbf{x}$ eines Datenpunkts abgelesen werden. Die genaue Form des Bayes-Schätzers hängt auch von der Wahl der Verlustfunktion ab. Bei Verwendung des quadratischen Fehlerverlusts wird die optimale Hypothese (oder der Bayes-Schätzer) durch den a-posteriori-Mittelwert $h(\mathbf{x}) = \mathbb{E}\{y|\mathbf{x}\}$ gegeben.

A. Jung, *Maschinelles Lernen*, https://doi.org/10.1007/978-981-99-7972-1_4

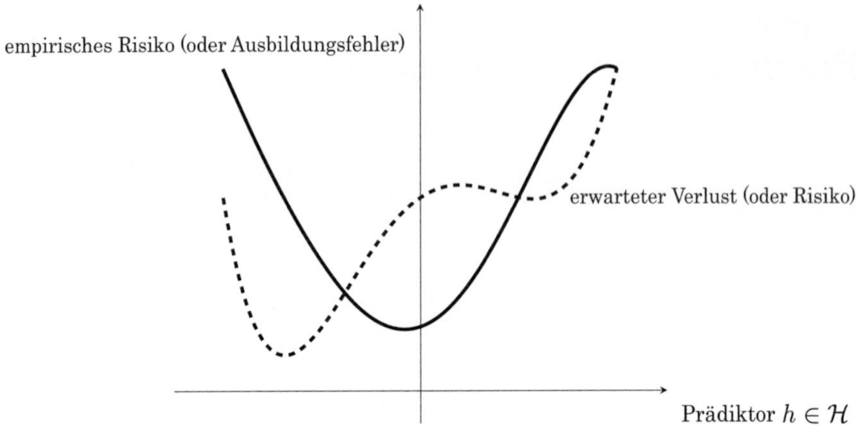

Abb. 4.1 ML-Methoden lernen eine Hypothese $h \in \mathcal{H}$, die einen kleinen Verlust verursacht, wenn sie das Label y eines Datenpunkts auf der Grundlage seiner Merkmale $\mathbf{x}$ vorhersagt. Die empirische Risikominimierung approximiert den erwarteten Verlust oder das Risiko durch das empirische Risiko (feste Kurve), das auf einer endlichen Menge von beschrifteten Datenpunkten (dem Trainingsset) anfällt. Beachten Sie, dass wir das empirische Risiko auf der Grundlage der beobachteten Datenpunkte berechnen können. Um das Risiko zu berechnen, müssten wir jedoch die zugrunde liegende Wahrscheinlichkeitsverteilung kennen, was selten der Fall ist

In den meisten ML-Anwendungen kennen wir die wahre zugrunde liegende Wahrscheinlichkeitsverteilung $p(\mathbf{x}, y)$ nicht und müssen sie aus den Daten schätzen. Daher können wir den Bayes-Schätzer nicht genau berechnen. Wir können diesen Schätzer jedoch annähernd berechnen, indem wir die genaue Wahrscheinlichkeitsverteilung durch eine Schätzung oder Annäherung ersetzen. Darüber hinaus bietet das Risiko des Bayes-Schätzers (das als Bayes-Risiko bezeichnet wird) eine nützliche Basis, anhand derer wir den durchschnittlichen Verlust, den eine ML-Methode bei einer Gruppe von Datenpunkten verursacht, vergleichen können. Abschnitte zeigen, wie ML-Methoden diagnostiziert werden können, indem der durchschnittliche Verlust einer Hypothese auf einem Trainingsset und einem Validierungsset mit einer Basislinie verglichen wird.

Abschn. 4.1 motiviert die empirische Risikominimierung, indem das Risiko durch das empirische Risiko (oder den durchschnittlichen Verlust) approximiert wird, das für eine Gruppe von beschrifteten (Trainings-)Datenpunkten berechnet wird (siehe Abb. 4.1). Diese Annäherung wird durch das Gesetz der großen Zahlen gerechtfertigt, das die Abweichung zwischen den Durchschnitten von RVs und ihrer Erwartung charakterisiert. Abschn. 4.2 diskutiert die statistischen und rechnerischen Aspekte der empirischen Risikominimierung. Wir spezialisieren dann die empirische Risikominimierung für drei spezielle ML-Methoden, die aus verschiedenen Kombinationen von Hypothesenraum und Verlustfunktionen resultieren. Abschn. 4.3 diskutiert die empirische Risikominimierung für die lineare Regression (siehe Abschn. 3.1). Hier entspricht die empirische Risikominimierung der Minimierung einer differenzierbaren konvexen Funktion, die effizient mit gradientenbasierten Methoden durchgeführt werden kann (siehe Kap. 5).

Wir diskutieren dann in Abschn. 4.4 die empirische Risikominimierung, die für Entscheidungsbaummodelle erhalten wird. Das resultierende empirische Risikominimierungsproblem wird zu einem diskreten Optimierungsproblem, das in der Regel viel schwieriger als konvexe Optimierungsprobleme ist. Wir können keine gradientenbasierten Methoden anwenden, um die empirische Risikominimierung für Entscheidungsbäume zu lösen. Um die empirische Risikominimierung für Entscheidungsbäume zu lösen, müssen wir im Wesentlichen alle möglichen Auswahlmöglichkeiten für die Baumstruktur ausprobieren [1].

Abschn. 4.5 betrachtet die empirische Risikominimierung, die erhalten wird, wenn eine lineare Hypothese mit dem 0/1-Verlust für Klassifikationsprobleme gelernt wird. Die resultierende empirische Risikominimierung entspricht der Minimierung einer nicht differenzierbaren und nicht konvexen Funktion. Anstatt rechenintensive Methoden zur Minimierung dieser Funktion zu verwenden, werden wir einen anderen Weg über die Wahrscheinlichkeitstheorie einschlagen, um annähernde Lösungen für diese Instanz der empirischen Risikominimierung zu konstruieren.

Wie in Abschn. 4.6 erklärt, verwenden viele ML-Methoden die empirische Risikominimierung während einer Trainingsphase, um eine Hypothese zu lernen, die dann auf neue Datenpunkte während der Inferenzphase angewendet wird. Abschn. 4.7 zeigt, wie eine Online-Lernmethode durch sequenzielles Lösen der empirischen Risikominimierung bei Eingang neuer Datenpunkte erzielt werden kann. Online-Lernmethoden wechseln kontinuierlich zwischen Trainings- und Inferenzphasen.

4.1 Die Grundidee der empirischen Risikominimierung

Betrachten Sie eine ML-Anwendung, die Datenpunkte generiert, von denen jeder durch einen Merkmalsvektor $\mathbf{x}$ und ein Label y gekennzeichnet ist. Es kann nützlich sein, Datenpunkte als Realisierungen von i.i.d. ZV mit einer gemeinsamen (gemeinsamen) Wahrscheinlichkeitsverteilung $p(\mathbf{x}, y)$ für die Merkmale $\mathbf{x}$ und das Label y zu interpretieren. Die Wahrscheinlichkeitsverteilung $p(\mathbf{x}, y)$ ermöglicht es, den erwarteten Verlust oder das Risiko einer Hypothese $h \in \mathcal{H}$ als

$$\mathbb{E}\big\{L((\mathbf{x}, y), h)\big\}. \tag{4.1}$$

Es scheint sinnvoll zu sein, eine Hypothese h zu lernen, so dass ihr Risiko (4.1) minimal ist,

$$h^* := \operatorname*{argmin}_{h \in \mathcal{H}} \mathbb{E}\big\{L((\mathbf{x}, y), h)\big\}. \tag{4.2}$$

Wir bezeichnen jede Hypothese h^*, die das minimale Risiko (4.2) erreicht, als Bayes-Schätzer [2]. Beachten Sie, dass der Bayes-Schätzer h^* sowohl von der Wahrscheinlichkeitsverteilung $p(\mathbf{x}, y)$ als auch von der Verlustfunktion abhängt. Bei Verwendung des quadratischen Fehlerverlusts (2.8) in (4.2), wird der Bayes-Schätzer h^* durch den posteriori Mittelwert von y gegeben den Merkmalen $\mathbf{x}$ gegeben (siehe [3, Kap. 7]).

Die Risikominimierung (4.2) kann nicht für die Gestaltung von ML-Methoden verwendet werden, wenn wir die Wahrscheinlichkeitsverteilung $p(\mathbf{x}, y)$ nicht kennen. Wenn wir die Wahrscheinlichkeitsverteilung $p(\mathbf{x}, y)$, die für viele ML-Anwendungen die Regel ist, nicht kennen, können wir die Erwartung in (4.1) nicht bewerten. Eine Ausnahme von dieser Regel ist, wenn die Datenpunkte synthetisch erzeugt werden, indem Realisierungen aus einer gegebenen Wahrscheinlichkeitsverteilung $p(\mathbf{x}, y)$ gezogen werden.

Die Idee der empirischen Risikominimierung besteht darin, die Erwartung in (4.2) durch einen durchschnittlichen Verlust (das empirische Risiko) zu approximieren, der auf einem gegebenen Datensatz anfällt. Wie in Abschn. 2.3.4 diskutiert, wird diese Approximation durch das Gesetz der großen Zahlen gerechtfertigt. Wir erhalten die empirische Risikominimierung, indem wir das Risiko im Minimierungsproblem (4.2) durch das empirische Risiko (2.16) ersetzen,

$$\begin{aligned} \hat{h} &= \underset{h \in \mathcal{H}}{\operatorname{argmin}} \widehat{L}(h|\mathcal{D}) \\ &\overset{(2.16)}{=} \underset{h \in \mathcal{H}}{\operatorname{argmin}} (1/m) \sum_{i=1}^{m} L((\mathbf{x}^{(i)}, y^{(i)}), h). \end{aligned} \tag{4.3}$$

ML-Methoden lösen die empirische Risikominimierung (4.3) um einen guten Prädiktor $\hat{h} \in \mathcal{H}$ durch „Training“ auf dem Datensatz $\mathcal{D} = \{(\mathbf{x}^{(i)}, y^{(i)})\}_{i=1}^{m}$ zu lernen. Dieser Datensatz wird als Trainingsset bezeichnet und enthält Datenpunkte, für die wir die Labelwerte kennen (siehe Abschn. 2.1.2). Aus mathematischer Sicht ist die empirische Risikominimierung (4.3) ein Optimierungsproblem [4]. Der Optimierungsbereich in (4.3) ist der Hypothesenraum $\mathcal{H}$ einer ML-Methode, die Zielfunktion oder Kostenfunktion ist das empirische Risiko (2.16).

Es ist wichtig zu bedenken, dass die empirische Risikominimierung (4.3) durch das Gesetz der großen Zahlen motiviert ist. Das Gesetz der großen Zahlen ist wiederum nur nützlich („tritt in Kraft“), wenn Datenpunkte sich wie Realisierungen von i.i.d. RVs verhalten. Diese i.i.d. Annahme ist eine der am häufigsten verwendeten Arbeitsannahmen für die Gestaltung und Analyse von ML-Methoden. Es gibt jedoch viele wichtige Anwendungsbereiche, die Datenpunkte beinhalten, die diese i.i.d. Annahme eindeutig verletzen. Ein Beispiel für nicht-i.i.d. Daten sind Zeitreihen, die aus zeitlich geordneten (aufeinanderfolgenden) Datenpunkten bestehen [5, 6]. Jeder Datenpunkt in einer Zeitreihe könnte einen bestimmten Zeitraum darstellen. Ein weiteres Beispiel für nicht-i.i.d. Daten ergibt sich im aktiven Lernen, bei dem ML-Methoden aktiv neue Datenpunkte auswählen (oder abfragen) [7]. Als drittes Beispiel für nicht-i.i.d. Daten verweisen wir auf Anwendungen des föderierten Lernens (FL), die Sammlungen (Netzwerke) von Datengeneratoren mit unterschiedlichen statistischen Eigenschaften beinhalten [8–12]. Die Details von ML-Methoden für nicht-i.i.d. Daten gehen über den Rahmen dieses Buches hinaus.

4.2 Rechnerische und statistische Aspekte der ERM

Die Lösung des Optimierungsproblems (4.3) liefert zwei Dinge. Erstens ist der Minimierer $\hat{h}$ ein Prädiktor, der optimal auf dem Trainingsset $\mathcal{D}$ performt. Zweitens kann der entsprechende Zielwert $\widehat{L}(\hat{h}|\mathcal{D})$ (der „Trainingsfehler") zur Schätzung des Risikos oder des erwarteten Verlusts von $\hat{h}$ verwendet werden. Wie wir jedoch in Kap. 7 diskutieren werden, kann für einige Datensätze $\mathcal{D}$ der Trainingsfehler $\widehat{L}(\hat{h}|\mathcal{D})$ für $\mathcal{D}$ sehr unterschiedlich vom erwarteten Verlust (Risiko) von $\hat{h}$ sein, wenn er auf neue Datenpunkte angewendet wird, die nicht in $\mathcal{D}$ enthalten sind. Für jede gegebene Hypothese h impliziert die i.i.d. Annahme, dass der Trainingsfehler $\widehat{L}(h|\mathcal{D})$ nur eine geräuschbehaftete Annäherung an das Risiko $\mathbb{E}\{L((\mathbf{x},y),h)\}$ ist. Die Lösung der empirischen Risikominimierung $\hat{h}$ ist der Minimierer dieser geräuschbehafteten Annäherung und daher im Allgemeinen unterschiedlich vom Bayes-Schätzer, der das Risiko minimiert. Insbesondere kann die Hypothese $\hat{h}$, die durch die empirische Risikominimierung (4.3) geliefert wird und einen kleinen Trainingsfehler $\widehat{L}(\hat{h}|\mathcal{D})$ hat, ein inakzeptabel hohes Risiko $\mathbb{E}\{L((\mathbf{x},y),\hat{h})\}$ aufweisen.

Viele wichtige ML-Methoden verwenden Hypothesen, die durch einen Gewichtsvektor parametrisiert sind $\mathbf{w}$. Für jeden möglichen Gewichtsvektor erhalten wir eine Hypothese $h^{(\mathbf{w})}(\mathbf{x})$. Eine solche Parametrisierung wird in der linearen Regression verwendet, die eine lineare Hypothese lernt $h^{(\mathbf{w})}(\mathbf{x}) = \mathbf{w}^T\mathbf{x}$ mit einem bestimmten Gewichtsvektor $\mathbf{w}$. Ein weiteres Beispiel für eine solche Parametrisierung ergibt sich aus künstlichen neuronalen Netzwerken mit den Gewichten, die den Eingaben einzelner Neuronen zugeordnet sind (siehe Abb. 3.11).

Für ML-Methoden, die eine parametrisierte Hypothese verwenden $h^{(\mathbf{w})}(\mathbf{x})$, können wir das Optimierungsproblem (4.3) als eine Optimierung des Gewichtsvektors umformulieren,

$$\widehat{\mathbf{w}} = \underset{\mathbf{w}\in\mathbb{R}^n}{\operatorname{argmin}} f(\mathbf{w}) \text{ mit } f(\mathbf{w}) := (1/m)\sum_{i=1}^{m} L((\mathbf{x}^{(i)},y^{(i)}),h^{(\mathbf{w})}). \tag{4.4}$$

Die Zielfunktion $f(\mathbf{w})$ in (4.4) ist das empirische Risiko $\widehat{L}\big(h^{(\mathbf{w})}|\mathcal{D}\big)$, das durch die Hypothese $h^{(\mathbf{w})}$ bei Anwendung auf die Datenpunkte im Datensatz $\mathcal{D}$ entsteht. Die Optimierungsprobleme (4.4) und (4.3) sind vollständig äquivalent. Gegeben der optimale Gewichtsvektor $\widehat{\mathbf{w}}$, der (4.4) löst, löst die Hypothese $h^{(\widehat{\mathbf{w}})}$ (4.3).

Wir können die empirische Risikominimierung (4.3) als eine Form des Lernens durch „Versuch und Irrtum" interpretieren. Ein Ausbilder (oder Aufseher) liefert einige Momentaufnahmen $\mathbf{z}^{(i)}$, die durch Merkmale $\mathbf{x}^{(i)}$ charakterisiert und mit

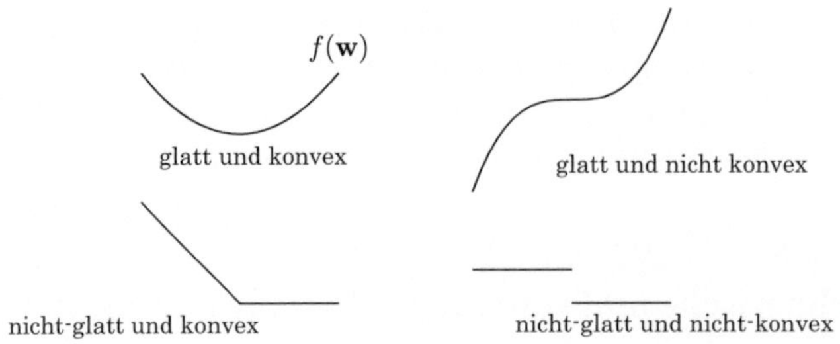

Abb. 4.2 Verschiedene Arten von Zielfunktionen, die bei der empirischen Risikominimierung für verschiedene Kombinationen von Hypothesenraum und Verlustfunktion auftreten

bekannten Labels $y^{(i)}$ verbunden sind. Der Lernende verwendet dann eine Hypothese h, um die Labels $y^{(i)}$ nur aus den Merkmalen $\mathbf{x}^{(i)}$ aller Trainingsdatenpunkte zu erraten. Wir bestimmen dann den durchschnittlichen Verlust oder Trainingsfehler $\widehat{L}(h|\mathcal{D})$, der durch die Vorhersagen $\hat{y}^{(i)} = h(\mathbf{x}^{(i)})$ entsteht. Wenn der Fehler $\widehat{L}(h|\mathcal{D})$ zu groß ist, sollten wir eine andere Hypothesenkarte h' ausprobieren, die sich von h unterscheidet, in der Hoffnung, einen kleineren Trainingsfehler $\widehat{L}(h'|\mathcal{D})$ zu erreichen.

Wir betonen, dass die genaue Form der Zielfunktion $f(\mathbf{w})$ in (4.4) stark von der Parametrisierung der Prädiktorfunktionen abhängt. Die Parametrisierung ist die genaue Regel, die einer gegebenen Gewichtsvektor $\mathbf{w}$ eine Hypothesenkarte $h^{(\mathbf{w})}$ zuweist. Die Form von $f(\mathbf{w})$ hängt auch von der Wahl der Verlustfunktion $L((\mathbf{x}^{(i)}, y^{(i)}), h)$ ab. Wie in Abb. 4.2 dargestellt, können die verschiedenen Kombinationen von parametrisiertem Hypothesenraum und Verlustfunktionen zu Zielfunktionen mit grundlegend unterschiedlichen Eigenschaften führen, deren Optimierung mehr oder weniger schwierig ist.

Die Zielfunktion $f(\mathbf{w})$ für die empirische Risikominimierung, die für die lineare Regression erzielt wurde (siehe Abschn. 3.1), ist differenzierbar und konvex und kann daher mit einfachen gradientenbasierten Methoden minimiert werden (siehe Kap. 5). Im Gegensatz dazu ist die Zielfunktion $f(\mathbf{w})$ der ERM, die für die Regression der kleinsten absoluten Abweichung und die Support-Vektor-Maschine erzielt wurde (siehe Abschn. 3.3 und 3.7), nicht differenzierbar, aber immer noch konvex. Die Minimierung solcher Funktionen ist anspruchsvoller, aber immer noch handhabbar, da es effiziente konvexe Optimierungsmethoden gibt, die keine Differenzierbarkeit der Zielfunktion erfordern [13].

Die Zielfunktion $f(\mathbf{w})$ für künstliche neuronale Netzwerke ist typischerweise stark nicht-konvex mit vielen lokalen Minima. Die Optimierung von nicht-konvexen Zielfunktionen ist im Allgemeinen schwieriger als die Optimierung von konvexen Zielfunktionen. Es stellt sich jedoch heraus, dass trotz der Nicht-Konvexität iterative gradientenbasierte Methoden immer noch erfolgreich angewendet werden können, um die resultierende empirische Risikominimierung zu lösen [14]. Noch herausfordernder ist die empirische Risikominimierung, die für Entscheidungsbäume oder Bayes-Schätzer erzielt wird. Diese ML-Probleme beinhalten nicht-differenzierbare und nicht-konvexe Zielfunktionen.

4.3 ERM für Lineare Regression

Wie in Abschn. 3.1 diskutiert, lernen lineare Regressionsmethoden eine lineare Hypothese $h^{(\mathbf{w})}(\mathbf{x}) = \mathbf{w}^T\mathbf{x}$ mit minimalem quadratischen Fehlerverlust (2.8). Für die lineare Regression wird das Problem der empirischen Risikominimierung (4.4) zu

$$\begin{aligned} \widehat{\mathbf{w}} &= \underset{\mathbf{w}\in\mathbb{R}^n}{\operatorname{argmin}} f(\mathbf{w}) \\ \text{mit} f(\mathbf{w}) &:= (1/m) \sum_{(\mathbf{x},y)\in\mathcal{D}} (y - \mathbf{x}^T\mathbf{w})^2. \end{aligned} \tag{4.5}$$

Hier bezeichnet $m = |\mathcal{D}|$ die (Stichproben-)Größe des Trainingssets $\mathcal{D}$. Die Zielfunktion $f(w)$ in (4.5) ist rechnerisch attraktiv, da sie eine konvexe und glatte Funktion ist. Eine solche Funktion kann effizient mit den in Kap. 5 diskutierten gradientenbasierten Methoden minimiert werden.

Wir können das Problem der empirischen Risikominimierung (4.5) prägnanter formulieren, indem wir die Labels $y^{(i)}$ und Merkmalsvektoren $\mathbf{x}^{(i)}$, für $i = 1, \ldots, m$, in einen „Label-Vektor" $\mathbf{y}$ und „Merkmalsmatrix" $\mathbf{X}$,

$$\begin{aligned} \mathbf{y} &= (y^{(1)}, \ldots, y^{(m)})^T \in \mathbb{R}^m, \text{ and} \\ \mathbf{X} &= \left(\mathbf{x}^{(1)}, \ldots, \mathbf{x}^{(m)}\right)^T \in \mathbb{R}^{m\times n}. \end{aligned} \tag{4.6}$$

Dies ermöglicht es uns, die Zielfunktion in (4.5) umzuschreiben als

$$f(\mathbf{w}) = (1/m)\|\mathbf{y} - \mathbf{X}\mathbf{w}\|_2^2. \tag{4.7}$$

Das Einfügen von (4.7) in (4.5), ermöglicht es, das Problem der empirischen Risikominimierung für die lineare Regression umzuschreiben als

$$\widehat{\mathbf{w}} = \underset{\mathbf{w}\in\mathbb{R}^n}{\operatorname{argmin}} (1/m)\|\mathbf{y} - \mathbf{X}\mathbf{w}\|_2^2. \tag{4.8}$$

Die Formulierung (4.8) ermöglicht eine interessante geometrische Interpretation der linearen Regression. Das Lösen von (4.8) kommt dem Finden eines Vektors $\mathbf{X}\mathbf{w}$, mit der Merkmalsmatrix $\mathbf{X}$ (4.6), der am nächsten (in der euklidischen Norm) am Label-Vektor $\mathbf{y} \in \mathbb{R}^m$ (4.6) liegt. Die Lösung dieses Approximationsproblems ist genau die orthogonale Projektion des Vektors $\mathbf{y}$ auf den Unterraum von $\mathbb{R}^m$, der von den Spalten der Merkmalsmatrix $\mathbf{X}$ aufgespannt wird (siehe Abb. 4.3).

Um das Optimierungsproblem (4.8) zu lösen, ist es zweckmäßig, es als quadratisches Problem umzuschreiben

$$\begin{aligned} &\min_{\mathbf{w}\in\mathbb{R}^n} \underbrace{(1/2)\mathbf{w}^T\mathbf{Q}\mathbf{w} - \mathbf{q}^T\mathbf{w}}_{=f(\mathbf{w})} \\ &\text{mit } \mathbf{Q} = (1/m)\mathbf{X}^T\mathbf{X}, \mathbf{q} = (1/m)\mathbf{X}^T\mathbf{y}. \end{aligned} \tag{4.9}$$

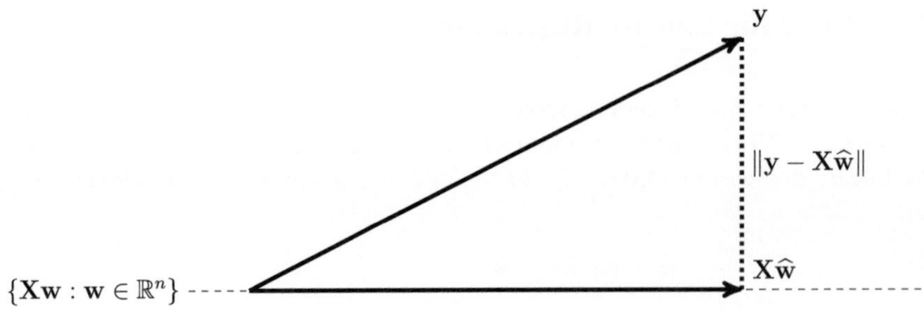

Abb. 4.3 Die empirische Risikominimierung (4.8) für die lineare Regression entspricht einer orthogonalen Projektion des Label-Vektors $\mathbf{y} = \big(y^{(1)}, \ldots, y^{(m)}\big)^T$ auf den von den Spalten der Merkmalsmatrix $\mathbf{X} = \big(\mathbf{x}^{(1)}, \ldots, \mathbf{x}^{(m)}\big)^T$ aufgespannten Unterraum.

Da $f(\mathbf{w})$ eine differenzierbare und konvexe Funktion ist, ist eine notwendige und hinreichende Bedingung dafür, dass $\widehat{\mathbf{w}}$ ein Minimierer $f(\widehat{\mathbf{w}}) = \min_{\mathbf{w} \in \mathbb{R}^n} f(\mathbf{w})$ ist, die **Null-Gradienten-Bedingung** [4, Abschn. 4.2.3]

$$\nabla f(\widehat{\mathbf{w}}) = \mathbf{0}. \tag{4.10}$$

Die Kombination von (4.9) mit (4.10) ergibt die folgende notwendige und hinreichende Bedingung für einen Gewichtsvektor $\widehat{\mathbf{w}}$ zur Lösung der empirischen Risikominimierung (4.5),

$$(1/m)\mathbf{X}^T\mathbf{X}\widehat{\mathbf{w}} = (1/m)\mathbf{X}^T\mathbf{y}. \tag{4.11}$$

Diese Bedingung kann umgeschrieben werden als

$$(1/m)\mathbf{X}^T\big(\mathbf{y} - \mathbf{X}\widehat{\mathbf{w}}\big) = \mathbf{0}. \tag{4.12}$$

Wir könnten diese Bedingung als „Normalgleichungen“ bezeichnen, da sie den Vektor

$$\big(\mathbf{y} - \mathbf{X}\widehat{\mathbf{w}}\big) = \Big(\big(y^{(1)} - \hat{y}^{(1)}\big), \ldots, \big(y^{(m)} - \hat{y}^{(m)}\big)\Big)^T,$$

dessen Einträge die Vorhersagefehler für die Datenpunkte im Trainingsset sind, verlangen, orthogonal (oder normal) zum von den Spalten der Merkmalsmatrix $\mathbf{X}$ aufgespannten Unterraum zu sein.

Es kann gezeigt werden, dass für jede gegebene Merkmalsmatrix $\mathbf{X}$ und Labelvektor $\mathbf{y}$ immer mindestens ein optimaler Gewichtsvektor $\widehat{\mathbf{w}}$ existiert, der (4.11) löst. Der optimale Gewichtsvektor ist möglicherweise nicht eindeutig, d. h., es könnten mehrere verschiedene Gewichtsvektoren das Minimum in (4.5) erreichen. Jeder Vektor $\widehat{\mathbf{w}}$, der (4.11) löst, erreicht das gleiche minimale empirische Risiko

$$\widehat{L}(h^{(\widehat{\mathbf{w}})} \mid \mathcal{D}) = \min_{\mathbf{w} \in \mathbb{R}^n} \widehat{L}(h^{(\mathbf{w})} \mid \mathcal{D}) = \|(\mathbf{I} - \mathbf{P})\mathbf{y}\|^2. \tag{4.13}$$

Hier haben wir die orthogonale Projektionsmatrix $\mathbf{P} \in \mathbb{R}^{m \times m}$ auf den linearen Spann der Merkmalsmatrix $\mathbf{X} = (\mathbf{x}^{(1)}, \ldots, \mathbf{x}^{(m)})^T \in \mathbb{R}^{m \times n}$ verwendet (siehe (4.6)). Der lineare Spann einer Matrix $\mathbf{A} = (\mathbf{a}^{(1)}, \ldots, \mathbf{a}^{(m)}) \in \mathbb{R}^{n \times m}$, bezeichnet als span $\{\mathbf{A}\}$, ist der Unterraum von $\mathbb{R}^n$, der aus allen linearen Kombinationen der Spalten $\mathbf{a}^{(r)} \in \mathbb{R}^n$ von $\mathbf{A}$ besteht.

Wenn die Merkmalsmatrix $\mathbf{X}$ (siehe (4.6)) vollen Spaltenrang hat, was impliziert, dass die Matrix $\mathbf{X}^T\mathbf{X}$ invertierbar ist, wird die Projektionsmatrix $\mathbf{P}$ explizit als

$$\mathbf{P} = \mathbf{X}\big(\mathbf{X}^T\mathbf{X}\big)^{-1}\mathbf{X}^T.$$

gegeben. Darüber hinaus ist die Lösung von (4.11) dann eindeutig und gegeben durch

$$\widehat{\mathbf{w}} = \big(\mathbf{X}^T\mathbf{X}\big)^{-1}\mathbf{X}^T\mathbf{y}. \tag{4.14}$$

Die geschlossene Lösung (4.14) erfordert die Inversion der $n \times n$ Matrix $\mathbf{X}^T\mathbf{X}$.

Beachten Sie, dass die Formel (4.14) nur gültig ist, wenn die Matrix $\mathbf{X}^T\mathbf{X}$ invertierbar ist. Die Merkmalsmatrix $\mathbf{X}$ wird durch die in einer ML-Anwendung erhaltenen Datenpunkte bestimmt. Ihre Eigenschaften liegen daher nicht in der Kontrolle einer ML-Methode und es könnte durchaus passieren, dass die Matrix $\mathbf{X}^T\mathbf{X}$ nicht invertierbar ist. Als Beispiel kann die Matrix $\mathbf{X}^T\mathbf{X}$ für keinen Datensatz invertierbar sein, der weniger Datenpunkte enthält als die Anzahl der Merkmale, die zur Charakterisierung von Datenpunkten verwendet werden (dies wird als hochdimensionale Daten bezeichnet). Darüber hinaus ist die Matrix $\mathbf{X}^T\mathbf{X}$ nicht invertierbar, wenn es zwei kolineare Merkmale $x_j, x_{j'}$ gibt, so dass $x_j = \beta x_{j'}$ für jeden Datenpunkt mit einer konstanten $\alpha \in \mathbb{R}$ gilt.

Betrachten wir nun einen Datensatz, bei dem die Merkmalsmatrix $\mathbf{X}$ nicht vollständig spaltenrangig ist und folglich die Matrix $\mathbf{X}^T\mathbf{X}$ nicht invertierbar ist. In diesem Fall können wir (4.14) nicht verwenden, um den optimalen Gewichtsvektor zu berechnen, da die Inverse von $\mathbf{X}^T\mathbf{X}$ nicht existiert. Darüber hinaus gibt es in diesem Fall unendlich viele Gewichtsvektoren, die (4.11) lösen, d. h., die entsprechende lineare Hypothesenkarte verursacht den minimalen durchschnittlichen quadratischen Fehlerverlust im Trainingsset. Abschn. 7.3 erklärt die Vorteile der Verwendung von Gewichten mit kleiner euklidischer Norm. Der Gewichtsvektor $\widehat{\mathbf{w}}$, der die Optimalitätsbedingung für die lineare Regression (4.11) löst und unter allen solchen Vektoren die kleinste euklidische Norm hat, wird durch

$$\widehat{\mathbf{w}} = \big(\mathbf{X}^T\mathbf{X}\big)^{\dagger}\mathbf{X}^T\mathbf{y}. \tag{4.15}$$

gegeben. Hier bezeichnet $\big(\mathbf{X}^T\mathbf{X}\big)^{\dagger}$ die Pseudoinverse (oder die Moore-Penrose-Inverse) von $\mathbf{X}^T\mathbf{X}$ (siehe [15, 16]).

Die Berechnung der (Pseudo-)Inverse von $\mathbf{X}^T\mathbf{X}$ kann bei einer großen Anzahl n von Merkmalen rechnerisch herausfordernd sein. Abb. 2.4 zeigt ein einfaches ML-Problem, bei dem die Anzahl der Merkmale bereits in die Millionen geht. Die rechnerische Komplexität der Invertierung der Matrix $\mathbf{X}^T\mathbf{X}$ hängt entscheidend von ihrer Konditionszahl ab. Wir bezeichnen eine Matrix als schlecht konditioniert, wenn ihre Konditionszahl deutlich größer als 1 ist. Im Allgemeinen haben ML-Methoden keine Kontrolle über die Konditionszahl der Matrix $\mathbf{X}^T\mathbf{X}$. Tatsächlich wird diese Matrix ausschließlich durch die (Merkmale der) Datenpunkte bestimmt, die in die ML-Methode eingespeist werden.

Abschn. 5.4 wird eine Methode zur Berechnung des optimalen Gewichtsvektors $\widehat{\mathbf{w}}$ diskutieren, die keine Matrixinversion erfordert. Diese Methode, die als Gradientenabstieg bezeichnet wird, konstruiert eine Sequenz $\mathbf{w}^{(0)}, \mathbf{w}^{(1)}, \ldots$ von zunehmend genauen Annäherungen an $\widehat{\mathbf{w}}$. Diese iterative Methode hat im Vergleich zur Auswertung der Formel (4.14) mittels direkter Matrix Inversion, wie etwa Gauss-Jordan Elimination [15], zwei große Vorteile.

Erstens erfordert GD in der Regel deutlich weniger Rechenoperationen im Vergleich zur direkten Matrixinversion. Dies ist entscheidend in modernen ML-Anwendungen, die große Merkmalsmatrizen beinhalten. Zweitens versagt GD nicht, wenn die Matrix $\mathbf{X}$ nicht vollen Rang hat und die Formel (4.14) nicht mehr verwendet werden kann.

4.4 ERM für Entscheidungsbäume

Betrachten Sie die empirische Risikominimierung (4.3) für ein Regressionsproblem mit Labelraum $\mathcal{Y} = \mathbb{R}$ und Merkmalsraum $\mathcal{X} = \mathbb{R}^n$ und dem durch Entscheidungsbäume definierten Hypothesenraum (siehe Abschn. 3.10). Im starken Kontrast zur empirischen Risikominimierung für lineare Regression oder logistische Regression, stellt die empirische Risikominimierung für Entscheidungsbäume ein **diskretes Optimierungsproblem** dar. Betrachten Sie den speziellen Hypothesenraum $\mathcal{H}$ dargestellt in Abb. 3.9. Dieser Hypothesenraum enthält eine endliche Anzahl von verschiedenen Hypothesenkarten. Jede einzelne Hypothesenkarte entspricht einem bestimmten Entscheidungsbaum.

Für den kleinen Hypothesenraum $\mathcal{H}$ in Abb. 3.9 ist die empirische Risikominimierung einfach. Tatsächlich müssen wir nur das empirische Risiko („Trainingsfehler") $\widehat{L}(h)$ für jede Hypothese in $\mathcal{H}$ bewerten und diejenige auswählen, die das kleinste empirische Risiko liefert. Wenn jedoch ein sehr großer (tiefer) Entscheidungsbaum zugelassen wird, wird die Rechenkomplexität der genauen Lösung der empirischen Risikominimierung unlösbar [17]. Ein beliebter Ansatz zum Lernen eines Entscheidungsbaums besteht darin, gierige Algorithmen zu verwenden, die versuchen, einen gegebenen Entscheidungsbaum zu erweitern (wachsen) indem sie neue Zweige zu Blattknoten hinzufügen, um den durchschnittlichen Verlust auf dem Trainingsset zu reduzieren (siehe [18, Kap. 8] für weitere Details).

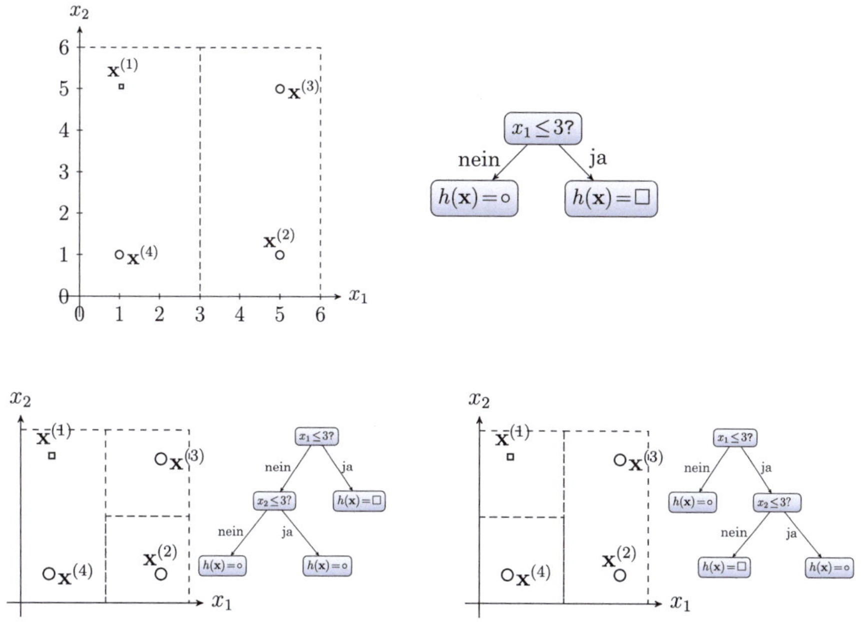

Abb. 4.4 Betrachten Sie einen gegebenen beschrifteten Datensatz und den Entscheidungsbaum in der oberen Reihe. Wir erweitern dann den Entscheidungsbaum, indem wir einen seiner beiden Blattknoten erweitern. Die untere Reihe zeigt die resultierenden Entscheidungsbäume zusammen mit ihren Entscheidungsgrenzen. Jeder Entscheidungsbaum in der unteren Reihe wird durch Erweiterung eines anderen Blattknotens des Entscheidungsbaums in der oberen Reihe erhalten

> Die Idee hinter vielen Methoden zum Lernen von Entscheidungsbäumen ist recht einfach: Versuchen Sie, einen Entscheidungsbaum zu erweitern, indem Sie einen Blattknoten durch einen Entscheidungsknoten ersetzen (einen weiteren „Test" am Merkmalsvektor durchführen), um das gesamte empirische Risiko so weit wie möglich zu reduzieren.

Betrachten Sie den beschrifteten Datensatz $\mathcal{D}$ dargestellt in Abb. 4.4 und einen gegebenen Entscheidungsbaum zur Vorhersage des Labels y basierend auf den Merkmalen $\mathbf{x}$. Wir könnten zunächst eine Hypothese aus dem einfachen Baum versuchen, der oben in Abb. 4.4 gezeigt wird. Diese Hypothese erlaubt es nicht, einen kleinen durchschnittlichen Verlust im Trainingsset $\mathcal{D}$ zu erreichen. Daher könnten wir den Baum vergrößern, indem wir einen Blattknoten durch einen Entscheidungsknoten ersetzen. Gemäß Abb. 4.4 liefert der so erhaltene größere Entscheidungsbaum eine Hypothese, die in der Lage ist, die Labels des Trainingssets perfekt vorherzusagen (er erreicht null empirisches Risiko).

Ein wichtiger Aspekt von Methoden, die einen Entscheidungsbaum durch sequenzielles Wachstum des Baums lernen, ist die Frage, wann mit dem Wachstum aufgehört werden soll. Ein natürliches Stoppkriterium könnte aus den Einschränkungen der Rechenressourcen abgeleitet werden, d. h., wir können es uns nur leisten, Entscheidungsbäume bis zu einer bestimmten maximalen Tiefe zu verwenden. Neben den rechnerischen Einschränkungen stehen wir auch statistischen Einschränkungen für die maximale Größe von Entscheidungsbäumen gegenüber. ML-Methoden, die sehr tiefe Entscheidungsbäume zulassen, die hochkomplizierte Abbildungen darstellen, neigen dazu, das Trainingset zu überanpassen (siehe Abb. 3.10 und Kap. 7). Insbesondere kann ein tiefer Entscheidungsbaum, selbst wenn er einen kleinen durchschnittlichen Verlust im Trainingset verursacht, einen großen Verlust verursachen, wenn er die Labels von Datenpunkten außerhalb des Trainingsets vorhersagt.

4.5 ERM für Bayes-Klassifikatoren

Die Familie der ML-Methoden, die als Bayes-Schätzer bezeichnet werden, verwendet den 0/1-Verlust (2.9) zur Messung der Qualität eines Klassifikators h. Die resultierende empirische Risikominimierung ist

$$\begin{aligned} \hat{h} &= \underset{h \in \mathcal{H}}{\operatorname{argmin}} (1/m) \sum_{i=1}^{m} L((\mathbf{x}^{(i)}, y^{(i)}), h) \\ &\overset{(2.9)}{=} \underset{h \in \mathcal{H}}{\operatorname{argmin}} (1/m) \sum_{i=1}^{m} \mathcal{I}(h(\mathbf{x}^{(i)}) \neq y^{(i)}). \end{aligned} \tag{4.16}$$

Die Zielfunktion in diesem Optimierungsproblem ist nicht differenzierbar und nicht konvex (siehe Abb. 4.2). Dies hindert uns daran, gradientenbasierte Optimierungsmethoden (siehe Kap. 5) zur Lösung von (4.16) zu verwenden.

Wir werden nun die empirische Risikominimierung (4.16) über einen anderen Weg angehen, indem wir die Datenpunkte $(\mathbf{x}^{(i)}, y^{(i)})$ als Realisierungen von i.i.d. ZV mit der gemeinsamen Wahrscheinlichkeitsverteilung $p(\mathbf{x}, y)$ interpretieren.

Wie in Abschn. 2.3 diskutiert, approximiert das empirische Risiko, das mit 0/1 Verlust erzielt wird, die Fehlerwahrscheinlichkeit $p(\hat{y} \neq y)$ mit dem vorhergesagten Label $\hat{y} = 1$ für $h(\mathbf{x}) > 0$ und $\hat{y} = -1$ sonst (siehe (2.10)). Daher können wir die Minimierung des empirischen Risikos (4.16) als

$$\hat{h} \overset{(2.10)}{\approx} \underset{h \in \mathcal{H}}{\operatorname{argmin}}\, p(\hat{y} \neq y). \tag{4.17}$$

approximieren. Beachten Sie, dass die Hypothese h, die die Optimierungsvariable in (4.17) ist, über die Definition des vorhergesagten Labels $\hat{y}$, das $\hat{y} = 1$ ist, wenn $h(\mathbf{x}) > 0$ und $\hat{y} = -1$ sonst, in die Zielfunktion von (4.17) eintritt.

Es stellt sich heraus, dass wenn wir die Wahrscheinlichkeitsverteilung $p(\mathbf{x}, y)$ kennen würden, die zur Berechnung von $p(\hat{y} \neq y)$ benötigt wird, die Lösung von (4.17) leicht über die elementare Bayes'sche Entscheidungstheorie [19] gefunden werden kann. Insbesondere ist der optimale Klassifikator $h(\mathbf{x})$ so, dass $\hat{y}$ die maximale „a-posteriori" Wahrscheinlichkeit $p(\hat{y}|\mathbf{x})$ erreicht, dass das Label $\hat{y}$ ist, gegeben (oder bedingt durch) die Merkmale $\mathbf{x}$.

Da wir die Wahrscheinlichkeitsverteilung $p(\mathbf{x}, y)$ in der Regel nicht kennen, müssen wir sie aus den beobachteten Datenpunkten $(\mathbf{x}^{(i)}, y^{(i)})$ schätzen (oder approximieren). Diese Schätzung ist machbar, wenn die Datenpunkte als Realisierungen von i.i.d. RVs mit einer gemeinsamen gemeinsamen Verteilung $p(\mathbf{x}, y)$ betrachtet werden können. Wir können dann (die Parameter) der gemeinsamen Verteilung $p(\mathbf{x}, y)$ mit Hilfe von Maximum-Likelihood-Methoden schätzen (siehe Abschn. 3.12). Für numerische Merkmale und Labels ist eine weit verbreitete parametrische Verteilung $p(\mathbf{x}, y)$ die multivariate Normalverteilung (Gaußsche Verteilung). Insbesondere ist der Merkmalsvektor $\mathbf{x}$ ein Gaußscher Zufallsvektor mit Mittelwert $\boldsymbol{\mu}_y$ und Kovarianz Σ,[1]

$$p(\mathbf{x}|y) = \mathcal{N}(\mathbf{x}; \boldsymbol{\mu}_y, \Sigma). \tag{4.18}$$

Der bedingte Erwartungswert der Merkmale $\mathbf{x}$, gegeben (bedingt auf) das Label y eines Datenpunkts, ist $\boldsymbol{\mu}_1$ wenn $y = 1$, während für $y = -1$ der bedingte Mittelwert von $\mathbf{x}$ ist $\boldsymbol{\mu}_{-1}$. Im Gegensatz dazu ist die bedingte Kovarianzmatrix $\Sigma = \mathbb{E}\{(\mathbf{x} - \boldsymbol{\mu}_y)(\mathbf{x} - \boldsymbol{\mu}_y)^T|y\}$ von $\mathbf{x}$ für beide Werte des Labels gleich $y \in \{-1, 1\}$. Die bedingte Wahrscheinlichkeitsverteilung $p(\mathbf{x}|y)$ des Merkmalsvektors, gegeben das Label y, ist multivariat normal. Im Gegensatz dazu ist die Randverteilung der Merkmale $\mathbf{x}$ ein Gaußsches Mischmodell. Wir werden Gaußsche Mischmodelle später in Abschn. 8.2 wieder aufgreifen, wo wir sehen werden, dass sie ein großartiges Werkzeug für weiches Clustering sind.

Für dieses probabilistische Modell von Merkmalen und Labels ist der optimale Klassifikator, der die Fehlerwahrscheinlichkeit $p(\hat{y} \neq y)$ minimiert, ist $\hat{y}=1$ für $h(\mathbf{x}) > 0$ und $\hat{y}=-1$ für $h(\mathbf{x}) \leq 0$ unter Verwendung der Klassifikatorkarte

$$h(\mathbf{x}) = \mathbf{w}^T\mathbf{x} \text{ mit } \mathbf{w} = \Sigma^{-1}(\boldsymbol{\mu}_1 - \boldsymbol{\mu}_{-1}). \tag{4.19}$$

Beachten Sie sorgfältig, dass dieser Ausdruck nur gültig ist, wenn die Matrix Σ invertierbar ist.

[1] Wir verwenden die Abkürzung $\mathcal{N}(\mathbf{x}; \boldsymbol{\mu}, \Sigma)$ um die Wahrscheinlichkeitsdichtefunktion

$$p(\mathbf{x}) = \frac{1}{\sqrt{\det(2\pi\Sigma)}} \exp\big(-(1/2)(\mathbf{x}-\boldsymbol{\mu})^T\Sigma^{-1}(\mathbf{x}-\boldsymbol{\mu})\big)$$

eines Gaußschen Zufallsvektors $\mathbf{x}$ mit Mittelwert $\boldsymbol{\mu} = \mathbb{E}\{\mathbf{x}\}$ und Kovarianzmatrix $\Sigma = \mathbb{E}\big\{(\mathbf{x}-\boldsymbol{\mu})(\mathbf{x}-\boldsymbol{\mu})^T\big\}$ zu bezeichnen.

Wir können den Klassifikator (4.19) nicht direkt implementieren, da wir die wahren Werte der klassenspezifischen Mittelvektoren $\boldsymbol{\mu}_1$, $\boldsymbol{\mu}_{-1}$ und Kovarianzmatrix Σ nicht kennen. Daher müssen wir diese unbekannten Parameter durch einige Schätzungen ersetzen $\hat{\boldsymbol{\mu}}_1$, $\hat{\boldsymbol{\mu}}_{-1}$ und $\widehat{\Sigma}$. Ein prinzipieller Ansatz besteht darin, die Maximum-Likelihood-Schätzungen zu verwenden (siehe (3.26))

$$\begin{aligned} \hat{\boldsymbol{\mu}}_1 &= (1/m_1) \sum_{i=1}^{m} \mathcal{I}(y^{(i)} = 1)\mathbf{x}^{(i)}, \\ \hat{\boldsymbol{\mu}}_{-1} &= (1/m_{-1}) \sum_{i=1}^{m} \mathcal{I}(y^{(i)} = -1)\mathbf{x}^{(i)}, \\ \hat{\boldsymbol{\mu}} &= (1/m) \sum_{i=1}^{m} \mathbf{x}^{(i)}, \\ \text{und } \widehat{\Sigma} &= (1/m) \sum_{i=1}^{m} (\mathbf{z}^{(i)} - \hat{\boldsymbol{\mu}})(\mathbf{z}^{(i)} - \hat{\boldsymbol{\mu}})^T, \end{aligned} \tag{4.20}$$

mit $m_1 = \sum_{i=1}^{m} \mathcal{I}(y^{(i)} = 1)$ bezeichnet die Anzahl der Datenpunkte mit dem Label $y = 1$ (m_{-1} ist ähnlich definiert). Die Einfügung der Schätzungen (4.20) in (4.19) ergibt den implementierbaren Klassifikator

$$h(\mathbf{x}) = \mathbf{w}^T\mathbf{x} \text{ mit } \mathbf{w} = \widehat{\Sigma}^{-1}(\hat{\boldsymbol{\mu}}_1 - \hat{\boldsymbol{\mu}}_{-1}). \tag{4.21}$$

Wir betonen, dass der Klassifikator (4.21) nur dann gut definiert ist, wenn die geschätzte Kovarianzmatrix $\widehat{\Sigma}$ (4.20) invertierbar ist. Dies erfordert die Verwendung einer ausreichend großen Anzahl von Trainingsdatenpunkten, so dass $m \geq n$.

Wir haben den Klassifikator (4.21) als eine ungefähre Lösung für die empirische Risikominimierung (4.16) abgeleitet. Der Klassifikator (4.21) teilt den Merkmalsraum $\mathbb{R}^n$ in zwei Halbräume. Ein Halbraum besteht aus Merkmalsvektoren $\mathbf{x}$ für die die Hypothese (4.21) nicht-negativ ist und, im Gegenzug, $\hat{y} = 1$. Der andere Halbraum wird von Merkmalsvektoren $\mathbf{x}$ gebildet, für die die Hypothese (4.21) negativ ist und, im Gegenzug, $\hat{y} = -1$. Abb. 2.9 veranschaulicht diese beiden Halbräume und die Entscheidungsgrenze zwischen ihnen.

Der Bayes-Schätzer (4.21) ist ein weiteres Beispiel für einen linearen Klassifikator wie die logistische Regression und die Support-Vektor-Maschine. Jede dieser Methoden lernt eine lineare Hypothese $h(\mathbf{x}) = \mathbf{w}^T\mathbf{x}$, deren Entscheidungsgrenze (Vektoren $\mathbf{x}$ mit $h(\mathbf{x}) = 0$) eine Hyperebene ist (siehe Abb. 2.9). Allerdings verwenden diese Methoden unterschiedliche Verlustfunktionen zur Bewertung der Qualität einer bestimmten linearen Hypothese $h(\mathbf{x}) = \mathbf{wx}$ (die die Entscheidungsgrenze über $h(\mathbf{x}) = 0$ definiert hat). Daher lernen diese drei Methoden typischerweise Klassifikatoren mit unterschiedlichen Entscheidungsgrenzen.

Für den Schätzer $\widehat{\Sigma}$ (3.26) um genau zu sein (nahe an der unbekannten Kovarianzmatrix), benötigen wir eine Anzahl von Datenpunkten (Stichprobengröße), die mindestens von der Größenordnung n^2 ist. Diese Anforderung an die Stichprobengröße könnte für Anwendungen mit nur wenigen verfügbaren Datenpunkten unerfüllbar sein.

Die Maximum-Likelihood-Schätzung $\widehat{\Sigma}$ (4.20) ist nicht invertierbar, wann immer $m < n$. In diesem Fall wird der Ausdruck (4.21) nutzlos. Um mit einer kleinen Stichprobengröße $m < n$ umzugehen, können wir das Modell (4.18) vereinfachen, indem wir verlangen, dass die Kovarianz diagonal ist $\Sigma = \text{diag}(\sigma_1^2, \ldots, \sigma_n^2)$. Dies entspricht der Modellierung der einzelnen Merkmale $x_1, \ldots, x_n$ eines Datenpunkts als bedingt unabhängig, gegeben sein Label y. Der resultierende Spezialfall eines Bayes-Schätzers wird oft als ein „naiver Bayes" Klassifikator bezeichnet.

Schließlich möchten wir hervorheben, dass der Klassifikator (4.21) mit dem generativen Modell (4.18) für die Daten erzeugt wird. Daher gehören Bayes-Schätzer zur Familie der generativen ML-Methoden, die die Modellierung der Datengenerierung beinhalten. Im Gegensatz dazu benötigen die logistische Regression und die Support-Vektor-Maschine kein generatives Modell für die Datenpunkte, sondern zielen direkt darauf ab, die Beziehung zwischen Merkmalen $\mathbf{x}$ und Label y eines Datenpunkts zu finden. Diese Methoden gehören daher zur Familie der diskriminativen ML-Methoden.

Generative Methoden wie diejenigen, die einen Bayes-Schätzer lernen, sind vorzuziehen für Anwendungen mit nur sehr begrenzten Mengen an gelabelten Daten. Tatsächlich ermöglicht uns ein generatives Modell wie (4.18), synthetisch mehr gelabelte Daten zu erzeugen, indem wir zufällige Merkmale und Labels gemäß der Wahrscheinlichkeitsverteilung (4.18) generieren. Wir verweisen auf [20] für einen detaillierteren Vergleich zwischen generativen und diskriminativen Methoden.

4.6 Trainings- und Inferenzperioden

Einige ML-Methoden wiederholen den Zyklus in Abbildung 1 auf sehr unregelmäßige Weise. Betrachten Sie eine große Bildersammlung, die wir verwenden, um eine Hypothese darüber zu lernen, wie Katzenbilder aussehen. Es könnte sinnvoll sein, die Hypothese anzupassen, indem wir ein Modell an die Bildersammlung anpassen. Dieses Anpassen oder Training bedeutet, den Zyklus in Abbildung 1 während eines bestimmten Zeitraums (der „Trainingszeit") für eine große Anzahl zu wiederholen.

Nach der Trainingsperiode wenden wir die Hypothese nur an, um die Labels neuer Bilder vorherzusagen. Diese zweite Phase wird auch als Inferenzzeit bezeichnet und könnte im Vergleich zur Trainingszeit viel länger sein. Idealerweise möchten wir nur eine sehr kurze Trainingsperiode haben, um eine gute Hypothese zu lernen, und dann die Hypothese nur für die Inferenz verwenden.

4.7 Online-Lernen

In seiner grundlegendsten Form erfordert die empirische Risikominimierung einen gegebenen Satz von gelabelten Datenpunkten, den wir als Trainingsset bezeichnen. Einige ML-Methoden können jedoch nur sequenziell auf Daten zugreifen. Als Beispiel betrachten Sie Zeitreihendaten wie die täglichen Mindest- und Höchsttemperaturen, die von einer Wetterstation des Finnischen Meteorologischen Instituts aufgezeichnet wurden. Eine solche Zeitreihe besteht aus einer Sequenz von Datenpunkten, die zu aufeinanderfolgenden Zeitpunkten generiert werden. Online untersucht ML-Methoden, die eine Hypothese schrittweise lernen (oder optimieren), wenn neue Daten eintreffen. Diese Betriebsart unterscheidet sich stark von ML-Methoden, die eine Hypothese auf einmal lernen, indem sie ein empirisches Risikominimierungsproblem lösen. Diese unterschiedlichen Betriebsmodi entsprechen unterschiedlichen Frequenzen der Wiederholung des grundlegenden ML-Zyklus, der in Abbildung 1 dargestellt ist. Online-Lernmethoden starten einen neuen Zyklus in Abbildung 1, wann immer ein neuer Datenpunkt eintrifft (z. B., wir haben die Mindest- und Höchsttemperatur eines gerade beendeten Tages aufgezeichnet).

Wir präsentieren nun eine Online-Lernvariante der linearen Regression (siehe Abschn. 3.1), die für Zeitreihendaten mit Datenpunkten $\big(\mathbf{x}^{(t)}, y^{(t)}\big)$ geeignet ist, die sequenziell (über die Zeit) gesammelt werden. Insbesondere werden die Datenpunkte $\big(\mathbf{x}^{(t)}, y^{(t)}\big)$ zu diskreten Zeitpunkten $t = 1, 2, 3 \ldots$ verfügbar (gesammelt).

Lassen Sie uns die Merkmalsvektoren und Labels aller Datenpunkte, die zur Zeit t verfügbar sind, in die Merkmalsmatrix $\mathbf{X}^{(t)}$ und den Label-Vektor $\mathbf{y}^{(t)}$ stapeln. Die Merkmalsmatrix und der Label-Vektor für die ersten drei Zeitpunkte sind

$$t = 1: \quad \mathbf{X}^{(1)} := \big(\mathbf{x}^{(1)}\big)^T, \quad \mathbf{y}^{(1)} = \big(y^{(1)}\big)^T, \tag{4.22}$$

$$t = 2: \quad \mathbf{X}^{(2)} := \big(\mathbf{x}^{(1)}, \mathbf{x}^{(2)}\big)^T, \quad \mathbf{y}^{(2)} = \big(y^{(1)}, y^{(2)}\big)^T, \tag{4.23}$$

$$t = 3: \quad \mathbf{X}^{(3)} := \big(\mathbf{x}^{(1)}, \mathbf{x}^{(2)}, \mathbf{x}^{(3)}\big)^T, \quad \mathbf{y}^{(3} = \big(y^{(1)}, y^{(2)}, y^{(3)}\big)^T. \tag{4.24}$$

Wie im Abschn. 3.1 detailliert beschrieben, zielt die lineare Regression darauf ab, die Gewichte $\mathbf{w}$ einer linearen Abbildung $h(\mathbf{x}) := \mathbf{w}^T\mathbf{x}$ so zu lernen, dass der quadratische Fehlerverlust $\big(y - h(\mathbf{x})\big)$ so klein wie möglich ist. Dieses informelle Ziel der linearen Regression wird durch das Problem der empirischen Risikominimierung (4.5) präzisiert, das die optimalen Gewichte durch Minimierung des durchschnittlichen quadratischen Fehlerverlusts (empirisches Risiko) auf einem gegebenen Trainingsset $\mathcal{D}$ definiert. Diese optimalen Gewichte werden durch die Lösungen von (4.12) gegeben. Wenn die Merkmalsvektoren der Datenpunkte in

$\mathcal{D}$ linear unabhängig sind, erhalten wir den geschlossenen Ausdruck (4.14) für die optimalen Gewichte.

Das Einfügen der Merkmalsmatrix $\mathbf{X}^{(t)}$ und des Label-Vektors $\mathbf{y}^{(t)}$ (4.22) in (4.14), ergibt

$$\widehat{\mathbf{w}}^{(t)} = \big((\mathbf{X}^{(t)})^T \mathbf{X}^{(t)}\big)^{-1} (\mathbf{X}^{(t)})^T \mathbf{y}^{(t)}. \tag{4.25}$$

Für jeden Zeitpunkt können wir die RHS von (4.25) auswerten, um den Gewichtsvektor $\widehat{\mathbf{w}}^{(t)}$ zu erhalten, der den durchschnittlichen quadratischen Fehlerverlust über alle bis zum Zeitpunkt t gesammelten Datenpunkte minimiert. Allerdings lässt die Berechnung von $\widehat{\mathbf{w}}^{(t)}$ durch direkte Auswertung der RHS in (4.25) für jeden neuen Zeitpunkt t eine Möglichkeit zur Wiederverwendung von bereits zu früheren Zeitpunkten durchgeführten Berechnungen aus.

Lassen Sie uns nun zeigen, wie man die Berechnungen, die zur Auswertung von (4.25) für die Zeit t teilweise wiederverwenden kann, um (4.25) für den nächsten Zeitpunkt $t+1$ auszuwerten. Zu diesem Zweck schreiben wir die Matrix $\mathbf{Q}^{(t)} := (\mathbf{X}^{(t)})^T \mathbf{X}^{(t)}$ um als

$$\mathbf{Q}^{(t)} = \sum_{r=1}^{t} \mathbf{x}^{(r)} (\mathbf{x}^{(r)})^T. \tag{4.26}$$

Da $\mathbf{Q}^{(t+1)} = \mathbf{Q}^{(t)} + \mathbf{x}^{(t+1)} (\mathbf{x}^{(t+1)})^T$ gilt, können wir eine bekannte Identität für Matrixinversen verwenden (siehe [21, 22]) um zu erhalten

$$(\mathbf{Q}^{(t+1)})^{-1} = (\mathbf{Q}^{(t)})^{-1} + \frac{(\mathbf{Q}^{(t)})^{-1} \mathbf{x}^{(t+1)} (\mathbf{x}^{(t+1)})^T (\mathbf{Q}^{(t)})^{-1}}{1 - (\mathbf{x}^{(t+1)})^T (\mathbf{Q}^{(t)})^{-1} \mathbf{x}^{(t+1)}}. \tag{4.27}$$

Die Einfügung von (4.27) in (4.25) ergibt die folgende Beziehung zwischen optimalen Gewichtsvektoren zu aufeinanderfolgenden Zeitpunkten t und $t+1$,

$$\widehat{\mathbf{w}}^{(t+1)} = \widehat{\mathbf{w}}^{(t)} - (\mathbf{Q}^{(t+1)})^{-1} \mathbf{x}^{(t+1)} \big((\mathbf{x}^{(t+1)})^T \widehat{\mathbf{w}}^{(t)} - y^{(t+1)}\big). \tag{4.28}$$

Beachten Sie, dass weder die Auswertung der RHS von (4.28) noch die Auswertung der RHS von (4.27) erfordert, tatsächlich eine Matrix mit mehr als einem Eintrag zu invertieren (wir können eine Skalarzahl als 1×1 Matrix betrachten). Im Gegensatz dazu erfordert die Auswertung der RHS (4.25) die Invertierung der Matrix $\mathbf{Q}^{(t)} \in \mathbb{R}^{n \times n}$. Wir erhalten einen Online-Algorithmus für die lineare Regression, indem wir die Updates (4.28) und (4.27) für jeden neuen Zeitpunkt t berechnen. Eine weitere Online-Methode für die lineare Regression wird am Ende von Abschn. 5.7 diskutiert.

4.8 Übung

Übung 4.1 (Einzigartigkeit in der linearen Regression) Welche Bedingungen an einen Trainingsdatensatz stellen sicher, dass es eine einzigartige optimale lineare Hypothesenkarte für die lineare Regression gibt.

Übung 4.2 (Einzigartigkeit in der linearen Regression II) Die lineare Regression verwendet den quadratischen Fehlerverlust (2.8) zur Messung der Qualität einer linearen Hypothesenkarte. Wir lernen die Gewichte $\mathbf{w}$ einer linearen Karte durch empirische Risikominimierung mit einem Trainingssatz $\mathcal{D}$, der aus $m = 100$ Datenpunkten besteht. Jeder Datenpunkt ist durch $n = 5$ Merkmale und ein numerisches Label gekennzeichnet. Gibt es eine eindeutige Wahl für die Gewichte $\mathbf{w}$, die zu einem linearen Prädiktor mit minimalem durchschnittlichem quadratischen Fehlerverlust auf dem Trainingssatz $\mathcal{D}$ führt?

Übung 4.3 (Ein einfaches lineares Regressionsproblem.) Betrachten Sie einen Trainingssatz von m Datenpunkten, die jeweils durch ein einziges numerisches Merkmal x und ein numerisches Label y gekennzeichnet sind. Wir lernen eine Hypothesenkarte der Form $h(x) = x + b$ mit einer gewissen Verzerrung $b \in \mathbb{R}$. Können Sie eine Formel für das optimale b aufschreiben, das den durchschnittlichen quadratischen Fehler auf den Trainingsdaten $\left(x^{(1)}, y^{(1)}\right), \ldots, \left(x^{(m)}, y^{(m)}\right)$ minimiert.

Übung 4.4 (Einfaches Problem der kleinsten absoluten Abweichung.) Betrachten Sie Datenpunkte, die durch ein einzelnes numerisches Merkmal x und Label y gekennzeichnet sind. Wir lernen eine Hypothesenkarte der Form $h(x) = x + b$ mit einer gewissen Verzerrung $b \in \mathbb{R}$. Können Sie eine Formel für das optimale b aufschreiben, das den durchschnittlichen absoluten Fehler auf den Trainingsdaten $\left(x^{(1)}, y^{(1)}\right), \ldots, \left(x^{(m)}, y^{(m)}\right)$ minimiert?

Übung 4.5 (Polynomiale Regression.) Betrachten Sie die polynomiale Regression für Datenpunkte mit einem einzigen numerischen Merkmal $x \in \mathbb{R}$ und numerischem Label y. Hier ist die polynomiale Regression gleichwertig zur linearen Regression unter Verwendung der transformierten Merkmalsvektoren $\mathbf{x} = \left(x^0, x^1, \ldots, x^{n-1}\right)^T$. Gegeben ein Datensatz $\mathcal{D} = \left(x^{(1)}, y^{(1)}\right), \ldots, \left(x^{(m)}, y^{(m)}\right)$, konstruieren wir die Merkmalsmatrix $\mathbf{X} = \left(\mathbf{x}^{(1)}, \ldots, \mathbf{x}^{(m)}\right) \in \mathbb{R}^{m \times m}$ mit ihrer $i$ten Spalte, die durch den Merkmalsvektor $\mathbf{x}^{(i)}$ gegeben ist. Überprüfen Sie, ob diese Merkmalsmatrix eine Vandermonde-Matrix ist [23]? Wie hängt die Determinante der Merkmalsmatrix mit den Merkmalen und Labels der Datenpunkte im Datensatz $\mathcal{D}$ zusammen?

Übung 4.6 (Trainingsfehler ist nicht erwarteter Verlust.) Betrachten Sie einen Trainingssatz, der aus Datenpunkten $\left(x^{(i)}, y^{(i)}\right)$, für $i = 1, \ldots, 100$, besteht, die als Realisierungen von i.i.d. ZV erhalten werden. Die gemeinsame Wahrscheinlichkeitsverteilung dieser ZV wird durch einen zufälligen Datenpunkt (x, y) definiert. Das Merkmal x dieses zufälligen Datenpunkts ist eine standardisierte Gaußsche ZV mit null Mittelwert und Einheitsvarianz. Das Label eines Datenpunkts wird als $y = x + e$ mit Gaußschem Rauschen $e \sim \mathcal{N}(0,1)$ modelliert. Das Merkmal x und das Rauschen e sind statistisch unabhängig. Wir bewerten die spezifische Hypothese $h(x) = 0$ (die unabhängig vom Merkmalswert 0 ausgibt x) durch den Trainingsfehler $E_t = (1/m) \sum_{i=1}^{m} \big(y^{(i)} - h\big(x^{(i)}\big)\big)^2$. (der der durchschnittliche quadratische Fehlerverlust ist (2.8)). Wie hoch ist die Wahrscheinlichkeit, dass der Trainingsfehler E_t mindestens 20 % größer ist als der erwartete (quadratische Fehler) Verlust $\mathbb{E}\{\big(y - h(x)\big)^2\}$? Was ist der Mittelwert (Erwartungswert) und die Varianz des Trainingsfehlers?

Übung 4.7 (Optimierungsmethoden als Filter.) Betrachten wir eine fiktive (ideale) Optimierungsmethode, die als Filter dargestellt werden kann $\mathcal{F}$. Dieser Filter $\mathcal{F}$ liest eine reellwertige Zielfunktion ein $f(\cdot)$, definiert für alle Gewichtsvektoren $\mathbf{w} \in \mathbb{R}^n$. Die Ausgabe des Filters $\mathcal{F}$ ist eine weitere reellwertige Funktion $\hat{f}(\mathbf{w})$, die punktweise definiert ist als

$$\hat{f}(\mathbf{w}) = \begin{cases} 1, & \text{wenn } \mathbf{w} \text{ ein lokales Minimum ist von } f(\cdot) \\ 0, & \text{sonst.} \end{cases} \tag{4.29}$$

Überprüfen Sie, ob der Filter $\mathcal{F}$ verschiebungs- oder translationsinvariant ist, d. h., $\mathcal{F}$ vertauscht mit einer Translation $f'(\mathbf{w}) := f(\mathbf{w} + \mathbf{w}^{(o)})$ mit einem beliebigen, aber festen (Referenz-) Vektor $\mathbf{w}^{(o)} \in \mathbb{R}^n$.

Literatur

1. L. Hyafil, R. Rivest, Constructing optimal binary decision trees is np-complete. Inf. Process. Lett. **5**(1), 15–17 (1976)
2. E.L. Lehmann, G. Casella, *Theory of Point Estimation*, 2. Aufl. (Springer, New York, 1998)
3. A. Papoulis, S.U. Pillai, *Probability, Random Variables, and Stochastic Processes*, 4. Aufl. (Mc-Graw Hill, New York, 2002)
4. S. Boyd, L. Vandenberghe, *Convex Optimization* (Cambridge University Press, Cambridge, UK, 2004)
5. P.J. Brockwell, R.A. Davis, *Time Series: Theory and Methods* (Springer, New York, 1991)
6. H. Lütkepohl, *New Introduction to Multiple Time Series Analysis* (Springer, New York, 2005)
7. D. Cohn, Z. Ghahramani, M. Jordan, Active learning with statistical models. J. Artif. Int. Res. **4**(1), 129–145 (1996). (March)
8. B. McMahan, E. Moore, D. Ramage, S. Hampson, B. A. y Arcas, Communication-efficient learning of deep networks from decentralized data, in *Proceedings of the 20th International Conference on Artificial Intelligence and Statistics*, volume 54 of *Proceedings of Machine Learning Research*, Hrsg. by A. Singh und J. Zhu, S. 1273–1282 (PMLR, 2017)
9. A. Jung, Networked exponential families for big data over networks. IEEE Access **8**, 202897–202909 (2020)
10. A. Jung, N. Tran, Localized linear regression in networked data. IEEE Sig. Proc. Lett. **26**(7), 1090–1094 (2019)
11. N. Tran, H. Ambos, A. Jung, Classifying partially labeled networked data via logistic network lasso, in *Proceedings of the IEEE International Conference on Acoustics, Speech and Signal Processing (ICASSP)*, S. 3832–3836 (2020)

12. F. Sattler, K. Müller, und W. Samek. Clustered federated learning: Model-agnostic distributed multitask optimization under privacy constraints. *IEEE Transactions on Neural Networks and Learning Systems* (IEEE, New York, 2020)
13. N. Parikh, S. Boyd, Proximal algorithms. Foundations and Trends in Optimization **1**(3), 123–231 (2013)
14. I. Goodfellow, Y. Bengio, A. Courville, *Deep Learning* (MIT Press, Cambridge, 2016)
15. G.H. Golub, C.F. Van Loan, *Matrix Computations*, 3. Aufl. (Johns Hopkins University Press, Baltimore, MD, 1996)
16. G. Golub, C. van Loan, An analysis of the total least squares problem. SIAM J. Numerical Analysis **17**(6), 883–893 (1980). (Dec.)
17. L. Hyafil, R.L. Rivest, Constructing optimal binary decision trees is np-complete. Inf. Process. Lett. **5**(1), 15–17 (1976)
18. G. James, D. Witten, T. Hastie, R. Tibshirani, *An Introduction to Statistical Learning with Applications in R* (Springer, Berlin, 2013)
19. H. Poor, *An Introduction to Signal Detection and Estimation*, 2. Aufl. (Springer, Berlin, 1994)
20. A.Y. Ng, M.I. Jordan, On discriminative vs. generative classifiers: A comparison of logistic regression and naive bayes, in *Advances in Neural Information Processing Systems 14*. Hrsg. by T.G. Dietterich, S. Becker, Z. Ghahramani (MIT Press, Cambridge, 2002), S. 841–848
21. M.S. Bartlett, An inverse matrix adjustment arising in discriminant analysis. Ann. Math. Stat. **22**(1), 107–111 (1951)
22. C. Meyer, Generalized inversion of modified matrices. SIAM J. Appied Mathmetmatics **24**(3), 315–323 (1973)
23. W. Gautschi, G. Inglese, Lower bounds for the condition number of van der Monde matrices. Numer. Math. **52**, 241–250 (1988)

Kapitel 5
Gradientenbasiertes Lernen

Im Folgenden betrachten wir ML-Methoden, die einen parametrisierten Hypothesenraum verwenden $\mathcal{H}$. Jede Hypothese $h^{(\mathbf{w})} \in \mathcal{H}$ in diesem Raum ist durch einen spezifischen Gewichtsvektor gekennzeichnet $\mathbf{w} \in \mathbb{R}^n$. Darüber hinaus betrachten wir ML-Methoden, die eine Verlustfunktion verwenden $L((\mathbf{x}, y), h^{(\mathbf{w})})$, so dass der durchschnittliche Verlust oder das empirische Risiko

$$f(\mathbf{w}) := (1/m) \sum_{i=1}^{m} L((\mathbf{x}^{(i)}, y^{(i)}), h^{(\mathbf{w})}) \tag{5.1}$$

glatt vom Gewichtsvektor abhängt $\mathbf{w}$.[1] Diese Einstellung beinhaltet lineare Regression (siehe Abschn. 3.1) und logistische Regression (siehe Abschn. 3.6).

Die grundlegende Idee von ML-Methoden besteht darin, eine Hypothese zu erlernen, deren Vorhersagen einen minimalen Verlust verursachen. Abschn. 4.1 hat diese Idee mit dem Prinzip der empirischen Risikominimierung (4.4) präzisiert. Die empirische Risikominimierung (4.4) ist ein Optimierungsproblem, das die drei Hauptkomponenten von ML kombiniert. Tatsächlich verbindet die empirische Risikominimierung (4.4) die Datenpunkte in einem Trainingsset $\mathcal{D}$, den Hypothesenraum $\mathcal{H}$ und die Verlustfunktion $L((\mathbf{x}, y), h)$. Um praktische ML-Methoden zu erhalten, müssen wir in der Lage sein, die empirische Risikominimierung (4.4) mit einer endlichen Menge an Rechenressourcen effizient zu lösen. Diese Rechenressourcen umfassen Speicherkapazität, Kommunikationsbandbreite (für verteiltes oder Cloud-Computing) und Verarbeitungszeit (die in Echtzeitanwendungen begrenzt sein könnte).

Dieses Kapitel diskutiert gradientenbasierte Methoden zur Lösung der empirischen Risikominimierung (4.4). Dies sind iterative Methoden, die eine Sequenz von Gewichtsvektoren $\mathbf{w}^{(1)}, \ldots, \mathbf{w}^{(r)}$ konstruieren, so dass die entsprechenden Zielwerte $f\big(\mathbf{w}^{(1)}\big), \ldots, f\big(\mathbf{w}^{(r)}\big)$ zum Minimum $\min_{\mathbf{w} \in \mathbb{R}^n} f(\mathbf{w})$

[1] Eine Funktion $f : \mathbb{R}^n \to \mathbb{R}$ wird als glatt bezeichnet, wenn sie stetige partielle Ableitungen aller Ordnungen hat. Insbesondere können wir den Gradienten $\nabla f(\mathbf{w})$ für eine glatte Funktion $f(\mathbf{w})$ an jedem Punkt $\mathbf{w}$ definieren.

A. Jung, *Maschinelles Lernen*, https://doi.org/10.1007/978-981-99-7972-1_5

konvergieren. Die Updates $\mathbf{w}^{(r)} \rightarrow \mathbf{w}^{(r+1)}$ zwischen aufeinanderfolgenden Gewichtsvektoren basieren auf sogenannten GD-Schritten. Abschn. 5.1 diskutiert, wie die GD-Schritte natürlich aus lokalen linearen Approximationen der Funktion $f(\mathbf{w})$ beim aktuellen Iterat $\mathbf{w}^{(r)}$ folgen. Diese lokalen linearen Approximationen werden mit dem Gradienten der Funktion $f(\mathbf{w})$ beim aktuellen Iterat $\mathbf{w}^{(r)}$ konstruiert. Gradientenbasierte Methoden haben in jüngster Zeit an Beliebtheit gewonnen als eine effiziente Technik zur Abstimmung der Gewichte von tiefen Netzen innerhalb von Deep-Learning-Methoden [1].

5.1 Der GD-Schritt

Betrachten Sie eine ML-Methode, die einen parametrisierten Hypothesenraum und eine glatte Verlustfunktion verwendet, so dass die resultierende empirische Risikominimierung (4.4) zu einem glatten Optimierungsproblem wird

$$\min_{\mathbf{w} \in \mathbb{R}^n} f(\mathbf{w}). \tag{5.2}$$

Die glatte Zielfunktion $f : \mathbb{R}^n \rightarrow \mathbb{R}$ ist das empirische Risiko (5.1), das durch eine Hypothese mit Gewichten $\mathbf{w} \in \mathbb{R}^n$ entsteht. Unser letztendliches Ziel ist es, einen Gewichtsvektor $\widehat{\mathbf{w}}$ zu finden, der $f(\mathbf{w})$, $f\big(\widehat{\mathbf{w}}\big) = \min_{\mathbf{w} \in \mathbb{R}^n} f(\mathbf{w})$ minimiert. Allerdings betrachten wir zunächst die einfachere Aufgabe, eine aktuelle Schätzung oder Annäherung $\mathbf{w}^{(r)}$ an einen optimalen Gewichtsvektor $\widehat{\mathbf{w}}$ zu verbessern. Zu diesem Zweck approximieren wir die Zielfunktion $f(\mathbf{w})$ durch eine einfachere Funktion. Wir werden diese Approximation nur lokal verwenden, in einer ausreichend kleinen Nachbarschaft der aktuellen Schätzung $\mathbf{w}^{(r)}$.

Da $f(\mathbf{w})$ glatt ist, ermöglicht uns die elementare Analysis, sie lokal um einen Punkt $\mathbf{w}^{(r)}$ mit einer Tangentenhyperfläche zu approximieren, die durch den Punkt $\big(\mathbf{w}^{(r)}, f\big(\mathbf{w}^{(r)}\big)\big)$ geht. Der Normalvektor dieser Hyperfläche wird durch $\mathbf{n} = (\nabla f\big(\mathbf{w}^{(r)}\big), -1)$ gegeben (siehe Abb. 5.1). Die erste Komponente des Normalvektors ist der Gradient der Funktion $f(\mathbf{w})$ am Punkt $\mathbf{w}^{(r)}$. Alternativ könnten wir den Gradienten $\nabla f\big(\mathbf{w}^{(r)}\big)$ über [2]

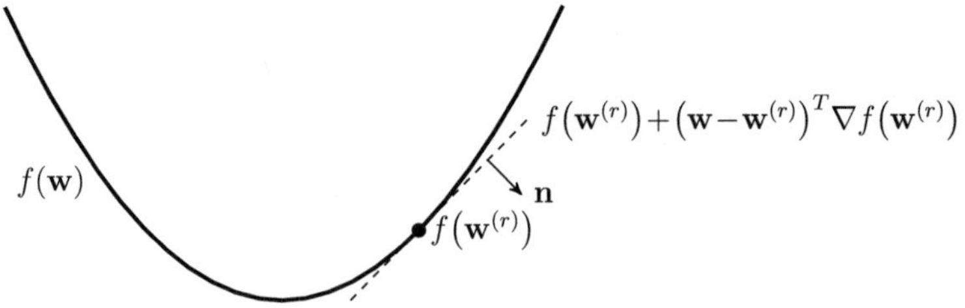

Abb. 5.1 Eine glatte Funktion $f(\mathbf{w})$ kann lokal um einen Punkt $\mathbf{w}^{(r)}$mit einer Hyperfläche approximiert werden, deren Normalvektor $\mathbf{n} = (\nabla f\big(\mathbf{w}^{(r)}\big), -1)$ durch den Gradienten $\nabla f\big(\mathbf{w}^{(r)}\big)$ bestimmt wird.

$$f(\mathbf{w}) \approx f\left(\mathbf{w}^{(r)}\right) + \left(\mathbf{w} - \mathbf{w}^{(r)}\right)^T \nabla f\left(\mathbf{w}^{(r)}\right) \text{ für } \mathbf{w} \text{ ausreichend nahe an } \mathbf{w}^{(r)}. \quad (5.3)$$

Denken Sie daran, dass wir einen neuen (besseren) Gewichtsvektor $\mathbf{w}^{(r+1)}$ finden möchten, der einen kleineren Wert $f(\mathbf{w}^{(r+1)}) < f\left(\mathbf{w}^{(r)}\right)$ hat als die aktuelle Vermutung $\mathbf{w}^{(r)}$. Die Annäherung (5.3) schlägt vor, die nächste Vermutung $\mathbf{w} = \mathbf{w}^{(r+1)}$ so zu wählen, dass $\left(\mathbf{w}^{(r+1)} - \mathbf{w}^{(r)}\right)^T \nabla f\left(\mathbf{w}^{(r)}\right)$ negativ ist. Dies können wir durch den GD-Schritt

$$\mathbf{w}^{(r+1)} = \mathbf{w}^{(r)} - \alpha \nabla f(\mathbf{w}^{(r)}) \quad (5.4)$$

mit einer ausreichend kleinen Schrittgröße $\alpha > 0$ erreichen. Die Schrittgröße α muss ausreichend klein sein, um die Gültigkeit der linearen Annäherung (5.3) zu gewährleisten. Im Kontext von ML wird der GD-Schrittgrößenparameter α auch als Lernrate bezeichnet. Tatsächlich bestimmt die Schrittgröße α den Fortschritt während eines GD-Schritts hin zum Erlernen des optimalen Gewichtsvektors $\widehat{\mathbf{w}}$. Die Interpretation der Schrittgröße als Lernrate ist jedoch nur für ausreichend kleine Schrittgrößen sinnvoll. Tatsächlich entfernen sich die Iterationen (5.4) bei Erhöhung der Schrittgröße über einen kritischen Wert vom optimalen Gewichtsvektor $\widehat{\mathbf{w}}$.

Gradientenbasierte Methoden wiederholen den GD-Schritt (5.4) für eine ausreichende Anzahl von Iterationen (Wiederholungen), um eine Annäherung an den optimalen Gewichtsvektor $\widehat{\mathbf{w}}$ zu erhalten. Für eine konvexe differenzierbare Zielfunktion $f(\mathbf{w})$ und eine ausreichend kleine Schrittgröße α konvergieren die durch Wiederholung der Gradientenabstiegsschritte (5.4) erhaltenen Iterationen $f(\mathbf{w}^{(r)})$ zu einem Minimum, d.h., $\lim_{r\to\infty} f(\mathbf{w}^{(r)}) = f\left(\widehat{\mathbf{w}}\right)$ (siehe Abb. 5.2).

Um den GD-Schritt (5.4) zu implementieren, müssen wir eine sinnvolle Schrittgröße α wählen. Darüber hinaus erfordert die Ausführung des GD-Schritts (5.4) die Berechnung des Gradienten $\nabla f(\mathbf{w}^{(r)})$. Beide Aufgaben können herausfordernd sein, wie in den Abschn. 5.2 und 5.7 diskutiert. Der Erfolg von Deep-Learning-Methoden, die Prädiktorkarten mit Hilfe von künstlichen neuronalen Netzwerken darstellen (siehe Abschn. 3.11), kann teilweise auf die Fähigkeit zurückgeführt werden, den Gradienten $\nabla f(\mathbf{w}^{(r)})$ effizient mit einem als **Rückpropagation** bekannten Algorithmus zu berechnen [1].

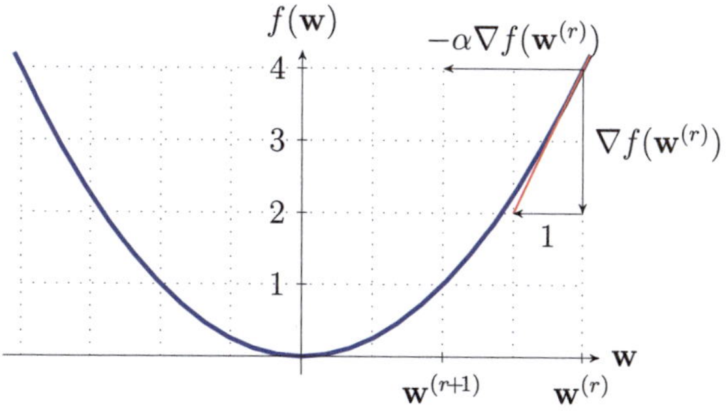

Abb. 5.2 Der GD-Schritt (5.4) aktualisiert den aktuellen Gewichtsvektor $\mathbf{w}^{(r)}$ durch Hinzufügen des Korrekturterms $-\alpha\nabla f(\mathbf{w}^{(r)})$. Der aktualisierte Gewichtsvektor $\mathbf{w}^{(r+1)}$ ist typischerweise eine verbesserte Annäherung an den optimalen Gewichtsvektor

Für den speziellen Fall der linearen Regression (siehe Abschn. 5.4) und der logistischen Regression (siehe Abschn. 5.5) werden wir genaue Bedingungen für die Schrittgröße α vorstellen, die die Konvergenz von GD in Abschn. 3.1 und 5.5 garantieren. Darüber hinaus können wir für lineare und logistische Regression geschlossene Ausdrücke für den Gradienten $\nabla f(\mathbf{w})$ des empirischen Risikos (5.1) erhalten. Diese geschlossenen Ausdrücke enthalten die Merkmalsvektoren und Labels der Datenpunkte im Trainingsset $\mathcal{D} = \{(\mathbf{x}^{(1)}, y^{(1)}), \ldots, (\mathbf{x}^{(m)}, y^{(m)})\}$, das zur Berechnung des empirischen Risikos (5.1) verwendet wird.

5.2 Schrittgröße wählen

Die Wahl der Schrittgröße α im GD-Schritt (5.4) hat einen erheblichen Einfluss auf die Leistung von Algorithmus 1. Wenn wir die Schrittgröße α zu groß wählen, divergieren die GD-Schritte (5.4) (siehe Abb. 5.3-(b)) und Algorithmus 1 liefert keine zufriedenstellende Näherung des optimalen Gewichtsvektors $\mathbf{w}^{(opt)}$ (siehe (5.7)).

Wenn wir die Schrittgröße α zu klein wählen (siehe Abb. 5.3-(a)), machen die Updates (5.4) nur sehr geringe Fortschritte bei der Annäherung an den optimalen Gewichtsvektor $\widehat{\mathbf{w}}$. In Anwendungen, die eine Echtzeitverarbeitung von Datenströmen erfordern, ist es möglich, die GD-Schritte nur für eine moderate Anzahl zu wiederholen. Wenn also die Schrittgröße zu klein gewählt wird, wird Algorithmus 1 innerhalb einer akzeptablen Rechenzeit keine gute Annäherung liefern.

Die optimale Wahl der Schrittgröße α von GD kann eine herausfordernde Aufgabe sein. Viele ausgeklügelte Ansätze zur Einstellung der Schrittgröße von gradientenbasierten Methoden wurden vorgeschlagen [1, Kap. 8]. Eine Diskussion und Analyse dieser Ansätze geht über den Rahmen dieses Buches hinaus. Stattdessen werden wir ausreichende Bedingungen für die Schrittgröße diskutieren, die die Konvergenz der GD-Iterationen zu einem Optimum von (5.1) garantieren.

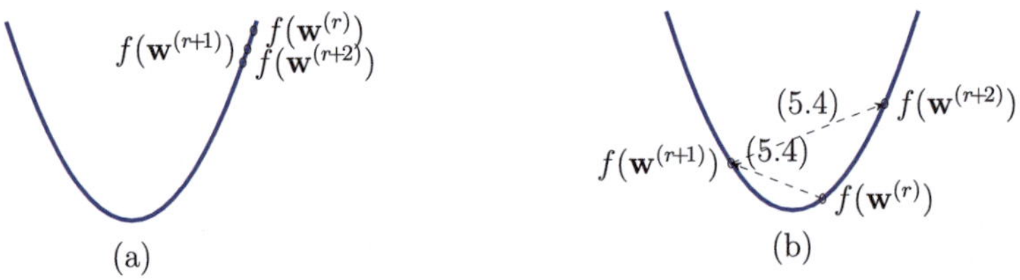

Abb. 5.3 Auswirkungen der Wahl schlechter Werte für die Lernrate α im GD-Schritt (5.4). (a) Wenn die Schrittgröße α im GD-Schritt (5.4) zu klein gewählt wird, machen die Iterationen sehr wenig Fortschritte in Richtung des Optimums oder erreichen das Optimum überhaupt nicht. (b) Wenn die Lernrate α zu groß gewählt wird, könnten die Iterationen $\mathbf{w}^{(r)}$ überhaupt nicht konvergieren (es könnte passieren, dass $f(\mathbf{w}^{(r+1)}) > f(\mathbf{w}^{(r)})$!)

Nehmen wir an, dass die Zielfunktion $f(\mathbf{w})$ (5.1) konvex und glatt ist. Dann konvergieren die GD-Schritte (5.4) zu einem Optimum von (5.1) für jede Schrittgröße α, die [3]

$$\alpha \leq \frac{1}{\lambda_{\max}\big(\nabla^2 f(\mathbf{w})\big)} \text{ für alle } \mathbf{w} \in \mathbb{R}^n. \tag{5.5}$$

Hier verwenden wir die Hesse-Matrix $\nabla^2 f(\mathbf{w}) \in \mathbb{R}^{n \times n}$ einer glatten Funktion $f(\mathbf{w})$, deren Einträge die zweiten partiellen Ableitungen $\frac{\partial f(\mathbf{w})}{\partial w_i \partial w_j}$ der Funktion $f(\mathbf{w})$ sind. Es ist wichtig zu beachten, dass (5.5) die Konvergenz für jede mögliche Initialisierung $\mathbf{w}^{(0)}$ der GD-Iterationen garantiert.

Beachten Sie, dass es rechnerisch herausfordernd sein könnte, den maximalen (im absoluten Wert) Eigenwert $\lambda_{\max}\big(\nabla^2 f(\mathbf{w})\big)$ für beliebige $\mathbf{w}$ zu bestimmen, es könnte jedoch immer noch machbar sein, eine obere Grenze U für den maximalen Eigenwert zu finden. Wenn wir eine obere Grenze $U \geq \lambda_{\max}\big(\nabla^2 f(\mathbf{w})\big)$ kennen (gültig für alle $\mathbf{w} \in \mathbb{R}^n$), gewährleistet die Schrittgröße $\alpha = 1/U$ immer noch die Konvergenz der GD-Iteration.

5.3 Wann aufhören?

Eine Hauptaufgabe bei der erfolgreichen Anwendung von GD besteht darin zu entscheiden, wann man aufhören sollte, die GD-Schritte (5.4) zu wiederholen. Ein weit verbreiteter Ansatz besteht darin, die Abnahme der Zielfunktion $f(\mathbf{w})$ zu überwachen und zu stoppen, wenn die Abnahme zwischen den beiden neuesten Iterationen unter einen Schwellenwert fällt. Ein weiteres Stoppkriterium besteht darin, eine feste Anzahl von Iterationen (GD-Schritte) zu verwenden. Allerdings benötigen wir dafür eine Methode, um eine ausreichende Anzahl von Iterationen zu bestimmen.

Nehmen wir an, die Zielfunktion $f(\mathbf{w})$ ist konvex und wir kennen obere und untere Grenzen für die Eigenwerte der Hesse-Matrix $\nabla^2 f(\mathbf{w})$. Dann ist es möglich, obere Grenzen für die Suboptimalität $f(\mathbf{w}^{(r)}) - \min_{\mathbf{w}} f(\mathbf{w})$ in Bezug auf die Anzahl der zur Erzielung von $\mathbf{w}^{(r)}$ verwendeten GD-Schritte abzuleiten. Diese oberen Grenzen ermöglichen es dann wiederum, die Anzahl der Iterationen so auszuwählen, dass die resultierende Suboptimalität unter einem vorgegebenen Schwellenwert liegt.

5.4 GD für lineare Regression

Lassen Sie uns nun GD verwenden, um einige der in Kap. 3 diskutierten ML-Methoden zu implementieren. Insbesondere wenden wir GD auf die lineare Regression an, wie in Abschn. 3.1 diskutiert, um einen praktischen ML-Algorithmus zu erhalten. Dieser Algorithmus lernt den Gewichtsvektor für eine lineare Hypothese (siehe (3.1))

$$h^{(\mathbf{w})}(\mathbf{x}) = \mathbf{w}^T \mathbf{x}. \tag{5.6}$$

Der Gewichtsvektor wird so gewählt, dass der durchschnittliche quadratische Fehlerverlust (2.8)

$$\widehat{L}(h^{(\mathbf{w})}|\mathcal{D}) \stackrel{(4.4)}{=} (1/m) \sum_{i=1}^{m} (y^{(i)} - \mathbf{w}^T \mathbf{x}^{(i)})^2, \tag{5.7}$$

minimiert wird, der vom Prädiktor $h^{(\mathbf{w})}(\mathbf{x})$ bei Anwendung auf den beschrifteten Datensatz $\mathcal{D} = \{(\mathbf{x}^{(i)}, y^{(i)})\}_{i=1}^{m}$ verursacht wird. Der optimale Gewichtsvektor $\widehat{\mathbf{w}}$ für (5.6) wird wie folgt charakterisiert

$$\widehat{\mathbf{w}} = \underset{\mathbf{w} \in \mathbb{R}^n}{\operatorname{argmin}} f(\mathbf{w}) \text{ with } f(\mathbf{w}) = (1/m) \sum_{i=1}^{m} \left(y^{(i)} - \mathbf{w}^T \mathbf{x}^{(i)}\right)^2. \tag{5.8}$$

Das Optimierungsproblem (5.8) ist ein Beispiel für das glatte Optimierungsproblem (5.2). Wir können daher GD (5.4) verwenden, um (5.8) zu lösen und den optimalen Gewichtsvektor $\widehat{\mathbf{w}}$ zu ermitteln. Um GD zu implementieren, müssen wir den Gradienten $\nabla f(\mathbf{w})$ berechnen.

Der Gradient der Zielfunktion in (5.8) wird gegeben durch

$$\nabla f(\mathbf{w}) = -(2/m) \sum_{i=1}^{m} \left(y^{(i)} - \mathbf{w}^T \mathbf{x}^{(i)}\right) \mathbf{x}^{(i)}. \tag{5.9}$$

Durch Einsetzen von (5.9) in die grundlegende GD-Iteration (5.4) erhalten wir Algorithmus 1.

Algorithm 1 "Linear Regression via GD"

Input: labeled dataset $\mathcal{D} = \{(\mathbf{x}^{(i)}, y^{(i)})\}_{i=1}^{m}$ containing feature vectors $\mathbf{x}^{(i)} \in \mathbb{R}^n$ and labels $y^{(i)} \in \mathbb{R}$; GD learning rate $\alpha > 0$.
Initialize: set $\mathbf{w}^{(0)} := \mathbf{0}$; set iteration counter $r := 0$
1: **repeat**
2: $r := r + 1$ (increase iteration counter)
3: $\mathbf{w}^{(r)} := \mathbf{w}^{(r-1)} + \alpha(2/m) \sum_{i=1}^{m} \left(y^{(i)} - \left(\mathbf{w}^{(r-1)}\right)^T \mathbf{x}^{(i)}\right) \mathbf{x}^{(i)}$ (do a GD step (5.4))
4: **until** stopping criterion met
Output: $\mathbf{w}^{(r)}$ (which approximates $\widehat{\mathbf{w}}$ in (5.8))

Werfen wir einen genaueren Blick auf das Update in Schritt 3 des Algorithmus 1, das ist

$$\mathbf{w}^{(r)} := \mathbf{w}^{(r-1)} + \alpha(2/m) \sum_{i=1}^{m} \left(y^{(i)} - \left(\mathbf{w}^{(r-1)}\right)^T \mathbf{x}^{(i)}\right) \mathbf{x}^{(i)}. \tag{5.10}$$

Das Update (5.10) hat eine ansprechende Form, da es darauf hinausläuft, die vorherige Vermutung (oder Annäherung) $\mathbf{w}^{(r-1)}$ für den optimalen Gewichtsvektor $\widehat{\mathbf{w}}$ durch den Korrekturterm

$$(2\alpha/m) \sum_{i=1}^{m} \underbrace{\left(y^{(i)} - \left(\mathbf{w}^{(r-1)}\right)^T \mathbf{x}^{(i)}\right)}_{e^{(i)}} \mathbf{x}^{(i)}. \tag{5.11}$$

zu korrigieren. Der Korrekturterm (5.11) ist ein gewichteter Durchschnitt der Merkmalsvektoren $\mathbf{x}^{(i)}$ unter Verwendung von Gewichten $(2\alpha/m) \cdot e^{(i)}$. Diese Gewichte bestehen aus dem globalen Faktor $(2\alpha/m)$ (der gleichmäßig auf alle Merkmalsvektoren $\mathbf{x}^{(i)}$ angewendet wird) und einem stichprobenspezifischen Faktor $e^{(i)} = (y^{(i)} - \left(\mathbf{w}^{(r-1)}\right)^T \mathbf{x}^{(i)})$, der den Vorhersagefehler (Annäherungsfehler) darstellt, der durch den linearen Prädiktor $h^{(\mathbf{w}^{(r-1)})}(\mathbf{x}^{(i)}) = \left(\mathbf{w}^{(r-1)}\right)^T \mathbf{x}^{(i)}$ beim Vorhersagen des Labels $y^{(i)}$ aus den Merkmalen $\mathbf{x}^{(i)}$ erzielt wird.

Wir können den GD-Schritt (5.10) als eine Instanz von „Lernen durch Versuch und Irrtum" interpretieren. Tatsächlich kommt der GD-Schritt darauf hinaus, zuerst den Prädiktor $h(\mathbf{x}^{(i)}) = \left(\mathbf{w}^{(r-1)}\right)^T \mathbf{x}^{(i)}$ „auszuprobieren" (Versuch). Die vorhergesagten Werte werden dann verwendet, um den Gewichtsvektor $\mathbf{w}^{(r-1)}$ entsprechend dem Fehler $e^{(i)} = y^{(i)} - \left(\mathbf{w}^{(r-1)}\right)^T \mathbf{x}^{(i)}$ zu korrigieren.

Die Wahl der Lernrate α für Algorithmus 1 kann auf der Bedingung (5.5) mit der Hesse-Matrix $\nabla^2 f(\mathbf{w})$ der Zielfunktion $f(\mathbf{w})$ der zugrunde liegenden linearen Regression basieren (siehe (5.8)). Diese Hesse-Matrix ist explizit gegeben als

$$\nabla^2 f(\mathbf{w}) = (1/m)\mathbf{X}^T \mathbf{X}, \tag{5.12}$$

mit der Merkmalsmatrix $\mathbf{X} = \left(\mathbf{x}^{(1)}, \ldots, \mathbf{x}^{(m)}\right)^T \in \mathbb{R}^{m \times n}$ (siehe (4.6)). Beachten Sie, dass die Hesse-Matrix (5.12) nicht vom Gewichtsvektor $\mathbf{w}$ abhängt.

Vergleicht man (5.12) mit (5.5), so ist eine bestimmte Strategie zur Wahl der Schrittgröße in Algorithmus 1, (i) das Matrixprodukt $\mathbf{X}^T \mathbf{X}$ zu berechnen, (ii) den maximalen Eigenwert $\lambda_{\max}\left((1/m)\mathbf{X}^T \mathbf{X}\right)$ dieses Produkts zu berechnen und (iii) die Schrittgröße auf $\alpha = 1/\lambda_{\max}\left((1/m)\mathbf{X}^T \mathbf{X}\right)$ festzulegen.

Während es herausfordernd sein könnte, den maximalen Eigenwert $\lambda_{\max}\left((1/m)\mathbf{X}^T \mathbf{X}\right)$ zu berechnen, könnte es einfacher sein, eine obere Grenze U dafür zu finden.[2] Angesichts einer solchen oberen Grenze $U \geq \lambda_{\max}\left((1/m)\mathbf{X}^T \mathbf{X}\right)$ gewährleistet die Schrittgröße $\alpha = 1/U$ immer noch die Konvergenz der GD-Iteration. Betrachten Sie einen Datensatz $\{(\mathbf{x}^{(i)}, y^{(i)})\}_{i=1}^{m}$ mit normalisierten Merkmalen, d.h., $\|\mathbf{x}^{(i)}\| = 1$ für alle $i = 1, \ldots, m$. Dann kann man durch elementare lineare Algebra die obere Grenze $U = 1$, d.h., $1 \geq \lambda_{\max}\left((1/m)\mathbf{X}^T \mathbf{X}\right)$ überprüfen. Wir können dann die Konvergenz der GD-Iterationen $\mathbf{w}^{(r)}$ (siehe (5.10)) durch die Wahl der Schrittgröße $\alpha = 1$ gewährleisten.

[2] Das Problem, eine vollständige Eigenwertzerlegung von $\mathbf{X}^T \mathbf{X}$ zu berechnen, hat im Wesentlichen die gleiche Komplexität wie die empirische Risikominimierung durch direktes Lösen von (4.11), was wir durch die Verwendung des „günstigeren" Algorithmus 1 vermeiden wollen.

Zeit-Daten-Tradeoffs. Die Anzahl der Iterationen, die Algorithmus 1 benötigt, um eine vorgegebene Suboptimalität zu gewährleisten, hängt entscheidend von der Konditionszahl von $\mathbf{X}^T\mathbf{X}$ ab. Was können wir über die Konditionszahl sagen? Im Allgemeinen haben wir keine Kontrolle über diese Größe, da die Matrix $\mathbf{X}$ aus den Merkmalsvektoren beliebiger Datenpunkte besteht. Es ist jedoch oft nützlich, die Merkmalsvektoren als Realisierungen von i.i.d. Zufallsvektoren zu modellieren. Dann ist es möglich, die Wahrscheinlichkeit zu begrenzen, dass die Merkmalsmatrix eine sehr kleine Konditionszahl hat. Diese Grenzen können dann verwendet werden, um die Schrittgröße so zu wählen, dass die Konvergenz mit ausreichend großer Wahrscheinlichkeit garantiert ist. Die Nützlichkeit dieser Grenzen hängt in der Regel von dem Verhältnis n/m ab. Bei steigender Stichprobengröße erlauben diese Grenzen die Verwendung größerer Schrittgrößen und führen dadurch zu einer schnelleren Konvergenz von GD. So erhalten wir einen Trade-off zwischen der Konvergenzzeit von GD und der Anzahl der Datenpunkte. Solche Zeit-Daten-Trade-offs wurden kürzlich für die lineare Regression mit bekannter Struktur des Gewichtsvektors [4] untersucht.

5.5 GD für die logistische Regression

Wie in Abschn. 3.6 diskutiert, lernt die logistische Regression eine lineare Hypothese $h^{(\widehat{\mathbf{w}})}$ durch Minimierung des durchschnittlichen logistischen Verlusts (3.15) für einen Datensatz $\mathcal{D} = \{(\mathbf{x}^{(i)}, y^{(i)})\}_{i=1}^{m}$, mit Merkmalen $\mathbf{x}^{(i)} \in \mathbb{R}^n$ und binären Labels $y^{(i)} \in \{-1, 1\}$. Dieses Minimierungsproblem ist ein Beispiel für das glatte Optimierungsproblem (5.2),

$$\begin{aligned} \widehat{\mathbf{w}} &= \operatorname*{argmin}_{\mathbf{w}\in\mathbb{R}^n} f(\mathbf{w}) \\ \text{mit} f(\mathbf{w}) &= (1/m) \sum_{i=1}^{m} \log(1+\exp(-y^{(i)}\mathbf{w}^T\mathbf{x}^{(i)})). \end{aligned} \tag{5.13}$$

Die Anwendung des Gradientenschritts (5.4) zur Lösung von (5.13) erfordert die Berechnung des Gradienten $\nabla f(\mathbf{w})$. Der Gradient der Zielfunktion in (5.13) ist

$$\nabla f(\mathbf{w}) = (1/m) \sum_{i=1}^{m} \frac{-y^{(i)}}{1 + \exp(y^{(i)}\mathbf{w}^T\mathbf{x}^{(i)})}\mathbf{x}^{(i)}. \tag{5.14}$$

Durch Einsetzen von (5.14) in die grundlegende GD-Iteration (5.4), erhalten wir Algorithmus 2.

Algorithm 2 "Logistic regression via GD"

Input: labeled dataset $\mathcal{D} = \{(\mathbf{x}^{(i)}, y^{(i)})\}_{i=1}^{m}$ containing feature vectors $\mathbf{x}^{(i)} \in \mathbb{R}^n$ and labels $y^{(i)} \in \mathbb{R}$; GD learning rate $\alpha > 0$.
Initialize:set $\mathbf{w}^{(0)} := \mathbf{0}$; set iteration counter $r := 0$
1: **repeat**
2: $r := r+1$ (increase iteration counter)
3: $\mathbf{w}^{(r)} := \mathbf{w}^{(r-1)} + \alpha(1/m)\sum_{i=1}^{m} \frac{y^{(i)}}{1+\exp\left(y^{(i)}\left(\mathbf{w}^{(r-1)}\right)^T \mathbf{x}^{(i)}\right)} \mathbf{x}^{(i)}$ (do a gradient descent step (5.4))
4: **until** stopping criterion met
Output: $\mathbf{w}^{(r)}$, which approximates a solution $\widehat{\mathbf{w}}$ of (5.13))

Werfen wir einen genaueren Blick auf das Update in Schritt () von Algorithmus 2. Dieser Schritt entspricht der Berechnung

$$\mathbf{w}^{(r)} := \mathbf{w}^{(r-1)} + \alpha(1/m)\sum_{i=1}^{m} \frac{y^{(i)}}{1+\exp\left(y^{(i)}\left(\mathbf{w}^{(r-1)}\right)^T \mathbf{x}^{(i)}\right)} \mathbf{x}^{(i)}. \tag{5.15}$$

Ähnlich wie der GD-Schritt (5.10) für die lineare Regression kann auch der Gradientenabstiegsschritt (5.15) für die logistische Regression als eine Implementierung des Versuch-und-Irrtum-Prinzips interpretiert werden. Tatsächlich korrigiert (5.15) die vorherige Vermutung (oder Annäherung) $\mathbf{w}^{(r-1)}$ für den optimalen Gewichtsvektor $\widehat{\mathbf{w}}$ durch den Korrekturterm

$$(\alpha/m)\sum_{i=1}^{m} \underbrace{\frac{y^{(i)}}{1+\exp(y^{(i)}\mathbf{w}^T\mathbf{x}^{(i)})}}_{e^{(i)}} \mathbf{x}^{(i)}. \tag{5.16}$$

Der Korrekturterm (5.16) ist ein gewichtetes Mittel der Merkmalsvektoren $\mathbf{x}^{(i)}$. Der Merkmalsvektor $\mathbf{x}^{(i)}$ wird durch den Faktor $(\alpha/m) \cdot e^{(i)}$ gewichtet. Diese Gewichtungsfaktoren sind ein Produkt des globalen Faktors (α/m), der gleichmäßig auf alle Merkmalsvektoren $\mathbf{x}^{(i)}$ angewendet wird. Der globale Faktor wird mit einem datenpunktspezifischen Faktor $e^{(i)} = \frac{y^{(i)}}{1+\exp(y^{(i)}\mathbf{w}^T\mathbf{x}^{(i)})}$ multipliziert, der den Fehler des Klassifikators $h^{(\mathbf{w}^{(r-1)})}(\mathbf{x}^{(i)}) = \left(\mathbf{w}^{(r-1)}\right)^T\mathbf{x}^{(i)}$ für einen einzelnen Datenpunkt mit wahrem Label $y^{(i)} \in \{-1, 1\}$ und Merkmalen $\mathbf{x}^{(i)} \in \mathbb{R}^n$ quantifiziert.

Wir können die hinreichende Bedingung (5.5) für die Konvergenz von GD verwenden, um die Wahl der Schrittgröße α in Algorithmus 2 zu leiten. Um die Bedingung (5.5) anzuwenden, müssen wir die Hesse-Matrix $\nabla^2 f(\mathbf{w})$ der Zielfunktion $f(\mathbf{w})$ der logistischen Regression bestimmen (siehe (5.13)). Einige grundlegende Berechnungen zeigen (siehe [5, Abschn. 4.4.])

$$\nabla^2 f(\mathbf{w}) = (1/m)\mathbf{X}^T\mathbf{D}\mathbf{X}. \tag{5.17}$$

Hier haben wir die Merkmalsmatrix $\mathbf{X} = \left(\mathbf{x}^{(1)}, \ldots, \mathbf{x}^{(m)}\right)^T \in \mathbb{R}^{m \times n}$ verwendet (siehe (4.6)) und die Diagonalmatrix $\mathbf{D} = \mathrm{diag}\{d_1, \ldots, d_m\} \in \mathbb{R}^{m \times m}$ mit Diagonalelementen

$$d_i = \frac{1}{1+\exp(-\mathbf{w}^T\mathbf{x}^{(i)})}\left(1 - \frac{1}{1+\exp(-\mathbf{w}^T\mathbf{x}^{(i)})}\right). \tag{5.18}$$

Wir betonen, dass im Gegensatz zur Hesse-Matrix (5.12) der Zielfunktion, die in der linearen Regression auftritt, die Hesse-Matrix (5.17) der logistischen Regression mit dem Gewichtsvektor $\mathbf{w}$ variiert. Dies macht die Analyse von Algorithmus 2 und die optimale Wahl der Schrittgröße α im Vergleich zu Algorithmus 1 schwieriger. Zumindest können wir die Konvergenz von (5.15) (zu einer Lösung von (5.13)) für die Schrittgröße $\alpha = 1$ sicherstellen, wenn wir Merkmalsvektoren so normalisieren, dass $\|\mathbf{x}^{(i)}\| = 1$. Dies folgt aus der Tatsache, dass die Diagonaleinträge (5.18) Werte im Intervall [0, 1] annehmen.

5.6 Daten-Normalisierung

Die Konvergenzgeschwindigkeit der GD-Schritte (5.4), d.h., die Anzahl der Schritte, die benötigt werden, um das Minimum der Zielfunktion (4.5) innerhalb einer vorgegebenen Genauigkeit zu erreichen, hängt entscheidend von der Konditionszahl $\kappa(\mathbf{X}^T\mathbf{X})$ ab. Diese Konditionszahl ist definiert als das Verhältnis

$$\kappa(\mathbf{X}^T\mathbf{X}) := \lambda_{\max}/\lambda_{\min} \tag{5.19}$$

zwischen dem größten und kleinsten Eigenwert der Matrix $\mathbf{X}^T\mathbf{X}$.

Die Konditionszahl ist nur dann gut definiert, wenn die Spalten der Merkmalsmatrix $\mathbf{X}$ (siehe (4.6)), die genau die Merkmalsvektoren $\mathbf{x}^{(i)}$ sind, linear unabhängig sind. In diesem Fall ist die Konditionszahl nach unten begrenzt als $\kappa(\mathbf{X}^T\mathbf{X}) \geq 1$.

Es kann gezeigt werden, dass die GD-Schritte (5.4) schneller konvergieren für kleinere Konditionszahlen $\kappa(\mathbf{X}^T\mathbf{X})$ [6]. Daher wird GD schneller sein für Datensätze mit einer Merkmalsmatrix $\mathbf{X}$ so dass $\kappa(\mathbf{X}^T\mathbf{X}) \approx 1$. Es ist daher oft vorteilhaft, die Merkmalsvektoren mit einem **Normalisierungs** (oder **Standardisierungs**) Verfahren vorzubearbeiten, wie es in Algorithmus 3 detailliert beschrieben ist.

Algorithm 3 "Data Normalization"

Input: labeled dataset $\mathcal{D} = \{(\mathbf{x}^{(i)}, y^{(i)})\}_{i=1}^{m}$

1: remove sample means $\widehat{\mathbf{x}} = (1/m)\sum_{i=1}^{m}\mathbf{x}^{(i)}$ from features, i.e.,

$$\mathbf{x}^{(i)} := \mathbf{x}^{(i)} - \widehat{\mathbf{x}} \text{ for } i = 1, \ldots, m$$

2: normalise features to have unit variance,

$$\hat{x}_j^{(i)} := x_j^{(i)}/\hat{\sigma} \text{ for } j = 1, \ldots, n \text{ and } i = 1, \ldots, m$$

with the empirical (sample) variance $\hat{\sigma}_j^2 = (1/m)\sum_{i=1}^{m}\left(x_j^{(i)}\right)^2$

Output: normalized feature vectors $\{\hat{\mathbf{x}}^{(i)}\}_{i=1}^{m}$

Algorithmus 3 transformiert die ursprünglichen Merkmalsvektoren $\mathbf{x}^{(i)}$ in neue Merkmalsvektoren $\widehat{\mathbf{x}}^{(i)}$ so dass die neue Merkmalsmatrix $\widehat{\mathbf{X}} = (\widehat{\mathbf{x}}^{(1)}, \ldots, \widehat{\mathbf{x}}^{(m)})^T$ besser konditioniert ist als die ursprüngliche Merkmalsmatrix, d.h., $\kappa(\widehat{\mathbf{X}}^T \widehat{\mathbf{X}}) < \kappa(\mathbf{X}^T \mathbf{X})$.

5.7 Stochastisches GD

Betrachten Sie die GD-Schritte (5.4) zur Minimierung des empirischen Risikos (5.1). Der Gradient $\nabla f(\mathbf{w})$ der Zielfunktion (5.1) hat eine bestimmte Struktur. Tatsächlich ist dieser Gradient eine Summe

$$\nabla f(\mathbf{w}) = (1/m) \sum_{i=1}^{m} \nabla f_i(\mathbf{w}) \text{ with} f_i(\mathbf{w}) := L((\mathbf{x}^{(i)}, y^{(i)}), h^{(\mathbf{w})}). \tag{5.20}$$

Jede Komponente der Summe (5.20) entspricht einem bestimmten Datenpunkt $(\mathbf{x}^{(i)}, y^{(i)})$, für $i = 1, \ldots, m$. Wir müssen eine Summe der Form (5.20) für jeden neuen GD-Schritt (5.4) berechnen.

Die Berechnung der Summe in (5.20) kann aus mindestens zwei Gründen rechnerisch herausfordernd sein. Erstens ist die Berechnung der Summe für sehr große Datensätze mit m in der Größenordnung von Milliarden herausfordernd. Zweitens würde die Summierung für Datensätze, die in verschiedenen Datenzentren auf der ganzen Welt gespeichert sind, eine enorme Menge an Netzwerkressourcen erfordern. Darüber hinaus begrenzt die endliche Übertragungsrate von Kommunikationsnetzwerken die Rate, mit der die GD-Schritte (5.4) ausgeführt werden können.

Die Idee von stochastischem Gradientenabstieg (SGD) besteht darin, den exakten Gradienten $\nabla f(\mathbf{w})$ (5.20) durch eine Näherung zu ersetzen, die einfacher zu berechnen ist als eine direkte Auswertung von (5.20). Das Wort „stochastisch" im Namen stochastischer GD deutet bereits auf die Verwendung einer stochastischen Näherung $g(\mathbf{w}) \approx \nabla f(\mathbf{w})$ hin. Es stellt sich heraus, dass die Verwendung einer Gradientennäherung $g(\mathbf{w})$ zu erheblichen Einsparungen bei der Rechenkomplexität führen kann, während nur eine geringfügige Verschlechterung der Gesamtoptimierungsgenauigkeit in Kauf genommen wird. Die Optimierungsgenauigkeit (Abstand zum Minimum von $f(\mathbf{w})$) hängt entscheidend vom Näherungsfehler oder „Gradientenrauschen"

$$\varepsilon := \nabla f(\mathbf{w}) - g(\mathbf{w}). \tag{5.21}$$

ab. Der elementare Schritt jeder stochastischen GD-Methode ergibt sich aus dem Gradientenabstiegsschritt (5.4) durch Ersetzen des exakten Gradienten $\nabla f(\mathbf{w})$ durch seine Näherung $g(\mathbf{w})$,

$$\mathbf{w}^{(r+1)} = \mathbf{w}^{(r)} - \alpha_r g\big(\mathbf{w}^{(r)}\big), \tag{5.22}$$

Wie die Notation in (5.22) zeigt, verwenden stochastische Gradientenabstiegsmethoden eine Lernrate α_r, die zwischen verschiedenen Iterationen variiert.

Um eine schädliche Anhäufung des Gradientenrauschens (5.21) während der stochastischen Gradientenabstiegsupdates (5.22) zu vermeiden, verringern viele stochastische Gradientenabstiegsmethoden die Lernrate α im Verlauf der Iterationen. Die Sequenz α_r der Lernrate wird als Lernratenplan bezeichnet [1, Kap. 8]. Eine mögliche Wahl für den Lernratenplan ist $\alpha_r := 1/r$ [7]. Übung 5.2 diskutiert Bedingungen für den Lernratenplan, die die Konvergenz der Updates des stochastischen Gradientenabstiegs zum Minimum von $f(w)$ garantieren.

Der ungefähre („rauschende“) Gradient $g(\mathbf{w})$ kann durch verschiedene Randomisierungsstrategien erzielt werden. Die grundlegendste Form des stochastischen Gradientenabstiegs konstruiert die Gradientenapproximation g unter Verwendung einer zufällig ausgewählten Komponente $\nabla f_{\hat{i}}(\mathbf{w})$ in (5.20). Der Index $\hat{i}$ wird zufällig aus der Menge $\{1, \ldots, m\}$ ausgewählt. Die resultierende stochastische Gradientenabstiegsmethode wiederholt dann das Update

$$\mathbf{w}^{(r+1)} = \mathbf{w}^{(r)} - \alpha \nabla f_{\hat{i}_r}(\mathbf{w}^{(r)}), \tag{5.23}$$

ausreichend oft. Jedes Update (5.23) verwendet einen frisch zufällig ausgewählten Index $\hat{i}_r$, d.h., die Indizes $\hat{i}_r$, die in verschiedenen Iterationen verwendet werden, sind statistisch unabhängig.

Beachten Sie, dass (5.23) die Summierung über alle Trainingsdatenpunkte im Gradientenabstiegsschritt (5.4) durch die zufällige Auswahl einer einzelnen Komponente der Summe ersetzt. Die daraus resultierende Einsparung an Rechenkomplexität kann in Anwendungen, bei denen eine große Anzahl von Datenpunkten verteilt gespeichert ist, erheblich sein. Diese Einsparung an Rechenkomplexität geht jedoch auf Kosten der Einführung eines nicht-null Gradientenrauschens

$$\begin{aligned} \varepsilon_r &\overset{(5.21)}{=} \nabla f(\mathbf{w}^{(r)}) - g\big(\mathbf{w}^{(r)}\big) \\ &= \nabla f(\mathbf{w}^{(r)}) - \nabla f_{\hat{i}_r}(\mathbf{w}). \end{aligned} \tag{5.24}$$

Mini-Batch stochastischer Gradientenabstieg. Lassen Sie uns nun eine Variante des stochastischen Gradientenabstiegs diskutieren, die darauf abzielt, den Approximationsfehler (Gradientenrauschen) (5.24) zu reduzieren, der während des grundlegenden stochastischen Gradientenabstiegsupdates (5.23) auftritt. Die Idee besteht darin, mehr als eine zufällig ausgewählte Komponente $\nabla f_i(\mathbf{w})$ (siehe (5.20)) zur Konstruktion einer Gradientenapproximation zu verwenden. Insbesondere wählen wir bei gegebener Batch-Größe B zufällig eine Teilmenge $\mathcal{B} = \{i_1, \ldots, i_B\}$ (ein „Batch“) aus, die zur Konstruktion der Gradientenapproximation verwendet wird

$$g\big(\mathbf{w}\big) = (1/B) \sum_{i' \in \mathcal{B}} \nabla f_{i'}(\mathbf{w}). \tag{5.25}$$

Algorithmus 4 fasst den Mini-Batch stochastischen Gradientenabstieg zusammen, der die Gradientenapproximation (5.25) im generischen stochastischen Gradientenabstiegsupdate (5.22) verwendet.

Algorithm 4 Mini-Batch stochastic gradient descent

Input: components $f_i(\mathbf{w})$, for $i = 1, \ldots, m$ of objective function $f(\mathbf{w}) = \sum_{i=1}^{m} f_i(\mathbf{w})$; batch size B; learning rate schedule $\alpha_r > 0$.
Initialize: set $\mathbf{w}^{(0)} := \mathbf{0}$; set iteration counter $r := 0$
1: **repeat**
2: randomly select a batch $\mathcal{B} = \{i_1, \ldots, i_B\} \subseteq \{1, \ldots, m\}$ of indices that select a subset of components f_i
3: compute an approximate gradient $g(\mathbf{w}^{(r)})$ using (5.25)
4: $r := r + 1$ (increase iteration counter)
5: $\mathbf{w}^{(r)} := \mathbf{w}^{(r-1)} - \alpha_r g(\mathbf{w}^{(r-1)})$
6: **until** stopping criterion met
Output: $\mathbf{w}^{(r)}$ (which approximates $\text{argmin}_{\mathbf{w} \in \mathbb{R}^n} f(\mathbf{w})$))

Beachten Sie, dass Algorithmus 4 die grundlegende Variante des stochastischen Gradientenabstiegs (5.23) als speziellen Fall einschließt, wenn die Batch-Größe $B = 1$ verwendet wird. Ein weiterer spezieller Fall von Algorithmus 4 ist der Gradientenabstieg (5.4), der für die Batch-Größe $B = m$ erzielt wird.

Online-Lernen mit stochastischem Gradientenabstieg. Die grundlegende Iteration des stochastischen Gradientenabstiegs (5.26) geht davon aus, dass die Trainingsdaten bereits gesammelt wurden, aber so groß sind, dass die Summe in (5.20) rechnerisch nicht durchführbar ist. Eine weitere Variante des stochastischen Gradientenabstiegs wird für sequenzielle (Zeitreihen-) Daten erzielt. Betrachten Sie insbesondere Datenpunkte, die sequenziell gesammelt werden, ein neuer Datenpunkt $(\mathbf{x}^{(t)}, y^{(t)})$ zu jedem Zeitpunkt $t = 1, 2, \ldots$. Für solche sequenziellen Daten können wir eine geringfügige Modifikation des stochastischen Gradientenabstiegsupdates (5.22) verwenden, um eine Methode für das Online-Lernen zu erhalten (siehe Abschn. 4.7). Dieser Online-stochastische Gradientenabstiegsalgorithmus berechnet zu jedem Zeitpunkt t,

$$\mathbf{w}^{(t+1)} := \mathbf{w}^{(t)} - \alpha_t \nabla f_{t+1}(\mathbf{w}^{(t)}). \tag{5.26}$$

5.8 Übungen

Übung 5.1 (Wissen über Problemklasse nutzen) Betrachten Sie den Raum $\mathcal{P}$ der Sequenzen $f = (f[0], f[1], \ldots)$, die folgende Eigenschaften haben

- sie sind monoton steigend, $f[r'] \geq f[r]$ für jedes $r' \geq r$ und $f \in \mathcal{P}$
- ein Wechselpunkt r, wo $f[r] \neq f[r+1]$ nur bei ganzzahligen Vielfachen von 100 liegen kann, z. B., $r = 100$ oder $r = 300$.

Gegeben eine unbekannte Funktion $f \in \mathcal{P}$ und einen Startpunkt r_0 besteht das Problem darin, den minimalen Wert von f so schnell wie möglich zu finden. Wir betrachten iterative Algorithmen, die die Funktion an einem Punkt r abfragen können, um die Werte $f[r], f[r-1]$ und $f[r+1]$ zu erhalten.

Übung 5.2 (Lernrate-Zeitplan für stochastisches Gradientenabstiegsverfahren) Lassen Sie uns eine lineare Hypothese $h(\mathbf{x}) = \mathbf{w}^T\mathbf{x}$ mit Datenpunkten lernen, die sequenziell zu diskreten Zeitpunkten $t = 0, 1, \ldots$ eintreffen. Zum Zeitpunkt t sammeln wir einen neuen Datenpunkt $\left(\mathbf{x}^{(r)}, y^{(r)}\right)$. Die Datenpunkte können als Realisierungen von i.i.d. Kopien eines zufälligen Datenpunkts $\left(\mathbf{x}, y\right)$ modelliert werden. Die Wahrscheinlichkeitsverteilung der Merkmale $\mathbf{x}$ ist eine Standard-Multivariate-Normalverteilung $\mathcal{N}(\mathbf{0}, \mathbf{I})$. Das Label eines zufälligen Datenpunkts steht in Beziehung zu seinen Merkmalen über $y = \overline{\mathbf{w}}^T\mathbf{x} + \varepsilon$ mit einem festen, aber unbekannten „wahren" Gewichtsvektor $\overline{\mathbf{w}}$. Das additive Rauschen $\varepsilon \sim \mathcal{N}(0, 1)$ folgt einer Standardnormalverteilung. Wir verwenden stochastisches Gradientenabstiegsverfahren, um den Gewichtsvektor $\mathbf{w}$ einer linearen Hypothese zu lernen,

$$\mathbf{w}^{(t+1)} = \mathbf{w}^{(t)} - \alpha_t\left(\left(\mathbf{w}^{(t)}\right)^T\mathbf{x}^{(t)} - y^{(t)}\right)\mathbf{x}^{(t)}. \tag{5.27}$$

mit Lernrate-Zeitplan $\alpha_t = \beta/t^\gamma$. Beachten Sie, dass wir eine Iteration des stochastischen Gradientenabstiegsverfahrens (5.27) für jeden neuen Zeitschritt t berechnen. Welche Bedingungen an die Hyperparameter β, γ stellen sicher, dass $\lim_{t\to\infty} \mathbf{w}^{(t)} = \overline{\mathbf{w}}$ in der Verteilung liegt?

Übung 5.3 (ImageNet.) Die Datenbank „ImageNet" enthält mehr als 10^6 Bilder [8]. Diese Bilder sind nach ihrem Inhalt gekennzeichnet (z. B., zeigt das Bild einen Hund?). Nehmen wir an, dass jedes Bild als Datei von mindestens 4 Kilobyte gespeichert ist. Wir möchten einen Klassifikator lernen, der vorhersagen kann, ob ein Bild einen Hund zeigt oder nicht. Um diesen Klassifikator zu lernen, führen wir den Gradientenabstieg für die logistische Regression auf einem kleinen Computer durch, der über 32 Kilobyte Speicher verfügt und mit einer Bandbreite von 1 Mbit/s mit dem Internet verbunden ist. Daher muss er für jedes einzelne Update des Gradientenabstiegs (5.4) im Grunde alle Bilder in ImageNet herunterladen. Wie lange würde ein solches einzelnes Update des Gradientenabstiegs dauern?

Übung 5.4 (Apfel oder kein Apfel?) Betrachten Sie Datenpunkte, die Bilder repräsentieren. Jedes Bild wird durch die RGB-Werte (Wertebereich $0, \ldots, 255$) von 1024×1024 Pixeln charakterisiert, die wir zu einem Merkmalsvektor $\mathbf{x} \in \mathbb{R}^n$ stapeln. Wir weisen jedem Bild das Label $y = 1$ zu, wenn es einen Apfel zeigt und $y = -1$, wenn es keinen Apfel zeigt.

Wir verwenden die logistische Regression, um eine lineare Hypothese $h(\mathbf{x}) = \mathbf{w}^T\mathbf{x}$ zum Klassifizieren eines Bildes gemäß $\hat{y} = 1$ zu lernen, wenn $h(\mathbf{x}) \geq 0$. Wir verwenden einen Trainingssatz von $m = 10^{10}$ beschrifteten Bildern, die in der Cloud gespeichert sind. Wir implementieren die ML-Methode auf unserem eigenen Laptop, der mit einer Rate von höchstens 100 Mbps mit dem Internet verbunden ist. Leider speichern wir höchstens fünf Bilder auf unserem

Computer. Wie lange dauert mindestens ein einzelner Schritt des Gradientenabstiegs?

Übung 5.5 (Feature-Normalisierung zur Beschleunigung des Gradientenabstiegs) Betrachten Sie den Datensatz mit Merkmalsvektoren $\mathbf{x}^{(1)} = (100, 0)^T \in \mathbb{R}^2$ und $\mathbf{x}^{(2)} = (0, 1/10)^T$, die wir in die Matrix $\mathbf{X} = (\mathbf{x}^{(1)}, \mathbf{x}^{(2)})^T$ stapeln. Was ist die Konditionszahl von $\mathbf{X}^T\mathbf{X}$? Was ist die Konditionszahl von $\left(\widehat{\mathbf{X}}\right)^T\widehat{\mathbf{X}}$ mit der Matrix $\widehat{\mathbf{X}} = (\widehat{\mathbf{x}}^{(1)}, \widehat{\mathbf{x}}^{(2)})^T$, die aus den normalisierten Merkmalsvektoren $\widehat{\mathbf{x}}^{(i)}$ erstellt wurde, die von Algorithmus 3 geliefert werden?

Literatur

1. I. Goodfellow, Y. Bengio, A. Courville, *Deep Learning* (MIT Press, Cambridge, 2016)
2. W. Rudin, *Principles of Mathematical Analysis*, 3. Aufl. (McGraw-Hill, New York, 1976)
3. Y. Nesterov, *Introductory lectures on convex optimization*, Applied Optimization, Bd. 87. (Kluwer Academic Publishers, Boston, MA, 2004)
4. S. Oymak, B. Recht, M. Soltanolkotabi, Sharp time-data tradeoffs for linear inverse problems. IEEE Trans. Inf. Theory **64**(6), 4129–4158 (2018). (June)
5. T. Hastie, R. Tibshirani, J. Friedman, *The Elements of Statistical Learning* Springer Series in Statistics. (Springer, New York, 2001)
6. A. Jung, A fixed-point of view on gradient methods for big data. Frontiers in Applied Mathematics and Statistics **3**, 1–11 (2017)
7. N. Murata, A statistical study on on-line learning, in *On-line Learning in Neural Networks*. Hrsg. by D. Saad (Cambridge University Press, New York, 1998), S. 63–92
8. A. Krizhevsky, I. Sutskever, G. Hinton, Imagenet classification with deep convolutional neural network, in *Neural Information Processing Systems* (NIPS, 2012)

Kapitel 6
Modellvalidierung und -auswahl

Kap. 4 diskutierte ERM als einen prinzipiellen Ansatz zum Erlernen einer guten Hypothese aus einem Hypothesenraum oder Modell. ERM-basierte Methoden lernen eine Hypothese $\hat{h} \in \mathcal{H}$, die einen minimalen durchschnittlichen Verlust bei einigen beschrifteten Datenpunkten verursacht, die als **Trainingsset** dienen.[1] Wir bezeichnen den durchschnittlichen Verlust, den eine Hypothese im Trainingsset verursacht, als Trainingsfehler. Der minimale durchschnittliche Verlust, der von einer Hypothese erreicht wird, die das ERM löst, könnte als Trainingsfehler der gesamten ML-Methode bezeichnet werden.

ERM macht nur Sinn, wenn der Trainingsfehler einer Hypothese ein guter Indikator für ihren Verlust bei Datenpunkten außerhalb des Trainingssets ist. Ob der Trainingsfehler einer Hypothese ein zuverlässiger Indikator für ihre Leistung außerhalb des Trainingssets ist, hängt von den statistischen Eigenschaften der Datenpunkte und vom Hypothesenraum ab, der von der ML-Methode verwendet wird.

ML-Methoden verwenden oft Hypothesenräume mit einer großen effektiven Dimension (siehe Abschn. 2.2). Als Beispiel betrachten Sie die lineare Regression (siehe Abschn. 3.1) mit Datenpunkten, die eine große Anzahl n von Merkmalen haben. Die effektive Dimension des linearen Hypothesenraums (3.1), der von der linearen Regression verwendet wird, entspricht der Anzahl n der Merkmale. Moderne Technologie ermöglicht es, eine riesige Anzahl von Merkmalen über einzelne Datenpunkte zu sammeln, was wiederum bedeutet, dass die effektive Dimension von (3.1) riesig ist. Ein weiteres Beispiel für hochdimensionale Hypothesenräume sind Deep-Learning-Methoden, deren Hypothesenräume durch alle Abbildungen repräsentiert werden, die durch ein künstliches neuronales Netzwerk mit Milliarden von einstellbaren Gewichten dargestellt werden.

Ein hochdimensionaler Hypothesenraum enthält sehr wahrscheinlich eine Hypothese, die jedes gegebene Trainingsset perfekt anpasst. Eine solche Hypothese erreicht einen sehr kleinen Trainingsfehler, könnte aber einen großen Verlust verursachen, wenn sie die Labels von Datenpunkten außerhalb der Trainingsdaten

[1] In der Statistik wird das Trainingsset auch als Stichprobe bezeichnet.

A. Jung, *Maschinelles Lernen*, https://doi.org/10.1007/978-981-99-7972-1_6

vorhersagt. Der (minimale) Trainingsfehler, der von einer durch ERM gelernten Hypothese erreicht wird, kann sehr irreführend sein. Wir sagen, dass eine ML-Methode, wie die lineare Regression mit zu vielen Merkmalen, das Trainingsset überanpasst, wenn sie eine Hypothese lernt (z.B. über ERM), die einen kleinen Trainingsfehler hat, aber einen viel größeren Verlust außerhalb des Trainingssets verursacht.

Abschn. 6.1 zeigt, warum die lineare Regression höchstwahrscheinlich das Trainingsset überanpasst, sobald die Anzahl der Merkmale eines Datenpunkts die Größe des Trainingssets übersteigt. Abschn. 6.2 demonstriert, wie man eine gelernte Hypothese **validiert,** indem man ihren durchschnittlichen Verlust bei Datenpunkten berechnet, die sich vom Trainingsset unterscheiden. Die Datenpunkte, die zur Validierung der Hypothese verwendet werden, werden als **Validierungsset** bezeichnet. Wenn eine ML-Methode das Trainingsset überanpasst, wird sie eine Hypothese lernen, deren Trainingsfehler viel kleiner ist als der Validierungsfehler. Daher können wir feststellen, ob eine ML-Methode überanpasst, indem wir ihre Trainings- und Validierungsfehler vergleichen (siehe Abb. 6.1).

Wir können den Validierungsfehler nicht nur verwenden, um festzustellen, ob eine ML-Methode überanpasst. Der Validierungsfehler kann auch als Qualitätsmaß für einen gesamten Hypothesenraum oder ein Modell verwendet werden. Dies ist analog zum Konzept einer Verlustfunktion, die es uns ermöglicht, die Qualität einer Hypothese $h \in \mathcal{H}$ zu bewerten. Abschn. 6.3 zeigt, wie man die Modellauswahl auf der Grundlage des Vergleichs der Validierungsfehler, die für verschiedene Kandidatenmodelle (Hypothesenräume) erzielt wurden, durchführt.

Abschn. 6.4 verwendet ein einfaches probabilistisches Modell für die Daten, um die Beziehung zwischen Trainingsfehler und dem erwarteten Verlust oder Risiko einer Hypothese zu untersuchen. Die Analyse des probabilistischen Modells offenbart das Zusammenspiel zwischen den Daten, dem Hypothesenraum und dem resultierenden Trainings- und Validierungsfehler einer ML-Methode.

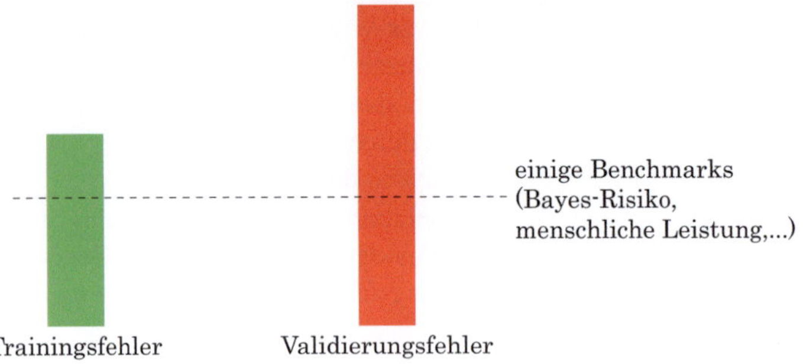

Abb. 6.1 Zur Diagnose von ML-Methoden vergleichen wir den Trainings- mit dem Validierungsfehler. Idealerweise liegen beide Fehler auf dem gleichen Niveau wie das Basisniveau (falls bekannt)

Abschn. 6.5 stellt die **Bootstrap**-Methode als eine simulationsbasierte Alternative zur Analyse von Abschn. 6.4 vor. Während Abschn. 6.4 eine bestimmte Wahrscheinlichkeitsverteilung von Datenpunkten annimmt, erfordert die Bootstrap-Methode nicht die Angabe einer Wahrscheinlichkeitsverteilung, die den Daten zugrunde liegt. Die Bootstrap-Methode ermöglicht es uns, statistische Schwankungen im Lernprozess zu analysieren, die durch die Verwendung verschiedener Trainingssets entstehen.

Wie in Abb. 6.1 angegeben, könnten wir für einige ML-Anwendungen eine Baseline-Ebene (oder Benchmark) für die erreichbare Leistung von ML-Methoden haben. Eine solche Baseline könnte aus bestehenden ML-Methoden, menschlichen Leistungsniveaus oder aus einem probabilistischen Modell (siehe Abschn. 6.4) gewonnen werden. Abschn. 6.6 beschreibt, wie der Vergleich zwischen Trainings- und Validierungsfehler mit einem Benchmark-Fehlerlevel mögliche Verbesserungen der ML-Methode informiert. Diese Verbesserungen könnten durch das Sammeln von mehr Datenpunkten, die Verwendung von mehr Merkmalen von Datenpunkten oder durch die Änderung des Modells (Hypothesenraum) erzielt werden.

Das Vorhandensein einer Baseline-Ebene ermöglicht es uns auch zu beurteilen, ob eine ML-Methode bereits zufriedenstellende Ergebnisse liefert. Wenn der Trainings- und Validierungsfehler einer ML-Methode auf dem gleichen Niveau wie der Fehler des theoretisch optimalen Bayes-Schätzers liegt, besteht wenig Sinn darin, die ML-Methode zu modifizieren, da sie bereits (nahezu) optimal funktioniert.

6.1 Überanpassung

Wir werfen nun einen genaueren Blick auf das Auftreten von Überanpassung bei der linearen Regression, die eine der in Abschn. 3.1 diskutierten ML-Methoden ist. Lineare Regressionsmethoden lernen eine lineare Hypothese $h(\mathbf{x}) = \mathbf{w}^T\mathbf{x}$, die durch den Gewichtsvektor $\mathbf{w} \in \mathbb{R}^n$ parametrisiert ist. Die gelernte Hypothese wird dann verwendet, um das numerische Label $y \in \mathbb{R}$ eines Datenpunkts basierend auf seinem Merkmalsvektor $\mathbf{x} \in \mathbb{R}^n$ vorherzusagen.

Die lineare Regression zielt darauf ab, einen Gewichtsvektor $\widehat{\mathbf{w}}$ mit minimalem durchschnittlichen quadratischen Fehlerverlust auf einem Trainingssatz

$$\mathcal{D} = \left\{ \left(\mathbf{x}^{(1)}, y^{(1)}\right), \ldots, \left(\mathbf{x}^{(m)}, y^{(m)}\right) \right\}.$$

zu finden. Der Trainingssatz besteht aus m Datenpunkten $\left(\mathbf{x}^{(i)}, y^{(i)}\right)$, für $i = 1, \ldots, m$, mit bekannten Labelwerten $y^{(i)}$. Wir stapeln die Merkmalsvektoren $\mathbf{x}^{(i)}$ und Labels $y^{(i)}$ der Trainingsdaten in die Merkmalsmatrix $\mathbf{X} = (\mathbf{x}^{(1)}, \ldots, \mathbf{x}^{(m)})^T$ und den Labelvektor $\mathbf{y} = (y^{(1)}, \ldots, y^{(m)})^T$.

Das ERM (4.13) der linearen Regression wird durch einen beliebigen Gewichtsvektor $\widehat{\mathbf{w}}$ gelöst, der (4.11) löst. Der (minimale) Trainingsfehler der Hypothese $h^{(\widehat{\mathbf{w}})}$ wird als

$$\begin{aligned}\widehat{L}(h^{(\widehat{\mathbf{w}})} \mid \mathcal{D}) &\overset{(4.4)}{=} \min_{\mathbf{w} \in \mathbb{R}^n} \widehat{L}(h^{(\mathbf{w})} | \mathcal{D}) \\ &\overset{(4.13)}{=} \|(\mathbf{I} - \mathbf{P})\mathbf{y}\|^2.\end{aligned} \tag{6.1}$$

Hier haben wir die orthogonale Projektionsmatrix $\mathbf{P}$ auf den linearen Spann

$$\text{span}\{\mathbf{X}\} = \left\{\mathbf{X}\mathbf{a} : \mathbf{a} \in \mathbb{R}^n\right\} \subseteq \mathbb{R}^m,$$

der Merkmalsmatrix $\mathbf{X} = (\mathbf{x}^{(1)}, \ldots, \mathbf{x}^{(m)})^T \in \mathbb{R}^{m \times n}$ verwendet.

In vielen ML-Anwendungen haben wir Zugang zu einer riesigen Anzahl von individuellen Merkmalen, um einen Datenpunkt zu charakterisieren. Als Beispiel betrachten Sie einen Datenpunkt, der ein Schnappschuss von einer modernen Smartphone-Kamera ist. Diese Kameras haben eine Auflösung von mehreren Megapixeln. Hier können wir Millionen von Pixel-Farbstärken als seine Merkmale verwenden. Für solche Anwendungen ist es üblich, mehr Merkmale für Datenpunkte zu haben als die Größe des Trainingssets,

$$n \geq m. \tag{6.2}$$

Immer wenn (6.2) gilt, sind die Merkmalsvektoren $\mathbf{x}^{(1)}, \ldots, \mathbf{x}^{(m)} \in \mathbb{R}^n$ der Datenpunkte in $\mathcal{D}$ typischerweise linear unabhängig. Als Beispiel, wenn die Merkmalsvektoren $\mathbf{x}^{(1)}, \ldots, \mathbf{x}^{(m)} \in \mathbb{R}^n$ Realisierungen von i.i.d. Zufallsvariablen mit einer kontinuierlichen Wahrscheinlichkeitsverteilung sind, sind diese Vektoren mit Wahrscheinlichkeit eins linear unabhängig [1].

Wenn die Merkmalsvektoren $\mathbf{x}^{(1)}, \ldots, \mathbf{x}^{(m)} \in \mathbb{R}^n$ linear unabhängig sind, stimmt die Spannweite der Merkmalsmatrix $\mathbf{X} = (\mathbf{x}^{(1)}, \ldots, \mathbf{x}^{(m)})^T$ mit $\mathbb{R}^m$ überein, was wiederum $\mathbf{P} = \mathbf{I}$ impliziert. Die Einfügung von $\mathbf{P} = \mathbf{I}$ in (4.13) ergibt

$$\widehat{L}(h^{(\widehat{\mathbf{w}})} \mid \mathcal{D}) = 0. \tag{6.3}$$

Sobald die Anzahl $m = |\mathcal{D}|$ der Trainingsdatenpunkte die Anzahl n der Merkmale, die Datenpunkte charakterisieren, nicht übersteigt, gibt es (mit Wahrscheinlichkeit eins) einen linearen Prädiktor $h^{(\widehat{\mathbf{w}})}$, der einen Null-Trainingsfehler erzielt(!).

Während die Hypothese $h^{(\widehat{\mathbf{w}})}$ einen Null-Trainingsfehler erzielt, wird sie typischerweise einen nicht-null durchschnittlichen Vorhersagefehler $y - h^{(\widehat{\mathbf{w}})}(\mathbf{x})$ bei Datenpunkten $(\mathbf{x}, y)$ außerhalb des Trainingssets verursachen (siehe Abb. 6.2). Abschn. 6.4 wird diese Aussage durch die Verwendung eines probabilistischen Modells für die Datenpunkte innerhalb und außerhalb des Trainingssets präziser machen.

Beachten Sie, dass (6.3) auch gilt, wenn die Merkmale $\mathbf{x}$ und Labels y von Datenpunkten völlig unabhängig sind. Betrachten Sie ein ML-Problem mit Datenpunkten, deren Labels y und Merkmale Realisierungen einer statistisch

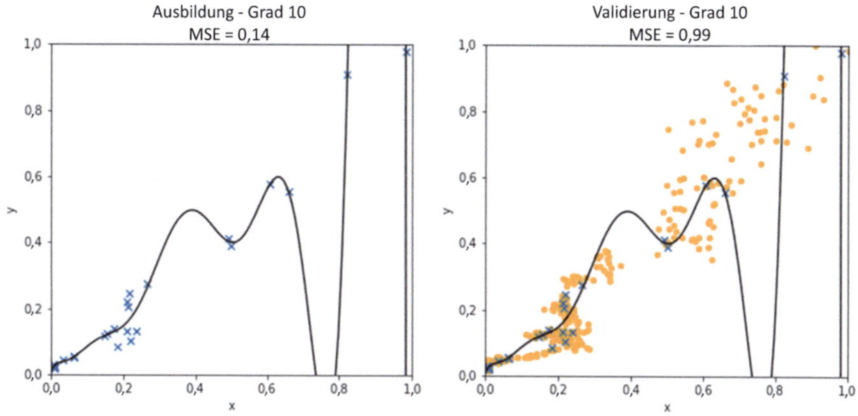

Abb. 6.2 Die Polynomregression lernt eine polynomiale Abbildung mit Grad $n-1$ durch Minimierung ihres durchschnittlichen Verlusts auf einem Trainingssatz (blaue Kreuze). Die Verwendung von Polynomen hohen Grades (großes n) führt zu einem kleinen Trainingsfehler. Das gelernte Polynom hohen Grades jedoch leistet schlechte Arbeit bei Datenpunkten außerhalb des Trainingssatzes (orangefarbene Punkte)

unabhängigen Zufallsvariable sind. Daher enthalten die Merkmale $\mathbf{x}$ in einem sehr starken Sinne keine Informationen über das Label eines Datenpunkts. Dennoch wird die lineare Regression, sobald die Anzahl der Merkmale die Größe des Trainingssets übersteigt, so dass (6.2) gilt, eine Hypothese mit Null-Trainingsfehler lernen.

Wir können die obige Diskussion über das Auftreten von Overfitting in der linearen Regression problemlos auf andere Methoden ausdehnen, die lineare Regression mit einer Merkmalskarte kombinieren. Die Polynomregression, die Datenpunkte mit einem einzigen Merkmal z verwendet, kombiniert lineare Regression mit der Merkmalskarte $z \mapsto \mathbf{\Phi}(z) := \left(z^0, \ldots, z^{n-1}\right)^T$ wie in Abschn. 3.2 diskutiert.

Es kann gezeigt werden, dass immer wenn (6.2) gilt und die Merkmale $z^{(1)}, \ldots, z^{(m)}$ der Trainingsdaten alle unterschiedlich sind, die Merkmalsvektoren $\mathbf{x}^{(1)} := \mathbf{\Phi}\left(z^{(1)}\right), \ldots, \mathbf{x}^{(m)} := \mathbf{\Phi}\left(z^{(m)}\right)$ linear unabhängig sind. Dies impliziert wiederum, dass die Polynomregression garantiert eine Hypothese mit null Trainingsfehler findet, wann immer $m \leq n$ und die Datenpunkte im Trainingssatz unterschiedliche Merkmalswerte haben.

6.2 Validierung

Betrachten Sie eine ML-Methode, die ERM (4.3) verwendet, um eine Hypothese $\hat{h} \in \mathcal{H}$ aus dem Hypothesenraum $\mathcal{H}$ zu lernen. Die Diskussion in Abschn. 6.1 hat gezeigt, dass der Trainingsfehler einer gelernten Hypothese $\hat{h}$ ein schlechter

Indikator für die Leistung von $\hat{h}$ für Datenpunkte außerhalb des Trainingssatzes sein kann. Die Hypothese $\hat{h}$ neigt dazu, „besser" auf dem Trainingssatz auszusehen, über den sie im Rahmen von ERM abgestimmt wurde. Die grundlegende Idee der Validierung des Prädiktors $\hat{h}$ ist einfach: nach dem Lernen $\hat{h}$ unter Verwendung von ERM auf einem Trainingsset, berechnen Sie den durchschnittlichen Verlust an Datenpunkten, die nicht in ERM verwendet wurden. Mit **Validierung** beziehen wir uns auf die Berechnung des durchschnittlichen Verlusts an Datenpunkten, die nicht in ERM verwendet wurden.

Nehmen wir an, wir haben Zugriff auf einen Datensatz von m Datenpunkten,

$$\mathcal{D} = \left\{ \left(\mathbf{x}^{(1)}, y^{(1)}\right), \ldots, \left(\mathbf{x}^{(m)}, y^{(m)}\right) \right\}.$$

Jeder Datenpunkt ist durch einen Merkmalsvektor $\mathbf{x}^{(i)}$ und ein Label $y^{(i)}$ charakterisiert. Algorithmus 5 skizziert, wie man eine Hypothese $h \in \mathcal{H}$ durch Aufteilung des Datensatzes $\mathcal{D}$ in einen **Trainingsdatensatz** und einen **Validierungsdatensatz** erlernt und validiert (siehe Abb. 6.3).

Das zufällige Mischen in Schritt 1 des Algorithmus 5 stellt sicher, dass die Reihenfolge der Datenpunkte keine Bedeutung hat. Dies ist wichtig in Anwendungen, bei denen die Datenpunkte sequenziell über die Zeit gesammelt werden und aufeinanderfolgende Datenpunkte korreliert sein könnten. Wir könnten den Mischschritt vermeiden, wenn wir den Trainingsdatensatz erstellen,

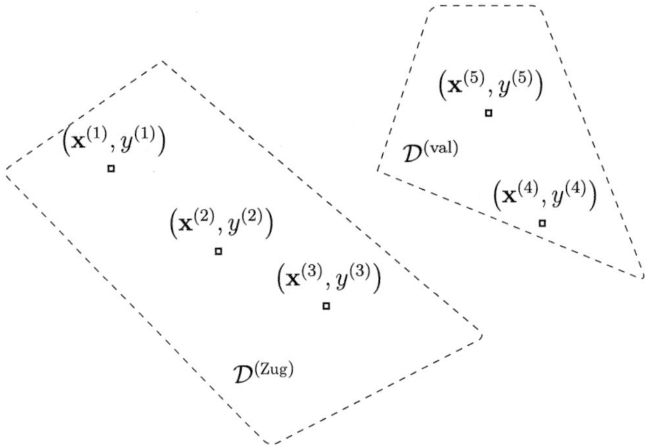

Abb. 6.3 Wir teilen das Datenset $\mathcal{D}$ in zwei Teilmengen, ein **Trainingsset** $\mathcal{D}^{(train)}$ und ein **Validierungsset** $\mathcal{D}^{(val)}$. Wir verwenden das Trainingsset, um die Hypothese $\hat{h}$ mit minimalem empirischen Risiko $\widehat{L}(\hat{h}|\mathcal{D}^{(train)})$ auf dem Trainingsset zu lernen (finden) (4.3). Wir validieren dann $\hat{h}$ durch Berechnung seines durchschnittlichen Verlusts $\widehat{L}(\hat{h}|\mathcal{D}^{(val)})$ auf dem Validierungsset $\mathcal{D}^{(val)}$. Der auf dem Validierungsset erhaltene durchschnittliche Verlust $\widehat{L}(\hat{h}|\mathcal{D}^{(val)})$ ist der **Validierungsfehler**. Beachten Sie, dass $\hat{h}$ vom Trainingsset $\mathcal{D}^{(train)}$ abhängt, aber völlig unabhängig vom Validierungsset $\mathcal{D}^{(val)}$ ist.

indem wir zufällig eine Teilmenge der Größe m_t anstelle der ersten m_t Datenpunkte verwenden.

Algorithm 5 Validated ERM

Input: model $\mathcal{H}$, loss function L, dataset $\mathcal{D} = \{(\mathbf{x}^{(1)}, y^{(1)}), \ldots, (\mathbf{x}^{(m)}, y^{(m)})\}$; split ratio ρ

1: randomly shuffle the data points in $\mathcal{D}$

2: create the **training set** $\mathcal{D}^{(\text{train})}$ using the first $m_t = \lceil \rho m \rceil$ data points,

$$\mathcal{D}^{(\text{train})} = \{(\mathbf{x}^{(1)}, y^{(1)}), \ldots, (\mathbf{x}^{(m_t)}, y^{(m_t)})\}.$$

3: create the **validation set** $\mathcal{D}^{(\text{val})}$ by the $m_v = m - m_t$ remaining data points,

$$\mathcal{D}^{(\text{val})} = \{(\mathbf{x}^{(m_t+1)}, y^{(m_t+1)}), \ldots, (\mathbf{x}^{(m)}, y^{(m)})\}.$$

4: learn hypothesis $\hat{h}$ via ERM on the training set,

$$\hat{h} := \underset{h \in \mathcal{H}}{\operatorname{argmin}} \widehat{L}(h|\mathcal{D}^{(\text{train})}) \tag{6.4}$$

5: compute the training error

$$E_t := \widehat{L}(\hat{h}|\mathcal{D}^{(\text{train})}) = (1/m_t) \sum_{i=1}^{m_t} L((\mathbf{x}^{(i)}, y^{(i)}), \hat{h}). \tag{6.5}$$

6: compute the **validation error**

$$E_v := \widehat{L}(\hat{h}|\mathcal{D}^{(\text{val})}) = (1/m_v) \sum_{i=m_t+1}^{m} L((\mathbf{x}^{(i)}, y^{(i)}), \hat{h}). \tag{6.6}$$

Output: learnt hypothesis $\hat{h}$, training error E_t, validation error E_v

---

6.2.1 Die Größe des Validierungsdatensatzes

Die Wahl des Split-Verhältnisses $\rho \approx m_t/m$ in Algorithmus 5 basiert oft auf Versuch und Irrtum. Wir probieren verschiedene Wahlmöglichkeiten für das Split-Verhältnis aus und wählen dasjenige, das den kleinsten Validierungsfehler ergibt. Es ist schwierig, eine genaue Aussage darüber zu treffen, wie das Split-Verhältnis gewählt werden sollte, die allgemein gültig ist [2]. Diese Schwierigkeit ergibt sich aus der Tatsache, dass die optimale Wahl für ρ von den genauen statistischen Eigenschaften der Datenpunkte abhängt.

Um eine untere Grenze für die erforderliche Größe des Validierungssets zu erhalten, benötigen wir ein probabilistisches Modell für die Datenpunkte. Nehmen wir an, dass Datenpunkte Realisierungen von i.i.d. Zufallsvariablen mit der gleichen Wahrscheinlichkeitsverteilung $p(\mathbf{x}, y)$ sind. Dann wird der Validierungsfehler E_v (6.6) zu einer Realisierung einer Zufallsvariable. Der Erwartungswert (oder Mittelwert) $\mathbb{E}\{E_v\}$ dieser ZV ist genau das Risiko $\mathbb{E}\{L((\mathbf{x}, y), \hat{h})\}$ von $\hat{h}$ (siehe (4.1)).

Der zufällige Validierungsfehler E_v schwankt um seinen Mittelwert. Wir können diese Schwankungen mit der Varianz

$$\sigma_{E_v}^2 := \mathbb{E}\big\{\big(E_v - \mathbb{E}\{E_v\}\big)^2\big\}.$$

quantifizieren. Beachten Sie, dass der Validierungsfehler der Durchschnitt der Realisierungen $L((\mathbf{x}^{(i)}, y^{(i)}), \hat{h})$ von i.i.d. Zufallsvariablen ist. Die Wahrscheinlichkeitsverteilung der Zufallsvariable $L((\mathbf{x}, y), \hat{h})$ wird durch die Wahrscheinlichkeitsverteilung $p(\mathbf{x}, y)$, die Wahl der Verlustfunktion und die Hypothese $\hat{h}$ bestimmt. Im Allgemeinen kennen wir $p(\mathbf{x}, y)$ nicht und kennen daher auch nicht die Wahrscheinlichkeitsverteilung von $L((\mathbf{x}, y), \hat{h})$.

Wenn wir eine obere Grenze U für die Varianz des (zufälligen) Verlusts $L((\mathbf{x}^{(i)}, y^{(i)}), \hat{h})$ kennen, können wir die Varianz von E_v begrenzen als

$$\sigma_{E_v}^2 \leq U/m_v.$$

Wir können dann wiederum sicherstellen, dass die Varianz $\sigma_{E_v}^2$ des Validierungsfehlers E_v einen gegebenen Schwellenwert η, sagen wir $\eta = (1/100)E_t^2$, nicht überschreitet, indem wir eine Validierungsset-Größe verwenden

$$m_v \geq U/\eta. \tag{6.7}$$

Die untere Grenze (6.7) ist nur nützlich, wenn wir eine obere Grenze U für die Varianz der Zufallsvariable $L((\mathbf{x}, y), \hat{h})$ bestimmen können, wo $\big(\mathbf{x}, y\big)$ eine Zufallsvariable mit Wahrscheinlichkeitsverteilung $p(\mathbf{x}, y)$ ist. Eine obere Grenze für die Varianz von $L((\mathbf{x}, y), \hat{h})$ kann mit Hilfe der Wahrscheinlichkeitstheorie abgeleitet werden, wenn wir ein genaues probabilistisches Modell $p(\mathbf{x}, y)$ für die Datenpunkte kennen. Ein solches probabilistisches Modell könnte von anwendungsspezifischen wissenschaftlichen Bereichen wie Biologie oder Psychologie bereitgestellt werden. Eine andere Möglichkeit besteht darin, die Varianz von $L((\mathbf{x}, y), \hat{h})$ mit Hilfe der Stichprobenvarianz der tatsächlichen Verlustwerte $L((\mathbf{x}^{(1)}, y^{(1)}), \hat{h}), \ldots, L((\mathbf{x}^{(m)}, y^{(m)}), \hat{h})$ zu schätzen, die für den Datensatz $\mathcal{D}$ erzielt wurden.

6.2.2 k-Fold Cross Validation

Algorithmus 5 verwendet die grundlegendste Form der Aufteilung eines gegebenen Datensatzes $\mathcal{D}$ in einen Trainings- und einen Validierungssatz. Viele Variationen und Erweiterungen dieses grundlegenden Aufteilungsansatzes wurden vorgeschlagen und untersucht (siehe [3] und Abschn. 6.5). Eine sehr beliebte Erweiterung der einzelnen Aufteilung in Trainings- und Validierungssatz ist als k-**fache Kreuzvalidierung** (CV) bekannt [4, Abschn. 7.10]. Wir fassen die k-fache CV im Algorithmus 6 unten zusammen.

Abb. 6.4 veranschaulicht das Schlüsselprinzip hinter der k-fachen CV, das darin besteht, den gesamten Datensatz gleichmäßig in k Teilmengen aufzuteilen, die als **Falten** bezeichnet werden. Das Lernen (über ERM) und die Validierung einer Hypothese aus einem gegebenen Hypothesenraum $\mathcal{H}$ wird dann k Mal wiederholt. Bei jeder Wiederholung verwenden wir eine Falte als Validierungssatz und die verbleibenden $k-1$ Falten als Trainingssatz. Wir mitteln dann den Trainings- und Validierungsfehler über alle Wiederholungen.

Der Durchschnitt (über alle k Folds) Validierungsfehler, der durch k-Fold CV geliefert wird, ist ein robusterer Schätzer für den erwarteten Verlust oder das Risiko (4.1) im Vergleich zum Validierungsfehler, der aus einer einzelnen Aufteilung erhalten wird. Betrachten Sie einen kleinen Datensatz und verwenden Sie eine einzelne Aufteilung in Trainings- und Validierungsset. Wir könnten dann sehr unglücklich sein und Datenpunkte für das Validierungsset auswählen, die Ausreißer sind und nicht repräsentativ für die Gesamtverteilung der Daten sind.

Datensatz $\mathcal{D} = \left\{ \left(\mathbf{x}^{(1)}, y^{(1)}\right), \ldots, \left(\mathbf{x}^{(m)}, y^{(m)}\right) \right\}$

falten 1	$\mathcal{D}^{(\text{val})} = \mathcal{D}_1$				
falten 2		$\mathcal{D}^{(\text{val})} = \mathcal{D}_2$			
falten 3			$\mathcal{D}^{(\text{val})} = \mathcal{D}_3$		
falten 4				$\mathcal{D}^{(\text{val})} = \mathcal{D}_4$	
falten 5					$\mathcal{D}^{(\text{val})} = \mathcal{D}_5$

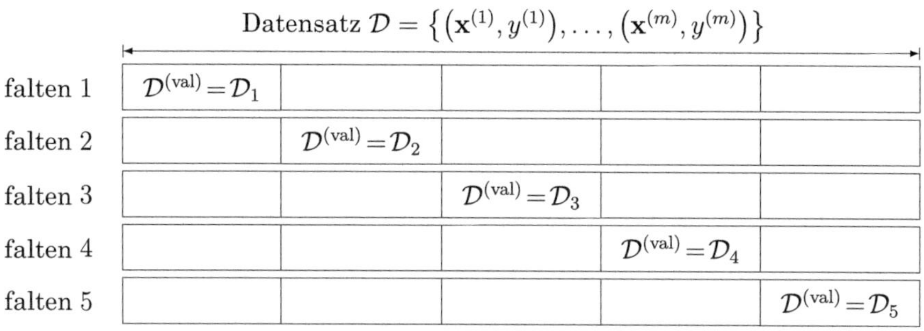

Abb. 6.4 Illustration von k-Fold CV für $k = 5$. Wir teilen den gesamten Datensatz $\mathcal{D}$ gleichmäßig in $k = 5$ Untergruppen (oder Folds) $\mathcal{D}_1, \ldots, \mathcal{D}_5$ auf. Wir wiederholen dann den validierten ERM Algorithmus 5 für $k = 5$ Mal. Die $b$te Wiederholung verwendet den $b$ten Fold $\mathcal{D}_b$ als Validierungsset und die verbleibenden $k-1 (= 4)$ Folds als Trainingsset für ERM (4.3)

Algorithm 6 k-fold CV ERM

Input: model $\mathcal{H}$, loss function L, dataset $\mathcal{D} = \{(\mathbf{x}^{(1)}, y^{(1)}), \ldots, (\mathbf{x}^{(m)}, y^{(m)})\}$; number k of folds

1: randomly shuffle the data points in $\mathcal{D}$

2: divide the shuffled dataset $\mathcal{D}$ into k folds $\mathcal{D}_1, \ldots, \mathcal{D}_k$ of size $B = \lceil m/k \rceil$,

$$\mathcal{D}_1 = \{(\mathbf{x}^{(1)}, y^{(1)}), \ldots, (\mathbf{x}^{(B)}, y^{(B)})\}, \ldots, \mathcal{D}_k = \{(\mathbf{x}^{((k-1)B+1)}, y^{((k-1)B+1)}), \ldots, (\mathbf{x}^{(m)}, y^{(m)})\} \tag{6.8}$$

3: **for** fold index $b = 1, \ldots, k$ **do**

4: use bth fold as the validation set $\mathcal{D}^{(\mathrm{val})} = \mathcal{D}_b$

5: use rest as the **training set** $\mathcal{D}^{(\mathrm{train})} = \mathcal{D} \setminus \mathcal{D}_b$

6: learn hypothesis $\hat{h}$ via ERM on the training set,

$$\hat{h}^{(b)} := \operatorname*{argmin}_{h \in \mathcal{H}} \widehat{L}(h|\mathcal{D}^{(\mathrm{train})}) \tag{6.9}$$

7: compute the training error

$$E_t^{(b)} := \widehat{L}(\hat{h}|\mathcal{D}^{(\mathrm{train})}) = (1/|\mathcal{D}^{(\mathrm{train})}|) \sum_{i \in \mathcal{D}^{(\mathrm{train})}} L((\mathbf{x}^{(i)}, y^{(i)}), h). \tag{6.10}$$

8: compute **validation error**

$$E_v^{(b)} := \widehat{L}(\hat{h}|\mathcal{D}^{(\mathrm{val})}) = (1/|\mathcal{D}^{(\mathrm{val})}|) \sum_{i \in \mathcal{D}^{(\mathrm{val})}} L((\mathbf{x}^{(i)}, y^{(i)}), \hat{h}). \tag{6.11}$$

9: **end for**

10: compute average training and validation errors

$$E_t := (1/k) \sum_{b=1}^{k} E_t^{(b)}, \text{ and } E_v := (1/k) \sum_{b=1}^{k} E_v^{(b)}$$

11: pick a learnt hypothesis $\hat{h} := \hat{h}^{(b)}$ for some $b \in \{1, \ldots, k\}$

Output: learnt hypothesis $\hat{h}$; average training error E_t; average validation error E_v

6.2.3 Unaustarierte Daten

Der oben diskutierte einfache Validierungsansatz erfordert, dass das Validierungsset ein guter Vertreter für die gesamten statistischen Eigenschaften der Daten ist. Dies ist möglicherweise nicht der Fall bei Anwendungen mit diskreten Labelwerten und einigen sehr seltenen Labelwerten. Wir könnten dann daran interessiert sein, eine gute Schätzung der bedingten Risiken $\mathbb{E}\{L((\mathbf{x}, y), h)|y = y'\}$ zu haben, wo y' einer der seltenen Labelwerte ist. Dies ist mehr als eine gute Schätzung für das Risiko $\mathbb{E}\{L((\mathbf{x}, y), h)\}$ zu verlangen.

Betrachten Sie Datenpunkte, die durch einen Merkmalsvektor $\mathbf{x}$ und ein binäres Label $y \in \{-1, 1\}$ gekennzeichnet sind. Nehmen wir an, wir möchten eine Hypothese $h(\mathbf{x}) = \mathbf{w}^T\mathbf{x}$ lernen, um Datenpunkte über $\hat{y} = 1$ zu klassifizieren, wenn $h(\mathbf{x}) \geq 0$, während $\hat{y} = -1$ sonst. Das Lernen basiert auf einem Datensatz $\mathcal{D}$, der nur einen einzigen (!) Datenpunkt mit $y = -1$ enthält. Wenn wir dann den Datensatz in Trainings- und Validierungsset aufteilen, ist es sehr wahrscheinlich, dass das Validierungsset keinen Datenpunkt mit $y = -1$ enthält. Dies kann nicht passieren, wenn man k-fache CV verwendet, da der einzelne Datenpunkt in einer der Validierungsfalten sein muss. Allerdings ist auch die Verwendung von k-facher CV für einen solchen unausgeglichenen Datensatz problematisch, da wir die Leistung einer Hypothese $h(\mathbf{x})$ nur anhand eines einzigen Datenpunkts mit $y = -1$ bewerten. Der Validierungsfehler wird dann von dem Verlust von $h(\mathbf{x})$ dominiert, der bei Datenpunkten mit dem (Mehrheits-)Label $y = 1$ entsteht.

Beim Lernen und Validieren einer Hypothese mit unausgeglichenen Daten kann es hilfreich sein, synthetische Datenpunkte zu erzeugen, um die Minderheitsklasse zu vergrößern. Dies kann mit Techniken zur Datenerweiterung erfolgen, die wir in Abschn. 7.3 diskutieren. Eine andere Möglichkeit besteht darin, eine Verlustfunktion zu verwenden, die die unterschiedliche Häufigkeit von Labelwerten berücksichtigt.

Betrachten Sie einen unausgeglichenen Datensatz der Größe $m = 100$, der 90 Datenpunkte mit dem Label $y = 1$ aber nur 10 Datenpunkte mit dem Label $y = -1$ enthält. Wir könnten dann mehr Gewicht auf falsche Vorhersagen legen, die für die Minderheitsklasse (von Datenpunkten mit $y = -1$) erhalten wurden. Dies kann durch die Verwendung eines viel größeren Wertes für den Verlust $L((\mathbf{x}, y = -1), h(\mathbf{x}) = 1)$ als für den Verlust $L((\mathbf{x}, y = 1), h(\mathbf{x}) = -1)$ erreicht werden. Denken Sie daran, die Verlustfunktion ist eine Designwahl und kann frei vom ML-Ingenieur festgelegt werden.

6.3 Modellauswahl

Kap. 3 hat gezeigt, wie viele bekannte ML-Methoden durch verschiedene Kombinationen eines Hypothesenraums oder Modells, einer Verlustfunktion und einer Datenrepräsentation erhalten werden. Während für viele ML-Anwendungen oft eine natürliche Wahl für die Verlustfunktion und die Datenrepräsentation besteht, ist die richtige Wahl für das Modell in der Regel weniger offensichtlich. Dieses Kapitel zeigt, wie die Validierungsmethoden des Abschn. 6.2 verwendet werden können, um zwischen verschiedenen Kandidatenmodellen zu wählen.

Betrachten Sie Datenpunkte, die durch ein einzelnes numerisches Merkmal $x \in \mathbb{R}$ und numerisches Label $y \in \mathbb{R}$ gekennzeichnet sind. Wenn wir vermuten, dass die Beziehung zwischen Merkmal x und Label y nicht linear ist, könnten wir die Polynomregression verwenden, die in Abschn. 3.2 diskutiert wird. Die Polynomregression verwendet den Hypothesenraum $\mathcal{H}_{\text{poly}}^{(n)}$ mit einem maximalen Grad n. Unterschiedliche Wahlmöglichkeiten für den maximalen Grad n ergeben einen anderen Hypothesenraum: $\mathcal{H}^{(1)} = \mathcal{H}_{\text{poly}}^{(0)}, \mathcal{H}^{(2)} = \mathcal{H}_{\text{poly}}^{(1)}, \ldots, \mathcal{H}^{(M)} = \mathcal{H}_{\text{poly}}^{(M-1)}$.

Eine weitere ML-Methode, die eine nichtlineare Hypothesenkarte lernt, ist die Gaußsche Basisregression (siehe Abschn. 3.5). Hier führen unterschiedliche Auswahlmöglichkeiten für die Varianz σ und Verschiebungen μ der Gaußschen

Basisfunktion (3.12) zu unterschiedlichen Hypothesenräumen. Zum Beispiel, $\mathcal{H}^{(1)} = \mathcal{H}^{(2)}_{\text{Gauss}}$ mit $\sigma = 1$ und $\mu_1 = 1$ und $\mu_2 = 2$, $\mathcal{H}^{(2)} = \mathcal{H}^{(2)}_{\text{Gauss}}$ mit $\sigma = 1/10$, $\mu_1 = 10$, $\mu_2 = 20$.

Algorithmus 7 fasst eine einfache Methode zusammen, um zwischen verschiedenen Kandidatenmodellen $\mathcal{H}^{(1)}, \mathcal{H}^{(2)}, \ldots, \mathcal{H}^{(M)}$ zu wählen. Die Idee besteht darin, zuerst eine Hypothese $\hat{h}^{(l)}$ für jedes Modell $\mathcal{H}^{(l)}$ mit Hilfe von Algorithmus 6 zu lernen und zu validieren. Für jedes Modell $\mathcal{H}^{(l)}$ lernen wir die Hypothese $\hat{h}^{(l)}$ über ERM (6.4) und berechnen dann ihren Validierungsfehler $E_v^{(l)}$ (6.6). Wir wählen dann die Hypothese $\hat{h}^{(\hat{l})}$ aus den Modellen $\mathcal{H}^{(\hat{l})}$, die den kleinsten Validierungsfehler $E_v^{(\hat{l})} = \min_{l=1,\ldots,M} E_v^{(l)}$ ergeben haben.

Der „Arbeitsablauf" des Algorithmus 7 ähnelt sehr dem Arbeitsablauf des ERM. Die Idee des ERM besteht darin, eine Hypothese aus einer Reihe von verschiedenen Kandidaten (dem Hypothesenraum) zu lernen. Die Qualität einer bestimmten Hypothese h wird anhand des (durchschnittlichen) Verlusts gemessen, der an einem bestimmten Trainingsset entsteht. Wir verwenden ein ähnliches Prinzip für die Modellauswahl, aber auf einer höheren Ebene. Anstatt eine Hypothese innerhalb eines Hypothesenraums zu lernen, wählen (oder lernen) wir einen Hypothesenraum innerhalb einer Reihe von Kandidaten-Hypothesenräumen. Die Qualität eines gegebenen Hypothesenraums wird durch den Validierungsfehler (6.6) gemessen. Um den Validierungsfehler eines Hypothesenraums zu bestimmen, lernen wir zuerst die Hypothese $\hat{h} \in \mathcal{H}$ über ERM (6.4) am Trainingssatz. Dann erhalten wir den Validierungsfehler als den durchschnittlichen Verlust von $\hat{h}$ am Validierungsset.

Die endgültige Hypothese $\hat{h}$, die vom Modellauswahl-Algorithmus 7 geliefert wird, hängt nicht nur von dem in ERM verwendeten Trainingsset ab (siehe (6.9)). Diese Hypothese $\hat{h}$ wurde auch aufgrund ihres Validierungsfehlers ausgewählt, der der durchschnittliche Verlust im Validierungsset in (6.11) ist. Tatsächlich haben wir diesen Validierungsfehler mit den Validierungsfehlern anderer Modelle verglichen, um das Modell $\mathcal{H}^{(\hat{l})}$ (siehe Schritt 10) auszuwählen, das $\hat{h}$ enthält. Da wir den Validierungsfehler (6.11) von $\hat{h}$ zum Lernen verwendet haben, können wir diesen Validierungsfehler nicht als guten Indikator für die allgemeine Leistung von $\hat{h}$ verwenden.

Um die allgemeine Leistung der endgültigen Hypothese $\hat{h}$, die von Algorithmus 7 geliefert wird, zu schätzen, müssen wir sie an einem Testset ausprobieren. Das Testset, das in Schritt 3 von Algorithmus 7 erstellt wird, besteht aus Datenpunkten, die weder im Training (6.9) noch in der Validierung (6.11) der Kandidatenmodelle $\mathcal{H}^{(1)}, \ldots, \mathcal{H}^{(M)}$ verwendet wurden. Der durchschnittliche Verlust der endgültigen Hypothese im Testset wird als Testfehler bezeichnet. Der Testfehler wird in Schritt 12 von Algorithmus 7 berechnet.

Algorithm 7 Model Selection

Input: list of candidate models $\mathcal{H}^{(1)}, \ldots, \mathcal{H}^{(M)}$, loss function L, dataset $\mathcal{D} = \{(\mathbf{x}^{(1)}, y^{(1)}), \ldots, (\mathbf{x}^{(m)}, y^{(m)})\}$; number k of folds, test fraction ρ

1: randomly shuffle the data points in $\mathcal{D}$

2: determine size $m' := \lceil \rho m \rceil$ of test set

3: construct **test set**

$$\mathcal{D}^{(\text{test})} = \{(\mathbf{x}^{(1)}, y^{(1)}), \ldots, (\mathbf{x}^{(m')}, y^{(m')})\}$$

4: construct the set used for training and validation,

$$\mathcal{D}^{(\text{trainval})} = \{(\mathbf{x}^{(m'+1)}, y^{(m'+1)}), \ldots, (\mathbf{x}^{(m)}, y^{(m)})\}$$

5: **for** model index $l = 1, \ldots, M$ **do**

6: run Algorithm 6 using $\mathcal{H} = \mathcal{H}^{(l)}$, dataset $\mathcal{D} = \mathcal{D}^{(\text{trainval})}$, loss function L and k folds

7: Algorithm 6 delivers hypothesis $\hat{h}$ and validation error E_v

8: store learnt hypothesis $\hat{h}^{(l)} := \hat{h}$ and validation error $E_v^{(l)} := E_v$

9: **end for**

10: pick model $\mathcal{H}^{(\hat{l})}$ with minimum validation error $E_v^{(\hat{l})} = \min_{l=1,\ldots,M} E_v^{(l)}$

11: define optimal hypothesis $\hat{h} = \hat{h}^{(\hat{l})}$

12: compute **test error**

$$E^{(\text{test})} := \widehat{L}\big(\hat{h}|\mathcal{D}^{(\text{test})}\big) = (1/|\mathcal{D}^{(\text{test})}|) \sum_{i \in \mathcal{D}^{(\text{test})}} L((\mathbf{x}^{(i)}, y^{(i)}), \hat{h}). \tag{6.12}$$

Output: hypothesis $\hat{h}$; training error $E_t^{(\hat{l})}$; validation error $E_v^{(\hat{l})}$, test error $E^{(\text{test})}$.

Manchmal ist es vorteilhaft, verschiedene Verlustfunktionen für das Training und die Validierung einer Hypothese zu verwenden. Als Beispiel betrachten Sie die ML-Methoden logistische Regression und die Support-Vektor-Maschine, die in den Abschn. 3.6 und 3.7 diskutiert wurden. Beide Methoden verwenden das gleiche Modell, welches der Raum der linearen Hypothesenabbildungen ist $h(\mathbf{x}) = \mathbf{w}^T\mathbf{x}$. Der Hauptunterschied zwischen diesen beiden Methoden ist die Wahl der Verlustfunktion, die zur Messung der Qualität einer Hypothese verwendet wird. Die logistische Regression minimiert den (durchschnittlichen) logistischen Verlust (2.12) auf dem Trainingssatz, um die Hypothese $h^{(1)}(\mathbf{x}) = \big(\mathbf{w}^{(1)}\big)^T\mathbf{x}$ mit einem Gewichtsvektor $\mathbf{w}^{(1)}$ zu lernen. Die Support-Vektor-Maschine minimiert stattdessen den (durchschnittlichen) Scharnierverlust (2.11) auf dem Trainingssatz, um die Hypothese $h^{(2)}(\mathbf{x}) = \big(\mathbf{w}^{(2)}\big)^T\mathbf{x}$ mit einem Gewichtsvektor $\mathbf{w}^{(2)}$ zu lernen. Es wäre schwierig, die Hypothesen $h^{(1)}(\mathbf{x})$ und $h^{(2)}(\mathbf{x})$ mit verschiedenen Verlustfunktionen zu vergleichen, um ihre Validierungsfehler zu berechnen. Für einen Vergleich könnten wir stattdessen die Validierungsfehler für $h^{(1)}(\mathbf{x})$ und $h^{(2)}(\mathbf{x})$ mit dem durchschnittlichen 0/1-Verlust (2.9) („Genauigkeit") berechnen.

Algorithmus 7 erfordert als eine seiner Eingaben eine gegebene Liste von Kandidatenmodellen. Je länger diese Liste ist, desto mehr Berechnung erfordert der Algorithmus 7. Manchmal ist es möglich, die Liste der Kandidatenmodelle zu beschneiden, indem Modelle entfernt werden, die sehr unwahrscheinlich einen minimalen Validierungsfehler aufweisen.

Betrachten Sie die Polynomregression, die als Modell den Raum $\mathcal{H}_{\text{poly}}^{(r)}$ von Polynomen mit maximalem Grad r verwendet (siehe (3.4)). Für $r = 1$ ist $\mathcal{H}_{\text{poly}}^{(r)}$ der Raum der Polynome mit maximalem Grad eins (die lineare Abbildungen sind), $h(x) = w_2x + w_1$. Für $r = 2$ ist $\mathcal{H}_{\text{poly}}^{(r)}$ der Raum der Polynome mit maximalem Grad zwei, $h(x) = w_3x^2 + w_2x + w_1$.

Der Polynomgrad r parametrisiert eine verschachtelte Menge von Modellen,

$$\mathcal{H}_{\text{poly}}^{(1)} \subset \mathcal{H}_{\text{poly}}^{(2)} \subset \ldots .$$

Für jeden Grad r lernen wir eine Hypothese $h^{(r)} \in \mathcal{H}_{\text{poly}}^{(r)}$ mit minimalem durchschnittlichen Verlust (Trainingsfehler) $E_t^{(r)}$ auf einem Trainingssatz (siehe (6.5)). Um die gelernte Hypothese $h^{(r)}$ zu validieren, berechnen wir ihren durchschnittlichen Verlust (Validierungsfehler) $E_v^{(r)}$ auf einem Validierungssatz (siehe (6.6)).

Abb. 6.5 zeigt die typische Abhängigkeit der Trainings- und Validierungsfehler vom Polynomgrad r. Der Trainingsfehler $E_t^{(r)}$ nimmt monoton ab mit steigendem Grad r. Um zu verstehen, warum dies der Fall ist, betrachten Sie die beiden spezifischen Auswahlmöglichkeiten $r = 3$ und $r = 5$ mit den entsprechenden Modellen $\mathcal{H}_{\text{poly}}^{(3)}$ und $\mathcal{H}_{\text{poly}}^{(5)}$. Beachten Sie, dass $\mathcal{H}_{\text{poly}}^{(3)} \subset \mathcal{H}_{\text{poly}}^{(5)}$ da jedes Polynom mit einem Grad, der 3 nicht übersteigt, auch ein Polynom mit einem Grad ist, der 5 nicht übersteigt. Daher kann der Trainingsfehler (6.5), der bei der Minimierung über das größere Modell $\mathcal{H}_{\text{poly}}^{(5)}$ erzielt wird, nur abnehmen, aber nie im Vergleich zu (6.5) mit dem kleineren Modell $\mathcal{H}_{\text{poly}}^{(3)}$ zunehmen.

Abb. 6.5 zeigt, dass der Validierungsfehler $E_v^{(r)}$ (siehe (6.6)) sich sehr unterschiedlich verhält im Vergleich zum Trainingsfehler $E_t^{(r)}$. Beginnend mit dem Grad $r = 0$, nimmt der Validierungsfehler zunächst ab mit steigendem Grad r.

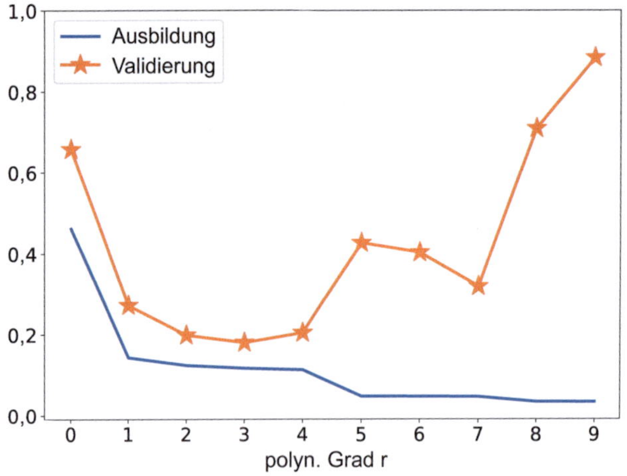

Abb. 6.5 Der Trainingsfehler und der Validierungsfehler, die aus der polynomialen Regression mit verschiedenen Werten r für den maximalen Polynomgrad erzielt wurden

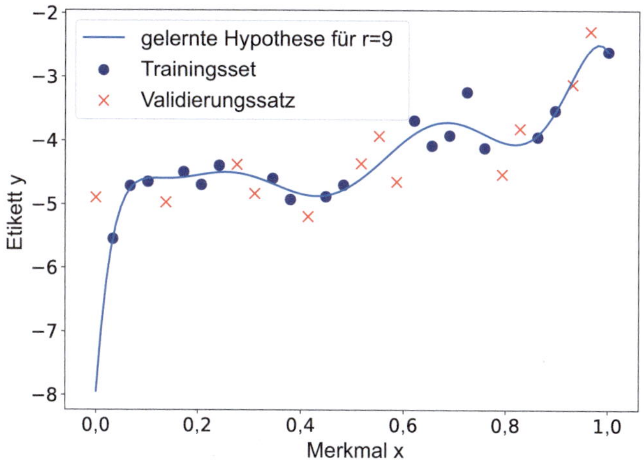

Abb. 6.6 Eine Hypothese $\hat{h}$, die ein Polynom mit einem Grad ist, der nicht größer ist als $r = 9$. Die Hypothese wurde durch Minimierung des durchschnittlichen Verlusts im Trainingsset erlernt. Beachten Sie die schnelle Änderungsrate von $\hat{h}$ für Merkmalswerte $x \approx 0$

Sobald der Grad r über einen kritischen Wert hinaus erhöht wird, beginnt der Validierungsfehler mit steigendem r zu steigen. Bei sehr großen Werten von r wird der Trainingsfehler fast vernachlässigbar, während der Validierungsfehler sehr groß wird. In diesem Bereich überpasst die Polynomregression die Trainingsdaten.

Abb. 6.6 veranschaulicht das Überanpassen der polynomialen Regression bei Verwendung eines zu großen maximalen Grades. Insbesondere zeigt Abb. 6.6 eine gelernte Hypothese, die ein Polynom 9. Grades ist, das die Trainingsdaten sehr gut anpasst, was zu einem sehr kleinen Trainingsfehler führt. Um diesen niedrigen Trainingsfehler zu erreichen, hat das resultierende Polynom eine unangemessen hohe Änderungsrate für Merkmalswerte $x \approx 0$. Dies führt zu großen Vorhersagefehlern für Validierungsdatenpunkte mit Merkmalswerten $x \approx 0$.

6.4 Eine probabilistische Analyse der Generalisierung

Schlagen mehr Daten kluge Algorithmen?; Schlagen mehr Daten kluge Merkmalsauswahl?

Eine Schlüsselherausforderung in ML besteht darin sicherzustellen, dass eine Hypothese, die die Labels auf einem Trainingsset (das zum Lernen dieser Hypothese verwendet wurde) gut vorhersagt, auch die Labels von Datenpunkten außerhalb des Trainingssets gut vorhersagen wird. Wir sagen, dass eine ML-Methode generalisiert, wenn ein kleiner Verlust im Trainingsset einen kleinen Verlust bei Datenpunkten außerhalb des Trainingssets impliziert.

Um die Verallgemeinerung von linearen Regressionsmethoden zu studieren (siehe Abschn. 3.1), werden wir ein probabilistisches Modell für die Daten verwenden. Wir interpretieren Datenpunkte als i.i.d. Realisierungen von Zufallsvariablen, die die gleiche Verteilung haben wie ein zufälliger Datenpunkt $\mathbf{z} = (\mathbf{x}, y)$. Der zufällige Merkmalsvektor $\mathbf{x}$ wird angenommen, dass er Null-Mittelwert hat und die Kovarianz die Einheitsmatrix ist, d.h., $\mathbf{x} \sim \mathcal{N}(\mathbf{0}, \mathbf{I})$. Das Label y eines zufälligen Datenpunkts steht in Beziehung zu seinen Merkmalen $\mathbf{x}$ über ein **lineares Gaußsches Modell**

$$y = \bar{\mathbf{w}}^T \mathbf{x} + \varepsilon, \text{ mit Lärm } \varepsilon \sim \mathcal{N}(0, \sigma^2). \tag{6.13}$$

Wir nehmen an, dass die Rauschvarianz σ^2 fest und bekannt ist. Dies ist eine vereinfachende Annahme, da wir in der Praxis die Rauschvarianz aus den Daten schätzen müssten [5]. Beachten Sie, dass innerhalb unseres probabilistischen Modells die Fehlerkomponente ε in (6.13) ist intrinsisch in den Daten und kann nicht durch irgendeine ML-Methode überwunden werden. Wir betonen, dass das probabilistische Modell für die beobachteten Datenpunkte nur eine Modellannahme ist. Diese Annahme ermöglicht es uns, einige grundlegende Verhaltensweisen von ML-Methoden zu studieren. Es gibt prinzipielle Methoden („Tests"), die es ermöglichen zu bestimmen, ob ein gegebener Datensatz genau mit (6.13) modelliert werden kann [6].

Wir prognostizieren das Label y aus den Merkmalen $\mathbf{x}$ mit einer linearen Hypothese $h(\mathbf{x})$, die nur von den ersten r Merkmalen $x_1, \ldots, x_r$ abhängt. Daher verwenden wir den Hypothesenraum

$$\mathcal{H}^{(r)} = \{h^{(\mathbf{w})}(\mathbf{x}) = (\mathbf{w}^T, \mathbf{0})\mathbf{x} \text{ mit } \mathbf{w} \in \mathbb{R}^r\}. \tag{6.14}$$

Der Designparameter r bestimmt die Größe des Hypothesenraums $\mathcal{H}^{(r)}$ und damit die Rechenkomplexität des Lernens der optimalen Hypothese in $\mathcal{H}^{(r)}$.

Für $r < n$ ist der Hypothesenraum $\mathcal{H}^{(r)}$ eine echte Teilmenge des Raums der linearen Prädiktoren (2.4) verwendet innerhalb der linearen Regression (siehe Abschn. 3.1). Beachten Sie, dass jedes Element $h^{(\mathbf{w})} \in \mathcal{H}^{(r)}$ einer bestimmten Wahl des Gewichtsvektors $\mathbf{w} \in \mathbb{R}^r$ entspricht.

Die Qualität eines bestimmten Prädiktors $h^{(\mathbf{w})} \in \mathcal{H}^{(r)}$ wird über den mittleren quadratischen Fehler $\widehat{L}(h^{(\mathbf{w})} \mid \mathcal{D}^{(train)})$ gemessen, der auf dem beschrifteten Trainingsset $\mathcal{D}^{(train)} = \{\mathbf{x}^{(i)}, y^{(i)}\}_{i=1}^{m_t}$ anfällt. Innerhalb unseres Spielzeugmodells (siehe (6.13), (6.15) und (6.16)) sind die Trainingsdatenpunkte $(\mathbf{x}^{(i)}, y^{(i)})$ i.i.d. Kopien des Datenpunkts $\mathbf{z} = (\mathbf{x}, y)$.

Die Datenpunkte im Trainingsdatensatz und alle anderen Datenpunkte außerhalb des Trainingssets sind statistisch unabhängig. Die Trainingsdatenpunkte $(\mathbf{x}^{(i)}, y^{(i)})$ und jeder andere Datenpunkt $(\mathbf{x}, y)$ werden jedoch aus derselben Wahrscheinlichkeitsverteilung gezogen, die eine multivariate Normalverteilung ist,

$$\mathbf{x}, \mathbf{x}^{(i)} \text{ i.i.d. mit } \mathbf{x}, \mathbf{x}^{(i)} \sim \mathcal{N}(\mathbf{0}, \mathbf{I}) \tag{6.15}$$

und die Labels $y^{(i)}, y$ werden als

$$y^{(i)} = \bar{\mathbf{w}}^T \mathbf{x}^{(i)} + \varepsilon^{(i)}, \text{ und } y = \bar{\mathbf{w}}^T \mathbf{x} + \varepsilon \tag{6.16}$$

mit i.i.d. Rauschen $\varepsilon, \varepsilon^{(i)} \sim \mathcal{N}(0, \sigma^2)$ erhalten.

Wie in Kap. 4 diskutiert, wird der Trainingsfehler $\widehat{L}(h^{(\mathbf{w})} \mid \mathcal{D}^{(train)})$ durch den Prädiktor $h^{(\widehat{\mathbf{w}})}(\mathbf{x}) = \widehat{\mathbf{w}}^T \mathbf{I}_{r \times n} \mathbf{x}$ minimiert, mit Gewichtsvektor

$$\widehat{\mathbf{w}} = (\mathbf{X}_r^T \mathbf{X}_r)^{-1} \mathbf{X}_r^T \mathbf{y} \tag{6.17}$$

mit Merkmalsmatrix $\mathbf{X}_r$ und Labelvektor$\mathbf{y}$ definiert als

$$\begin{aligned} \mathbf{X}_r &= (\mathbf{x}^{(1)}, \ldots, \mathbf{x}^{(m_t)})^T \mathbf{I}_{n \times r} \in \mathbb{R}^{m_t \times r}, \text{ und} \\ \mathbf{y} &= \left(y^{(1)}, \ldots, y^{(m_t)}\right)^T \in \mathbb{R}^{m_t}. \end{aligned} \tag{6.18}$$

Es wird bequem sein, einen leichten Missbrauch der Notation zu tolerieren und sowohl den Länge-r-Vektor (6.17) als auch den mit Nullen aufgefüllten Länge-n Vektor $(\widehat{\mathbf{w}}^T, \mathbf{0})^T$, durch $\widehat{\mathbf{w}}$ zu bezeichnen. Dies ermöglicht uns zu schreiben

$$h^{(\widehat{\mathbf{w}})}(\mathbf{x}) = \widehat{\mathbf{w}}^T \mathbf{x}. \tag{6.19}$$

Wir betonen, dass die Formel (6.17) für den optimalen Gewichtsvektor $\widehat{\mathbf{w}}$ nur gültig ist, wenn die Matrix $\mathbf{X}_r^T \mathbf{X}_r$ invertierbar ist. Es kann jedoch gezeigt werden, dass dies in unserem Spielzeugmodell (siehe (6.15)) mit Wahrscheinlichkeit eins der Fall ist, wann immer $m_t \geq r$. Im Folgenden werden wir den Fall betrachten, dass wir mehr Trainingsbeispiele als die Dimension des Hypothesenraums haben, d.h., $m_t > r$ so dass die Formel (6.17) gültig ist (mit Wahrscheinlichkeit eins). Der Fall $m_t \leq r$ wird in Kap. 7 untersucht.

Der optimale Gewichtsvektor $\widehat{\mathbf{w}}$ (siehe (6.17)) hängt von den Trainingsdaten $\mathcal{D}^{(train)}$ über die Merkmalsmatrix $\mathbf{X}_r$ und den Label-Vektor $\mathbf{y}$ ab (siehe (6.18)). Daher ist der Gewichtsvektor $\widehat{\mathbf{w}}$ (6.17), da wir die Trainingsdaten als zufällig modellieren, eine zufällige Größe. Für jede unterschiedliche Realisierung des Trainingsdatensatzes erhalten wir eine andere Realisierung des optimalen Gewichts $\widehat{\mathbf{w}}$.

Das probabilistische Modell (6.13) bezieht die Merkmale $\mathbf{x}$ eines Datenpunkts auf sein Label y über einen (unbekannten) wahren Gewichtsvektor $\bar{\mathbf{w}}$. Intuitiv wäre die beste lineare Hypothese $h(\mathbf{x}) = \widehat{\mathbf{w}}^T \mathbf{x}$ mit Gewichtsvektor $\widehat{\mathbf{w}} = \bar{\mathbf{w}}$. Allerdings wird dies im Allgemeinen nicht erreichbar sein, da wir $\widehat{\mathbf{w}}$ auf Basis der Merkmale $\mathbf{x}^{(i)}$ und verrauschten Labels $y^{(i)}$ der Datenpunkte im Trainingsdatensatz $\mathcal{D}$ berechnen müssen.

Im Allgemeinen führt das Erlernen der Gewichte einer linearen Hypothese durch ERM (4.5) zu einem nicht-null **Schätzfehler**

$$\Delta \mathbf{w} := \widehat{\mathbf{w}} - \bar{\mathbf{w}}. \tag{6.20}$$

Der Schätzfehler (6.20) ist die Realisierung einer Zufallsvariable, da der gelernte Gewichtsvektor $\widehat{\mathbf{w}}$ (siehe (6.17)) selbst eine Realisierung einer Zufallsvariable ist.

Verzerrung und Varianz. Wie wir unten sehen werden, hängt die Vorhersagequalität, die durch $h^{(\widehat{\mathbf{w}})}$ erreicht wird, entscheidend von dem mittleren quadratischen Schätzfehler ab

$$E_{\text{est}} := \mathbb{E}\{\|\Delta \mathbf{w}\|_2^2\} = \mathbb{E}\{\left\|\widehat{\mathbf{w}} - \bar{\mathbf{w}}\right\|_2^2\}. \tag{6.21}$$

Wir können den MSE $\mathcal{E}_{\text{est}}$ in zwei Komponenten zerlegen. Die erste Komponente ist die **Verzerrung,** die das durchschnittliche Verhalten, über alle verschiedenen Realisierungen von Trainingssets, der gelernten Hypothese charakterisiert. Die zweite Komponente ist die **Varianz,** die die Menge der zufälligen Schwankungen der Hypothese quantifiziert, die aus ERM resultiert, angewendet auf verschiedene Realisierungen des Trainingssets. Beide Komponenten hängen vom Modellkomplexitätsparameter r ab.

Es ist nicht allzu schwierig zu zeigen, dass

$$E_{\text{est}} = \underbrace{\|\bar{\mathbf{w}} - \mathbb{E}\{\widehat{\mathbf{w}}\}\|_2^2}_{\text{„bias“ } B^2} + \underbrace{\mathbb{E}\|\widehat{\mathbf{w}} - \mathbb{E}\{\widehat{\mathbf{w}}\}\|_2^2}_{\text{„variance“ } V} \tag{6.22}$$

Der Verzerrungsterm in (6.22), der berechnet werden kann als

$$B^2 = \|\bar{\mathbf{w}} - \mathbb{E}\{\widehat{\mathbf{w}}\}\|_2^2 = \sum_{l=r+1}^{n} \bar{w}_l^2, \tag{6.23}$$

misst die Distanz zwischen der „wahren Hypothese“ $h^{(\bar{\mathbf{w}})}(\mathbf{x}) = \bar{\mathbf{w}}^T\mathbf{x}$ und dem Hypothesenraum $\mathcal{H}^{(r)}$ (siehe (6.14)) des linearen Regressionsproblems.

Die Verzerrung (6.23) ist null, wenn $\bar{w}_l = 0$ für jeden Index $l = r+1, \ldots, n$, oder äquivalent, wenn $h^{(\bar{\mathbf{w}})} \in \mathcal{H}^{(r)}$. Wir können sicherstellen, dass für jeden möglichen wahren Gewichtsvektor $\bar{\mathbf{w}}$ in (6.13) nur dann, wenn wir den Hypothesenraum $\mathcal{H}^{(r)}$ mit $r = n$ verwenden.

Wenn wir das Modell $\mathcal{H}^{(r)}$ mit $r < n$ verwenden, können wir keinen Null-Verzerrungsterm garantieren, da wir keinen Zugang zum wahren zugrunde liegenden Gewichtsvektor $\bar{\mathbf{w}}$ in (6.13) haben. Im Allgemeinen nimmt der Verzerrungsterm mit zunehmender Modellgröße r ab (siehe Abb. 6.7). Wir betonen, dass der Verzerrungsterm nicht von der Varianz σ^2 des Rauschens ε in unserem Spielzeugmodell (6.13) abhängt.

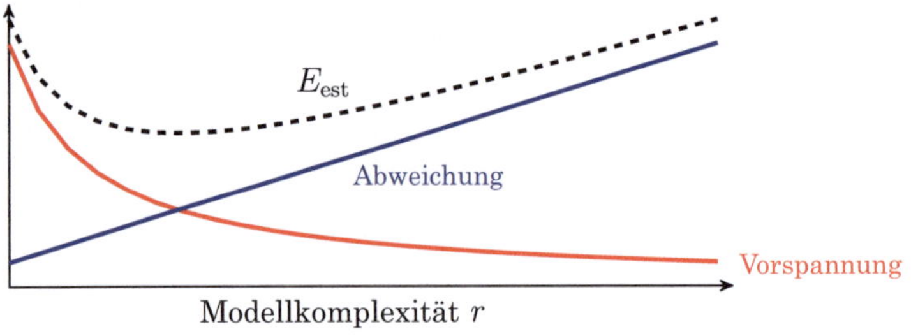

Abb. 6.7 Der Schätzfehler E_{est}, der durch lineare Regression verursacht wird, kann in einen Bias-Term B^2 und einen Varianzterm V (siehe (6.22)) zerlegt werden. Diese beiden Komponenten hängen in entgegengesetzter Weise von der Modellkomplexität r ab, was zu einem Bias-Varianz-Trade-off führt

Betrachten wir nun den Varianzterm in (6.22). Unter Verwendung der Eigenschaften unseres Spielzeugmodells (siehe (6.13), (6.15) und (6.16))

$$V = \mathbb{E}\{\|\widehat{\mathbf{w}} - \mathbb{E}\{\widehat{\mathbf{w}}\}\|_2^2\} = \sigma^2 \operatorname{tr}\left\{\mathbb{E}\{(\mathbf{X}_r^T\mathbf{X}_r)^{-1}\}\right\}. \tag{6.24}$$

Nach (6.15), ist die Matrix $(\mathbf{X}_r^T\mathbf{X}_r)^{-1}$ zufällig und verteilt nach einer **inversen Wishart-Verteilung** [7]. Für $m_t > r + 1$ ist seine Erwartung gegeben als

$$\mathbb{E}\{(\mathbf{X}_r^T\mathbf{X}_r)^{-1}\} = 1/(m_t - r - 1)\mathbf{I}_{r\times r}. \tag{6.25}$$

Durch Einsetzen von (6.25) und $\operatorname{tr}\{\mathbf{I}_{r\times r}\} = r$ in (6.24),

$$V = \mathbb{E}\{\|\widehat{\mathbf{w}} - \mathbb{E}\{\widehat{\mathbf{w}}\}\|_2^2\} = \sigma^2 r/(m_t - r - 1). \tag{6.26}$$

Wie durch (6.26) angezeigt, erhöht sich der Varianzterm mit zunehmender Modellkomplexität r (siehe Abb. 6.7). Dieses Verhalten steht im starken Kontrast zum Bias-Term, der mit zunehmender r abnimmt. Die entgegengesetzte Abhängigkeit von Bias und Varianz von der Modellkomplexität ist als **Bias-Varianz-Trade-off** bekannt. Daher muss die Wahl der Modellkomplexität r (siehe (6.14)) zwischen einer kleinen Varianz und einem kleinen Bias abwägen.

Verallgemeinerung. Betrachten Sie die lineare Hypothese $h(\mathbf{x}) = \widehat{\mathbf{w}}^T\mathbf{x}$ mit dem Gewichtsvektor (6.17), der einen minimalen Trainingsfehler ergibt. Wir möchten, dass dieser Prädiktor gut auf Datenpunkte verallgemeinert, die sich vom Trainingssatz unterscheiden. Diese Verallgemeinerungsfähigkeit kann durch den erwarteten Verlust oder das Risiko

$$\begin{aligned}
E_{\text{pred}} &= \mathbb{E}\{(y - \hat{y})^2\} \\
&\overset{(6.13)}{=} \mathbb{E}\{\Delta\mathbf{w}^T\mathbf{x}\mathbf{x}^T\Delta\mathbf{w}\} + \sigma^2 \\
&\overset{(a)}{=} \mathbb{E}\{\mathbb{E}\{\Delta\mathbf{w}^T\mathbf{x}\mathbf{x}^T\Delta\mathbf{w} \mid \mathcal{D}\}\} + \sigma^2 \\
&\overset{(b)}{=} \mathbb{E}\{\Delta\mathbf{w}^T\Delta\mathbf{w}\} + \sigma^2 \\
&\overset{(6.20),(6.21)}{=} E_{\text{est}} + \sigma^2 \\
&\overset{(6.22)}{=} B^2 + V + \sigma^2.
\end{aligned} \tag{6.27}$$

quantifiziert werden. Schritt (a) verwendet das Gesetz der totalen Erwartung [8] und Schritt (b) verwendet, dass, bedingt auf den Datensatz $\mathcal{D}$, der Merkmalsvektor $\mathbf{x}$ eines neuen Datenpunkts ein Zufallsvektor mit Nullmittelwert und einer Kovarianzmatrix $\mathbb{E}\{\mathbf{x}\mathbf{x}^T\} = \mathbf{I}$ ist (siehe (6.15)).

Gemäß (6.27) ist der durchschnittliche (erwartete) Vorhersagefehler E_{pred} die Summe aus drei Komponenten: (i) der Bias B^2, (ii) die Varianz V und (iii) die Rauschvarianz σ^2. Abb. 6.7 veranschaulicht die typische Abhängigkeit von Bias und Varianz vom Modell, das durch die Modellkomplexität r parametrisiert ist. Dies entspricht auch unserer Vorstellung von effektiver Modelldimension (siehe Abschn. 2.2).

Der Bias und die Varianz, deren Summe der Schätzfehler E_{est} ist, können durch Variation der Modellkomplexität r, die ein Designparameter ist, beeinflusst werden. Die Rauschvarianz σ^2 ist die intrinsische Genauigkeitsgrenze unseres Spielzeugmodells (6.13) und liegt nicht in der Kontrolle des ML-Ingenieurs. Es ist unmöglich für jede ML-Methode – egal wie fortgeschritten sie ist – im Durchschnitt einen Vorhersagefehler zu erreichen, der kleiner ist als die Rauschvarianz σ^2.

Schließlich möchten wir hervorheben, dass unsere Analyse des Bias (6.23), der Varianz (6.26) und des durchschnittlichen Vorhersagefehlers (6.27) nur gilt, wenn die beobachteten Datenpunkte gut als Realisierungen von Zufallsvektoren gemäß (6.13), (6.15) und (6.16) modelliert sind. Die Nützlichkeit dieses Modells für die in einer bestimmten Anwendung auftretenden Daten muss in der Praxis durch statistische Modellvalidierungstechniken überprüft werden [9, 10].

Das qualitative Verhalten des Schätzfehlers in Abb. 6.7 hängt von der Definition für die Modellkomplexität ab. Unser Konzept der effektiven Dimension (siehe Abschn. 2.2) stimmt mit den meisten anderen Vorstellungen von Modellkomplexität für den linearen Hypothesenraum (6.14) überein. Bei komplizierteren Modellen wie Deep Nets ist jedoch oft nicht offensichtlich, wie die Modellkomplexität mit greifbareren Größen wie der Gesamtzahl der einstellbaren Gewichte oder künstlichen Neuronen zusammenhängt.

Im Allgemeinen ist die Modellkomplexität oder effektive Modelldimension nicht direkt proportional zur Anzahl der einstellbaren Gewichte, sondern hängt auch von dem spezifischen Lernalgorithmus wie dem stochastischen Gradientenabstieg ab. Daher könnten wir bei Deep Nets, wenn wir den Schätzfehler gegen die Anzahl der einstellbaren Gewichte auftragen, ein Verhalten des Schätzfehlers beobachten, das sich grundlegend von der Form in Abb. 6.7 unterscheidet. Ein Beispiel für ein solches unintuitives Verhalten ist als „Doppelter Abstiegsphänomen" bekannt [11].

Ein alternativer Ansatz zur Analyse von Bias, Varianz und durchschnittlichem Vorhersagefehler der linearen Regression besteht darin, Simulationen zu verwenden. Hier erzeugen wir eine Anzahl von i.i.d. Kopien der beobachteten Datenpunkte mit einem Zufallszahlengenerator [12]. Mit diesen i.i.d. Kopien können wir genaue Berechnungen (Erwartungen) durch empirische Näherungen (Stichprobenmittelwerte) ersetzen.

6.5 Der Bootstrap

Grundidee des Bootstrap: Verwenden Sie die empirische Verteilung (Histogramm) der Datenpunkte als deren Wahrscheinlichkeitsverteilung; wir können dann beliebige Mengen neuer Datenpunkte aus dieser Verteilung ziehen (mit Zurücklegen)

Betrachten Sie das Erlernen einer Hypothese $\hat{h} \in \mathcal{H}$ durch Minimierung des durchschnittlichen Verlusts, der bei einem Datensatz $\mathcal{D} = \{(\mathbf{x}^{(1)}, y^{(1)}), \ldots, (\mathbf{x}^{(m)}, y^{(m)})\}$ entsteht. Die Datenpunkte $(\mathbf{x}^{(i)}, y^{(i)})$ werden als Realisierungen von i.i.d. Zufallsvariablen modelliert. Lassen Sie uns die (gemeinsame) Wahrscheinlichkeitsverteilung dieser Zufallsvariablen durch $p(\mathbf{x}, y)$ bezeichnen.

Wenn wir die Datenpunkte $\left(\mathbf{x}^{(i)}, y^{(i)}\right)$ als Realisierungen von Zufallsvariablen interpretieren, ist auch die gelernte Hypothese $\hat{h}$ eine Realisierung einer Zufallsvariablen. Tatsächlich wird die Hypothese $\hat{h}$ durch Lösung eines Optimierungsproblems (4.3) erlangt, das Realisierungen von Zufallsvariablen beinhaltet. Der Bootstrap ist eine Methode zur Schätzung (Parameter von) der Wahrscheinlichkeitsverteilung $p(\hat{h})$ [4].

Abschn. 6.4 verwendete ein probabilistisches Modell für Datenpunkte, um analytisch (einige Parameter von) der Wahrscheinlichkeitsverteilung $p(\hat{h})$ abzuleiten. Während die Analyse in Abschn. 6.4 nur auf das spezifische probabilistische Modell (6.15), (6.16) anwendbar ist, kann der Bootstrap für Datenpunkte verwendet werden, die aus einer beliebigen Wahrscheinlichkeitsverteilung gezogen werden.

Die Kernidee hinter dem Bootstrap besteht darin, die empirische Verteilung oder das Histogramm $\hat{p}(\mathbf{z})$ der verfügbaren Datenpunkte $\mathcal{D}$ zu verwenden, um B neue Datensätze $\mathcal{D}^{(1)}, \ldots$ zu generieren. Jeder Datensatz wird so konstruiert, dass er die gleiche Größe hat wie der ursprüngliche Datensatz $\mathcal{D}$. Für jeden Datensatz $\mathcal{D}^{(b)}$ lösen wir ein separates ERM (4.3) um die Hypothese $\hat{h}^{(b)}$ zu erhalten. Die Hypothese $\hat{h}^{(b)}$ ist eine Realisierung einer Zufallsvariablen, deren Verteilung durch die empirische Verteilung $\hat{p}(\mathbf{z})$ sowie den Hypothesenraum und die in der ERM verwendete Verlustfunktion (4.3) bestimmt wird.

6.6 Diagnose von ML

Vergleichen Sie Trainings-, Validierungs- und Benchmark-Fehler. Der Benchmark kann ein Bayes-Risiko sein, wenn ein probabilistisches Modell (wie die i.i.d. Annahme) verwendet wird, oder die menschliche Leistung oder das Risiko anderer ML-Methoden („Experten“ im Bedauerrahmen)

Im Folgenden gehen wir davon aus, dass Datenpunkte (in guter Näherung) als Realisierungen von i.i.d. Zufallsvariablen interpretiert werden können (siehe Abschn. 2.1.4). Diese „i.i.d. Annahme“ liegt dem ERM (4.3) als Leitprinzip für das Erlernen einer Hypothese mit geringem Risiko (4.1) zugrunde. Diese Annahme motiviert auch dazu, den durchschnittlichen Verlust (6.6) auf einem Validierungsset als Schätzung für das Risiko zu verwenden.

Betrachten Sie eine ML-Methode, die Algorithmus 5 (oder Algorithmus 6) verwendet, um die Hypothese zu lernen und zu validieren $\hat{h} \in \mathcal{H}$. Neben der gelernten Hypothese $\hat{h}$ liefern diese Algorithmen auch den Trainingsfehler E_t und den Validierungsfehler E_v. Wie wir gleich sehen werden, können wir ML-Methoden bis zu einem gewissen Grad diagnostizieren, indem wir Trainings- mit Validierungsfehlern vergleichen. Diese Diagnose wird weiter ermöglicht, wenn wir einen Benchmark- (oder Referenz-) Fehlerpegel kennen $E^{(\mathrm{ref})}$.

Eine wichtige Quelle für einen Benchmark-Fehlerpegel $E^{(ref)}$ sind probabilistische Modelle für die Datenpunkte (siehe Abschn. 6.4). Gegeben ein probabilistisches Modell, das die Wahrscheinlichkeitsverteilung $p(\mathbf{x}, y)$ der Merkmale und des Labels von Datenpunkten spezifiziert, können wir den minimal erreichbaren erwarteten Verlust oder das Risiko berechnen (4.1). Tatsächlich ist das minimal erreichbare Risiko genau der erwartete Verlust des Bayes-Schätzers $\hat{h}(x)$ des Labels y, gegeben die Merkmale $\mathbf{x}$ eines Datenpunkts. Der Bayes-Schätzer $\hat{h}(x)$ wird vollständig durch die Wahrscheinlichkeitsverteilung $p(\mathbf{x}, y)$ der Merkmale und des Labels eines (zufälligen) Datenpunkts bestimmt [13, Kap. 4].

Beispiel. Lassen Sie uns das minimal erreichbare Risiko für Datenpunkte mit einer einzelnen numerischen Eigenschaft und Beschriftung ableiten, die Realisierungen eines gaußschen Zufallsvektors sind $\mathbf{z} \sim \mathcal{N}(0, \mathbf{C})$. Hier ist der optimale Schätzer des Labels y gegeben durch die Eigenschaft x die bedingte Erwartung des (nicht beobachteten) Labels y gegeben die (beobachtete) Eigenschaft x. Der resultierende MSE entspricht der posterior Varianz von y, gegeben x welche durch die $K_{y,y}^{-1}$ mit dem Eintrag $K_{y,y}$ der Präzisionsmatrix $\mathbf{K} = \mathbf{C}^{-1}$ gegeben ist.

Eine weitere potenzielle Quelle für ein Benchmark-Fehlerlevel $E^{(ref)}$ ist eine andere ML-Methode. Diese andere ML-Methode könnte rechnerisch zu aufwendig sein, um für eine ML-Anwendung verwendet zu werden. Dennoch könnten wir ihr Fehlerlevel, gemessen in illustrativen Test-Szenarien, als Benchmark verwenden.

Schließlich kann ein Benchmark aus der Leistung von menschlichen Experten gewonnen werden. Wenn wir eine ML-Methode entwickeln wollen, die bestimmte Arten von Hautkrebs aus Bildern der Haut erkennt, könnte ein Benchmark die aktuelle Klassifizierungsgenauigkeit sein, die von erfahrenen Dermatologen erreicht wird [14].

Wir können eine ML-Methode diagnostizieren, indem wir den Trainingsfehler E_t mit dem Validierungsfehler E_v und (falls vorhanden) dem Benchmark $E^{(ref)}$ vergleichen.

- $E_t \approx E_v \approx E^{(ref)}$: Der Trainingsfehler liegt auf dem gleichen Niveau wie der Validierungsfehler und der Benchmark-Fehler. Hier gibt es nicht viel zu verbessern, da der Validierungsfehler bereits auf dem gewünschten Fehlerlevel liegt. Darüber hinaus ist der Trainingsfehler nicht viel kleiner als der Validierungsfehler, was darauf hinweist, dass es kein Overfitting gibt. Es scheint, dass wir eine ML-Methode erreicht haben, die das Benchmark-Fehlerlevel erreicht.
- $E_v \gg E_t$: Der Validierungsfehler ist deutlich größer als der Trainingsfehler. Es scheint, dass das ERM (4.3) zu einer Hypothese $\hat{h}$ führt, die das Trainingset überanpasst. Der Verlust, der durch $\hat{h}$ bei Datenpunkten außerhalb des Trainingsets, wie beispielsweise denen im Validierungsset, verursacht wird, ist deutlich schlechter. Dies ist ein Indikator für Überanpassung, der entweder durch Reduzierung der effektiven Größe des Hypothesenraums oder durch Erhöhung der effektiven Anzahl von Trainingsdatenpunkten angegangen werden kann. Um den effektiven Hypothesenraum zu reduzieren, können wir

entweder einen kleineren Hypothesenraum verwenden, z.B. durch Verwendung weniger Merkmale in einem linearen Modell (3.1), durch Verwendung kleinerer maximaler Tiefe von Entscheidungsbäumen (Abschn. 3.10) oder durch Verwendung eines kleineren künstlichen neuronalen Netzwerks (Abschn. 3.11). Eine andere Möglichkeit, die effektive Größe eines Hypothesenraums zu reduzieren, besteht darin, Regularisierungstechniken aus Kap. 7 zu verwenden.

- $E_t \approx E_v \gg E^{(ref)}$: Der Trainingsfehler liegt auf dem gleichen Niveau wie der Validierungsfehler und beide sind deutlich größer als der Benchmark-Fehler. Da der Trainingsfehler nicht viel kleiner als der Validierungsfehler ist, scheint die gelernte Hypothese die Trainingsdaten nicht zu überanpassen. Allerdings ist der Trainingsfehler, den die gelernte Hypothese erreicht, deutlich größer als das Benchmark-Fehlerlevel. Es kann mehrere Gründe dafür geben. Erstens könnte es sein, dass der von der ML-Methode verwendete Hypothesenraum zu klein ist, d.h., er enthält keine Hypothese, die eine gute Annäherung für die Beziehung zwischen Merkmalen und Label eines Datenpunkts liefert. Die Abhilfe für diese Situation besteht darin, einen größeren Hypothesenraum zu verwenden, z.B. durch Einbeziehung mehrerer Merkmale in ein lineares Modell, Verwendung höherer Polynomgrade in der Polynomregression, Verwendung tieferer Entscheidungsbäume oder größere künstliche neuronale Netzwerke (Deep Nets). Ein weiterer Grund für einen zu großen Trainingsfehler könnte sein, dass die zur Lösung des ERM (4.3) verwendeten Optimierungsalgorithmen nicht richtig funktionieren. Bei der Verwendung von gradientenbasierten Optimierungen (siehe Abschn. 5.4) zur Lösung des ERM könnte ein Grund für $E_t \gg E^{(ref)}$ sein, dass die Schrittgröße α im Gradientenabstiegsschritt (5.4) zu klein oder zu groß gewählt wurde (siehe Abb. 5.3-(b)). Dies kann durch Anpassung der Schrittgröße gelöst werden, indem mehrere verschiedene Werte ausprobiert und derjenige verwendet wird, der zu einem minimalen Trainings- und Validierungsfehler führt. Eine andere Möglichkeit besteht darin, ein probabilistisches Modell für Datenpunkte zu verwenden und optimale Werte für die Schrittgröße auf der Grundlage eines solchen Modells abzuleiten (siehe Abschn. 6.4).
- $E_v \gg E_t$: Der Validierungsfehler ist deutlich größer als der Trainingsfehler. Die Idee von ERM (4.3) besteht darin, das Risiko (4.1) einer Hypothese durch ihren durchschnittlichen Verlust auf einem Trainingsset zu approximieren $\mathcal{D} = \{(\mathbf{x}^{(i)}, y^{(i)})\}_{i=1}^{m}$. Die mathematische Grundlage für diese Annäherung ist das Gesetz der großen Zahlen, das den Durchschnitt von i.i.d. Zufallsvariablen charakterisiert. Die Qualität dieser Annäherung erfordert zwei Bedingungen. Erstens sollten die Datenpunkte, die zur Berechnung des durchschnittlichen Verlusts verwendet werden, so sein, dass sie typischerweise als Realisierungen von i.i.d. Zufallsvariablen mit einer gemeinsamen Wahrscheinlichkeitsverteilung erhalten würden. Zweitens muss die Anzahl der zur Berechnung des durchschnittlichen Verlusts verwendeten Datenpunkte ausreichend groß sein. Wenn also Datenpunkte nicht als Realisierungen von i.i.d. Zufallsvariablen modelliert werden können oder wenn die Größe des Trainings- oder Validierungssets zu klein ist, ist die Interpretation (Vergleich) von Validierungs- und Trainingsfehlern schwierig. Insbesondere könnte es dann sein, dass das Validierungsset

aus Datenpunkten besteht, für die jeder Prädiktor einen kleinen durchschnittlichen Verlust verursacht. Hier könnten wir versuchen, Trainings- und Validierungssets durch Sammeln weiterer gelabelter Datenpunkte zu vergrößern oder Datenanreicherung zu verwenden (siehe Abschn. 7.3). Wenn wir bereits recht große Trainings- und Validierungssets haben, sollte überprüft werden, ob die Datenpunkte der i.i.d. Annahme entsprechen, die für das ERM erforderlich ist, um eine Hypothese mit geringem Risiko zu liefern. Es gibt prinzipielle Methoden, um zu testen, ob eine i.i.d. Annahme erfüllt ist (siehe [15] und darin enthaltene Referenzen).

6.7 Übungen

Übung 6.1 (Größe des Validierungssets.) Betrachten Sie ein lineares Regressionsproblem mit Datenpunkten, die durch ein skalares Merkmal und ein numerisches Label gekennzeichnet sind. Nehmen Sie an, Datenpunkte sind Realisierungen von i.i.d. Gaußschen Zufallsvariablen mit Null-Mittelwert und Kovarianzmatrix $\mathbf{C}$. Wie viele Datenpunkte müssen wir in das Validierungsset aufnehmen, damit mit einer Wahrscheinlichkeit von mindestens 0,8 der Validierungsfehler nicht um mehr als 20 % vom erwarteten Verlust oder Risiko abweicht?

Übung 6.2 (Validierungsfehler kleiner als Trainingsfehler?) Lineare Regression bestimmt eine lineare Hypothesenkarte, indem sie den durchschnittlichen quadratischen Fehler auf einem Trainingsset minimiert. Der resultierende lineare Prädiktor wird dann auf einem Validierungsset validiert, das sich vom Trainingsset unterscheidet. Können Sie ein Trainingsset und ein Validierungsset konstruieren, so dass der Validierungsfehler streng kleiner ist als der Trainingsfehler?

Übung 6.3 (Wann ist das Validierungsset zu klein?) Die Nützlichkeit des Validierungsfehlers als Indikator für die Leistung einer Hypothese hängt von der Größe des Validierungssets ab. Experimentieren Sie mit verschiedenen ML-Methoden und Datensätzen, um die minimale erforderliche Größe für das Validierungsset herauszufinden.

Literatur

1. R. Muirhead, *Aspects of Multivariate Statistical Theory* (Wiley, New York, 1982)
2. J. Larsen, C. Goutte, On optimal data split for generalization estimation and model selection, in *IEEE Workshop on Neural Networks for Signal Process* (IEEE, New York, 1999)
3. B. Efron, R. Tibshirani, Improvements on cross-validation: The 632+ bootstrap method. J. Am. Stat. Assoc. **92**(438), 548–560 (1997)
4. T. Hastie, R. Tibshirani, J. Friedman, *The Elements of Statistical Learning* Springer Series in Statistics. (Springer, New York, 2001)

5. I. Cohen, B. Berdugo, Noise estimation by minima controlled recursive averaging for robust speech enhancement. IEEE Sig. Proc. Lett. **9**(1), 12–15 (2002). (Jan.)
6. P. Huber, Approximate models, in *Goodness-of-Fit Tests and Model Validity*. Hrsg. by C. Huber-Carol, N. Balakrishnan, M. Nikulin, M. Mesbah. Statistics for Industry and Technology. (Birkhäuser, Boston, MA, 2002)
7. K.V. Mardia, J.T. Kent, J.M. Bibby, *Multivariate Analysis* (Academic Press, London, 1979)
8. P. Billingsley, *Probability and Measure*, 3. Aufl. (Wiley, New York, 1995)
9. K. Young, Bayesian diagnostics for checking assumptions of normality. J. Stat. Comput. Simul. **47**(3–4), 167–180 (1993)
10. O. Vasicek, A test for normality based on sample entropy. J. Roy. Stat. Soc.: Ser. B (Methodol.) **38**(1), 54–59 (1976)
11. M. Belkin, D. Hsu, S. Ma, S. Mandal, Reconciling modern machine-learning practice and the classical bias–variance trade-off. Proc. Natl. Acad. Sci. **116**(32), 15849–15854 (2019)
12. C. Andrieu, N. de Freitas, A. Doucet, M.I. Jordan, An introduction to MCMC for machine learning. Mach. Learn. **50**(1–2), 5–43 (2003)
13. E.L. Lehmann, G. Casella, *Theory of Point Estimation*, 2. Aufl. (Springer, New York, 1998)
14. A. Esteva, B. Kuprel, R.A. Novoa, J. Ko, S.M. Swetter, H.M. Blau, S. Thrun, Dermatologist-level classification of skin cancer with deep neural networks. Nature **542**, 115–118 (2017)
15. H. Lütkepohl, *New Introduction to Multiple Time Series Analysis* (Springer, New York, 2005)

Kapitel 7
Regularisierung

Schlüsselwörter Datenerweiterung · Robustheit · Semi-Supervised Learning · Transfer Learning · Multitask Learning

Viele ML-Methoden verwenden das Prinzip des ERM (siehe Kap. 4), um eine Hypothese aus einem Hypothesenraum zu lernen, indem sie den durchschnittlichen Verlust (Trainingsfehler) auf einer Menge von beschrifteten Datenpunkten (Trainingsset) minimieren. Die Verwendung von ERM als Leitprinzip für ML-Methoden macht nur dann Sinn, wenn der Trainingsfehler ein guter Indikator für den Verlust außerhalb des Trainingssets ist.

Abb. 7.1 illustriert ein typisches Szenario für eine moderne ML-Methode, die einen großen Hypothesenraum verwendet. Dieser große Hypothesenraum beinhaltet hochgradig nicht-lineare Abbildungen, die jedes Datenset von bescheidener Größe perfekt darstellen können. Es könnte jedoch nicht-lineare Abbildungen geben, für die ein kleiner Trainingsfehler keine genauen Vorhersagen für die Beschriftungen von Datenpunkten außerhalb des Trainingssets garantiert.

Kap. 6 diskutierte Validierungstechniken, um zu überprüfen, ob eine Hypothese mit kleinem Trainingsfehler auch gut die Beschriftungen von Datenpunkten außerhalb des Trainingssets vorhersagen wird. Diese Validierungstechniken, einschließlich der Algorithmen 5 und 6, prüfen die Hypothese $\hat{h} \in \mathcal{H}$, die von ERM auf einem Validierungsset geliefert wird. Das Validierungsset besteht aus Datenpunkten, die nicht für das Trainingsset von ERM verwendet wurden (4.3). Der Validierungsfehler, der der durchschnittliche Verlust der Hypothese auf den Datenpunkten im Validierungsset ist, dient als Schätzung für den durchschnittlichen Fehler oder das Risiko (4.1) der Hypothese $\hat{h}$.

In diesem Kapitel wird die Regularisierung als Alternative zu Validierungstechniken diskutiert. Im Gegensatz zur Validierung erfordern Regularisierungstechniken kein separates Validierungsset, das nicht für das ERM verwendet wird (4.3). Dies macht die Regularisierung attraktiv für Anwendungen, bei denen die Beschaffung eines separaten Validierungssets schwierig oder kostspielig ist (wo beschriftete Daten knapp sind).

A. Jung, *Maschinelles Lernen*, https://doi.org/10.1007/978-981-99-7972-1_7

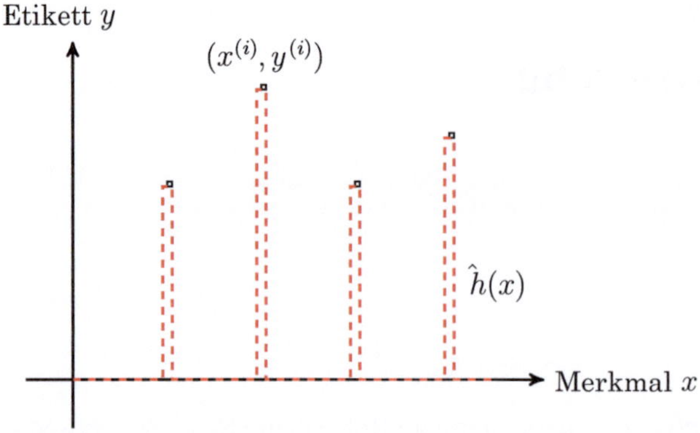

Abb. 7.1 Die nicht-lineare Hypothesenkarte $\hat{h}$ passt perfekt zum Trainingsset und hat einen verschwindenden Trainingsfehler. Trotz der perfekten Anpassung an das Trainingsset liefert die Hypothese $\hat{h}$ die triviale (und nutzlose) Vorhersage $\hat{y} = \hat{h}(x) = 0$ für jeden Datenpunkt, der nicht in der Nähe der Datenpunkte im Trainingsset liegt

Anstatt eine Hypothese $\hat{h}$ auf einem Validierungsset zu prüfen, schätzen Regularisierungstechniken den Verlustanstieg, wenn $\hat{h}$ auf Datenpunkte außerhalb des Trainingssets angewendet wird. Der Verlustanstieg wird geschätzt, indem ein Regularisierungsterm zum Trainingsfehler in ERM hinzugefügt wird (4.3).

Abschn. 7.1 diskutiert das resultierende regularisierte ERM, das wir als strukturelle Risikominimierung (SRM) bezeichnen werden. Es stellt sich heraus, dass das SRM äquivalent ist zu ERM unter Verwendung eines kleineren (beschnittenen) Hypothesenraums. Das Ausmaß des Beschneidens hängt vom Gewicht des Regularisierungsterms im Verhältnis zum Trainingsfehler ab. Bei einem steigenden Gewicht des Regularisierungsterms erhalten wir eine stärkere Beschneidung, die zu einem kleineren effektiven Hypothesenraum führt.

Abschn. 7.2 konstruiert Regularisierungsterme, indem erfordert wird, dass die resultierende ML-Methode robust gegenüber (kleinen) zufälligen Störungen der Datenpunkte in einem Trainingsset ist. Hier ersetzen wir jeden Datenpunkt eines Trainingssets durch die Realisierung einer RV, die um diesen Datenpunkt schwankt. Diese Konstruktion ermöglicht es, Regularisierung als eine (implizite) Form der Datenerweiterung zu interpretieren.

Abschn. 7.3 diskutiert Datenerweiterungsmethoden als eine simulationsbasierte Implementierung der Regularisierung. Die Datenerweiterung fügt jeder Datenpunkt im Trainingsset eine bestimmte Anzahl von gestörten Kopien hinzu. Eine Möglichkeit, gestörte Kopien eines Datenpunkts zu erstellen, besteht darin, (die Realisierung von) einem Zufallsvektor zu seinen Merkmalen hinzuzufügen.

Abschn. 7.4 analysiert die Auswirkungen der Regularisierung für die lineare Regression anhand eines einfachen probabilistischen Modells für Datenpunkte. Diese Analyse entspricht unserer vorherigen Untersuchung des Validierungsfehlers der linearen Regression in Abschn. 6.4. Ähnlich wie in Abschn. 6.4 zeigen wir einen Trade-off zwischen dem Bias und der Varianz der durch regularisierte lineare Regression erlernten Hypothese. Dieser Trade-off wurde durch einen diskreten Modellparameter (die effektive Dimension) in Abschn. 6.4 nachgezeichnet. Im Gegensatz dazu bietet die Regularisierung einen kontinuierlichen Trade-off zwischen Bias und Varianz über einen kontinuierlichen Regularisierungsparameter. Semi-supervised Learning (SSL) verwendet (große Mengen von) unbeschrifteten Datenpunkten, um das Erlernen einer Hypothese aus (einer kleinen Anzahl von) beschrifteten Datenpunkten zu unterstützen [1]. Abschn. 7.5 diskutiert SSL-Methoden, die die statistischen Eigenschaften von unbeschrifteten Datenpunkten verwenden, um nützliche Regularisierungsterme zu konstruieren. Diese Regularisierungsterme werden dann in SRM mit einem (typischerweise kleinen) Satz von beschrifteten Datenpunkten verwendet.

Multitask-Lernen nutzt Ähnlichkeiten zwischen verschiedenen, aber verwandten Lernaufgaben [2]. Wir können eine Lernaufgabe formal durch eine bestimmte Wahl für die Verlustfunktion (loss function) definieren (siehe Abschn. 2.3). Die Hauptrolle einer Verlustfunktion besteht darin, die Qualität einer Hypothesenkarte zu bewerten. Die Verlustfunktion umfasst jedoch auch die Wahl für das Label eines Datenpunkts. Für Lernaufgaben, die für einen einzigen zugrunde liegenden Datenerzeugungsprozess definiert sind, ist es vernünftig anzunehmen, dass der gleiche Teilmenge von Merkmalen für diese Lernaufgaben relevant ist. Ein Beispiel für solche verwandten Lernaufgaben ist ein Multi-Label-Klassifikationsproblem (siehe Abschnitt), bei dem jedes einzelne Label eines Datenpunkts eine separate Lernaufgabe darstellt. Abschn. 7.6 zeigt, wie Multitask-Lernen mit Regularisierungsmethoden implementiert werden kann. Der in verschiedenen Lernaufgaben entstandene Verlust dient als gegenseitige Regularisierungsterme in einem gemeinsamen SRM für alle Lernaufgaben.

Abschn. 7.7 zeigt, wie Regularisierung für **Transferlernen** verwendet werden kann. Wie das Multitask-Lernen nutzt auch das Transferlernen Beziehungen zwischen verschiedenen Lernaufgaben. Im Gegensatz zum Multitask-Lernen, das die einzelnen Lernaufgaben gemeinsam löst, löst das Transferlernen die Lernaufgaben sequenziell. Die einfachste Form des Transferlernens besteht darin, ein vortrainiertes Modell zu optimieren. Ein vortrainiertes Modell kann über ERM (4.3) in einer („Quelle") Lernaufgabe erhalten werden, für die wir eine große Menge an beschrifteten Trainingsdaten haben. Die Feinabstimmung erfolgt dann über ERM (4.3) in der („Ziel") Lernaufgabe von Interesse, für die wir möglicherweise nur eine kleine Menge an beschrifteten Trainingsdaten haben.

7.1 Strukturelle Risikominimierung

Abschn. 2.2 definierte die effektive Dimension $d_{\text{eff}}(\mathcal{H})$ eines Hypothesenraums $\mathcal{H}$ als die maximale Anzahl von Datenpunkten, die von einer Hypothese $h \in \mathcal{H}$ perfekt angepasst werden können. Sobald die effektive Dimension des Hypothesenraums in (4.3) die Anzahl m der Trainingsdatenpunkte übersteigt, können wir eine Hypothese finden, die die Trainingsdaten perfekt anpasst. Eine

Hypothese, die die Trainingsdaten jedoch perfekt anpasst, könnte schlechte Vorhersagen für Datenpunkte außerhalb des Trainingssets liefern (siehe Abb. 7.1).

Moderne ML-Methoden verwenden typischerweise einen Hypothesenraum mit großer effektiver Dimension [3, 4]. Zwei bekannte Beispiele für solche Methoden sind die lineare Regression (siehe Abschn. 3.1) mit einer großen Anzahl von Merkmalen und Deep Learning mit ANNs mit einer großen Anzahl (Milliarden) von künstlichen Neuronen (siehe Abschn. 3.11). Die effektive Dimension dieser Methoden kann leicht in der Größenordnung von Milliarden sein (10^9) wenn nicht größer [5]. Um ein Überanpassen während der naiven Verwendung von ERM (4.3) zu vermeiden, benötigen wir einen Trainingsdatensatz, der mindestens so viele Datenpunkte enthält wie die effektive Dimension des Hypothesenraums. In der Praxis haben wir jedoch oft keinen Zugang zu Trainingsdatensätzen, die Milliarden von beschrifteten Datenpunkten enthalten.

Es scheint natürlich, das Überanpassen einer ML-Methode durch Beschneiden ihres Hypothesenraums zu bekämpfen $\mathcal{H}$. Wir beschneiden $\mathcal{H}$ durch Entfernen einiger der Hypothesen in $\mathcal{H}$ um den kleineren Hypothesenraum $\mathcal{H}' \subset \mathcal{H}$ zu erhalten. Wir ersetzen dann ERM (4.3) durch das eingeschränkte (oder beschnittene) ERM

$$\hat{h} = \underset{h \in \mathcal{H}'}{\operatorname{argmin}} \, \widehat{L}(h|\mathcal{D}) \text{ mit beschnittenem Hypothesenraum } \mathcal{H}' \subset \mathcal{H}. \tag{7.1}$$

Die effektive Dimension des beschnittenen Hypothesenraums $\mathcal{H}'$ ist typischerweise viel kleiner als die effektive Dimension des ursprünglichen (großen) Hypothesenraums $\mathcal{H}$, $d_{\text{eff}}(\mathcal{H}') \ll d_{\text{eff}}(\mathcal{H})$. Für eine gegebene Größe m des Trainingsdatensatzes ist das Risiko des Überanpassens in (7.1) viel kleiner als das Risiko des Überanpassens in (4.3).

Beispiel. Betrachten Sie die lineare Regression, bei der der Hypothesenraum (3.1) durch lineare Abbildungen $h(\mathbf{x}) = \mathbf{w}^T\mathbf{x}$ gebildet wird. Die effektive Dimension von (3.1) entspricht der Anzahl der Merkmale, $d_{\text{eff}}(\mathcal{H}) = n$. Der Hypothesenraum $\mathcal{H}$ könnte zu groß sein, wenn wir eine große Anzahl n von Merkmalen verwenden, was zu Overfitting führt. Wir beschneiden (3.1) indem wir nur lineare Hypothesen $h(\mathbf{x}) = \left(\mathbf{w}'\right)^T\mathbf{x}$ mit Gewichtsvektoren $\mathbf{w}'$ beibehalten, die $w_3' = \mathbf{w}_4' = \ldots = \mathbf{w}_n' = 0$ erfüllen. Somit besteht der Hypothesenraum $\mathcal{H}'$ aus allen linearen Abbildungen, die nur von den ersten beiden Merkmalen x_1, x_2 eines Datenpunkts abhängen. Die effektive Dimension von $\mathcal{H}'$ ist die Dimension ist $d_{\text{eff}}(\mathcal{H}') = 2$ anstelle von $d_{\text{eff}}(\mathcal{H}) = n$.

Das Beschneiden des Hypothesenraums ist ein Spezialfall einer allgemeineren Strategie, die wir als SRM [6] bezeichnen. Die Idee hinter SRM besteht darin, den Trainingsfehler in ERM (4.3) zu modifizieren, um Hypothesen zu bevorzugen, die in einem bestimmten Sinne glatter oder regelmäßiger sind. Durch die Durchsetzung einer glatten Hypothese wird eine ML-Methode weniger empfindlich oder robuster gegenüber kleinen Störungen der Trainingsdatenpunkte. Abschn. 7.2 diskutiert den engen Zusammenhang zwischen der Robustheit (gegen Störungen des Trainingssets) einer ML-Methode und ihrer Fähigkeit, auf Datenpunkte außerhalb des Trainingssets zu verallgemeinern.

Wir messen die Glätte einer Hypothese mit einem Regularisierer . Grob gesagt, misst der Wert $\mathcal{R}(h)$ die Unregelmäßigkeit oder Variation einer Vorhersagekarte h. Die (Design-)Wahl für den Regularisierer hängt von der genauen Definition ab, was mit Regelmäßigkeit oder Variation einer Hypothese gemeint ist. Abschn. 7.3 diskutiert, wie eine bestimmte Wahl für den Regularisierer $\mathcal{R}(h)$ natürlich aus einem probabilistischen Modell für Datenpunkte entsteht.

Wir erhalten SRM, indem wir den skalierten Regularisierer $\lambda\mathcal{R}(h)$ zum ERM (4.3) hinzufügen,

$$\begin{aligned}\hat{h} &= \operatorname*{argmin}_{h\in\mathcal{H}} \big[\widehat{L}(h|\mathcal{D}) + \lambda\mathcal{R}(h)\big]\\ &\overset{(2.16)}{=} \operatorname*{argmin}_{h\in\mathcal{H}} \big[(1/m)\sum_{i=1}^{m} L((\mathbf{x}^{(i)}, y^{(i)}), h) + \lambda\mathcal{R}(h)\big].\end{aligned} \tag{7.2}$$

Wir können den Strafterm $\lambda\mathcal{R}(h)$ in (7.2) als Schätzung (oder Annäherung) für die Zunahme, relativ zum Trainingsfehler auf $\mathcal{D}$, des durchschnittlichen Verlusts einer Hypothese $\hat{h}$ interpretieren, wenn sie auf Datenpunkte außerhalb von $\mathcal{D}$ angewendet wird. Eine andere Interpretation des Terms $\lambda\mathcal{R}(h)$ wird in Abschn. 7.3 diskutiert.

Der Regularisierungsparameter λ ermöglicht es uns, zwischen einem kleinen Trainingsfehler $\widehat{L}(h^{(\mathbf{w})}|\mathcal{D})$ und einem kleinen Regularisierungsterm $\mathcal{R}(h)$ zu handeln, der die Glätte oder Regelmäßigkeit von h erzwingt. Wenn wir einen großen Wert für λ wählen, werden unregelmäßige oder Hypothesen h, mit großen $\mathcal{R}(h)$, in (7.2) stark „bestraft“. Daher führt die Erhöhung des Wertes von λ dazu, dass die Lösung (Minimierer) von (7.2) kleinere $\mathcal{R}(h)$ hat. Andererseits legt die Wahl eines kleinen Wertes für λ in (7.2) mehr Wert auf die Erzielung einer Hypothese h, die einen kleinen Trainingsfehler verursacht. Im Extremfall $\lambda = 0$ reduziert sich das SRM (7.2) auf das ERM (4.3).

Der Ansatz des Beschneidens (7.1) steht in enger Beziehung zur SRM (7.2). Sie sind in gewisser Weise **dual** zueinander. Zunächst ist zu beachten, dass (7.2) auf den Ansatz des Beschneidens (7.1) reduziert wird, wenn der Regularisierer $\mathcal{R}(h) = 0$ für alle $h \in \mathcal{H}'$ und $\mathcal{R}(h) = \infty$ sonst in (7.2) verwendet wird. In die andere Richtung gibt es für viele wichtige Auswahlmöglichkeiten für den Regularisierer $\mathcal{R}(h)$ eine Einschränkung $\mathcal{H}^{(\lambda)} \subset \mathcal{H}$, so dass die Lösungen von (7.1) und (7.2) übereinstimmen (siehe Abb. 7.2). Die Beziehung zwischen den Optimierungsproblemen (7.1) und (7.2) kann mit Hilfe der Theorie der konvexen Dualität präzisiert werden (siehe [7, Kap. 5] und [8]).

Für einen Hypothesenraum $\mathcal{H}$ dessen Elemente $h \in \mathcal{H}$ durch einen Gewichtsvektor $\mathbf{w} \in \mathbb{R}^n$ parametrisiert sind, können wir SRM (7.2) umschreiben als

$$\begin{aligned}\widehat{\mathbf{w}}^{(\lambda)} &= \operatorname*{argmin}_{\mathbf{w}\in\mathbb{R}^n} \big[\widehat{L}(h^{(\mathbf{w})}|\mathcal{D}) + \lambda\mathcal{R}(\mathbf{w})\big]\\ &= \operatorname*{argmin}_{\mathbf{w}\in\mathbb{R}^n} \big[(1/m)\sum_{i=1}^{m} L((\mathbf{x}^{(i)}, y^{(i)}), h^{(\mathbf{w})}) + \lambda\mathcal{R}(\mathbf{w})\big].\end{aligned} \tag{7.3}$$

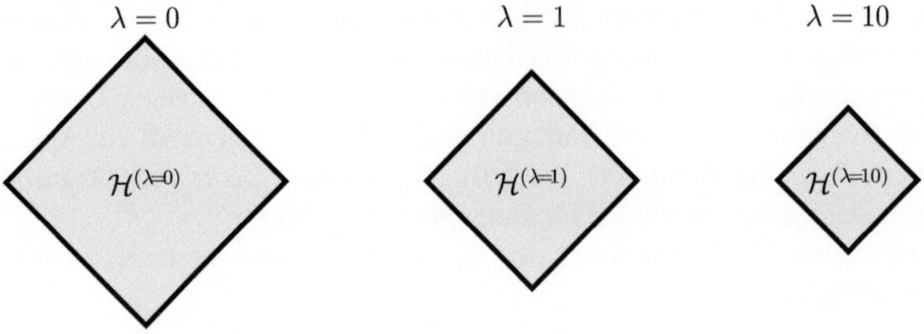

Abb. 7.2 Das Hinzufügen des skalierten Regularisierers $\lambda\mathcal{R}(h)$ zum Trainingsfehler in der Zielfunktion von SRM (7.2) entspricht der Lösung von ERM (7.1) mit einem beschnittenen Hypothesenraum $\mathcal{H}^{(\lambda)}$

Für die spezielle Wahl des quadratischen Fehlerverlusts (2.8), linearen Hypothesenraums (3.1) und Regularisierer $\mathcal{R}(\mathbf{w}) = \|\mathbf{w}\|_2^2$, spezialisiert sich SRM (7.3) zu

$$\widehat{\mathbf{w}}^{(\lambda)} = \underset{\mathbf{w}\in\mathbb{R}^n}{\operatorname{argmin}} \left[(1/m)\sum_{i=1}^{m}\left(y^{(i)} - \mathbf{w}^T\mathbf{x}^{(i)}\right)^2 + \lambda\|\mathbf{w}\|_2^2\right]. \tag{7.4}$$

Der Spezialfall (7.4) von SRM (7.3) ist bekannt als Ridge-Regression [9]. Ridge Regression (7.4) ist äquivalent zu (siehe [8, Kap. 5])

$$\widehat{\mathbf{w}}^{(\lambda)} = \underset{h^{(\mathbf{w})}\in\mathcal{H}^{(\lambda)}}{\operatorname{argmin}} (1/m)\sum_{i=1}^{m}\left(y^{(i)} - h^{(\mathbf{w})}(\mathbf{x}^{(i)})\right)^2 \tag{7.5}$$

mit dem eingeschränkten Hypothesenraum

$$\mathcal{H}^{(\lambda)} := \{h^{(\mathbf{w})} : \mathbb{R}^n \to \mathbb{R} : h^{(\mathbf{w})}(\mathbf{x}) = \mathbf{w}^T\mathbf{x},$$
$$\text{mit einigen Gewichten (Gewichte) } \mathbf{w} \text{ zufriedenstellend } \|\mathbf{w}\|_2^2 \leq C(\lambda)\} \subset \mathcal{H}^{(n)}. \tag{7.6}$$

Für einen gegebenen Wert λ des Regularisierungsparameters in (7.4), gibt es eine Zahl $C(\lambda)$ so dass Lösungen von (7.4) mit den Lösungen von (7.5) übereinstimmen. Daher ist die Ridge-Regression (7.4) äquivalent zur linearen Regression unter Verwendung einer beschnittenen Version $\mathcal{H}^{(\lambda)}$ des linearen Hypothesenraums (3.1). Der beschnittene Hypothesenraum $\mathcal{H}^{(\lambda)}$ (7.6) variiert kontinuierlich mit dem Regularisierungsparameter λ.

Ein weiterer beliebter Spezialfall von ERM (7.3) wird für den Regularisierer $\mathcal{R}(\mathbf{w}) = \|\mathbf{w}\|_1$ erzielt und als Lasso bekannt [10]

$$\widehat{\mathbf{w}}^{(\lambda)} = \underset{\mathbf{w}\in\mathbb{R}^n}{\operatorname{argmin}} \left[(1/m)\sum_{i=1}^{m}\left(y^{(i)} - \mathbf{w}^T\mathbf{x}^{(i)}\right)^2 + \lambda\|\mathbf{w}\|_1\right]. \tag{7.7}$$

Ridge Regression (7.4) und das Lasso (7.7) haben grundlegend unterschiedliche rechnerische und statistische Eigenschaften. Mit einer glatten und konvexen Zielfunktion kann die Ridge Regression (7.4) mit effizienten GD-Methoden implementiert werden. Die Zielfunktion von Lasso (7.7) ist ebenfalls konvex, aber nicht glatt und erfordert daher fortgeschrittene Optimierungsmethoden. Die erhöhte rechnerische Komplexität von Lasso (7.7) geht mit dem Vorteil einher, in der Regel eine Hypothese mit einem geringeren Risiko als die aus der Ridge Regression zu liefern [4, 10].

7.2 Robustheit

Abschn. 7.1 motiviert Regularisierung als eine weiche Variante der Modellauswahl. Tatsächlich ist der Regularisierungsterm in SRM (7.2) äquivalent zu ERM (7.1) unter Verwendung eines beschnittenen (reduzierenden) Hypothesenraums. Wir diskutieren nun eine alternative Sicht auf Regularisierung als Mittel zur Robustheit von ML-Methoden.

Die in Kap. 4 diskutierten ML-Methoden basieren auf der idealisierenden Annahme, dass wir Zugang zu den wahren Label-Werten und Merkmalswerten von gelabelten Datenpunkten (dem Trainingsset) haben. Diese Methoden lernen eine Hypothese $h \in \mathcal{H}$ mit minimalem durchschnittlichen Verlust (Trainingsfehler), der für Datenpunkte im Trainingsset anfällt. In der Praxis kann die Erfassung von Label- und Merkmalswerten fehleranfällig sein. Diese Fehler können von dem Messgerät selbst (Hardwareausfälle oder thermisches Rauschen) stammen oder auf menschliche Fehler wie Beschriftungsfehler zurückzuführen sein.

Nehmen wir der Einfachheit halber an, dass die Label-Werte $y^{(i)}$ im Trainingsset genau sind, aber dass die Merkmale $\mathbf{x}^{(i)}$ eine gestörte Version der wahren Merkmale des $i$ten Datenpunkts sind. Anstatt also den Datenpunkt $(\mathbf{x}^{(i)}, y^{(i)})$ beobachtet zu haben, hätten wir genauso gut den Datenpunkt $(\mathbf{x}^{(i)} + \boldsymbol{\varepsilon}, y^{(i)})$ im Trainingsset beobachten können. Hier haben wir die Störungen in den Merkmalen mit einer RV $\boldsymbol{\varepsilon}$ modelliert. Die Wahrscheinlichkeitsverteilung der Störung $\boldsymbol{\varepsilon}$ ist ein Designparameter, der die Robustheitseigenschaften der gesamten ML-Methode steuert. Wir werden eine bestimmte Wahl für diese Verteilung in Abschn. 7.3 studieren.

Eine robuste ML-Methode sollte eine Hypothese lernen, die nicht nur für einen spezifischen Datenpunkt $(\mathbf{x}^{(i)}, y^{(i)})$ sondern auch für gestörte Datenpunkte $(\mathbf{x}^{(i)} + \boldsymbol{\varepsilon}, y^{(i)})$ einen kleinen Verlust verursacht. Daher scheint es natürlich, den Verlust $L((\mathbf{x}^{(i)}, y^{(i)}), h)$, der am $i$ten Datenpunkt im Trainingssatz anfällt, durch die Erwartung

$$\mathbb{E}\{L((\mathbf{x}^{(i)} + \boldsymbol{\varepsilon}, y^{(i)}), h)\}. \tag{7.8}$$

zu ersetzen. Die Erwartung (7.8) wird mit der Wahrscheinlichkeitsverteilung der Störung $\boldsymbol{\varepsilon}$ berechnet. Wir werden in Abschn. 7.3 zeigen, dass die Minimierung des Durchschnitts der Erwartung (7.8), für $i = 1, \ldots, m$, dem SRM (7.2) entspricht.

Die Verwendung des erwarteten Verlusts (7.8) ist nicht der einzige mögliche Ansatz, um eine ML-Methode robust zu machen. Ein anderer Ansatz zur Robustheit einer ML-Methode ist bekannt als Bagging. Die Idee des Bagging besteht darin, die Bootstrap-Methode (siehe Abschn. 6.5 und [9, Kap. 8]) zu verwenden, um eine endliche Anzahl von gestörten Kopien $\mathcal{D}^{(1)}, \ldots, \mathcal{D}^{(B)}$ des ursprünglichen Trainingssatzes $\mathcal{D}$ zu erstellen.

Wir lernen dann (z. B. mit ERM) eine separate Hypothese $h^{(b)}$ für jede gestörte Kopie $\mathcal{D}^{(b)}$, $b = 1, \ldots, B$. Dies führt zu einem ganzen Ensemble verschiedener Hypothesen $h^{(b)}$, die sogar zu verschiedenen Hypothesenräumen gehören könnten. Zum Beispiel könnte die Hypothese $h^{(1)}$ eine lineare Abbildung sein (siehe Abschn. 3.1) und die Hypothese $h^{(2)}$ könnte aus einem ANN erhalten werden (siehe Abschn. 3.11).

Die endgültige Hypothese, die durch Bagging geliefert wird, wird durch Kombinieren oder Aggregieren (z. B. durch Verwendung des Durchschnitts) der Vorhersagen $h^{(b)}(\mathbf{x})$, die von jeder Hypothese $h^{(b)}$, für $b = 1, \ldots, B$ im Ensemble geliefert werden. Die ML-Methode, die als Random Forest bezeichnet wird, verwendet Bagging, um ein Ensemble von Entscheidungsbäumen zu lernen (siehe Abschn. 3.10). Die einzelnen Vorhersagen, die von den Bäumen in einem Random Forest erhalten werden, werden kombiniert (z. B. durch Verwendung eines Durchschnitts in der Regression oder einer Mehrheitsabstimmung in der binären Klassifikation), um eine endgültige Vorhersage zu erhalten [9].

7.3 Daten Augmentation

ML-Methoden, die ERM verwenden (4.3), neigen dazu, zu überanpassen, sobald die effektive Dimension des Hypothesenraums $\mathcal{H}$ die Anzahl m der Trainingsdatenpunkte übersteigt. Die Abschn. 6.3 und 7.1 haben dies durch Modifikation des Modells oder der Verlustfunktion durch Hinzufügen eines Regularisierungsterms angegangen. Beide Ansätze beschneiden den Hypothesenraum $\mathcal{H}$, der einer ML-Methode zugrunde liegt, um die effektive Dimension $d_{\text{eff}}(\mathcal{H})$ zu reduzieren. Die Modellauswahl verringert dies auf diskrete Weise, während die Regularisierung eine weiche „Schrumpfung" des Hypothesenraums implementiert.

Anstatt zu versuchen, die effektive Dimension zu reduzieren, könnten wir auch versuchen, die Anzahl m der in ERM verwendeten Trainingsdatenpunkte zu erhöhen (4.3). Wir diskutieren nun, wie man durch Ausnutzung bekannter Strukturen, die einem gegebenen Anwendungsbereich inhärent sind, synthetisch neue gelabelte Datenpunkte erzeugen kann.

Die in vielen ML-Anwendungen auftretenden Daten weisen zumindest in einiger Annäherung intrinsische Symmetrien und Invarianzen auf. Das rotierte Bild einer Katze zeigt immer noch eine Katze. Die Temperaturmessung an einem bestimmten Ort wird einer anderen Messung, die 10 Millisekunden später durchgeführt wurde, ähnlich sein. Datenvermehrung nutzt solche Symmetrien und Invarianzen aus, um die Rohdaten mit zusätzlichen synthetischen Daten zu erweitern.

Lassen Sie uns die Datenvermehrung anhand einer Anwendung veranschaulichen, die Datenpunkte beinhaltet, die durch Merkmale $\mathbf{x} \in \mathbb{R}^n$ und Nummernlabels $y \in \mathbb{R}$ gekennzeichnet sind. Wir nehmen an, dass der datenerzeugende Prozess so ist, dass Datenpunkte mit ähnlichen Merkmalswerten das gleiche Label haben. Äquivalent dazu verlangt diese Annahme, dass die resultierende ML-Methode robust gegenüber kleinen Störungen der Merkmalswerte ist (siehe Abschn. 7.2). Dies legt nahe, einen Datenpunkt $(\mathbf{x}, y)$ durch mehrere synthetische Datenpunkte

$$\left(\mathbf{x} + \boldsymbol{\varepsilon}^{(1)}, y\right), \ldots, \left(\mathbf{x} + \boldsymbol{\varepsilon}^{(B)}, y\right), \tag{7.9}$$

zu erweitern, wobei $\boldsymbol{\varepsilon}^{(1)}, \ldots, \boldsymbol{\varepsilon}^{(B)}$ Realisierungen von unabhängigen und identisch verteilten (i.i.d.) (i.i.d.) Zufallsvektoren mit der gleichen Wahrscheinlichkeitsverteilung $p(\boldsymbol{\varepsilon})$ sind.

Gegeben ist ein (roher) Datensatz $\mathcal{D} = \left\{\left(\mathbf{x}^{(1)}, y^{(1)}\right), \ldots, \left(\mathbf{x}^{(m)}, y^{(m)}\right)\right\}$ wir bezeichnen den zugehörigen erweiterten Datensatz als

$$\begin{aligned} \mathcal{D}' = \big\{ &\left(\mathbf{x}^{(1,1)}, y^{(1)}\right), \ldots, \left(\mathbf{x}^{(1,B)}, y^{(1)}\right), \\ &\left(\mathbf{x}^{(2,1)}, y^{(2)}\right), \ldots, \left(\mathbf{x}^{(2,B)}, y^{(2)}\right), \\ &\ldots \\ &\left(\mathbf{x}^{(m,1)}, y^{(m)}\right), \ldots, \left(\mathbf{x}^{(m,B)}, y^{(m)}\right)\big\}. \end{aligned} \tag{7.10}$$

Die Größe des erweiterten Datensatzes $\mathcal{D}'$ ist $m' = B \times m$. Für einen ausreichend großen Erweiterungsparameter B ist die erweiterte Stichprobengröße m' größer als die effektive Dimension n des Hypothesenraums $\mathcal{H}$. Wir lernen dann eine Hypothese über ERM auf dem erweiterten Datensatz,

$$\begin{aligned} \hat{h} &= \operatorname*{argmin}_{h \in \mathcal{H}} \widehat{L}(h|\mathcal{D}') \\ &\stackrel{(7.10)}{=} \operatorname*{argmin}_{h \in \mathcal{H}} (1/m') \sum_{i=1}^{m} \sum_{b=1}^{B} L((\mathbf{x}^{(i,b)}, y^{(i,b)}), h) \\ &\stackrel{(7.9)}{=} \operatorname*{argmin}_{h \in \mathcal{H}} (1/m) \sum_{i=1}^{m} (1/B) \sum_{b=1}^{B} L((\mathbf{x}^{(i)} + \boldsymbol{\varepsilon}^{(b)}, y^{(i)}), h). \end{aligned} \tag{7.11}$$

Wir können datenerweitertes ERM (7.11) als eine datengesteuerte Form der Regularisierung interpretieren (siehe Abschn. 7.1). Die Regularisierung wird implementiert, indem für jeden Datenpunkt $\left(\mathbf{x}^{(i)}, y^{(i)}\right) \in \mathcal{D}$ der Verlust $L((\mathbf{x}^{(i)}, y^{(i)}), h)$ durch den durchschnittlichen Verlust $(1/B) \sum_{b=1}^{B} L((\mathbf{x}^{(i)} + \boldsymbol{\varepsilon}^{(b)}, y^{(i)}), h)$ über die begleitenden erweiterten Datenpunkte ersetzt wird, die $\left(\mathbf{x}^{(i)}, y^{(i)}\right) \in \mathcal{D}$ begleiten.

Beachten Sie, dass wir zur Implementierung von (7.11) zunächst B Realisierungen $\boldsymbol{\varepsilon}^{(b)} \in \mathbb{R}^n$ von i.i.d. Zufallsvektoren mit gemeinsamer Wahrscheinlichkeitsverteilung $p(\boldsymbol{\varepsilon})$ erzeugen müssen. Dies könnte für ein großes B, n rechenintensiv sein. Wenn wir jedoch einen großen Augmentierungsparameter B verwenden, könnten wir die Näherung

$$(1/B)\sum_{b=1}^{B} L((\mathbf{x}^{(i)} + \boldsymbol{\varepsilon}^{(b)}, y^{(i)}), h) \approx \mathbb{E}\big\{L((\mathbf{x}^{(i)} + \boldsymbol{\varepsilon}, y^{(i)}), h)\big\}. \tag{7.12}$$

verwenden. Diese Näherung wird durch ein Schlüsselergebnis der Wahrscheinlichkeitstheorie, bekannt als das Gesetz der großen Zahlen, präzisiert. Wir erhalten eine Instanz von ERM, indem wir (7.12) in (7.11) einfügen,

$$\hat{h} = \underset{h \in \mathcal{H}}{\operatorname{argmin}}\,(1/m)\sum_{i=1}^{m} \mathbb{E}\big\{L((\mathbf{x}^{(i)} + \boldsymbol{\varepsilon}, y^{(i)}), h)\big\}. \tag{7.13}$$

Die Nützlichkeit von (7.13) als Näherung an das augmentierte ERM (7.11) hängt von der Schwierigkeit ab, den Erwartungswert $\mathbb{E}\big\{L((\mathbf{x}^{(i)} + \boldsymbol{\varepsilon}, y^{(i)}), h)\big\}$ zu berechnen. Die Komplexität der Berechnung dieser Erwartung hängt von der Wahl der Verlustfunktion und der Wahl für die Wahrscheinlichkeitsverteilung $p(\boldsymbol{\varepsilon})$ ab.

Lassen Sie uns (7.13) für den speziellen Fall der linearen Regression mit quadratischem Fehlerverlust (2.8) und linearem Hypothesenraum (3.1) studieren,

$$\hat{h} = \underset{h^{(\mathbf{w})} \in \mathcal{H}^{(n)}}{\operatorname{argmin}}\,(1/m)\sum_{i=1}^{m} \mathbb{E}\big\{\big(y^{(i)} - \mathbf{w}^T\big(\mathbf{x}^{(i)} + \boldsymbol{\varepsilon}\big)\big)^2\big\}. \tag{7.14}$$

Wir verwenden Störungen $\boldsymbol{\varepsilon}$ aus einer multivariaten Normalverteilung mit Nullmittelwert und Kovarianzmatrix $\sigma^2\mathbf{I}$,

$$\boldsymbol{\varepsilon} \sim \mathcal{N}(\mathbf{0}, \sigma^2\mathbf{I}). \tag{7.15}$$

Wir entwickeln (7.14) weiter durch die Verwendung von

$$\mathbb{E}\{\big(y^{(i)} - \mathbf{w}^T\mathbf{x}^{(i)}\big)\boldsymbol{\varepsilon}\} = \mathbf{0}. \tag{7.16}$$

Die Identität (7.16) verwendet, dass die Datenpunkte $\big(\mathbf{x}^{(i)}, y^{(i)}\big)$ fest und bekannt (deterministisch) sind, während $\boldsymbol{\varepsilon}$ ein Nullmittelwert-Zufallsvektor ist. Durch Kombination von (7.16) mit (7.14),

$$\begin{aligned}\mathbb{E}\big\{\big(y^{(i)} - \mathbf{w}^T\big(\mathbf{x}^{(i)} + \boldsymbol{\varepsilon}\big)\big)^2\big\} &= \big(y^{(i)} - \mathbf{w}^T\mathbf{x}^{(i)}\big)^2 + \big\|\mathbf{w}\big\|_2^2\,\mathbb{E}\big\{\big\|\boldsymbol{\varepsilon}\big\|_2^2\big\} \\ &= \big(y^{(i)} - \mathbf{w}^T\mathbf{x}^{(i)}\big)^2 + n\big\|\mathbf{w}\big\|^2\sigma^2.\end{aligned} \tag{7.17}$$

wo der letzte Schritt $\mathbb{E}\big\{\big\|\boldsymbol{\varepsilon}\big\|_2^2\big\} \overset{(7.15)}{=} n\sigma^2$ verwendet hat. Durch Einsetzen von (7.17) in (7.14),

$$\hat{h} = \underset{h^{(\mathbf{w})} \in \mathcal{H}^{(n)}}{\operatorname{argmin}} (1/m) \sum_{i=1}^{m} \left(y^{(i)} - \mathbf{w}^T \mathbf{x}^{(i)}\right)^2 + n\left\|\mathbf{w}\right\|^2 \sigma^2. \tag{7.18}$$

Wir haben (7.18) als Näherung für das erweiterte ERM (7.11) für den speziellen Fall des quadratischen Fehlerverlusts (2.8) und des linearen Hypothesenraums (3.1) erhalten. Diese Näherung verwendet das Gesetz der großen Zahlen (7.12) und wird genauer für einen zunehmenden Augmentierungsparameter B.

Beachten Sie, dass (7.18) nichts anderes ist als die Ridge-Regression (7.4) unter Verwendung des Regularisierungsparameters $\lambda = n\sigma^2$. Daher können wir die Ridge-Regression als implizite Datenanreicherung (7.10) interpretieren, indem wir zufällige Störungen (7.9) auf die Merkmalsvektoren im ursprünglichen Trainingsset $\mathcal{D}$ anwenden.

Der Regularisierer $\mathcal{R}(\mathbf{w}) = \|\mathbf{w}\|_2^2$ in (7.18) ergab sich natürlich aus der spezifischen Wahl für die Wahrscheinlichkeitsverteilung (7.15) der zufälligen Störung $\boldsymbol{\varepsilon}^{(i)}$ in (7.9) und unter Verwendung des quadratischen Fehlerverlusts. Andere Wahlmöglichkeiten für diese Wahrscheinlichkeitsverteilung oder die Verlustfunktion führen zu unterschiedlichen Regularisierern.

Die Anreicherung von Datenpunkten mit zufälligen Störungen, die gemäß (7.15) verteilt sind, behandelt die Merkmale eines Datenpunkts unabhängig voneinander. Für Anwendungsdomänen, die Datenpunkte mit stark korrelierten Merkmalen erzeugen, könnte es nützlich sein, Datenpunkte mit zufälligen Störungen $\boldsymbol{\varepsilon}$ zu erweitern (siehe (7.9)), die wie folgt verteilt sind

$$\boldsymbol{\varepsilon} \sim \mathcal{N}(\mathbf{0}, \mathbf{C}). \tag{7.19}$$

Die Kovarianzmatrix $\mathbf{C}$ der Störung $\boldsymbol{\varepsilon}$ kann unter Verwendung von Fachwissen ausgewählt oder geschätzt werden (siehe Abschn. 7.5). Wenn man die Verteilung (7.19) in (7.13) einsetzt,

$$\hat{h} = \underset{h^{(\mathbf{w})} \in \mathcal{H}^{(n)}}{\operatorname{argmin}} \left[(1/m) \sum_{i=1}^{m} \left(y^{(i)} - \mathbf{w}^T \mathbf{x}^{(i)}\right)^2 + \mathbf{w}^T \mathbf{C} \mathbf{w}\right]. \tag{7.20}$$

Beachten Sie, dass (7.20) sich auf die gewöhnliche Ridge-Regression (7.18) reduziert für die Wahl $\mathbf{C} = \sigma^2 \mathbf{I}$.

7.4 Statistische und rechnerische Aspekte der Regularisierung

Das Ziel dieses Abschnitts ist es, ein besseres Verständnis für die Auswirkung des Regularisierungsterms in SRM (7.3) zu entwickeln. Wir werden die Lösungen der Ridge-Regression (7.4) analysieren, die der Spezialfall von SRM unter Verwendung des linearen Hypothesenraums ist (3.1) und quadratischem Fehlerverlust

(2.8). Mit der Merkmalsmatrix $\mathbf{X} = \left(\mathbf{x}^{(1)}, \ldots, \mathbf{x}^{(m)}\right)^T$ und dem Label-Vektor $\mathbf{y} = (y^{(1)}, \ldots, y^{(m)})^T$ können wir (7.4) kompakter als

$$\widehat{\mathbf{w}}^{(\lambda)} = \underset{\mathbf{w} \in \mathbb{R}^n}{\operatorname{argmin}} \left[(1/m)\|\mathbf{y} - \mathbf{X}\mathbf{w}\|_2^2 + \lambda\|\mathbf{w}\|_2^2\right]. \tag{7.21}$$

umschreiben. Die Lösung von (7.21) wird gegeben durch

$$\widehat{\mathbf{w}}^{(\lambda)} = (1/m)((1/m)\mathbf{X}^T\mathbf{X} + \lambda\mathbf{I})^{-1}\mathbf{X}^T\mathbf{y}. \tag{7.22}$$

Für $\lambda = 0$ reduziert sich (7.22) auf die Formel (6.17) für die optimalen Gewichte in der linearen Regression (siehe (7.4) und (4.5)). Beachten Sie, dass für $\lambda > 0$ die Formel (7.22) immer gültig ist, auch wenn $\mathbf{X}^T\mathbf{X}$ singulär (nicht invertierbar) ist. Für $\lambda > 0$ hat das Optimierungsproblem (7.21) (und (7.4)) die eindeutige Lösung (7.22).

Um die statistischen Eigenschaften des Prädiktors $h^{(\widehat{\mathbf{w}}^{(\lambda)})}(\mathbf{x}) = \left(\widehat{\mathbf{w}}^{(\lambda)}\right)^T\mathbf{x}$ zu studieren (siehe (7.22)), verwenden wir das probabilistische Spielzeugmodell (6.13), (6.15) und (6.16), das wir bereits in Abschn. 6.4 verwendet haben. Wir interpretieren die Trainingsdaten $\mathcal{D}^{(train)} = \{(\mathbf{x}^{(i)}, y^{(i)})\}_{i=1}^m$ als Realisierungen von i.i.d. ZV, deren Verteilung durch (6.13), (6.15) und (6.16) definiert ist.

Wir können dann den durchschnittlichen Vorhersagefehler der Ridge-Regression definieren als

$$E_{\text{pred}}^{(\lambda)} := \mathbb{E}\left\{\left(y - h^{(\widehat{\mathbf{w}}^{(\lambda)})}(\mathbf{x})\right)^2\right\}. \tag{7.23}$$

Wie in Abschn. 6.4 gezeigt, ist der Fehler $E_{\text{pred}}^{(\lambda)}$ die Summe aus drei Komponenten: der Bias, der Varianz und der Rauschvarianz σ^2 (siehe (6.27)). Der Bias von $\widehat{\mathbf{w}}^{(\lambda)}$ ist

$$B^2 = \left\|(\mathbf{I} - \mathbb{E}\{(\mathbf{X}^T\mathbf{X} + m\lambda\mathbf{I})^{-1}\mathbf{X}^T\mathbf{X}\})\overline{\mathbf{w}}\right\|_2^2. \tag{7.24}$$

Für eine ausreichend große Größe m des Trainingssets können wir die Näherung verwenden

$$\mathbf{X}^T\mathbf{X} \approx m\mathbf{I} \tag{7.25}$$

so dass (7.24) approximiert werden kann als

$$\begin{aligned} B^2 &\approx \left\|(\mathbf{I} - (\mathbf{I} + \lambda\mathbf{I})^{-1})\overline{\mathbf{w}}\right\|_2^2 \\ &= \sum_{l=1}^{n} \frac{\lambda}{1+\lambda}\overline{w}_l^2. \end{aligned} \tag{7.26}$$

Vergleichen wir den (approximativen) Bias-Term (7.26) der regularisierten linearen Regression mit dem Bias-Term (6.23) der gewöhnlichen linearen Regression (welche der Extremfall der Ridge-Regression mit $\lambda = 0$ ist). Der Bias-Term (7.26) erhöht sich mit zunehmendem Regularisierungsparameter λ in der

Ridge-Regression (7.4). In vielen relevanten Einstellungen wird die Zunahme des Bias durch die Reduzierung der Varianz aufgewogen. Die Varianz verringert sich typischerweise mit zunehmendem λ wie im Folgenden gezeigt.

Die Varianz der Ridge-Regression (7.4) erfüllt

$$V = (\sigma^2/m^2)\times \\ \mathrm{tr}\big\{\mathbb{E}\{((1/m)\mathbf{X}^T\mathbf{X}+\lambda\mathbf{I})^{-1}\mathbf{X}^T\mathbf{X}((1/m)\mathbf{X}^T\mathbf{X}+\lambda\mathbf{I})^{-1}\}\big\}. \tag{7.27}$$

Die Näherung (7.25) in (7.27) einsetzend,

$$V \approx \sigma^2(1/m)(n/(1+\lambda)). \tag{7.28}$$

Nach (7.28) nimmt die Varianz von $\widehat{\mathbf{w}}^{(\lambda)}$ mit steigendem Regularisierungsparameter λ der Ridge-Regression (7.4) ab. Dies ist das entgegengesetzte Verhalten wie bei der Verzerrung (7.26), die mit steigendem λ zunimmt. Die Näherungsformel für die Varianz (7.28) legt nahe, das Verhältnis $(n/(1+\lambda))$ als die effektive Anzahl der von der Ridge-Regression verwendeten Merkmale zu interpretieren. Eine Erhöhung des Regularisierungsparameters λ verringert die effektive Anzahl der Merkmale.

Abb. 7.3 veranschaulicht den Trade-off zwischen dem Bias B^2 (7.26) der Ridge-Regression, der für zunehmende λ zunimmt, und der Varianz V (7.28), die mit zunehmender λ abnimmt. Beachten Sie, dass wir ein weiteres Beispiel für einen Bias-Variance-Trade-off in Abschn. 6.4 gesehen haben. Dieser Trade-off wurde durch einen diskreten (Modellkomplexität) Parameter $r \in \{1, 2, \ldots\}$ (siehe (6.14)) nachgezeichnet. Im starken Kontrast zur diskreten Modellauswahl wird der Bias-Variance-Trade-off für die Ridge-Regression durch den kontinuierlichen Regularisierungsparameter $\lambda \in \mathbb{R}_+$ nachgezeichnet.

Die Hauptstatistische Wirkung des Regularisierungsterms in der Ridge-Regression besteht darin, den Bias mit der Varianz auszugleichen, um den durchschnittlichen Vorhersagefehler der gelernten Hypothese zu minimieren. Es gibt auch einen rechnerischen Effekt durch das Hinzufügen eines Regularisierungsterms. Grob gesagt, dient der Regularisierungsterm als Vorbedingung für das Optimierungsproblem und reduziert dadurch die rechnerische Komplexität der Lösung der Ridge-Regression (7.21).

Die Zielfunktion in (7.21) ist eine glatte (unendlich oft differenzierbare) konvexe Funktion. Daher können wir GD verwenden, um (7.21) effizient zu lösen (siehe Kap. 5). Algorithmus 8 fasst die Anwendung von GD auf (7.21) zusammen. Die

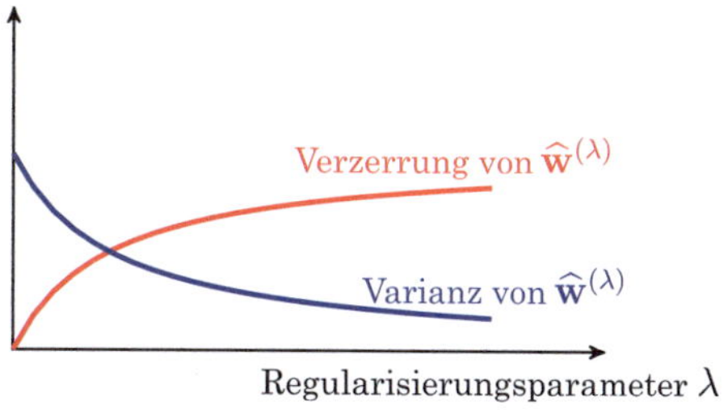

Abb. 7.3 Der Bias und die Varianz der regularisierten linearen Regression hängen in entgegengesetzter Weise vom Regularisierungsparameter λ ab, was zu einem Bias-Variance-Trade-off führt

Rechenkomplexität von 8 hängt entscheidend von der Anzahl der GD-Iterationen ab, die erforderlich sind, um eine ausreichend kleine Nachbarschaft der Lösungen für (7.21) zu erreichen. Durch Hinzufügen des Regularisierungsterms $\lambda\|\mathbf{w}\|_2^2$ zur Zielfunktion der linearen Regression **beschleunigt GD.** Um diese Behauptung zu überprüfen, schreiben wir zunächst (7.21) als quadratisches Problem um

$$\min_{\mathbf{w}\in\mathbb{R}^n} \underbrace{(1/2)\mathbf{w}^T\mathbf{Q}\mathbf{w} - \mathbf{q}^T\mathbf{w}}_{=f(\mathbf{w})} \tag{7.29}$$
$$\text{mit } \mathbf{Q} = (1/m)\mathbf{X}^T\mathbf{X} + \lambda\mathbf{I}, \mathbf{q} = (1/m)\mathbf{X}^T\mathbf{y}.$$

Dies ähnelt dem quadratischen Optimierungsproblem (4.9) der linearen Regression, jedoch mit einer anderen Matrix **Q**. Die Rechenkomplexität (Anzahl der Iterationen), die von GD benötigt wird (siehe (5.4)), um (7.29) bis zu einer vorgegebenen Genauigkeit zu lösen, hängt entscheidend von der Konditionszahl $\kappa(\mathbf{Q}) \geq 1$ der psd-Matrix **Q** [11] ab. Je kleiner die Konditionszahl $\kappa(\mathbf{Q})$, desto weniger Iterationen benötigt GD. Eine Matrix mit kleiner Konditionszahl wird auch als „gut konditioniert" bezeichnet.

Die Konditionszahl der Matrix **Q** in (7.29) ist gegeben durch

$$\kappa(\mathbf{Q}) = \frac{\lambda_{\max}((1/m)\mathbf{X}^T\mathbf{X}) + \lambda}{\lambda_{\min}((1/m)\mathbf{X}^T\mathbf{X}) + \lambda}. \tag{7.30}$$

Nach (7.30) tendiert die Konditionszahl gegen eins für zunehmenden Regularisierungsparameter λ,

$$\lim_{\lambda\to\infty} \frac{\lambda_{\max}((1/m)\mathbf{X}^T\mathbf{X}) + \lambda}{\lambda_{\min}((1/m)\mathbf{X}^T\mathbf{X}) + \lambda} = 1. \tag{7.31}$$

Daher nimmt die Anzahl der benötigten GD-Iterationen in Algorithmus 8 mit zunehmendem Regularisierungsparameter λ ab.

Algorithm 8 Regularized Linear regression via GD

Input: dataset $\mathcal{D} = \{(\mathbf{x}^{(i)}, y^{(i)})\}_{i=1}^m$; GD step size $\alpha > 0$.
Initialize:set $\mathbf{w}^{(0)} := \mathbf{0}$; set iteration counter $k := 0$
1: **repeat**
2: $r := r + 1$ (increase iteration counter)
3: $\mathbf{w}^{(r)} := (1 - \alpha\lambda)\mathbf{w}^{(r-1)} + \alpha(2/m)\sum_{i=1}^m (y^{(i)} - \big(\mathbf{w}^{(r-1)}\big)^T\mathbf{x}^{(i)})\mathbf{x}^{(i)}$ (do a GD step (5.4))
4: **until** stopping criterion met
Output: $\mathbf{w}^{(r)}$ (which approximates $\widehat{\mathbf{w}}^{(\lambda)}$ in (7.21))

7.5 Semiüberwachtes Lernen

Betrachten Sie die Aufgabe, das numerische Label y eines Datenpunkts $\mathbf{z} = \big(\mathbf{x}, y\big)$ basierend auf seinem Merkmalsvektor $\mathbf{x} = \big(x_1, \ldots, x_n\big)^T \in \mathbb{R}^n$ vorherzusagen. Zur Verfügung stehen uns zwei Datensätze $\mathcal{D}^{(u)}$ und $\mathcal{D}^{(l)}$. Für jeden Datenpunkt in

$\mathcal{D}^{(u)}$ kennen wir nur den Merkmalsvektor. Wir bezeichnen daher $\mathcal{D}^{(u)}$ als „unbeschriftete Daten“. Für jeden Datenpunkt in $\mathcal{D}^{(l)}$ kennen wir sowohl den Merkmalsvektor $\mathbf{x}$ als auch das Label y. Wir bezeichnen daher $\mathcal{D}^{(l)}$ als „beschriftete Daten“.

SSL-Methoden nutzen die Informationen, die durch unbeschriftete Daten $\mathcal{D}^{(u)}$ bereitgestellt werden, um das Lernen einer Hypothese zu unterstützen, die auf der Minimierung ihres empirischen Risikos auf den beschrifteten (Trainings-) Daten $\mathcal{D}^{(l)}$ basiert. Der Erfolg von SSL-Methoden hängt von den statistischen Eigenschaften der Daten ab, die innerhalb eines gegebenen Anwendungsbereichs generiert werden. Lässig gesprochen, muss die Information, die durch die Wahrscheinlichkeitsverteilung der Merkmale bereitgestellt wird, für die letztendliche Aufgabe, das Label y aus den Merkmalen $\mathbf{x}$ vorherzusagen, relevant sein [1].

Lassen Sie uns eine SSL-Methode entwerfen, die in Algorithmus 9 unten zusammengefasst ist, unter Verwendung der Datenvergrößerungsperspektive aus Abschn. 7.3. Die Idee besteht darin, den (kleinen) beschrifteten Datensatz $\mathcal{D}^{(l)}$ durch Hinzufügen von zufälligen Störungen für die Merkmalsvektoren des Datenpunkts in $\mathcal{D}^{(l)}$ zu erweitern. Dies ist sinnvoll für Anwendungen, bei denen Merkmalsvektoren unterliegen inhärenten Mess- oder Modellierungsfehlern. Gegeben ein Datenpunkt mit Vektor $\mathbf{x}$ hätten wir genauso gut einen Merkmalsvektor $\mathbf{x}+\boldsymbol{\varepsilon}$ mit einer kleinen zufälligen Störung $\boldsymbol{\varepsilon} \sim \mathcal{N}(\mathbf{0}, \mathbf{C})$ beobachten können. Um die Kovarianzmatrix $\mathbf{C}$ zu schätzen, verwenden wir die Stichprobenkovarianzmatrix der Merkmalsvektoren im (großen) unbeschrifteten Datensatz $\mathcal{D}^{(u)}$. Wir lernen dann eine Hypothese unter Verwendung der erweiterten (regularisierten) ERM (7.20).

Algorithm 9 A Semi-Supervised Learning Algorithm

Input: labeled dataset $\mathcal{D}^{(l)} = \{(\mathbf{x}^{(i)}, y^{(i)})\}_{i=1}^{m}$; unlabeled dataset $\mathcal{D}^{(u)} = \{\widetilde{\mathbf{x}}^{(i)}\}_{i=1}^{m'}$

1: compute $\mathbf{C}$ via sample covariance on $\mathcal{D}^{(u)}$,

$$\mathbf{C} := (1/m') \sum_{i=1}^{m'} \big(\widetilde{\mathbf{x}}^{(i)} - \widehat{\mathbf{x}}\big)\big(\widetilde{\mathbf{x}}^{(i)} - \widehat{\mathbf{x}}\big)^T \text{ with } \widehat{\mathbf{x}} := (1/m') \sum_{i=1}^{m'} \widetilde{\mathbf{x}}^{(i)}. \tag{7.32}$$

2: compute (e.g. using GD steps (5.4))

$$\widehat{\mathbf{w}} := \operatorname*{argmin}_{\mathbf{w} \in \mathbb{R}^n} \Big[(1/m) \sum_{i=1}^{m} \big(y^{(i)} - \mathbf{w}^T \mathbf{x}^{(i)}\big)^2 + \mathbf{w}^T \mathbf{C} \mathbf{w} \Big]. \tag{7.33}$$

Output: hypothesis $\hat{h}(\mathbf{x}) = \big(\widehat{\mathbf{w}}\big)^T \mathbf{x}$

7.6 Multitask-Lernen

Wir können eine Lernaufgabe mit der Verlustfunktion $L((\mathbf{x}, y), h)$ identifizieren, die verwendet wird, um die Qualität einer bestimmten Hypothese $h \in \mathcal{H}$ zu messen. Beachten Sie, dass der für einen gegebenen Datenpunkt erhaltene Verlust auch von der Definition für das Label eines Datenpunkts abhängt. Für die gleichen Datenpunkte erhalten wir verschiedene Lernaufgaben aus verschiedenen Auswahlmöglichkeiten oder Definitionen für das Label eines Datenpunkts. Multitask-Lernen nutzt die Ähnlichkeiten zwischen verschiedenen Lernaufgaben, um sie gemeinsam zu lösen.

Beispiel. Betrachten Sie einen Datenpunkt $\mathbf{z}$, der eine Handzeichnung darstellt, die über das Online-Spiel https://quickdraw.withgoogle.com/ gesammelt wird. Die Merkmale eines Datenpunkts sind die Pixelintensitäten der Bitmap, die zur Speicherung der Handzeichnung verwendet wird. Als Label könnten wir die Tatsache verwenden, ob eine Handzeichnung einen Apfel zeigt oder nicht. Dies führt zu der Lernaufgabe $\mathcal{T}^{(1)}$. Eine andere Wahl für das Label einer Handzeichnung könnte die Tatsache sein, ob eine Handzeichnung überhaupt eine Frucht zeigt oder nicht. Dies führt zu einer weiteren Lernaufgabe $\mathcal{T}^{(2)}$, die ähnlich, aber unterschiedlich von der Aufgabe $\mathcal{T}^{(1)}$ ist.

Die Idee des Multitask-Lernens besteht darin, dass eine vernünftige Hypothese h für eine Lernaufgabe auch für verwandte Lernaufgaben gut funktionieren sollte. Daher können wir den bei ähnlichen Lernaufgaben entstandenen Verlust als Regularisierungsterm für das Lernen einer Hypothese für die aktuelle Lernaufgabe verwenden. Algorithmus 10 ist eine direkte Umsetzung dieser Idee für einen gegebenen Datensatz, der zu T verwandten Lernaufgaben $\mathcal{T}^{(1)}, \ldots, \mathcal{T}^{(T)}$ führt. Für jede einzelne Lernaufgabe $\mathcal{T}^{(t')}$ verwendet es den Verlust bei den verbleibenden Lernaufgaben $\mathcal{T}^{(t)}$, mit $t \neq t'$, als Regularisierungsterm in (7.34).

Algorithm 10 A Multitask Learning Algorithm

Input: dataset $\mathcal{D} = \{\mathbf{z}^{(1)}, \ldots, \mathbf{z}^{(m)}\}$ with T associated learning tasks with loss functions $L^{(1)}, \ldots, L^{(T)}$, hypothesis space $\mathcal{H}$

1: learn a hypothesis $\hat{h}$ via

$$\hat{h} := \operatorname*{argmin}_{h \in \mathcal{H}} \sum_{t=1}^{T} \sum_{i=1}^{m} L^{(t)}\big(\mathbf{z}^{(i)}, h\big). \tag{7.34}$$

Output: hypothesis $\hat{h}$

Die Anwendbarkeit des Algorithmus 10 ist etwas eingeschränkt, da er darauf abzielt, eine einzelne Hypothese zu finden, die für alle T Lernaufgaben gleichzeitig gut funktioniert. In bestimmten Anwendungsbereichen könnte es sinnvoller sein, nicht eine einzige Hypothese für alle Lernaufgaben zu lernen, sondern eine separate Hypothese $h^{(t)}$ für jede Lernaufgabe $t = 1, \ldots, T$ zu lernen. Diese separaten Hypothesen könnten jedoch typischerweise immer noch einige strukturelle Ähnlichkeiten aufweisen.[1] Wir können verschiedene Vorstellungen

[1]Ein wichtiges Beispiel für eine solche strukturelle Ähnlichkeit im Falle von linearen Prädiktoren $h^{(t)}(\mathbf{x}) = \big(\mathbf{w}^{(t)}\big)^T \mathbf{x}$ liegt vor, wenn die Gewichtsvektoren $\mathbf{w}^{(T)}$ eine kleine gemeinsame Unterstützung $\bigcup_{t=1,\ldots,T} \operatorname{supp}(w^{(t)})$ haben. Die Forderung, dass die Gewichtsvektoren eine kleine gemeinsame Unterstützung haben, entspricht der Forderung, dass der gestapelte Vektor $\widetilde{\mathbf{w}} = \big(\mathbf{w}^{(1)}, \ldots, \mathbf{w}^{(T)}\big)$ block- (gruppen-) spärlich ist [12].

von Ähnlichkeiten zwischen den Hypothesen $h^{(t)}$ durch Hinzufügen eines Regularisierungsterms zu den Verlustfunktionen der Aufgaben erzwingen.

Algorithmus 11 verallgemeinert Algorithmus 10, indem er für jede Aufgabe eine separate Hypothese lernt t, während er verlangt, dass diese Hypothesen strukturell ähnlich sind. Die strukturelle (Un-)Ähnlichkeit zwischen den Hypothesen wird durch einen Regularisierungsterm gemessen $\mathcal{R}$.

7.7 Transferlernen

Regularisierung ist auch entscheidend für das Transferlernen, um Synergien zwischen verschiedenen verwandten Lernaufgaben zu nutzen [13, 14]. Transferlernen wird ermöglicht, indem Regularisierungsterme für eine Lernaufgabe erstellt werden, indem das Ergebnis einer vorherigen Lernaufgabe verwendet wird. Während Multitask-Lernmethoden viele verwandte Lernaufgaben gleichzeitig lösen, arbeiten Transferlernmethoden in sequenzieller Weise.

Algorithm 11 A Multitask Learning Algorithm

Input: dataset $\mathcal{D} = \{\mathbf{z}^{(1)}, \ldots, \mathbf{z}^{(m)}\}$ with T associated learning tasks with loss functions $L^{(1)}, \ldots, L^{(T)}$, hypothesis space $\mathcal{H}$

1: learn a hypothesis $\hat{h}$ via

$$\hat{h}^{(1)}, \ldots, \hat{h}^{(T)} := \underset{h^{(1)}, \ldots, h^{(T)} \in \mathcal{H}}{\operatorname{argmin}} \sum_{t=1}^{T} \sum_{i=1}^{m} L^{(t)}\big(\mathbf{z}^{(i)}, h^{(t)}\big) + \lambda \mathcal{R}\big(h^{(1)}, \ldots, h^{(T)}\big). \tag{7.35}$$

Output: hypotheses $\hat{h}^{(1)}, \ldots, \hat{h}^{(T)}$

Um die Idee des Transferlernens zu veranschaulichen, betrachten Sie zwei Lernaufgaben, die sich in ihrer intrinsischen Schwierigkeit unterscheiden. Wir betrachten eine Lernaufgabe als einfach, wenn wir leicht große Mengen an beschrifteten (Trainings-)Daten für diese Aufgabe sammeln können. Betrachten Sie die Lernaufgabe $\mathcal{T}^{(1)}$ der Vorhersage, ob ein Bild eine Katze zeigt oder nicht. Für diese Lernaufgabe können wir leicht einen großen Trainingssatz $\mathcal{D}^{(1)}$ mithilfe von Bildersammlungen von Tieren sammeln. Eine andere (verwandte) Lernaufgabe $\mathcal{T}^{(2)}$ besteht darin, vorherzusagen, ob ein Bild eine Katze einer bestimmten Rasse, mit einer bestimmten Körpergröße und einem bestimmten Alter zeigt, für die wir möglicherweise nicht viele beschriftete Datenpunkte sammeln können.

7.8 Übungen

Übung 7.1 Ridge Regression ist ein quadratisches Problem. Betrachten Sie den linearen Hypothesenraum, der aus linearen Abbildungen besteht, die durch Gewichte $\mathbf{w}$ parametrisiert sind. Wir versuchen, die beste lineare Abbildung zu finden, indem wir den regularisierten durchschnittlichen quadratischen Fehlerverlust (empirisches Risiko) minimieren, der bei einigen beschrifteten Datenpunkten $(\mathbf{x}^{(1)}, y^{(1)}), (\mathbf{x}^{(2)}, y^{(2)}), \ldots, (\mathbf{x}^{(m)}, y^{(m)})$ anfällt. Als Regularisierer verwenden wir $\|\mathbf{w}\|^2$, was zu folgendem Lernproblem führt

$$\min_{\mathbf{w} \in \mathbb{R}^n} f(\mathbf{w}) = (1/m) \sum_{i=1}^{m} \left(y^{(i)} - \mathbf{w}^T \mathbf{x}^{(i)}\right) + \|\mathbf{w}\|_2^2.$$

Ist es möglich, die Zielfunktion $f(\mathbf{w})$ als konvexe quadratische Funktion $f(\mathbf{w}) = \mathbf{w}^T \mathbf{C} \mathbf{w} + \mathbf{b} \mathbf{w} + c$ umzuschreiben? Wenn dies möglich ist, wie sind die Matrix $\mathbf{C}$, der Vektor $\mathbf{b}$ und die Konstante c in Bezug auf die Merkmalsvektoren und Labels der Trainingsdaten?

Übung 7.2 Regularisierung oder Modellauswahl. Betrachten Sie Datenpunkte, die jeweils durch $n = 10$ Merkmale $\mathbf{x} \in \mathbb{R}^n$ und ein einzelnes numerisches Label y gekennzeichnet sind. Wir möchten eine lineare Hypothese $h(\mathbf{x}) = \mathbf{w}^T \mathbf{x}$ lernen, indem wir den durchschnittlichen quadratischen Fehler auf dem Trainingssatz $\mathcal{D}$ der Größe $m = 4$ minimieren. Wir könnten eine solche Hypothese durch zwei Ansätze lernen. Der erste Ansatz besteht darin, den Datensatz in einen Trainingssatz und einen Validierungssatz aufzuteilen. Dann betrachten wir alle Modelle, die aus linearen Hypothesen mit Gewichtsvektoren bestehen, die höchstens zwei Nicht-Null-Gewichte haben. Jedes dieser Modelle entspricht einer anderen Teilmenge von zwei Gewichten, die Nicht-Null sein könnten. Finden Sie das Modell, das die kleinsten Validierungsfehler ergibt (siehe Algorithmus 5). Berechnen Sie den durchschnittlichen Verlust der resultierenden optimalen linearen Hypothese auf einigen Datenpunkten, die weder für das Training noch für die Validierung verwendet wurden. Vergleichen Sie diesen durchschnittlichen Verlust („Testfehler") mit dem durchschnittlichen Verlust, der auf den gleichen Datenpunkten durch die durch Ridge Regression gelernte Hypothese erzielt wurde (7.4).

Literatur

1. O. Chapelle, B. Schölkopf, A. Zien (Hrsg.), *Semi-Supervised Learning* (The MIT Press, Cambridge, MA, 2006)
2. R. Caruana, Multitask learning. Mach. Learn. **28**(1), 41–75 (1997)
3. M. Wainwright, *High-Dimensional Statistics: A Non-Asymptotic Viewpoint* (Cambridge University Press, Cambridge, 2019)
4. P. Bühlmann, S. van de Geer, *Statistics for High-Dimensional Data* (Springer, New York, 2011)
5. S. Shalev-Shwartz, S. Ben-David, *Understanding Machine Learning—From Theory to Algorithms* (Cambridge University Press, Cambridge, 2014)
6. V.N. Vapnik, *The Nature of Statistical Learning Theory* (Springer, Berlin, 1999)
7. S. Boyd, L. Vandenberghe, *Convex Optimization* (Cambridge University Press, Cambridge, UK, 2004)
8. D.P. Bertsekas, *Nonlinear Programming*, 2. Aufl. (Athena Scientific, Belmont, MA, 1999)

9. T. Hastie, R. Tibshirani, J. Friedman, *The Elements of Statistical Learning* Springer Series in Statistics. (Springer, New York, 2001)
10. T. Hastie, R. Tibshirani, M. Wainwright, *Statistical Learning with Sparsity: The Lasso and Its Generalizations* (CRC Press, Boca Raton, FL, 2015)
11. A. Jung, A fixed-point of view on gradient methods for big data. Frontiers in Applied Mathematics and Statistics **3**, 18 (2017)
12. Y.C. Eldar, P. Kuppinger, H. Bölcskei, Block-sparse signals: Uncertainty relations and efficient recovery. IEEE Trans. Signal Processing **58**(6), 3042–3054 (2010). (June)
13. S. Pan, Q. Yang, A survey on transfer learning. IEEE Trans. Knowl. Data Eng. **22**(10), 1345–1359 (2010)
14. J. Howard, S. Ruder, Universal language model fine-tuning for text classification, in *Proceedings of the 56th Annual Meeting of the Association for Computational Linguistics (Volume 1: Long Papers)* (Association for Computational Linguistics, Stroudsburg, 2018), S. 328–339

Kapitel 8
Clustering

Bisher haben wir uns auf ML-Methoden konzentriert, die das ERM-Prinzip verwenden und eine Hypothese lernen, indem sie die Diskrepanz zwischen ihren Vorhersagen und den wahren Labels in einem Trainingsset minimieren. Diese Methoden werden als überwachte Methoden bezeichnet, da sie beschriftete Datenpunkte benötigen, für die die wahren Labelwerte von einem Menschen (der als „Aufsichtsperson" fungiert) bestimmt wurden. Dieses und das folgende Kapitel diskutieren ML-Methoden, die keine beschrifteten Datenpunkte benötigen. Diese Methoden werden oft als „unüberwacht" bezeichnet, da sie keine Aufsichtsperson benötigen, um die Labelwerte für irgendeinen Datenpunkt bereitzustellen.

Die grundlegende Idee des Clustering besteht darin, dass die in einer ML-Anwendung auftretenden Datenpunkte in wenige Untergruppen zerlegt werden können, die wir als **Cluster** bezeichnen. Clustering-Methoden lernen eine Hypothese, um jeden Datenpunkt entweder einem Cluster zuzuordnen (siehe Abschn. 8.1) oder mehreren Clustern mit unterschiedlichen Zugehörigkeitsgraden (siehe Abschn. 8.2). Zwei Datenpunkte werden demselben Cluster zugewiesen, wenn sie einander ähnlich sind. Verschiedene Clustering-Methoden verwenden verschiedene Maßstäbe für die „Ähnlichkeit" zwischen Datenpunkten. Für Datenpunkte, die durch (numerische) euklidische Merkmalsvektoren charakterisiert sind, kann die Ähnlichkeit zwischen Datenpunkten natürlich in Bezug auf den euklidischen Abstand zwischen Merkmalsvektoren definiert werden. Abschn. 8.3 diskutiert Clustering-Methoden, die Ähnlichkeitsbegriffe verwenden, die nicht erfordern, Datenpunkte durch euklidische Merkmalsvektoren zu charakterisieren (Abb. 8.1).

Es besteht eine starke konzeptionelle Verbindung zwischen Clustering-Methoden und den in Kap. 3 diskutierten Klassifizierungsmethoden. Beide Methodentypen lernen eine Hypothese, die die Merkmale eines Datenpunkts liest und eine Vorhersage für eine interessierende Größe ausgibt. Bei Klassifizierungsmethoden ist diese interessierende Größe ein generisches Label eines Datenpunkts. Bei Clustering-Methoden ist diese interessierende Größe der Index des Clusters, zu dem ein Datenpunkt gehört. Ein Hauptunterschied zwischen Clustering und Klassifizierung besteht darin, dass Clustering-Methoden keine

A. Jung, *Maschinelles Lernen*, https://doi.org/10.1007/978-981-99-7972-1_8

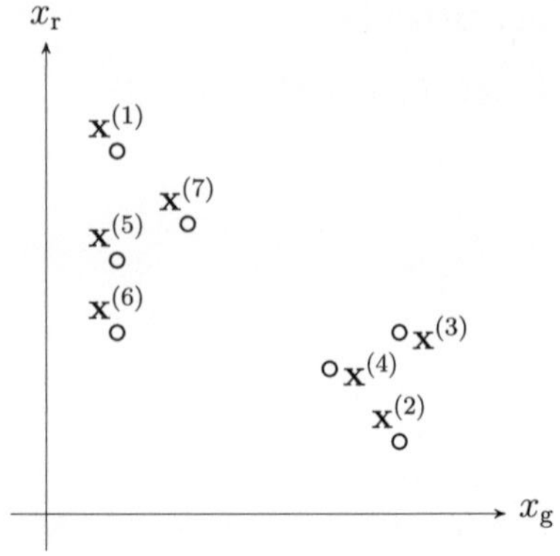

Abb. 8.1 Jeder Kreis repräsentiert ein Bild, das durch seine durchschnittliche Röte x_r und durchschnittliche Grünheit x_g charakterisiert ist. Das $i$te Bild wird durch einen Kreis dargestellt, der sich an der Stelle $\mathbf{x}^{(i)} = \left(x_r^{(i)}, x_g^{(i)}\right)^T \in \mathbb{R}^2$ befindet. Es scheint, dass die Bilder in zwei Cluster gruppiert werden können

Kenntnis über das wahre Label (Cluster-Index) irgendeines Datenpunkts benötigen.

Klassifizierungsmethoden lernen eine gute Hypothese, indem sie ihren durchschnittlichen Verlust minimieren, der auf einem Trainingsset von beschrifteten Datenpunkten anfällt. Im Gegensatz dazu haben Clustering-Methoden keinen Zugang zu einem einzigen beschrifteten Datenpunkt. Um die richtigen Labels (Cluster-Zuordnungen) zu finden, stützen sich Clustering-Methoden ausschließlich auf die intrinsische Geometrie der Datenpunkte. Wir werden sehen, dass Clustering-Methoden diese intrinsische Geometrie verwenden, um ein empirisches Risiko zu definieren, das von einer Kandidatenhypothese eingegangen wird. Wie Klassifizierungsmethoden verwenden auch Clustering-Methoden eine Instanz des ERM-Prinzips (siehe Kap. 4), um eine gute Hypothese (Clustering) zu finden.

Dieses Kapitel diskutiert zwei Hauptvarianten von Clustering-Methoden:

- hartes Clustering (siehe Abschn. 8.1)
- und weiche Clustering-Methoden (siehe Abschn. 8.2).

Harte Clustering-Methoden lernen eine Hypothese h, die den Merkmalsvektor $\mathbf{x}$ eines Datenpunkts liest und einen vorhergesagten Cluster-Index $\hat{y} = h(\mathbf{x}) \in \{1, \ldots, k\}$ liefert. Somit weist hartes Clustering jedem Datenpunkt genau einen Cluster zu. Abschn. 8.1 wird einen der am weitesten verbreiteten Algorithmen für hartes Clustering diskutieren, der als k-means bekannt ist.

Im Gegensatz zu harten Clustering-Methoden weisen weiche Clustering-Methoden jedem Datenpunkt mehrere Cluster mit unterschiedlichen Zugehörigkeitsgraden zu. Diese Methoden lernen eine Hypothese, die einen Vektor $\hat{\mathbf{y}} = \left(\hat{y}_1, \ldots, \hat{y}_k\right)^T$ mit dem Eintrag $\hat{y}_c \in [0, 1]$ liefert, der den vorhergesagten Grad der Zugehörigkeit des Datenpunkts zum Cluster mit dem Index c ist. Hartes Clustering ist ein Extremfall von weichem Clustering, bei dem die Zugehörigkeitsgrade Werte in $\{0, 1\}$ annehmen und nur einer von ihnen ungleich Null sein darf.

Der Hauptfokus dieses Kapitels liegt auf Methoden, die erfordern, dass Datenpunkte durch numerische Merkmalsvektoren repräsentiert werden (siehe Abschn. 8.1 und 8.2). Diese Methoden definieren die Ähnlichkeit zwischen

Datenpunkten anhand der euklidischen Distanz zwischen ihren Merkmalsvektoren. Einige Anwendungen erzeugen Datenpunkte, für die es nicht offensichtlich ist, wie man numerische Merkmalsvektoren erhält, so dass ihre euklidischen Abstände die Ähnlichkeit zwischen den Datenpunkten widerspiegeln. Es ist dann wünschenswert, ein flexibleres Ähnlichkeitskonzept zu verwenden, das nicht erfordert, (nützliche) numerische Merkmalsvektoren von Datenpunkten zu bestimmen. Vielleicht ist das grundlegendste Konzept zur Darstellung von Ähnlichkeiten zwischen Datenpunkten ein Ähnlichkeitsgraph. Die Knoten des Ähnlichkeitsgraphen sind die einzelnen Datenpunkte eines Datensatzes. Ähnliche Datenpunkte sind durch Kanten (Links) verbunden, denen möglicherweise ein Gewicht zugewiesen wird, das die Menge der Ähnlichkeit quantifiziert. Abschn. 8.3 diskutiert Clustering-Methoden, die einen Graphen zur Darstellung von Ähnlichkeiten zwischen Datenpunkten verwenden.

8.1 Hartes Clustering mit k-Means

Betrachten Sie einen Datensatz $\mathcal{D}$, der aus m Datenpunkten besteht, die durch $i = 1, \ldots, m$ indiziert sind. Wir können auf die Datenpunkte nur über ihre numerischen Merkmalsvektoren $\mathbf{x}^{(i)} \in \mathbb{R}^n$ zugreifen, für $i = 1, \ldots, m$. Es wird für die folgende Diskussion praktisch sein, wenn wir einen Datenpunkt mit seinem Merkmalsvektor identifizieren. Insbesondere beziehen wir uns mit $\mathbf{x}^{(i)}$ auf den $i$ten Datenpunkt. Harte Clustering-Methoden zerlegen (oder clustern) den Datensatz in eine gegebene Anzahl k verschiedener Cluster $\mathcal{C}^{(1)}, \ldots, \mathcal{C}^{(k)}$. Harte Clustering-Methoden weisen jedem Datenpunkt $\mathbf{x}^{(i)}$ genau einen Cluster $\mathcal{C}^{(c)}$ mit dem Clusterindex $c \in \{1, \ldots, k\}$ zu.

Lassen Sie uns für jeden Datenpunkt sein Label $y^{(i)} \in \{1, \ldots, k\}$ als den Index des Clusters definieren, zu dem der $i$te Datenpunkt tatsächlich gehört. Der $c$te Cluster besteht aus allen Datenpunkten mit $y^{(i)} = c$,

$$\mathcal{C}^{(c)} := \big\{i \in \{1, \ldots, m\} : y^{(i)} = c\big\}. \tag{8.1}$$

Wir können harte Clustering-Methoden als Methoden interpretieren, die Vorhersagen $\hat{y}^{(i)}$ für die Cluster („korrekte") Zuordnungen $y^{(i)}$ berechnen. Die vorhergesagten Clusterzuordnungen resultieren in den vorhergesagten Clustern

$$\widehat{\mathcal{C}}^{(c)} := \big\{i \in \{1, \ldots, m\} : \hat{y}^{(i)} = c\big\}, \text{ für } c = 1, \ldots, k. \tag{8.2}$$

Wir diskutieren nun eine weit verbreitete Clustering-Methode, bekannt als -means. Diese Methode erfordert nicht die Kenntnis des Labels oder der (wahren) Clusterzuordnung $y^{(i)}$ für irgendeinen Datenpunkt in $\mathcal{D}$. Diese Methode berechnet vorhergesagte Clusterzuordnungen $\hat{y}^{(i)}$ ausschließlich aus der intrinsischen Geometrie der Merkmalsvektoren $\mathbf{x}^{(i)} \in \mathbb{R}^n$ für alle $i = 1, \ldots, m$. Da es keine beschrifteten Datenpunkte erfordert, wird k-means oft als eine unüberwachte Methode bezeichnet.

Beachten Sie jedoch, dass k-means die Anzahl k der Cluster als Eingabe (oder Hyper-) Parameter benötigt.

Die k-Mittel-Methode stellt den $c$ten Cluster $\widehat{\mathcal{C}}^{(c)}$ durch einen repräsentativen Merkmalsvektor $\boldsymbol{\mu}^{(c)} \in \mathbb{R}^n$ dar. Es scheint sinnvoll, Datenpunkte in $\mathcal{D}$ so zu Clustern $\widehat{\mathcal{C}}^{(c)}$ zuzuordnen, dass sie gut um die Clusterrepräsentanten $\boldsymbol{\mu}^{(c)}$ konzentriert sind. Wir machen diese informelle Anforderung präzise, indem wir den **Clustering-Fehler**

$$\widehat{L}\big(\{\boldsymbol{\mu}^{(c)}\}_{c=1}^{k}, \{\hat{y}^{(i)}\}_{i=1}^{m} \mid \mathcal{D}\big) = (1/m) \sum_{i=1}^{m} \left\| \mathbf{x}^{(i)} - \boldsymbol{\mu}^{(\hat{y}^{(i)})} \right\|^2. \tag{8.3}$$

Beachten Sie, dass der Clustering-Fehler $\widehat{L}$ (8.3) sowohl von den Clusterzuweisungen $\hat{y}^{(i)}$, die den Cluster definieren (8.2), als auch von den Clusterrepräsentanten $\boldsymbol{\mu}^{(c)}$, für $c = 1, \ldots, k$ abhängt.

Die optimalen Cluster-Mittelwerte $\{\boldsymbol{\mu}^{(c)}\}_{c=1}^{k}$ und Clusterzuweisungen $\{\hat{y}^{(i)}\}_{i=1}^{m}$ zu finden, die den Clustering-Fehler (8.3) minimieren, ist rechnerisch herausfordernd. Die Schwierigkeit ergibt sich aus der Tatsache, dass der Clustering-Fehler eine nicht-konvexe Funktion der Cluster-Mittelwerte und -Zuweisungen ist. Während die gemeinsame Optimierung der Cluster-Mittelwerte und -Zuweisungen schwierig ist, ist die separate Optimierung entweder der Cluster-Mittelwerte für gegebene Zuweisungen oder umgekehrt einfach. Im Folgenden präsentieren wir einfache geschlossene Lösungen für diese Teilprobleme. Die k-Mittel-Methode kombiniert diese Lösungen einfach abwechselnd.

Es kann gezeigt werden, dass für gegebene Vorhersagen (Cluster-Zuweisungen) $\hat{y}^{(i)}$, der Clustering-Fehler (8.3) minimiert wird, indem die Cluster-Repräsentanten gleich den **Cluster-Mitteln** gesetzt werden [1]

$$\boldsymbol{\mu}^{(c)} := \big(1/|\widehat{\mathcal{C}}^{(c)}|\big) \sum_{\hat{y}^{(i)}=c} \mathbf{x}^{(i)}. \tag{8.4}$$

Um (8.4) zu bewerten, müssen wir die vorhergesagten Cluster-Zuweisungen kennen $\hat{y}^{(i)}$. Der Knackpunkt ist, dass die optimalen Vorhersagen $\hat{y}^{(i)}$, im Sinne der Minimierung des Clustering-Fehlers (8.3), selbst von der Wahl der Cluster-Repräsentanten abhängen $\boldsymbol{\mu}^{(c)}$. Insbesondere wird für einen gegebenen Cluster-Repräsentanten $\boldsymbol{\mu}^{(c)}$ mit $c = 1, \ldots, k$, der Clustering-Fehler minimiert durch die Cluster-Zuweisungen

$$\hat{y}^{(i)} \in \underset{c \in \{1,\ldots,k\}}{\operatorname{argmin}} \left\| \mathbf{x}^{(i)} - \boldsymbol{\mu}^{(c)} \right\|. \tag{8.5}$$

Hier bezeichnen wir mit $\operatorname{argmin}_{c' \in \{1,\ldots,k\}} \|\mathbf{x}^{(i)} - \boldsymbol{\mu}^{(c')}\|$ die Menge aller Cluster-Indizes $c \in \{1, \ldots, k\}$ so, dass $\|\mathbf{x}^{(i)} - \boldsymbol{\mu}^{(c)}\| = \min_{c' \in \{1,\ldots,k\}} \|\mathbf{x}^{(i)} - \boldsymbol{\mu}^{(c')}\|$.

Beachten Sie, dass (8.5) den $i$ten Datenpunkt jenem Cluster $\mathcal{C}^{(c)}$ zuordnet, dessen Cluster-Mittelwert $\boldsymbol{\mu}^{(c)}$ am nächsten (in euklidischer Distanz) zu $\mathbf{x}^{(i)}$ ist. Wenn wir also die optimalen Cluster-Vertreter kennen würden, könnten wir die Cluster-Zuordnungen mit Hilfe von (8.5) vorhersagen. Allerdings kennen wir die optimalen Cluster-Vertreter nicht, es sei denn, wir haben gute Vorhersagen für die Cluster-Zuordnungen $\hat{y}^{(i)}$ gefunden (siehe (8.4)).

Zusammenfassend: Wir haben die optimale Wahl (8.4) für die Clusterrepräsentanten für gegebene Clusterzuweisungen und die optimale Wahl (8.5) für die Clusterzuweisungen für gegebene Clusterrepräsentanten charakterisiert. Es scheint natürlich, ausgehend von einer ersten Vermutung für die Clusterrepräsentanten, zwischen dem Clusterzuweisungsupdate (8.5) und dem Update (8.4) für die Clusterdurchschnitte zu wechseln. Diese wechselnde Optimierungsstrategie wird in Abb. 8.2 veranschaulicht und in Algorithmus 12 zusammengefasst. Beachten Sie, dass Algorithmus 12, der vielleicht die grundlegendste Variante von k-means ist, einfach zwischen den beiden Updates (8.4) und (8.5) wechselt, bis ein bestimmtes Stoppkriterium erfüllt ist.

Algorithm 12 "k-means"

Input: dataset $\mathcal{D} = \{\mathbf{x}^{(i)}\}_{i=1}^{m}$; number k of clusters; initial cluster means $\boldsymbol{\mu}^{(c)}$ for $c = 1, \ldots, k$.

1: **repeat**

2: for each data point $\mathbf{x}^{(i)}$, $i = 1, \ldots, m$, do

$$\hat{y}^{(i)} := \mathrm{argmin}_{c' \in \{1,\ldots,k\}} \|\mathbf{x}^{(i)} - \boldsymbol{\mu}^{(c')}\| \quad \text{(update cluster assignments)} \tag{8.6}$$

3: for each cluster $c = 1, \ldots, k$ do

$$\boldsymbol{\mu}^{(c)} := \frac{1}{|\{i : \hat{y}^{(i)} = c\}|} \sum_{i:\hat{y}^{(i)}=c} \mathbf{x}^{(i)} \quad \text{(update cluster means)} \tag{8.7}$$

4: **until** stopping criterion is met

5: compute final clustering error $E^{(k)} := (1/m) \sum_{i=1}^{m} \left\| \mathbf{x}^{(i)} - \boldsymbol{\mu}^{(\hat{y}^{(i)})} \right\|^2$

Output: cluster means $\boldsymbol{\mu}^{(c)}$, for $c = 1, \ldots, k$, cluster assignments $\hat{y}^{(i)} \in \{1, \ldots, k\}$, for $i = 1, \ldots, m$, final clustering error $E^{(k)}$

Algorithmus 12 erfordert die Angabe der Anzahl k der Cluster und erste Wahlmöglichkeiten für die Clusterdurchschnitte $\boldsymbol{\mu}^{(c)}$, für $c = 1, \ldots, k$. Diese Mengen sind Hyperparameter, die auf die spezifische Geometrie des gegebenen Datensatzes $\mathcal{D}$ abgestimmt werden müssen. Diese Abstimmung kann auf probabilistischen Modellen für den Datensatz und seine Clusterstruktur basieren

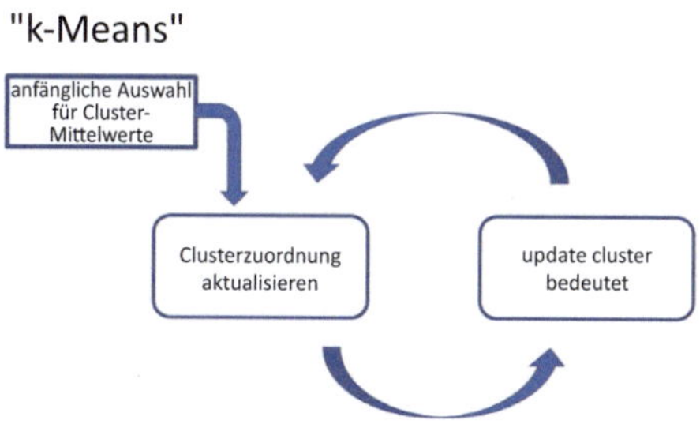

Abb. 8.2 Der Ablauf von k-means. Ausgehend von einer ersten Schätzung oder Vermutung für die Clusterdurchschnitte werden die Clusterzuweisungen und Clusterdurchschnitte in wechselnder Reihenfolge aktualisiert (verbessert)

(siehe Abschn. 2.1.4 und [2, 3]). Alternativ kann, wenn Algorithmus 12 als Vorverarbeitung innerhalb einer allgemeinen überwachten ML-Methode verwendet wird (siehe Kap. 3), der Validierungsfehler (siehe Abschn. 6.3) der Gesamtmethode die Wahl der Anzahl k der Cluster leiten.

Wahl der Anzahl der Cluster. Die Wahl der Anzahl k der Cluster hängt typischerweise von der Rolle der Clustering-Methode innerhalb einer gesamten ML-Anwendung ab. Wenn die Clustering-Methode als Vorverarbeitung für ein überwachtes ML-Problem dient, könnten wir verschiedene Werte der Anzahl k ausprobieren und für jede Wahl k den entsprechenden Validierungsfehler ermitteln. Wir wählen dann den Wert von k, der den kleinsten Validierungsfehler ergibt. Wenn die Clustering-Methode hauptsächlich als Werkzeug für die Datenvisualisierung verwendet wird, könnten wir eine kleine Anzahl von Clustern bevorzugen. Die Wahl der Anzahl k von Clustern kann auch durch die sogenannte „Ellbogen-Methode" geleitet werden. Hier führen wir den k-means Algorithmus 12 für verschiedene Auswahlmöglichkeiten von k aus. Für jeden Wert von k liefert Algorithmus 12 eine Clusterbildung mit Clustering-Fehler

$$E^{(k)} = \widehat{L}\big(\{\boldsymbol{\mu}^{(c)}\}_{c=1}^{k}, \{\hat{y}^{(i)}\}_{i=1}^{m} \mid \mathcal{D}\big).$$

Wir plotten dann den minimalen empirischen Fehler $E^{(k)}$ als Funktion der Anzahl k der Cluster. Abb. 8.3 zeigt ein Beispiel für ein solches Diagramm, das typischerweise mit einem steilen Abfall für zunehmende k beginnt und dann für größere Werte von k abflacht. Beachten Sie, dass wir für $k \geq m$ einen Clustering-Fehler von null erreichen können, da jeder Datenpunkt $\mathbf{x}^{(i)}$ einem separaten Cluster $\mathcal{C}^{(c)}$ zugewiesen werden kann, dessen Mittelwert mit diesem Datenpunkt übereinstimmt, $\mathbf{x}^{(i)} = \boldsymbol{\mu}^{(c)}$.

Initialisierung der Cluster-Mittelwerte. Wir erwähnen kurz einige beliebte Strategien zur Auswahl der initialen Cluster-Mittelwerte in Algorithmus 12. Eine Option besteht darin, die Cluster-Mittelwerte mit Realisierungen von i.i.d. Zufallsvektoren zu initialisieren, deren Wahrscheinlichkeitsverteilung an den Datensatz $\mathcal{D} = \{\mathbf{x}^{(i)}\}_{i=1}^{m}$ angepasst ist (siehe Abschn. 3.12).

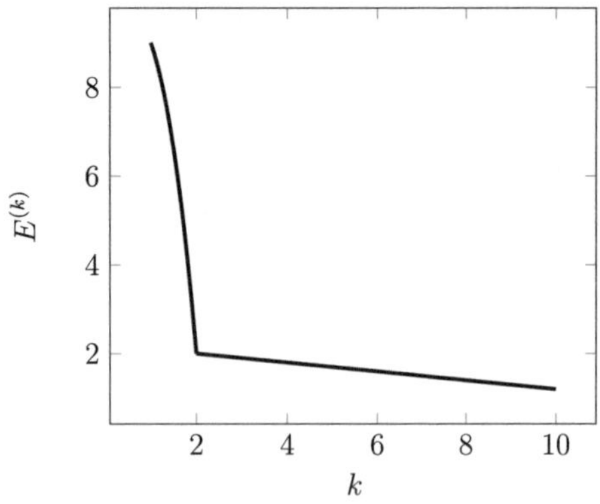

Abb. 8.3 Der Clustering-Fehler $E^{(k)}$ erreicht durch k-means für zunehmende Anzahl k von Clustern

Zum Beispiel könnten wir eine multivariate Normalverteilung $\mathcal{N}(\mathbf{x}; \widehat{\boldsymbol{\mu}}, \widehat{\boldsymbol{\Sigma}})$ mit dem Stichprobenmittelwert $\widehat{\boldsymbol{\mu}} = (1/m) \sum_{i=1}^{m} \mathbf{x}^{(i)}$ und der Stichprobenkovarianz $\widehat{\boldsymbol{\Sigma}} = (1/m) \sum_{i=1}^{m} (\mathbf{x}^{(i)} - \widehat{\boldsymbol{\mu}})(\mathbf{x}^{(i)} - \widehat{\boldsymbol{\mu}})^T$ verwenden. Alternativ könnten wir die initialen Cluster-Mittelwerte $\boldsymbol{\mu}^{(c)}$ durch Auswahl von k verschiedenen Datenpunkten $\mathbf{x}^{(i)}$ aus $\mathcal{D}$ bestimmen. Dieser Auswahlprozess könnte zufällige Entscheidungen mit einer Optimierung der Abstände zwischen den Cluster-Mittelwerten kombinieren [4]. Schließlich könnten die Cluster-Mittelwerte auch durch gleichmäßige Partitionierung der Hauptkomponente des Datensatzes gewählt werden (siehe Kap. 9).

Interpretation als ERM. Für eine praktische Implementierung des Algorithmus 12 müssen wir entscheiden, wann wir aufhören, die Cluster-Mittelwerte und -Zuordnungen zu aktualisieren (siehe (8.6) und (8.7)). Zu diesem Zweck ist es hilfreich, den Algorithmus 12 als Methode zur iterativen Minimierung des Clustering-Fehlers (8.3) zu interpretieren. Wie leicht überprüft werden kann, modifizieren die Aktualisierungen (8.6) und (8.7) immer die Cluster-Mittelwerte oder -Zuordnungen so, dass der Clustering-Fehler (8.3) nie erhöht wird. Daher führt jede neue Iteration des Algorithmus 12 zu Cluster-Mittelwerten und -Zuordnungen mit einem kleineren (oder dem gleichen) Clustering-Fehler im Vergleich zu den Cluster-Mittelwerten und -Zuordnungen, die nach der vorherigen Iteration erhalten wurden. Der Algorithmus 12 implementiert eine Form von ERM (siehe Kap. 4) unter Verwendung des Clustering-Fehlers (8.3) als das durch die vorhergesagten Cluster-Zuordnungen $\hat{y}^{(i)}$ entstehende empirische Risiko. Beachten Sie, dass nach Abschluss einer vollständigen Iteration des Algorithmus 12 die Cluster-Mittelwerte $\left\{\boldsymbol{\mu}^{(c)}\right\}_{c=1}^{k}$ vollständig durch die Cluster-Zuordnungen $\left\{\hat{y}^{(i)}\right\}_{i=1}^{m}$ über (8.7) bestimmt sind. Es scheint natürlich, den Algorithmus 12 zu beenden, wenn die Verringerung des Clustering-Fehlers, die durch die neueste Iteration erreicht wurde, unter einem vorgegebenen (kleinen) Schwellenwert liegt.

Clustering und Klassifikation. Es besteht eine starke konzeptionelle Verbindung zwischen Algorithmus 12 und Klassifikationsmethoden (siehe z. B. Abschn. 3.13). Beide Methoden lernen im Wesentlichen eine Hypothese $h(\mathbf{x})$, die den Merkmalsvektor $\mathbf{x}$ auf ein vorhergesagtes Label $\hat{y} = h(\mathbf{x})$ aus einer endlichen Menge abbildet. Die praktische Bedeutung der Labelwerte unterscheidet sich für Algorithmus 12 und Klassifikationsmethoden. Bei Klassifikationsmethoden wird die Bedeutung der Labelwerte im Wesentlichen durch den zur ERM verwendeten Trainingssatz (von gelabelten Datenpunkten) definiert (4.3). Andererseits verwenden Clustering-Methoden das vorhergesagte Label $\hat{y} = h(\mathbf{x})$ als Clusterindex.

Ein weiterer Hauptunterschied zwischen Algorithmus 12 und den meisten Klassifikationsmethoden ist die Wahl des empirischen Risikos, das zur Bewertung der Qualität oder Nützlichkeit einer gegebenen Hypothese $h(\cdot)$ verwendet wird. Klassifikationsmethoden verwenden typischerweise einen durchschnittlichen Verlust über gelabelte Datenpunkte in einem Trainingssatz als empirisches Risiko. Im Gegensatz dazu verwendet Algorithmus 12 den Clustering-Fehler (8.3) als Form des empirischen Risikos. Betrachten wir eine Hypothese, die den Clusterzuweisungen $\hat{y}^{(i)}$ ähnelt, die nach Abschluss einer Iteration in Algorithmus 12 erhalten wurden, $\hat{y}^{(i)} = h(\mathbf{x}^{(i)})$. Dann können wir den resultierenden Clustering-Fehler, der nach dieser Iteration erreicht wurde, umschreiben als

$$\widehat{L}(h|\mathcal{D}) = (1/m)\sum_{i=1}^{m}\left\|\mathbf{x}^{(i)} - \frac{\sum_{i':h(\mathbf{x}^{(i)})=h(\mathbf{x}^{(i')})}\mathbf{x}^{(i')}}{\sum_{i':h(\mathbf{x}^{(i)})=h(\mathbf{x}^{(i')})}}\right\|^{2}. \tag{8.8}$$

Beachten Sie, dass der $i$te Summand in (8.8) vom gesamten Datensatz $\mathcal{D}$ abhängt und nicht nur vom Merkmalsvektor $\mathbf{x}^{(i)}$.

Einige Praktische Aspekte. Für eine praktische Implementierung des Algorithmus 12 müssen wir drei Probleme lösen.

- Problem 1 („Entscheidung bei Gleichstand"): Wir müssen festlegen, was zu tun ist, wenn mehrere verschiedene Clusterindizes $c \in \{1, \ldots, k\}$ den minimalen Wert im Cluster-Zuordnungsupdate (8.6) während Schritt 2 erreichen.
- Problem 2 („leeres Cluster"): Das Cluster-Zuordnungsupdate (8.6) in Schritt 3 des Algorithmus 12 könnte dazu führen, dass ein Cluster c keine zugeordneten Datenpunkte hat, $|\{i : \hat{y}^{(i)} = c\}| = 0$. Für ein solches Cluster c ist das Update (8.7) nicht gut definiert.
- Problem 3 („Abbruchkriterium"): Wir müssen ein Kriterium festlegen, das in Schritt 4 des Algorithmus 12 verwendet wird, um zu entscheiden, wann die Iteration beendet werden soll.

Algorithmus 13 wird aus Algorithmus 12 abgeleitet, indem diese drei Probleme behoben werden [5]. Schritt 3 des Algorithmus 13 löst das oben genannte erste Problem („Entscheidung bei Gleichstand"), das auftritt, wenn es mehrere Cluster gibt, deren Mittelwerte die minimale Entfernung zu einem Datenpunkt $\mathbf{x}^{(i)}$ haben, indem $\mathbf{x}^{(i)}$ dem Cluster mit dem kleinsten Clusterindex zugewiesen wird (siehe (8.9)). Schritt 4 des Algorithmus 13 löst das Problem „leeres Cluster", indem die Variablen $b^{(c)} \in \{0, 1\}$ für $c = 1, \ldots, k$ berechnet werden. Die Variable $b^{(c)}$ zeigt an, ob das Cluster mit dem Index c aktiv ist ($b^{(c)} = 1$) oder das Cluster c inaktiv ist ($b^{(c)} = 0$). Das Cluster c wird als inaktiv definiert, wenn ihm im vorhergehenden Cluster-Zuordnungsschritt (8.9) keine Datenpunkte zugewiesen wurden. Die Clusteraktivitätsindikatoren $b^{(c)}$ ermöglicht es, die Aktualisierungen des Cluster-Mittelwerts (8.10) nur auf die Cluster c mit mindestens einem Datenpunkt $\mathbf{x}^{(i)}$ zu beschränken. Um ein Stoppkriterium zu erhalten, überwacht Schritt 7 Algorithmus 13 den Clustering-Fehler $E^{(r)}$, der durch die nach r Iterationen erzielten Cluster-Mittelwerte und Zuordnungen entsteht. Algorithmus 13 setzt die Aktualisierung der Cluster-Zuordnungen (8.9) und Cluster-Mittelwerte (8.10) fort, solange die Abnahme über einem gegebenen Schwellenwert $\varepsilon \geq 0$ liegt.

Damit Algorithmus 13 nützlich ist, müssen wir sicherstellen, dass das Stoppkriterium innerhalb einer endlichen Anzahl von Iterationen erfüllt ist. Mit anderen Worten, wir müssen sicherstellen, dass die Abnahme des Clustering-Fehlers innerhalb einer ausreichend großen (aber endlichen) Anzahl von Iterationen beliebig klein gemacht werden kann. Zu diesem Zweck ist es hilfreich, Algorithmus 13 als Fixpunktiteration darzustellen

Algorithm 13 "k-Means II" (slight variation of "Fixed Point Algorithm" in [5])

Input: dataset $\mathcal{D} = \{\mathbf{x}^{(i)}\}_{i=1}^{m}$; number k of clusters; tolerance $\varepsilon \geq 0$; initial cluster means $\{\boldsymbol{\mu}^{(c)}\}_{c=1}^{k}$

1: **Initialize.** set iteration counter $r := 0$; $E^{(0)} := 0$

2: **repeat**

3: for all data points $i = 1, \ldots, m$,

$$\hat{y}^{(i)} := \min\{\operatorname{argmin}_{c' \in \{1,\ldots,k\}} \|\mathbf{x}^{(i)} - \boldsymbol{\mu}^{(c')}\|\} \quad \text{(update cluster assignments)} \tag{8.9}$$

4: for all clusters $c = 1, \ldots, k$, update the activity indicator

$$b^{(c)} := \begin{cases} 1 & \text{if } |\{i : \hat{y}^{(i)} = c\}| > 0 \\ 0 & \text{else.} \end{cases}$$

5: for all $c = 1, \ldots, k$ with $b^{(c)} = 1$,

$$\boldsymbol{\mu}^{(c)} := \frac{1}{|\{i : \hat{y}^{(i)} = c\}|} \sum_{\{i : \hat{y}^{(i)} = c\}} \mathbf{x}^{(i)} \quad \text{(update cluster means)} \tag{8.10}$$

6: $r := r + 1$ (increment iteration counter)

7: $E^{(r)} := \widehat{L}\big(\{\boldsymbol{\mu}^{(c)}\}_{c=1}^{k}, \{\hat{y}^{(i)}\}_{i=1}^{m} \mid \mathcal{D}\big)$ (evaluate clustering error (8.3))

8: **until** $r > 1$ and $E^{(r-1)} - E^{(r)} \leq \varepsilon$ (check for sufficient decrease in clustering error)

9: $E^{(k)} := (1/m) \sum_{i=1}^{m} \left\| \mathbf{x}^{(i)} - \boldsymbol{\mu}^{(\hat{y}^{(i)})} \right\|^2$ (compute final clustering error)

Output: cluster assignments $\hat{y}^{(i)} \in \{1, \ldots, k\}$, cluster means $\boldsymbol{\mu}^{(c)}$, clustering error $E^{(k)}$.

$$\{\hat{y}^{(i)}\}_{i=1}^{m} \mapsto \mathcal{P}\{\hat{y}^{(i)}\}_{m=1}^{m}. \tag{8.11}$$

Der Operator $\mathcal{P}$, der vom Datensatz $\mathcal{D}$ abhängt, liest eine Liste von Cluster-Zuordnungen ein und liefert eine verbesserte Liste von Cluster-Zuordnungen, die darauf abzielt, den zugehörigen Clustering-Fehler (8.3) zu reduzieren. Jede Iteration von Algorithmus 13 aktualisiert die Cluster-Zuordnungen $\hat{y}^{(i)}$ durch Anwendung des Operators $\mathcal{P}$. Die Darstellung von Algorithmus 13 als Fixpunktiteration (8.11) ermöglicht einen eleganten Beweis für die Konvergenz von Algorithmus 13 innerhalb einer endlichen Anzahl von Iterationen (sogar für $\varepsilon = 0$) [5, Thm. 2].

Abb. 8.4 zeigt die Entwicklung der Cluster-Zuweisungen und Cluster-Mittelwerte während der Iterationen des Algorithmus 13. Jede Teilabbildung entspricht einer Iteration des Algorithmus 13 und zeigt die Cluster-Mittelwerte vor dieser Iteration und die Cluster-Zuweisungen (über die Markersymbole) nach der entsprechenden Iteration. Insbesondere zeigt die obere linke Teilabbildung die Cluster-Mittelwerte vor der ersten Iteration (die initialen Cluster-Mittelwerte) und die Cluster-Zuweisungen, die nach der ersten Iteration des Algorithmus 13 erhalten wurden.

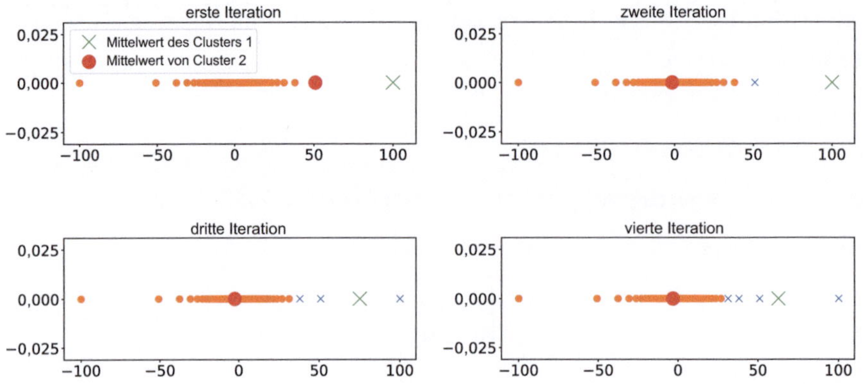

Abb. 8.4 Die Entwicklung der Cluster-Mittelwerte (8.7) und Cluster-Zuweisungen (8.6) (dargestellt als großer Punkt und großes Kreuz) während der ersten vier Iterationen des k-Mittelwerte Algorithmus 13

Betrachten Sie die Ausführung des Algorithmus 13 mit der Toleranz $\varepsilon = 0$ (siehe Schritt 8), so dass die Iterationen fortgesetzt werden, bis es keinen Rückgang im Clustering-Fehler $E^{(r)}$ (siehe Schritt 7 des Algorithmus 13) gibt. Wie oben diskutiert, wird der Algorithmus 13 nach einer endlichen Anzahl von Iterationen beendet. Darüber hinaus sind für $\varepsilon = 0$ die gelieferten Cluster-Zuweisungen $\{\hat{y}^{(i)}\}_{i=1}^{m}$ vollständig durch die gelieferten Cluster-Mittelwerte $\{\boldsymbol{\mu}^{(c)}\}_{c=1}^{k}$ bestimmt,

$$\hat{y}^{(i)} = \min\{\underset{c' \in \{1,\ldots,k\}}{\operatorname{argmin}} \|\mathbf{x}^{(i)} - \boldsymbol{\mu}^{(c')}\|\}. \tag{8.12}$$

Tatsächlich, wenn (8.12) nicht erfüllt ist, kann man zeigen, dass die letzte Iteration r den Clustering-Fehler immer noch verringern würde und das Abbruchkriterium in Schritt 8 nicht erfüllt wäre.

Wenn Cluster-Zuweisungen und Cluster-Mittelwerte die Bedingung (8.12) erfüllen, können wir den Clustering-Fehler (8.3) als Funktion der Cluster-Mittelwerte allein umschreiben,

$$\widehat{L}\big(\{\boldsymbol{\mu}^{(c)}\}_{c=1}^{k}|\mathcal{D}\big) := (1/m) \sum_{i=1}^{m} \min_{c' \in \{1,\ldots,k\}} \|\mathbf{x}^{(i)} - \boldsymbol{\mu}^{(c')}\|^2. \tag{8.13}$$

Auch für Cluster-Zuweisungen und Cluster-Mittelwerte, die (8.12) nicht erfüllen, können wir immer noch (8.13) verwenden, um den Clustering-Fehler (8.3) zu untergrenzen,

$$\widehat{L}\big(\{\boldsymbol{\mu}^{(c)}\}_{c=1}^{k}|\mathcal{D}\big) \leq \widehat{L}\big(\{\boldsymbol{\mu}^{(c)}\}_{c=1}^{k}, \{\hat{y}^{(i)}\}_{i=1}^{m} \mid \mathcal{D}\big).$$

Der Algorithmus 13 verbessert iterativ die Cluster-Mittelwerte, um (8.13) zu minimieren. Idealerweise möchten wir, dass der Algorithmus 13 Cluster-Mittelwerte liefert, die das globale Minimum von (8.13) erreichen (siehe Abb. 8.5).

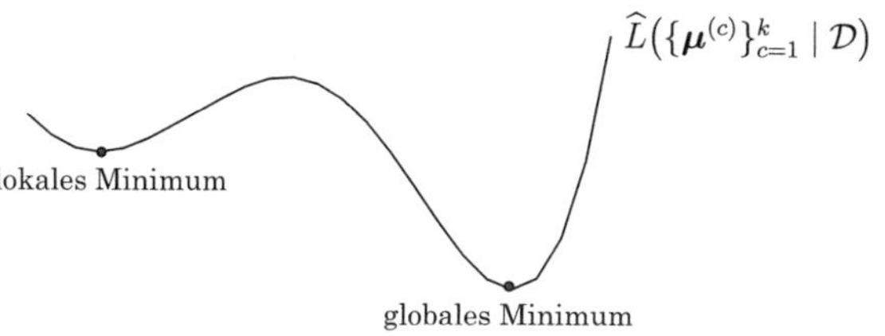

Abb. 8.5 Der Clustering-Fehler (8.13) ist eine nicht-konvexe Funktion der Cluster-Mittelwerte $\{\boldsymbol{\mu}^{(c)}\}_{c=1}^{k}$. Algorithmus 13 aktualisiert iterativ die Cluster-Mittelwerte, um den Clustering-Fehler zu minimieren, kann aber um eines seiner lokalen Minima feststecken

Allerdings liefert der Algorithmus 13 für einige Kombinationen von Datensatz $\mathcal{D}$ und initialen Cluster-Mittelwerten nur Cluster-Mittelwerte, die ein lokales Optimum von $\widehat{L}\left(\left\{\boldsymbol{\mu}^{(c)}\right\}_{c=1}^{k} \middle| \mathcal{D}\right)$ bilden, das streng schlechter (größer) ist als sein globales Optimum (siehe Abb. 8.5).

Die Tendenz des Algorithmus 13, um ein lokales Minimum von (8.13) festzustecken, hängt von der anfänglichen Wahl für Cluster-Mittelwerte ab. Daher ist es oft nützlich, den Algorithmus 13 mehrmals zu wiederholen, wobei jede Wiederholung eine andere anfängliche Wahl für die Cluster-Mittelwerte verwendet. Wir wählen dann die Cluster-Zuordnungen $\{\hat{y}^{(i)}\}_{i=1}^{m}$ aus, die für die Wiederholung erzielt wurden, die den kleinsten Clustering-Fehler $E^{(k)}$ ergab (siehe Schritt 9).

8.2 Weiches Clustering mit Gaußschen Mischmodellen

Betrachten Sie einen Datensatz $\mathcal{D} = \{\mathbf{x}^{(1)}, \ldots, \mathbf{x}^{(m)}\}$, den wir in eine gegebene Anzahl von k verschiedenen Clustern gruppieren möchten. Die harten Clustering-Methoden des Abschn. 8.1 liefern (vorhergesagte) Cluster-Zuordnungen $\hat{y}^{(i)}$ als den Index des Clusters, dem der Datenpunkt $\mathbf{x}^{(i)}$ zugeordnet ist. Diese Cluster-Zuordnungen $\hat{y}$ liefern eher grobkörnige Informationen. Zwei Datenpunkte $\mathbf{x}^{(i)}, \mathbf{x}^{(j)}$ könnten dem gleichen Cluster c zugeordnet sein, obwohl ihre Abstände zum Cluster-Mittelwert $\boldsymbol{\mu}^{(c)}$ sehr unterschiedlich sein könnten. Intuitiv haben diese beiden Datenpunkte einen unterschiedlichen Grad der Zugehörigkeit zum Cluster c.

Für einige Clustering-Anwendungen ist es wünschenswert, den Grad zu quantifizieren, mit dem ein Datenpunkt zu einem Cluster gehört. Weiche Clustering-Methoden verwenden einen kontinuierlichen Bereich, wie das geschlossene Intervall [0, 1], von möglichen Werten für den Grad der Zugehörigkeit. Im Gegensatz dazu verwenden harte Clustering-Methoden nur zwei mögliche Grade der Zugehörigkeit, entweder volle Zugehörigkeit oder keine Zugehörigkeit zu einem Cluster. Während harte Clustering-Methoden einen gegebenen Datenpunkt genau einem Cluster zuordnen, weisen weiche Clustering-Methoden typischerweise einen Datenpunkt mehreren verschiedenen Clustern mit nicht-null Grad der Zugehörigkeit zu.

Dieses Kapitel behandelt weiche Clustering-Methoden, die für jeden Datenpunkt $\mathbf{x}^{(i)}$ im Datensatz $\mathcal{D}$ einen Vektor $\widehat{\mathbf{y}}^{(i)} = \big(\hat{y}_1^{(i)}, \ldots, \hat{y}_k^{(i)}\big)^T$ berechnen. Wir können den Eintrag $\hat{y}_c^{(i)} \in [0, 1]$ als das Maß interpretieren, zu dem der Datenpunkt $\mathbf{x}^{(i)}$ zum Cluster $\mathcal{C}^{(c)}$ gehört. Für $\hat{y}_c^{(i)} \approx 1$ sind wir ziemlich sicher, dass der Datenpunkt $\mathbf{x}^{(i)}$ zum Cluster $\mathcal{C}^{(c)}$ gehört. Im Gegensatz dazu sind wir für $\hat{y}_c^{(i)} \approx 0$ ziemlich sicher, dass der Datenpunkt $\mathbf{x}^{(i)}$ außerhalb des Clusters $\mathcal{C}^{(c)}$ liegt.

Eine weit verbreitete Methode des weichen Clusterings verwendet ein probabilistisches Modell für die Datenpunkte $\mathcal{D} = \{\mathbf{x}^{(i)}\}_{i=1}^m$. Innerhalb dieses Modells wird jedes Cluster $\mathcal{C}^{(c)}$, für $c = 1, \ldots, k$, durch multivariate Normalverteilungen repräsentiert [6]

$$\mathcal{N}\big(\mathbf{x}; \boldsymbol{\mu}^{(c)}, \boldsymbol{\Sigma}^{(c)}\big) = \frac{1}{\sqrt{\det\{2\pi\boldsymbol{\Sigma}\}}} \exp\big(-(1/2)\big(\mathbf{x}-\boldsymbol{\mu}^{(c)}\big)^T\big(\boldsymbol{\Sigma}^{(c)}\big)^{-1}\big(\mathbf{x}-\boldsymbol{\mu}^{(c)}\big)\big), \text{ für } c = 1, \ldots, k. \tag{8.14}$$

Die Wahrscheinlichkeitsverteilung (8.14) wird durch einen clusterspezifischen Mittelwertvektor parametrisiert$\boldsymbol{\mu}^{(c)}$ und eine (invertierbare) clusterspezifische Kovarianzmatrix $\Sigma^{(c)}$.[1] Wir interpretieren einen spezifischen Datenpunkt $\mathbf{x}^{(i)}$ als eine Realisierung, die aus der Wahrscheinlichkeitsverteilung (8.14) eines spezifischen Clusters $c^{(i)}$,

$$\mathbf{x}^{(i)} \sim \mathcal{N}\big(\mathbf{x}; \boldsymbol{\mu}^{(c)}, \boldsymbol{\Sigma}^{(c)}\big) \text{ mit Cluster-Index } c = c^{(i)}. \tag{8.15}$$

Wir können $c^{(i)}$ als den wahren Index des Clusters betrachten, zu dem der Datenpunkt $\mathbf{x}^{(i)}$ gehört. Die Variable $c^{(i)}$ wählt die Cluster-Verteilungen (8.14) aus, aus denen der Merkmalsvektor $\mathbf{x}^{(i)}$ generiert (gezogen) wurde. Wir werden daher die Variable $c^{(i)}$ als die (wahre) Cluster-Zuordnung für den $i$ten Datenpunkt bezeichnen. Ähnlich wie bei den Merkmalsvektoren $\mathbf{x}^{(i)}$ interpretieren wir auch die Cluster-Zuordnungen $c^{(i)}$, für $i = 1, \ldots, m$ als Realisierungen von i.i.d. ZV.

Im Gegensatz zu den Merkmalsvektoren $\mathbf{x}^{(i)}$ beobachten (kennen) wir die wahren Cluster-Indizes $c^{(i)}$ nicht. Schließlich besteht das Ziel des Soft-Clustering darin, die Cluster-Indizes $c^{(i)}$ zu schätzen. Wir erhalten eine Soft-Clustering-Methode, indem wir die Cluster-Indizes $c^{(i)}$ ausschließlich auf Basis der Datenpunkte in $\mathcal{D}$ schätzen. Um diese Schätzungen zu berechnen, gehen wir davon aus, dass die (wahren) Cluster-Indizes $c^{(i)}$ Realisierungen von unabhängig und identisch verteilten Zufallsvariablen mit der gemeinsamen Wahrscheinlichkeitsverteilung (oder Wahrscheinlichkeitsmassenfunktion)

$$p_c := p(c^{(i)} = c) \text{ für } c = 1, \ldots, k. \tag{8.16}$$

Die (priori) Wahrscheinlichkeiten p_c, für $c = 1, \ldots, k$, werden entweder als bekannt angenommen oder aus Daten geschätzt [6, 7]. Die Wahl der Wahrscheinlichkeiten p_c könnte einige Vorinformationen über die unterschiedlichen Größen

[1]Beachten Sie, dass der Ausdruck (8.14) nur für eine invertierbare (nicht-singuläre) Kovarianzmatrix $\boldsymbol{\Sigma}$ gültig ist.

der Cluster widerspiegeln. Wenn beispielsweise bekannt ist, dass Cluster $\mathcal{C}^{(1)}$ größer ist als Cluster $\mathcal{C}^{(2)}$, könnten wir die Priori-Wahrscheinlichkeiten so wählen, dass $p_1 > p_2$.

Das probabilistische Modell, das durch (8.15), (8.16) gegeben ist, wird als GMM bezeichnet. Dieser Name ist recht natürlich, da die gemeinsame Randverteilung für die Merkmalsvektoren $\mathbf{x}^{(i)}$, für $i = 1, \ldots, m$, eine (additive) Mischung aus multivariaten normalen (Gaußschen) Verteilungen ist,

$$p(\mathbf{x}^{(i)}) = \sum_{c=1}^{k} \underbrace{p(c^{(i)} = c)}_{p_c} \underbrace{p(\mathbf{x}^{(i)}|c^{(i)} = c)}_{\mathcal{N}(\mathbf{x}^{(i)};\boldsymbol{\mu}^{(c)},\boldsymbol{\Sigma}^{(c)})}. \tag{8.17}$$

Wie bereits erwähnt, sind die Cluster-Zuweisungen $c^{(i)}$ versteckte (nicht beobachtete) RVs. Wir müssen daher diese Variablen aus den beobachteten Datenpunkten $\mathbf{x}^{(i)}$ schätzen oder ableiten, deren Realisierungen oder i.i.d. RVs mit der gemeinsamen Verteilung (8.17) sind.

Das GMM (siehe (8.15) und (8.16)) führt natürlich zu einer strengen Definition für den Grad $y_c^{(i)}$, zu dem Datenpunkt $\mathbf{x}^{(i)}$ zu Cluster c gehört.[2] Lassen Sie uns den Labelwert $y_c^{(i)}$ als die „a-posteriori" Wahrscheinlichkeit der Clusterzuweisung $c^{(i)}$ definieren, die gleich ist $c \in \{1, \ldots, k\}$:

$$y_c^{(i)} := p(c^{(i)} = c|\mathcal{D}). \tag{8.18}$$

Nach ihrer Definition (8.18) summieren sich die Grade der Zugehörigkeit $y_c^{(i)}$ immer auf eins,

$$\sum_{c=1}^{k} y_c^{(i)} = 1 \text{ für jede } i = 1, \ldots, m. \tag{8.19}$$

Wir betonen, dass wir die bedingte Clusterwahrscheinlichkeit (8.18), bedingt auf den Datensatz $\mathcal{D}$, zur Definition des Grades der Zugehörigkeit $y_c^{(i)}$ verwenden. Dies ist sinnvoll, da der Grad der Zugehörigkeit $y_c^{(i)}$ von der gesamten (Cluster-) Geometrie des Datensatzes $\mathcal{D}$ abhängt.

Die Definition (8.18) für die Label-Werte (Grade der Zugehörigkeit) $y_c^{(i)}$ beinhaltet die GMM-Parameter $\{\boldsymbol{\mu}^{(c)}, \boldsymbol{\mu}^{(c)}, p_c\}_{c=1}^{k}$. Da wir diese Parameter im Voraus nicht kennen, können wir die bedingte Wahrscheinlichkeit in (8.18) nicht bewerten. Ein prinzipieller Ansatz zur Lösung dieses Problems besteht darin, (8.18) mit den wahren GMM-Parametern zu bewerten, die durch einige Schätzungen ersetzt werden $\{\widehat{\boldsymbol{\mu}}^{(c)}, \widehat{\boldsymbol{\Sigma}}^{(c)}, \hat{p}_c\}_{c=1}^{k}$. Das Einsetzen der GMM-Parameter-Schätzungen in (8.18) liefert uns Vorhersagen $\hat{y}_c^{(i)}$ für die Grade der Zugehörigkeit. Um jedoch die GMM-Parameter-Schätzungen zu berechnen, hätten

[2]Denken Sie daran, dass die Grade der Zugehörigkeit $y_c^{(i)}$ als (unbekannte) Labelwerte für Datenpunkte betrachtet werden. Die Wahl oder Definition der Labels von Datenpunkten ist eine Designentscheidung. Insbesondere können wir die Labels von Datenpunkten mit einem hypothetischen probabilistischen Modell wie dem GMM definieren.

wir bereits die Grade der Zugehörigkeit benötigt $y_c^{(i)}$. Diese Situation ähnelt der harten Clusterbildung, bei der das ultimative Ziel darin besteht, Cluster-Mittelwerte und Zuordnungen gemeinsam zu optimieren (siehe Abschn. 8.1).

Ähnlich wie im Geiste von Algorithmus 14 für hartes Clustering lösen wir das oben genannte Dilemma des weichen Clusterings durch ein alternierendes Optimierungsschema. Dieses Schema wechselt zwischen der Aktualisierung (Optimierung) der vorhergesagten Zugehörigkeitsgrade $\hat{y}_c^{(i)}$, für $i = 1, \ldots, m$ und $c = 1, \ldots, k$, gegeben die aktuellen GMM-Parameterschätzungen $\{\widehat{\boldsymbol{\mu}}^{(c)}, \widehat{\boldsymbol{\Sigma}}^{(c)}, \hat{p}_c\}_{c=1}^k$ und dann die Aktualisierung (Optimierung) dieser GMM-Parameterschätzungen basierend auf den aktualisierten Vorhersagen $\hat{y}_c^{(i)}$. Wir fassen die resultierende Methode des weichen Clusterings in Algorithmus 14 zusammen. Jede Iteration von Algorithmus 14 besteht aus einer Aktualisierung (8.22) für die Zugehörigkeitsgrade gefolgt von einer Aktualisierung (Schritt 3) für die GMM-Parameter (Abb. 8.6).

Um Algorithmus 14 zu analysieren, ist es hilfreich, (die Merkmale von) Datenpunkten $\mathbf{x}^{(i)}$ als Realisierungen von unabhängig und identisch verteilten Zufallsvariablen zu interpretieren, die gemäß einer GMM (8.15)–(8.16) verteilt sind. Dann können wir Algorithmus 14 als Methode zur Schätzung der GMM-Parameter verstehen, basierend auf der Beobachtung von Realisierungen, die aus der GMM (8.15)–(8.16) gezogen wurden. Ein prinzipieller Ansatz zur Schätzung der Parameter einer Wahrscheinlichkeitsverteilung ist die Methode der maximalen Wahrscheinlichkeit (siehe Abschn. 3.12 und [7, 8]). Die Idee besteht darin, die GMM-Parameter zu schätzen, indem die Wahrscheinlichkeit (Dichte)

$$p\big(\mathcal{D}; \{\boldsymbol{\mu}^{(c)}, \boldsymbol{\Sigma}^{(c)}, p_c\}_{c=1}^k\big) \tag{8.20}$$

der tatsächlichen Beobachtung des Datenpunkts im Datensatz $\mathcal{D}$ maximiert wird.

Es kann gezeigt werden, dass Algorithmus 14 eine Instanz einer generischen approximativen Maximum-Likelihood-Technik ist, die als Erwartung Maximierung

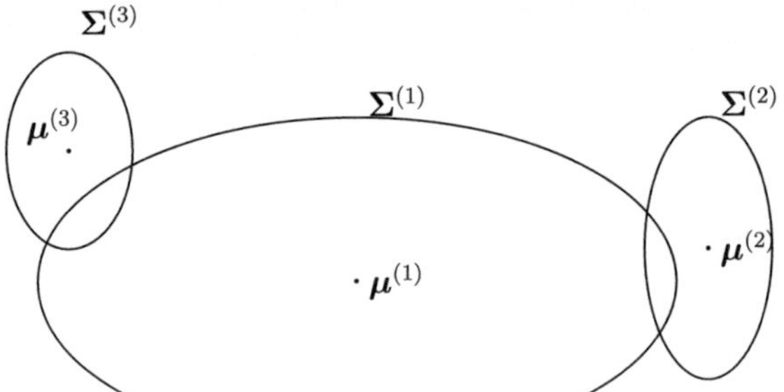

Abb. 8.6 Die GMM (8.15), (8.16) ergibt eine Wahrscheinlichkeitsverteilung (8.17), die eine gewichtete Summe von multivariaten Normalverteilungen ist $\mathcal{N}(\boldsymbol{\mu}^{(c)}, \boldsymbol{\Sigma}^{(c)})$. Das Gewicht der ct en Komponente ist die Clusterwahrscheinlichkeit $p(c^{(i)} = c)$

(EM) bezeichnet wird (siehe [9, Abschn. 8.5] für weitere Details). Insbesondere aktualisiert jede Iteration des Algorithmus 14 die GMM-Parameterschätzungen so, dass die entsprechende Wahrscheinlichkeitsdichte (8.20) nicht abnimmt [10]. Wenn wir die GMM-Parameterschätzung, die nach r Iterationen des Algorithmus 14 erhalten wurde, mit $\boldsymbol{\theta}^{(r)}$ bezeichnen [9, Abschn. 8.5.2],

$$p\big(\mathcal{D}; \boldsymbol{\theta}^{(r+1)}\big) \geq p\big(\mathcal{D}; \boldsymbol{\theta}^{(r)}\big) \tag{8.21}$$

Algorithm 14 "A Soft-Clustering Algorithm" [1]

Input: dataset $\mathcal{D} = \{\mathbf{x}^{(i)}\}_{i=1}^{m}$; number k of clusters, initial GMM parameter estimates $\{\widehat{\boldsymbol{\mu}}^{(c)}, \widehat{\boldsymbol{\Sigma}}^{(c)}, \hat{p}_c\}_{c=1}^{k}$

1: **repeat**

2: for each $i = 1, \ldots, m$ and $c = 1, \ldots, k$, update degrees of belonging

$$\hat{y}_c^{(i)} := \frac{\hat{p}_c \mathcal{N}(\mathbf{x}^{(i)}; \widehat{\boldsymbol{\mu}}^{(c)}, \widehat{\boldsymbol{\Sigma}}^{(c)})}{\sum_{c'=1}^{k} \hat{p}_{c'} \mathcal{N}(\mathbf{x}^{(i)}; \widehat{\boldsymbol{\mu}}^{(c')}, \widehat{\boldsymbol{\Sigma}}^{(c')})} \tag{8.22}$$

3: for each $c \in \{1, \ldots, k\}$, update GMM parameter estimates:

- $\hat{p}_c := m_c/m$ with effective cluster size $m_c := \sum_{i=1}^{m} \hat{y}_c^{(i)}$ (cluster probability)
- $\widehat{\boldsymbol{\mu}}^{(c)} := (1/m_c) \sum_{i=1}^{m} \hat{y}_c^{(i)} \mathbf{x}^{(i)}$ (cluster mean)
- $\widehat{\boldsymbol{\Sigma}}^{(c)} := (1/m_c) \sum_{i=1}^{m} \hat{y}_c^{(i)} \big(\mathbf{x}^{(i)} - \widehat{\boldsymbol{\mu}}^{(c)}\big)\big(\mathbf{x}^{(i)} - \widehat{\boldsymbol{\mu}}^{(c)}\big)^T$ (cluster covariance matrix)

4: **until** stopping criterion met

Output: predicted degrees of belonging $\widehat{\mathbf{y}}^{(i)} = (\hat{y}_1^{(i)}, \ldots, \hat{y}_k^{(i)})^T$ for $i = 1, \ldots, m$.

Wie bei Algorithmus 12 können wir auch Algorithmus 14 als eine Instanz des ERM-Prinzips interpretieren, das in Kap. 4 diskutiert wurde. Tatsächlich ist die Maximierung der Wahrscheinlichkeitsdichte (8.20) äquivalent zur Minimierung des empirischen Risikos

$$\widehat{L}\big(\boldsymbol{\theta} \mid \mathcal{D}\big) := -\log p\big(\mathcal{D}; \boldsymbol{\theta}\big) \text{ mit GMM-Parametern } \boldsymbol{\theta} := \{\boldsymbol{\mu}^{(c)}, \boldsymbol{\Sigma}^{(c)}, p_c\}_{c=1}^{k} \tag{8.23}$$

Das empirische Risiko (8.23) ist das negative Logarithmus der Wahrscheinlichkeit (Dichte) (8.20) der Beobachtung des Datensatzes $\mathcal{D}$ als i.i.d. Realisierungen des GMM (8.17). Die monotone Zunahme der Wahrscheinlichkeitsdichte (8.21) durch die Iterationen von Algorithmus 14 führt zu einer monotonen Abnahme des empirischen Risikos,

$$\widehat{L}\big(\boldsymbol{\theta}^{(r)} \mid \mathcal{D}\big) \leq \widehat{L}\big(\boldsymbol{\theta}^{(r-1)} \mid \mathcal{D}\big) \text{ mit Iterationszähler } r. \tag{8.24}$$

Die monotone Abnahme (8.24) des empirischen Risikos (8.23) durch die Iterationen von Algorithmus 14 führt natürlich zu einem Abbruchkriterium.

Lassen Sie $E^{(r)}$ das empirische Risiko (8.23) bezeichnen, das durch die GMM-Parameterschätzungen $\boldsymbol{\theta}^{(r)}$ erreicht wird, die nach r Iterationen in Algorithmus 14 erhalten wurden. Wir stoppen die Iterationen, sobald die Abnahme $E^{(r)} - E^{(r+1)}$, die durch die $r+$ lte Iteration von Algorithmus 14 erreicht wird, unter einen gegebenen (positiven) Schwellenwert $\varepsilon > 0$ fällt.

Ähnlich wie Algorithmus 12 kann auch Algorithmus 14 in lokalen Minima des zugrunde liegenden empirischen Risikos gefangen werden. Die von Algorithmus 14 gelieferten GMM-Parameter könnten nur ein lokales Minimum von (8.23) sein, aber nicht das globale Minimum (siehe Abb. 8.5 für die analoge Situation im Hard Clustering). Wie beim Hard Clustering Algorithmus 12 wiederholen wir typischerweise Algorithmus 14 mehrere Male. Bei jeder Wiederholung von Algorithmus 14 verwenden wir eine andere (zufällig gewählte) Initialisierung für die GMM-Parameterschätzungen $\boldsymbol{\theta} = \{\widehat{\boldsymbol{\mu}}^{(c)}, \widehat{\boldsymbol{\Sigma}}^{(c)}, \hat{p}_c\}_{c=1}^{k}$. Jede Wiederholung von Algorithmus 14 führt zu einem potenziell anderen Satz von GMM-Parameterschätzungen und Zugehörigkeitsgraden $\hat{y}_c^{(i)}$. Wir verwenden dann die Ergebnisse für diese Wiederholung, die das kleinste empirische Risiko (8.23) erzielt.

Lassen Sie uns einen interessanten Zusammenhang zwischen weichen Clustering-Methoden auf Basis von GMM (siehe Algorithmus 14) und hartem Clustering mit k-Mittelwerten (siehe Algorithmus 12) aufzeigen. Betrachten Sie das das GMM (8.15) mit vorgegebenen Cluster-Kovarianzmatrizen

$$\boldsymbol{\Sigma}^{(c)} = \sigma^2 \mathbf{I} \text{ für alle } c \in \{1, \ldots, k\}, \tag{8.25}$$

mit einer gegebenen Varianz $\sigma^2 > 0$. Wir nehmen an, dass die Cluster-Kovarianzmatrizen im GMM durch (8.25) gegeben sind und können daher die Kovarianzmatrix-Updates in Algorithmus 14 durch die Zuweisung $\widehat{\boldsymbol{\Sigma}}^{(c)} := \sigma^2 \mathbf{I}$ ersetzen. Es lässt sich leicht überprüfen, dass für eine ausreichend kleine Varianz σ^2 in (8.25), das Update (8.22) dazu neigt, $\hat{y}_c^{(i)} \in \{0, 1\}$ durchzusetzen. Mit anderen Worten, jeder Datenpunkt $\mathbf{x}^{(i)}$ wird dann effektiv genau einem einzigen Cluster c zugeordnet, dessen Cluster-Mittelwert $\widehat{\boldsymbol{\mu}}^{(c)}$ am nächsten zu $\mathbf{x}^{(i)}$ liegt. Für $\sigma^2 \rightarrow 0$ reduziert sich das weiche Clustering-Update (8.22) in Algorithmus 14 auf das (harte) Cluster-Zuweisungsupdate (8.6) im k-Mittelwerte-Algorithmus 12. Wir können Algorithmus 12 als einen extremen Fall von Algorithmus 14 interpretieren, der dadurch erhalten wird, dass die Kovarianzmatrizen im GMM auf $\sigma^2 \mathbf{I}$ mit einer ausreichend kleinen σ^2 festgelegt werden.

Kombination von GMM mit linearer Regression. Lassen Sie uns nun skizzieren, wie Algorithmus 14 mit linearen Regressionsmethoden kombiniert werden könnte. Die Idee besteht darin, zunächst den Grad der Zugehörigkeit zu den Clustern für jeden Datenpunkt zu berechnen. Dann lernen wir separate lineare Prädiktoren für jeden Cluster, wobei wir den Grad der Zugehörigkeit als Gewichte für die einzelnen Verlustbegriffe im Trainingsfehler verwenden. Um das Label eines neuen Datenpunkts vorherzusagen, berechnen wir zunächst die Vorhersagen, die für jede clusterspezifische lineare Hypothese erhalten wurden, und mitteln sie dann unter Verwendung des Grades der Zugehörigkeit des neuen Datenpunkts zu jedem Cluster.

8.3 Verbindlichkeitsbasiertes Clustering

Die in den Abschn. 8.1 und 8.2 diskutierten Clustering-Methoden können nur auf Datenpunkte angewendet werden, die durch numerische Merkmalsvektoren charakterisiert sind. Diese Methoden definieren die Ähnlichkeit zwischen Datenpunkten anhand der euklidischen Distanz zwischen den Merkmalsvektoren dieser Datenpunkte. Wie in Abb. 8.7 dargestellt, können diese Methoden nur „euklidisch geformte" Cluster erzeugen, die entweder innerhalb von Hypersphären (Algorithmus 12) oder Hyperellipsoiden (Algorithmus 14) enthalten sind.

Einige Anwendungen erzeugen Datenpunkte, für die die Erstellung nützlicher numerischer Merkmale schwierig ist. Selbst wenn wir leicht numerische Merkmale für Datenpunkte erhalten können, spiegeln die euklidischen Abstände zwischen den resultierenden Merkmalsvektoren möglicherweise nicht die tatsächlichen Ähnlichkeiten zwischen den Datenpunkten wider. Als Beispiel betrachten Sie Datenpunkte, die Textdokumente repräsentieren. Wir könnten das Histogramm einer vorgegebenen Wortliste als numerische Merkmale für ein Textdokument verwenden. Im Allgemeinen impliziert eine geringe euklidische Distanz zwischen Histogrammen von Textdokumenten nicht, dass die Textdokumente ähnliche Bedeutungen haben. Darüber hinaus könnten Gruppen oder Cluster von ähnlichen Textdokumenten in dem Raum der Merkmalsvektoren hochkomplizierte Formen haben, die nicht innerhalb von Hyperellipsoiden gruppiert werden können. Für Datensätze mit solchen „nicht-euklidischen" Clusterformen sind k-Mittelwerte oder GMM nicht als Clustering-Methoden geeignet. Wir sollten dann die euklidische Distanz zwischen Merkmalsvektoren durch ein anderes Konzept ersetzen, um die Ähnlichkeit zwischen Datenpunkten zu bestimmen oder zu messen.

Verbindungsorientierte Clustering-Methoden erfordern keine numerischen Merkmale von Datenpunkten. Diese Methoden clustern Datenpunkte basierend auf der expliziten Angabe, ob zwei verschiedene Datenpunkte ähnlich sind und in welchem Ausmaß. Ein praktisches mathematisches Werkzeug zur Darstellung von Ähnlichkeiten zwischen den Datenpunkten eines Datensatzes $\mathcal{D}$ ist ein gewichteter ungerichteter Graph $\mathcal{G} = (\mathcal{V}, \mathcal{E})$. Wir beziehen uns auf diesen Graphen als den

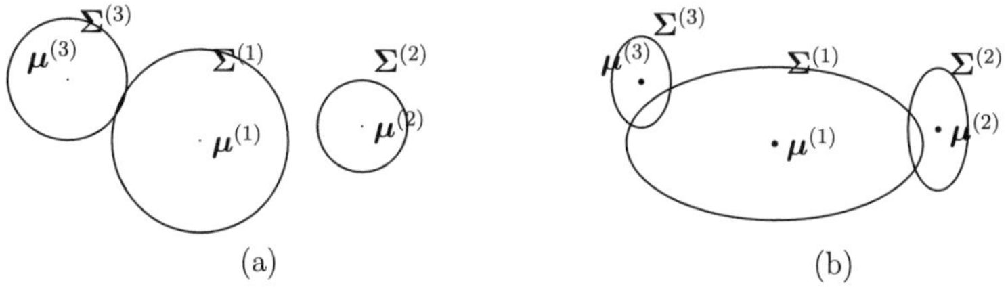

Abb. 8.7 **a** Karikatur typischer Clusterformen, die durch den k-means Algorithmus 13 geliefert werden. **b** Karikatur typischer Clusterformen, die durch den Soft-Clustering-Algorithmus 14 geliefert werden

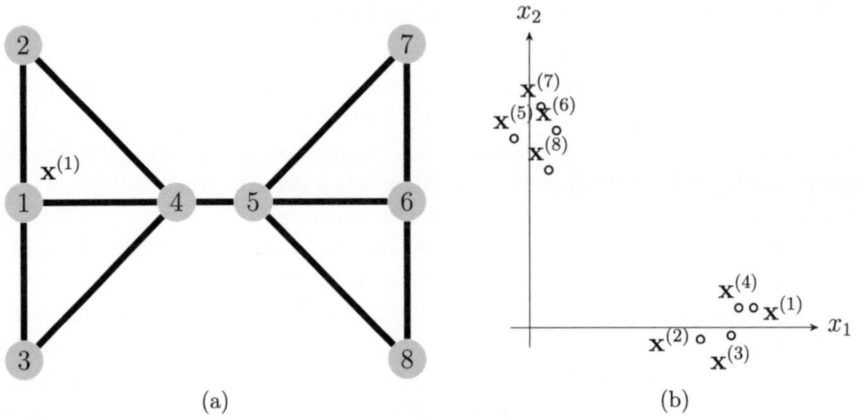

Abb. 8.8 Verbindungsorientiertes Clustering kann durch Konstruktion von Merkmalen $\mathbf{x}^{(i)}$ erreicht werden, die für gut verbundene Datenpunkte (ungefähr) identisch sind. **a** Ein Ähnlichkeitsgraph für einen Datensatz $\mathcal{D}$ besteht aus Knoten, die einzelne Datenpunkte repräsentieren, und Kanten, die ähnliche Datenpunkte verbinden. **b** Merkmalsvektoren von gut verbundenen Datenpunkten haben einen kleinen euklidischen Abstand

Ähnlichkeitsgraphen des Datensatzes $\mathcal{D}$ (siehe Abb. 8.8). Die Knoten $\mathcal{V}$ in diesem Ähnlichkeitsgraphen $\mathcal{G}$ repräsentieren Datenpunkte in $\mathcal{D}$ und die ungerichteten Kanten verbinden Knoten, die ähnliche Datenpunkte repräsentieren. Das Ausmaß der Ähnlichkeit wird durch die Gewichte $W_{i,j}$ für jede Kante $\{i, j\} \in \mathcal{E}$ dargestellt.

Angesichts eines Ähnlichkeitsgraphen $\mathcal{G}$ eines Datensatzes bestimmen verbindungsorientierte Clustering-Methoden Cluster als Teilmengen von Knoten, die innerhalb des Clusters gut verbunden sind, aber zwischen verschiedenen Clustern schwach verbunden sind. Unterschiedliche Konzepte zur Quantifizierung der Verbindung zwischen Knoten in einem Graphen führen zu unterschiedlichen Clustering-Methoden. Spektrale Clustering-Methoden verwenden Eigenvektoren einer Graph-Laplacian-Matrix, um die Verbindung zwischen Knoten zu messen [11, 12]. Flussbasierte Clustering-Methoden messen die Verbindung zwischen zwei Knoten über die Menge des Flusses, der zwischen ihnen geroutet werden kann [13]. Beachten Sie, dass wir diese Verbindungsmaße verwenden könnten, um aussagekräftige numerische Merkmalsvektoren für die Knoten im empirischen Graphen zu konstruieren. Diese Merkmalsvektoren können dann in den Hard-Clustering-Algorithmus 13 oder den Soft-Clustering-Algorithmus 14 eingespeist werden (siehe Abb. 8.8).

Der dichtebasierte Clustering-Algorithmus DBSCAN betrachtet zwei Datenpunkte i, i' als verbunden, wenn einer von ihnen (sagen wir i) ein a Kernknoten ist und der andere Knoten (i') über eine Sequenz (Pfad) von verbundenen Kernknoten erreicht werden kann

$$i^{(1)}, \ldots, i^{(r)}, \text{ with } \{i, i^{(1)}\}, \{i^{(1)}, i^{(2)}\}, \ldots, \{i^{(r)}, i'\} \in \mathcal{E}.$$

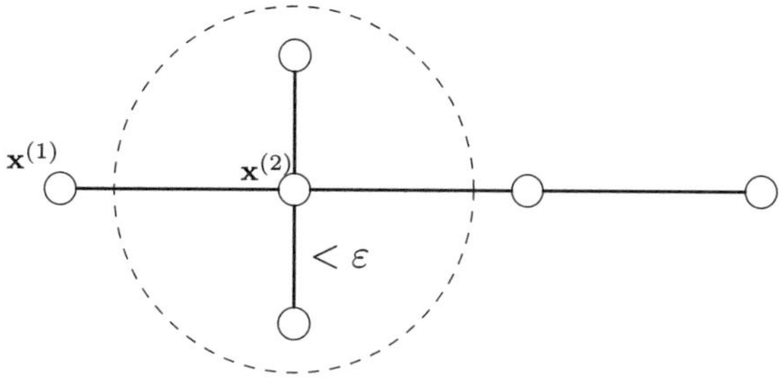

Abb. 8.9 DBSCAN weist zwei Datenpunkten den gleichen Cluster zu, wenn sie erreichbar sind. Zwei Datenpunkte $\mathbf{x}^{(i)}, \mathbf{x}^{(i')}$ sind erreichbar, wenn es einen Pfad von Datenpunkten von $\mathbf{x}^{(i')}$ zu $\mathbf{x}^{(i)}$ gibt. Dieser Pfad besteht aus einer Sequenz von Datenpunkten, die innerhalb einer Entfernung von ε liegen. Darüber hinaus muss jeder Datenpunkt auf diesem Pfad ein Kernpunkt sein, der mindestens eine gegebene Anzahl von benachbarten Datenpunkten innerhalb der Entfernung ε hat.

DBSCAN betrachtet einen Knoten als Kernknoten, wenn er eine ausreichend große Anzahl von Nachbarn hat [14]. Die Mindestanzahl von Nachbarn, die für einen Knoten erforderlich ist, um als Kernknoten betrachtet zu werden, ist ein Hyperparameter von DBSCAN. Wenn DBSCAN auf Datenpunkte mit numerischen Merkmalsvektoren angewendet wird, definiert es zwei Datenpunkte als ähnlich, wenn der euklidische Abstand zwischen ihren Merkmalsvektoren einen gegebenen Schwellenwert nicht überschreitet ε (siehe Abb. 8.9).

Im Gegensatz zu k-Mittelwerten und GMM erfordert DBSCAN nicht, dass die Anzahl der Cluster angegeben wird. Die Anzahl der Cluster wird automatisch von DBSCAN bestimmt und hängt von seinen Hyperparametern ab. DBSCAN führt auch eine implizite Ausreißererkennung durch. Die von DBSCAN gelieferten Ausreißer sind jene Datenpunkte, die nicht zum selben Cluster wie ein anderer Datenpunkt gehören.

8.4 Clustering als Vorverarbeitung

In Anwendungen könnte es vorteilhaft sein, Clustering-Methoden mit überwachten Methoden wie der linearen Regression zu kombinieren. Betrachten Sie als Beispiel einen Datensatz, der aus Datenpunkten besteht, die aus zwei verschiedenen Datenerzeugungsprozessen stammen. Bezeichnen wir die Datenpunkte, die von einem Prozess erzeugt werden, mit $\mathcal{D}^{(1)}$ und die anderen mit $\mathcal{D}^{(2)}$. Jeder Datenpunkt ist durch Merkmale und ein Label gekennzeichnet. Während es eine genaue lineare Hypothese für die Vorhersage des Labels von Datenpunkten in $\mathcal{D}^{(1)}$ und eine andere lineare Hypothese für $\mathcal{D}^{(2)}$ gäbe, sind diese beiden sehr unterschiedlich.

Wir könnten versuchen, Clustering-Methoden zu verwenden, um jedem gegebenen Datenpunkt den entsprechenden Datenerzeugungsprozess zuzuweisen.

Wenn wir Glück haben, ähneln die resultierenden Cluster (ungefähr) den beiden Datenerzeugungsprozessen $\mathcal{D}^{(1)}$ und $\mathcal{D}^{(2)}$. Sobald wir die Datenpunkte erfolgreich geclustert haben, können wir eine separate (maßgeschneiderte) Hypothese für jedes Cluster lernen. Allgemeiner gesagt, können wir die vorhergesagten Cluster-Zuordnungen, die wir aus den Methoden der Abschn. 8.1–8.3 erhalten haben, als zusätzliche Merkmale für jeden Datenpunkt verwenden.

Lassen Sie uns die obigen Ideen veranschaulichen, indem wir Algorithmus 12 mit linearer Regression kombinieren. Wir gruppieren zunächst Datenpunkte in eine gegebene Anzahl k von Clustern und lernen dann separate lineare Prädiktoren $h^{(c)}(\mathbf{x}) = \left(\mathbf{w}^{(c)}\right)^T \mathbf{x}$ für jedes Cluster $c = 1, \ldots, k$. Um das Label eines neuen Datenpunkts mit Merkmalen $\mathbf{x}$ vorherzusagen, weisen wir zuerst dem Cluster c' mit dem nächsten Cluster-Mittelwert zu. Dann verwenden wir den linearen Prädiktor $h^{(c')}$, der dem Cluster c' zugeordnet ist, um das vorhergesagte Label $\hat{y} = h^{(c')}(\mathbf{x})$ zu berechnen.

8.5 Übungen

Übung 8.1 Monotonie von k-Mittelwerten **Aktualisierungen** Zeigen Sie, dass die Aktualisierungen der Cluster-Mittelwerte und Zuordnungen (8.7) und (8.6) den Clustering-Fehler nie erhöhen (8.3).

Übung 8.2 Wie man auswählt k **in** k-Mittelwerten? Diskutieren Sie Strategien zur Auswahl der Anzahl k der Cluster, die als Hyperparameter für k-Mittelwerte verwendet wird.

Übung 8.3 Lokale Minima. Betrachten Sie die Anwendung des harten Clustering-Algorithmus 13 auf den Datensatz $(-10, 1), (10, 1), (-10, -1), (10, -1)$ mit anfänglichen Cluster-Mittelwerten $(0, 1), (0, -1)$ und Toleranz $\varepsilon = 0$. Wird der Algorithmus 13 bei dieser Initialisierung in einem lokalen Minimum des Clustering-Fehlers (8.13) gefangen sein?

Übung 8.4 Bildkompression mit k-Mittelwerten Anwenden von k-Mittelwerten auf die Bildkompression. Betrachten Sie Bildpixel als Datenpunkte, deren Merkmale RGB-Intensitäten sind. Wir erhalten ein einfaches Bildkompressionsformat, indem wir anstelle von RGB-Pixelwerten die Cluster-Mittelwerte (die RGB-Triplets sind) und den Cluster-Index für jeden Pixel speichern.

Übung 8.5 Kompression mit k-Mittelwerten Betrachten Sie $m = 10000$ Datenpunkte mit Merkmalsvektoren $\mathbf{x}^{(1)}, \ldots, \mathbf{x}^{(m)}$ der Länge zwei. Wir wenden k -Mittelwerte an, um den Datensatz in zwei Cluster zu unterteilen. Wie viele Bits benötigen wir, um die Clusterung zu speichern? Zur Vereinfachung gehen wir davon aus, dass jede reale Zahl perfekt als Gleitkommazahl (32 Bit) gespeichert werden kann.

Literatur

1. C.M. Bishop, *Pattern Recognition and Machine Learning* (Springer, Berlin, 2006)
2. B. Kulis, M.I. Jordan, Revisiting k-means: new algorithms via bayesian nonparametrics, in *Proceedings of the 29th International Conference on Machine Learning, ICML 2012, Edinburgh, Scotland, UK, June 26 - July 1, 2012*. icml.cc/Omnipress (2012)
3. S. Wade, Z. Ghahramani, Bayesian cluster analysis: point estimation and credible balls (with discussion). Bayesian Anal. **13**(2), 559–626 (2018)
4. D. Arthur, S. Vassilvitskii, k-means++: the advantages of careful seeding, in *Proceedings of the Eighteenth Annual ACM-SIAM Symposium on Discrete Algorithms* (Society for Industrial and Applied Mathematics, Philadelphia, 2007)
5. R. Gray, J. Kieffer, Y. Linde, Locally optimal block quantizer design. Inf. Control **45**, 178–198 (1980)
6. D. Bertsekas, J. Tsitsiklis, *Introduction to Probability*, 2. Aufl. (Athena Scientific, 2008)
7. E.L. Lehmann, G. Casella, *Theory of Point Estimation*, 2. Aufl. (Springer, New York, 1998)
8. S.M. Kay, *Fundamentals of Statistical Signal Processing: Estimation Theory* (Prentice Hall, Englewood Cliffs, 1993)
9. T. Hastie, R. Tibshirani, J. Friedman, *The Elements of Statistical Learning* Springer Series in Statistics. (Springer, New York, 2001)
10. L. Xu, M. Jordan, On convergence properties of the EM algorithm for Gaussian mixtures. Neural Comput. **8**(1), 129–151 (1996)
11. U. von Luxburg, A tutorial on spectral clustering. Stat. Comput. **17**(4), 395–416 (2007). (Dec.)
12. A.Y. Ng, M.I. Jordan, Y. Weiss, On spectral clustering: analysis and an algorithm, in *Advances in Neural Information Processing Systems* (2001)
13. A. Jung, Y. SarcheshmehPour, Local graph clustering with network lasso. IEEE Signal Process. Lett. **28**, 106–110 (2021)
14. M. Ester, H.-P. Kriegel, J. Sander, X. Xu, A density-based algorithm for discovering clusters a density-based algorithm for discovering clusters in large spatial databases with noise, in *Proceedings of the Second International Conference on Knowledge Discovery and Data Mining*. (Portland, Oregon, 1996), S. 226–231

Kapitel 9
Merkmalslernen

„Probleme lösen durch Ändern des Standpunkts.“

Kap. 2 diskutierte Merkmale als jene Eigenschaften eines Datenpunkts, die leicht gemessen oder berechnet werden können. Manchmal ergibt sich die Wahl der Merkmale natürlich aus der verfügbaren Hardware und Software. Zum Beispiel könnten wir die numerische Messung $z \in \mathbb{R}$ die von einem Sensor geliefert wird, als Merkmal verwenden. Wir könnten dieses einzelne Merkmal jedoch mit neuen Merkmalen wie den Potenzen z^2 und z^3 erweitern oder eine Konstante $z + 5$ hinzufügen. Jede dieser Berechnungen erzeugt ein neues Merkmal. Welche dieser zusätzlichen Merkmale sind am nützlichsten?

Methoden zum Lernen von Merkmalen automatisieren die Auswahl guter Merkmale. Diese Methoden lernen eine Hypothesenkarte, die eine Darstellung eines Datenpunkts liest und sie in eine Reihe von Merkmalen umwandelt. Methoden zum Lernen von Merkmalen unterscheiden sich in dem genauen Format der ursprünglichen Datenrepräsentation sowie dem Format der gelieferten Merkmale. Der Fokus dieses Kapitels liegt auf Methoden zum Lernen von Merkmalen, die Datenpunkte benötigen, die durch d numerische Rohmerkmale dargestellt werden und eine Reihe von n neuen numerischen Merkmalen liefern. Wir werden die Reihe von Roh- und neuen Merkmalen mit $\mathbf{z} = \big(z_1, \ldots, z_d\big)^T \in \mathbb{R}^d$ und $\mathbf{x} = \big(x_1, \ldots, x_n\big)^T \in \mathbb{R}^n$ bezeichnen.

Viele Anwendungsbereiche von ML erzeugen Datenpunkte, für die wir auf eine große Anzahl von Rohmerkmalen zugreifen können. Betrachten Sie Datenpunkte, die Schnappschüsse von einem Smartphone sind. Es scheint natürlich, die Pixel-Farbintensitäten als Rohmerkmale des Schnappschusses zu verwenden. Da moderne Smartphones Megapixel-Kameras haben, würden die Pixelintensitäten uns Millionen von Rohmerkmalen liefern. Es könnte eine gute Idee sein, so viele (Roh-)Merkmale eines Datenpunkts wie möglich zu verwenden, da mehr Merkmale mehr Informationen über einen Datenpunkt und sein Label y bieten sollten. Es gibt jedoch zwei Fallstricke bei der Verwendung einer unnötig großen Anzahl von Merkmalen. Der erste ist ein rechnerischer Fallstrick und der zweite ist ein statistischer Fallstrick.

Rechnerisch kann die Verwendung von sehr großen Merkmalsvektoren $\mathbf{x} \in \mathbb{R}^n$ (mit n in der Größenordnung von Milliarden) zu übermäßigen

A. Jung, *Maschinelles Lernen*, https://doi.org/10.1007/978-981-99-7972-1_9

Ressourcenanforderungen (Bandbreite, Speicher, Zeit) der resultierenden ML-Methode führen. Statistisch gesehen macht die Verwendung einer großen Anzahl von Merkmalen die resultierenden ML-Methoden anfälliger für Overfitting. Beispielsweise wird eine lineare Regression typischerweise überanpassen, wenn sie Merkmalsvektoren $\mathbf{x} \in \mathbb{R}^n$ verwendet, deren Länge n die Anzahl m der für das Training verwendeten beschrifteten Datenpunkte übersteigt (siehe Kap. 7).

Sowohl aus rechnerischer als auch aus statistischer Sicht ist es vorteilhaft, nur die maximal notwendige Anzahl von Merkmalen zu verwenden. Die Herausforderung besteht darin, diejenigen Merkmale auszuwählen, die die meisten relevanten Informationen für die Vorhersage des Labels y enthalten. Die Suche nach den relevantesten Merkmalen aus einer riesigen Anzahl von (rohen) Merkmalen ist das Ziel von Methoden zur Reduzierung der Dimensionalität. Methoden zur Reduzierung der Dimensionalität bilden eine wichtige Unterklasse von Methoden zum Erlernen von Merkmalen. Formal lernen Methoden zur Reduzierung der Dimensionalität eine Hypothese $h(\mathbf{z})$, die einen langen rohen Merkmalsvektor $\mathbf{z} \in \mathbb{R}^d$ auf einen kurzen neuen Merkmalsvektor $\mathbf{x} \in \mathbb{R}^n$ abbildet, mit $d \gg n$.

Neben der Vermeidung von Overfitting und dem Umgang mit begrenzten Rechenressourcen kann die Reduzierung der Dimensionalität auch für die Datenvisualisierung nützlich sein. Tatsächlich stellen wir Datenpunkte in der zweidimensionalen Ebene in Form eines Streudiagramms dar, wenn der resultierende Merkmalsvektor die Länge $n = 2$ hat.

Wir werden die grundlegende Idee, die den Methoden zur Reduzierung der Dimensionalität zugrunde liegt, in Abschn. 9.1 diskutieren. Abschn. 9.2 stellt ein spezielles Beispiel für eine Methode zur Reduzierung der Dimensionalität vor, die relevante Merkmale durch eine lineare Transformation des rohen Merkmalsvektors berechnet. Abschn. 9.4 diskutiert eine Methode zur Reduzierung der Dimensionalität, die die Verfügbarkeit von beschrifteten Datenpunkten ausnutzt. Abschn. 9.6 zeigt, wie Zufälligkeit verwendet werden kann, um rechnerisch günstige Reduzierung der Dimensionalität zu erzielen.

Der größte Teil dieses Kapitels diskutiert Methoden zur Reduzierung der Dimensionalität, die eine kleine Anzahl relevanter Merkmale aus einer großen Menge roher Merkmale bestimmen. Manchmal kann es jedoch nützlich sein, in die entgegengesetzte Richtung zu gehen. Es gibt Anwendungen, bei denen es vorteilhaft sein könnte, eine große (sogar unendliche) Anzahl neuer Merkmale aus einer kleinen Menge roher Merkmale zu konstruieren. Abschn. 9.7 wird zeigen, wie die Berechnung zusätzlicher Merkmale dazu beitragen kann, die Vorhersagegenauigkeit von ML-Methoden zu verbessern.

9.1 Grundprinzip der Dimensionsreduktion

Die Effizienz von ML-Methoden hängt entscheidend von der Auswahl der Merkmale ab, die zur Charakterisierung von Datenpunkten verwendet werden. Idealerweise möchten wir eine kleine Anzahl von hochrelevanten Merkmalen haben, um Datenpunkte zu charakterisieren. Wenn wir zu viele Merkmale verwenden, riskieren wir, Berechnungen für die Erforschung irrelevanter Merkmale zu verschwenden. Wenn wir zu wenige Merkmale verwenden, haben wir möglicherweise nicht genügend Informationen, um das Label eines Datenpunkts vorherzusagen. Für eine gegebene Anzahl n von Merkmalen zielen Dimensionsreduktionsmethoden darauf ab, eine (in gewissem Sinne) optimale Abbildung vom Datenpunkt zu einem Merkmalsvektor der Länge n zu lernen.

Abb. 9.1 veranschaulicht die grundlegende Idee von Dimensionsreduktionsmethoden. Ihr Ziel ist es, eine „Kompressions"-Abbildung $h(\cdot) : \mathbb{R}^d \rightarrow \mathbb{R}^n$ zu lernen (oder zu finden), die einen (langen) Rohmerkmalsvektor $\mathbf{z} \in \mathbb{R}^d$ in einen (kurzen) Merkmalsvektor $\mathbf{x} = (x_1, \ldots, x_n)^T := h(\mathbf{z})$ (typischerweise $n \ll d$) transformiert.

Der neue Merkmalsvektor $\mathbf{x} = h(\mathbf{z})$ dient als komprimierte Darstellung (oder Code) für den ursprünglichen Rohmerkmalsvektor $\mathbf{z}$. Wir können den Rohmerkmalsvektor mit einer Rekonstruktionsabbildung $r(\cdot) : \mathbb{R}^n \rightarrow \mathbb{R}^d$ rekonstruieren. Die rekonstruierten Rohmerkmale $\widehat{\mathbf{z}} := r(\mathbf{x}) = r(h(\mathbf{z}))$ werden typischerweise von dem ursprünglichen Rohmerkmalsvektor $\mathbf{z}$ abweichen. Daher werden wir einen nicht-null Rekonstruktionsfehler

$$\underbrace{\widehat{\mathbf{z}}}_{=r(h(\mathbf{z})))} - \mathbf{z}. \tag{9.1}$$

erhalten. Dimensionsreduktionsmethoden lernen eine Kompressionsabbildung $h(\cdot)$ so dass der Rekonstruktionsfehler (9.1) minimiert wird. Insbesondere messen wir für einen Datensatz $\mathcal{D} = \{\mathbf{z}^{(1)}, \ldots, \mathbf{z}^{(m)}\}$ die Qualität eines Paares aus Kompressionskarte h und Rekonstruktionskarte r durch den durchschnittlichen Rekonstruktionsfehler

$$\widehat{L}(h, r|\mathcal{D}) := (1/m) \sum_{i=1}^{m} L(\mathbf{z}^{(i)}, r(h(\mathbf{z}^{(i)}))). \tag{9.2}$$

Hierbei bezeichnet $L(\mathbf{z}, r(h(\mathbf{z}^{(i)}))$ eine Verlustfunktion, die zur Messung des Rekonstruktionsfehlers $\underbrace{r(h(\mathbf{z}^{(i)}))}_{\widehat{\mathbf{z}}} - \mathbf{z}$ verwendet wird. Unterschiedliche Wahlmög-

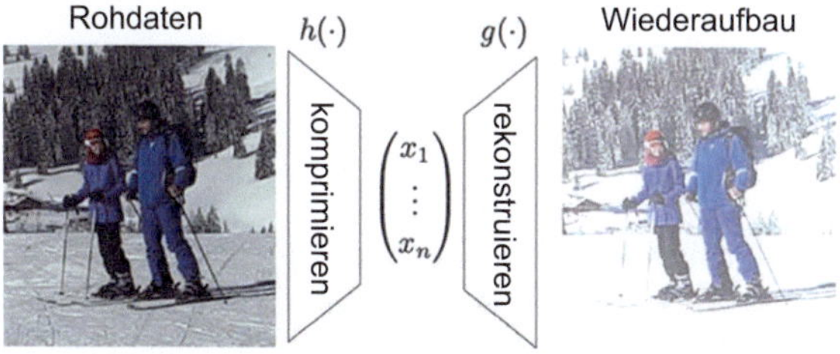

Abb. 9.1 Dimensionsreduktionsmethoden zielen darauf ab, eine Abbildung h zu finden, die die Rohdaten maximal komprimiert, während sie immer noch genau den ursprünglichen Datenpunkt aus einer kleinen Anzahl von Merkmalen $x_1, \ldots, x_n$ rekonstruieren kann.

lichkeiten für die Verlustfunktion in (9.2) führen zu unterschiedlichen Methoden zur Dimensionsreduktion. Eine weit verbreitete Wahl für den Verlust ist die quadrierte euklidische Norm

$$L(\mathbf{z}, g(h(\mathbf{z}))) := \left\| \mathbf{z} - g(h(\mathbf{z})) \right\|_2^2. \tag{9.3}$$

Praktische Methoden zur Dimensionsreduktion haben nur begrenzte Rechenressourcen. Jede praktische Methode muss daher die Menge der möglichen Kompressions- und Rekonstruktionskarten auf kleine Teilmengen $\mathcal{H}$ und $\mathcal{H}^*$ beschränken. Diese Teilmengen sind die Hypothesenräume für die Kompressionskarte $h \in \mathcal{H}$ und die Rekonstruktionskarte $r \in \mathcal{H}^*$. Methoden zum Erlernen von Merkmalen unterscheiden sich in ihrer Wahl für diese Hypothesenräume.

Methoden zur Reduzierung der Dimensionalität lernen eine Kompressionskarte, indem sie

$$\begin{aligned} \hat{h} &= \underset{h \in \mathcal{H}}{\operatorname{argmin}} \min_{r \in \mathcal{H}^*} \widehat{L}(h, r | \mathcal{D}) \\ &\overset{(9.2)}{=} \underset{h \in \mathcal{H}}{\operatorname{argmin}} \min_{r \in \mathcal{H}^*} (1/m) \sum_{i=1}^{m} L(\mathbf{z}^{(i)}, r(h(\mathbf{z}^{(i)}))). \end{aligned} \tag{9.4}$$

Wir können (9.4) als ein (typischerweise nicht-lineares) Approximationsproblem interpretieren. Die optimale Kompressionskarte $\hat{h}$ ist so, dass die Rekonstruktion $r(\hat{h}(\mathbf{z}))$, mit einer geeignet gewählten Rekonstruktionskarte r, den ursprünglichen Rohmerkmalsvektor $\mathbf{z}$ so gut wie möglich approximiert. Beachten Sie, dass wir eine einzige Kompressionskarte $h(\cdot)$ und eine einzige Rekonstruktionskarte $r(\cdot)$ für alle Datenpunkte im Datensatz $\mathcal{D}$ verwenden.

Wir erhalten eine Vielzahl von Methoden zur Reduzierung der Dimensionalität, indem wir unterschiedliche Auswahlmöglichkeiten für die Hypothesenräume $\mathcal{H}, \mathcal{H}^*$ und die Verlustfunktion in (9.4) verwenden. Abschn. 9.2 diskutiert eine Methode, die (9.4) für $\mathcal{H}, \mathcal{H}^*$ löst, die durch lineare Abbildungen und den Verlust (9.3) gebildet werden. Tiefe Autoencoder sind eine weitere Familie von Methoden zur Reduzierung der Dimensionalität, die (9.4) mit $\mathcal{H}, \mathcal{H}^*$ lösen, die durch nichtlineare Abbildungen dargestellt werden, die durch tiefe neuronale Netzwerke repräsentiert werden [1, Kap. 14].

9.2 Hauptkomponentenanalyse

Wir betrachten nun den speziellen Fall der Dimensionsreduktion, bei dem die Kompressions- und Rekonstruktionskarte als lineare Abbildungen erforderlich sind. Betrachten Sie einen Datenpunkt, der durch einen (typischerweise sehr langen) Rohmerkmalsvektor $\mathbf{z} \in \mathbb{R}^d$ der Länge d gekennzeichnet ist. Die Länge d des Rohmerkmalsvektors könnte leicht in der Größenordnung von Millionen liegen. Um eine kleine Menge relevanter Merkmale $\mathbf{x} = \left(x_1, \ldots, x_n\right)^T \in \mathbb{R}^n$ zu erhalten, wenden wir eine lineare Transformation auf den Rohmerkmalsvektor an,

$$\mathbf{x} = \mathbf{W}\mathbf{z}. \tag{9.5}$$

Hierbei bildet die „Kompressions"-Matrix $\mathbf{W} \in \mathbb{R}^{n \times d}$ den (langen) Rohmerkmalsvektor $\mathbf{z} \in \mathbb{R}^d$ auf den (kürzeren) Merkmalsvektor $\mathbf{x} \in \mathbb{R}^n$ ab.

Es ist sinnvoll, die Kompressionsmatrix $\mathbf{W} \in \mathbb{R}^{n \times D}$ in (9.5) so zu wählen, dass die resultierenden Merkmale $\mathbf{x} \in \mathbb{R}^n$ den ursprünglichen Datenpunkt $\mathbf{z} \in \mathbb{R}^d$ so genau wie möglich approximieren. Wir können den Datenpunkt $\mathbf{z} \in \mathbb{R}^d$ aus den Merkmalen $\mathbf{x}$ durch Anwendung eines Rekonstruktionsoperators $\mathbf{R} \in \mathbb{R}^{d \times n}$ approximieren (oder wiederherstellen), der so gewählt wird, dass

$$\mathbf{z} \approx \mathbf{R}\mathbf{x} \stackrel{(9.5)}{=} \mathbf{R}\mathbf{W}\mathbf{z}. \tag{9.6}$$

Der Approximationsfehler $\widehat{L}\big(\mathbf{W}, \mathbf{R} \mid \mathcal{D}\big)$ resultierend, wenn (9.6) auf jeden Datenpunkt in einem Datensatz angewendet wird $\mathcal{D} = \{\mathbf{z}^{(i)}\}_{i=1}^{m}$ ist dann

$$\widehat{L}\big(\mathbf{W}, \mathbf{R} \mid \mathcal{D}\big) = (1/m) \sum_{i=1}^{m} \|\mathbf{z}^{(i)} - \mathbf{R}\mathbf{W}\mathbf{z}^{(i)}\|^2. \tag{9.7}$$

Man kann überprüfen, dass der Approximationsfehler $\widehat{L}\big(\mathbf{W}, \mathbf{R} \mid \mathcal{D}\big)$ nur minimal sein kann, wenn die Kompressionsmatrix $\mathbf{W}$ die Form hat

$$\mathbf{W} = \mathbf{W}_{\mathrm{PCA}} := \big(\mathbf{u}^{(1)}, \ldots, \mathbf{u}^{(n)}\big)^T \in \mathbb{R}^{n \times d}, \tag{9.8}$$

mit n orthonormalen Vektoren $\mathbf{u}^{(j)}$, für $j = 1, \ldots, n$. Die Vektoren $\mathbf{u}^{(j)}$ sind die Eigenvektoren, die den n größten Eigenwerten der der Stichprobenkovarianzmatrix

$$\mathbf{Q} := (1/m)\mathbf{Z}^T\mathbf{Z} \in \mathbb{R}^{d \times d}. \tag{9.9}$$

Hier haben wir die Datenmatrix $\mathbf{Z} = \big(\mathbf{z}^{(1)}, \ldots, \mathbf{z}^{(m)}\big)^T \in \mathbb{R}^{m \times d}$ verwendet.[1] Es kann leicht überprüft werden, indem man die Definition (9.9), dass die Matrix $\mathbf{Q}$ psd ist. Als psd-Matrix hat $\mathbf{Q}$ eine Eigenwertzerlegung (EVD) der Form [2]

$$\mathbf{Q} = \big(\mathbf{u}^{(1)}, \ldots, \mathbf{u}^{(d)}\big) \begin{pmatrix} \lambda^{(1)} & \ldots & 0 \\ 0 & \ddots & 0 \\ 0 & \ldots & \lambda^{(d)} \end{pmatrix} \big(\mathbf{u}^{(1)}, \ldots, \mathbf{u}^{(d)}\big)^T$$

mit reellen Eigenwerten $\lambda^{(1)} \geq \lambda^{(2)} \geq \ldots \geq \lambda^{(d)} \geq 0$ und orthonormalen Eigenvektoren $\{\mathbf{u}_r\}_{r=1}^{d}$.

[1] Einige Autoren definieren die Datenmatrix als $\mathbf{Z} = \big(\widetilde{\mathbf{z}}^{(1)}, \ldots, \widetilde{\mathbf{z}}^{(m)}\big)^T \in \mathbb{R}^{m \times D}$ mit „zentrierten" Rohmerkmalsvektoren $\widetilde{\mathbf{z}}^{(i)} - \widehat{\mathbf{m}}$, die durch Subtraktion des Durchschnitts $\widehat{\mathbf{m}} = (1/m) \sum_{i=1}^{m} \mathbf{z}^{(i)}$ erhalten werden.

Die Merkmalsvektoren $\mathbf{x}^{(i)}$ werden durch Anwendung der Kompressionsmatrix $\mathbf{W}_{\text{PCA}}$ (9.8) auf die rohen Merkmalsvektoren $\mathbf{z}^{(i)}$ erzeugt. Wir bezeichnen die Einträge des Vektors $\mathbf{x}^{(i)}$, die über die Eigenvektoren von $\mathbf{Q}$ (siehe (9.2)) erzeugt werden, als die **Hauptkomponenten (PC)** der rohen Merkmalsvektoren $\mathbf{z}^{(i)}$. Algorithmus 15 fasst das gesamte Verfahren zur Bestimmung der Kompressionsmatrix (9.8) und zur Berechnung der Vektoren $\mathbf{x}^{(i)}$ zusammen, deren Einträge die PC der rohen Merkmalsvektoren sind. Dieses Verfahren ist als **Hauptkomponentenanalyse (PCA)** bekannt. Beachten Sie, dass die Länge $n(\leq d)$ des neuen Merkmalsvektors $\mathbf{x}$, der auch die Anzahl der verwendeten PCs ist, ein Eingabe- (oder Hyper-) Parameter des Algorithmus 15 ist. Die Zahl n kann zwischen den beiden Extremfällen gewählt werden.$n = 0$ (maximale Kompression) und $n = d$ (keine Kompression). Schließlich stellen wir fest, dass die Wahl der orthonormalen Eigenvektoren in (9.8) nicht eindeutig sein könnte. Abhängig von der Stichprobenkovarianzmatrix $\mathbf{Q}$ könnten verschiedene Mengen von orthonormalen Vektoren demselben Eigenwert von $\mathbf{Q}$ entsprechen. Daher könnten für eine gegebene Länge n der neuen Merkmalsvektoren mehrere verschiedene Matrizen $\mathbf{W}$ denselben (optimalen) Rekonstruktionsfehler $\widehat{L}^{(PCA)}$ erreichen.
Aus rechnerischer Sicht kommt Algorithmus 15 im Wesentlichen darauf an, eine EVD der Stichprobenkovarianzmatrix $\mathbf{Q}$ durchzuführen (siehe (9.9)). Tatsächlich liefert die EVD von $\mathbf{Q}$ nicht nur die optimale Kompressionsmatrix $\mathbf{W}_{\text{PCA}}$, sondern auch das Maß $\widehat{L}^{(PCA)}$ für den Informationsverlust, der durch das Ersetzen der ursprünglichen Datenpunkte $\mathbf{z}^{(i)} \in \mathbb{R}^d$ durch den kleineren Merkmalsvektor $\mathbf{x}^{(i)} \in \mathbb{R}^n$ verursacht wird. Insbesondere wird dieser Informationsverlust durch den Approximationsfehler gemessen (der für die optimale Rekonstruktionsmatrix $\mathbf{R}_{\text{opt}} = \mathbf{W}_{\text{PCA}}^T$ erzielt wird)

Algorithm 15 Principal Component Analysis (PCA)

Input: dataset $\mathcal{D} = \{\mathbf{z}^{(i)} \in \mathbb{R}^d\}_{i=1}^m$; number n of PCs.

1: compute the EVD (9.2) to obtain orthonormal eigenvectors $\left(\mathbf{u}^{(1)}, \ldots, \mathbf{u}^{(d)}\right)$ corresponding to (decreasingly ordered) eigenvalues $\lambda^{(1)} \geq \lambda^{(2)} \geq \ldots \geq \lambda^{(d)} \geq 0$

2: construct compression matrix $\mathbf{W}_{\text{PCA}} := \left(\mathbf{u}^{(1)}, \ldots, \mathbf{u}^{(n)}\right)^T \in \mathbb{R}^{n \times d}$

3: compute feature vector $\mathbf{x}^{(i)} = \mathbf{W}_{\text{PCA}} \mathbf{z}^{(i)}$ whose entries are PC of $\mathbf{z}^{(i)}$

4: compute approximation error $\widehat{L}^{(\text{PCA})} = \sum_{r=n+1}^{d} \lambda^{(r)}$ (see (9.10)).

Output: $\mathbf{x}^{(i)}$, for $i = 1, \ldots, m$, and the approximation error $\widehat{L}^{(\text{PCA})}$.

$$\widehat{L}^{(PCA)} := \widehat{L}\big(\mathbf{W}_{\text{PCA}}, \underbrace{\mathbf{R}_{\text{opt}}}_{=\mathbf{W}_{\text{PCA}}^T} \mid \mathcal{D}\big) = \sum_{r=n+1}^{d} \lambda^{(r)}. \tag{9.10}$$

Wie in Abb. 9.2 dargestellt, verringert sich der Approximationsfehler $\widehat{L}^{(PCA)}$ mit zunehmender Anzahl n von PCs, die für die neuen Merkmale (9.5) verwendet werden. Im Extremfall $n=0$, in dem wir die Rohmerkmalsvektoren $\mathbf{z}^{(i)}$ vollständig

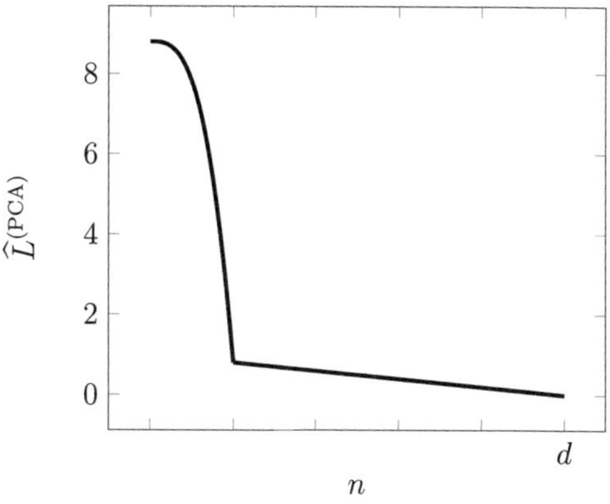

Abb. 9.2 Rekonstruktionsfehler $\widehat{L}^{(PCA)}$ (siehe (9.10)) der PCA für eine variierende Anzahl n von PCs

ignorieren, ist der optimale Rekonstruktionsfehler $\widehat{L}^{(PCA)} = (1/m)\sum_{i=1}^{m} \|\mathbf{z}^{(i)}\|^2$. Der andere Extremfall $n = d$ ermöglicht es, die Rohmerkmale direkt als neue Merkmale $\mathbf{x}^{(i)} = \mathbf{z}^{(i)}$ zu verwenden, was keiner Kompression entspricht und trivialerweise zu einem null Rekonstruktionsfehler $\widehat{L}^{(PCA)} = 0$ führt.

9.2.1 Kombination von PCA mit linearer Regression

Ein wichtiger Anwendungsfall von PCA ist als Vorverarbeitungsschritt innerhalb eines allgemeinen ML-Problems wie der linearen Regression (siehe Abschn. 3.1). Wie in Kap. 7 diskutiert, neigen lineare Regressionsmethoden zum Overfitting, wenn die Datenpunkte durch Merkmalsvektoren charakterisiert sind, deren Länge D die Anzahl m der für das Training verwendeten beschrifteten Datenpunkte übersteigt. Eine einfache, aber leistungsstarke Strategie zur Vermeidung von Overfitting besteht darin, die ursprünglichen Merkmalsvektoren (sie gelten als die Rohdatenpunkte $\mathbf{z}^{(i)} \in \mathbb{R}^d$) durch Anwendung von PCA zu verarbeiten, um kleinere Merkmalsvektoren $\mathbf{x}^{(i)} \in \mathbb{R}^n$ mit $n < m$ zu erhalten.

9.2.2 Wie wählt man die Anzahl der PC aus?

Es gibt mehrere Aspekte, die die Wahl für die Anzahl n der als Merkmale zu verwendenden PCs leiten kann.

- für die Datenvisualisierung: verwenden Sie entweder $n = 2$ oder $n = 3$
- Rechenbudget: Wählen Sie n ausreichend klein, so dass die Rechenkomplexität der gesamten ML-Methode die verfügbaren Rechenressourcen nicht übersteigt.

- Statistisches Budget: Betrachten Sie die Verwendung von PCA als Vorverarbeitungsschritt innerhalb eines linearen Regressionsproblems (siehe Abschn. 3.1). Daher verwenden wir die Ausgabe $\mathbf{x}^{(i)}$ von PCA als Merkmalsvektoren in der linearen Regression. Um Overfitting zu vermeiden, sollten wir $n < m$ wählen (siehe Kap. 7).
- Ellbogenmethode: Wählen Sie n groß genug, so dass der Approximationsfehler $\widehat{L}^{(\mathrm{PCA})}$ vernünftig klein ist (siehe Abb. 9.2).

9.2.3 *Datenvisualisierung*

Wenn wir PCA mit $n = 2$ verwenden, erhalten wir Merkmalsvektoren $\mathbf{x}^{(i)} = \mathbf{W}_{\mathrm{PCA}}\mathbf{z}^{(i)}$ (siehe (9.5)), die als Punkte in einem Streudiagramm dargestellt werden können (siehe Abschn. 2.1.3). Als Beispiel betrachten wir Datenpunkte $\mathbf{z}^{(i)}$, die aus historischen Aufzeichnungen von Bitcoin-Statistiken stammen. Jeder Datenpunkt $\mathbf{z}^{(i)} \in \mathbb{R}^d$ ist ein Vektor der Länge $d = 6$. Es ist schwierig, Punkte in einem euklidischen Raum $\mathbb{R}^d$ der Dimension $d > 2$ zu visualisieren. Daher wenden wir PCA mit $n = 2$ an, was zu Merkmalsvektoren $\mathbf{x}^{(i)} \in \mathbb{R}^2$ führt. Diese neuen Merkmalsvektoren (der Länge 2) können bequem als Streudiagramm dargestellt werden (siehe Abb. 9.3).

9.2.4 *Erweiterungen von PCA*

Es wurden mehrere Erweiterungen der grundlegenden PCA-Methode vorgeschlagen:

- **Kernel PCA** [3, Abschn. 14.5.4]: Die PCA-Methode ist am effektivsten, wenn die Rohmerkmalsvektoren der Datenpunkte in der Nähe eines niedrigdimensionalen

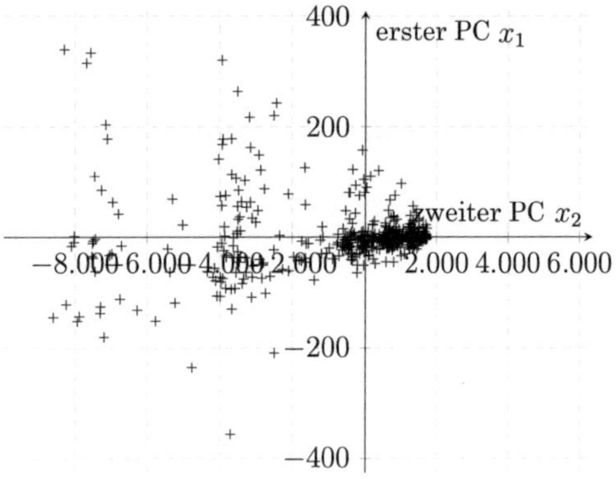

Abb. 9.3 Ein Streudiagramm von Datenpunkten mit Merkmalsvektoren $\mathbf{x}^{(i)} = \left(x_1^{(i)}, x_2^{(i)}\right)^T$, deren Einträge die ersten beiden PCs der Bitcoin-Statistiken $\mathbf{z}^{(i)}$ des $i$ten Tages sind

linearen Teilraums von $\mathbb{R}^d$ liegen. Kernel PCA erweitert PCA, um Datenpunkte zu behandeln, die sich in der Nähe eines niedrigdimensionalen Mannigfaltigkeits befinden, das stark nichtlinear sein könnte. Dies wird erreicht, indem PCA auf transformierte Merkmalsvektoren anstelle der ursprünglichen Merkmalsvektoren angewendet wird. Kernel PCA wendet zuerst eine (typischerweise nichtlineare) Merkmalsabbildung auf die ursprünglichen Merkmalsvektoren $\mathbf{x}^{(i)}$ an, was zu neuen Merkmalsvektoren $\mathbf{z}^{(i)}$ führt (siehe Abschn. 3.9). Wir wenden dann PCA auf die transformierten Merkmalsvektoren $\mathbf{z}^{(i)}$ an, für $i = 1, \ldots, m$.

- **Robuste PCA** [4]: In ihrer Grundform ist die PCA empfindlich gegenüber Ausreißern, die eine kleine Anzahl von Datenpunkten mit grundlegend anderen statistischen Eigenschaften als der Großteil der Datenpunkte sind. Diese Empfindlichkeit könnte auf die Eigenschaften der quadrierten euklidischen Norm (9.3), die in der PCA zur Messung des Rekonstruktionsfehlers (9.1) verwendet wird, zurückzuführen sein. Wir haben in Kap. 3 gesehen, dass die lineare Regression (siehe Abschn. 3.1 und 3.3) robust gegen Ausreißer gemacht werden kann, indem der quadrierte Fehlerverlust durch eine andere Verlustfunktion ersetzt wird. In ähnlicher Weise ersetzt die robuste PCA die quadrierte euklidische Norm durch eine andere Norm, die weniger empfindlich auf sehr große Rekonstruktionsfehler (9.1) für eine kleine Anzahl von Datenpunkten (die Ausreißer sind) reagiert.
- **Sparse PCA** [3, Abschn. 14.5.5]: Die grundlegende PCA-Methode transformiert den rohen Merkmalsvektor $\mathbf{z}^{(i)}$ eines Datenpunkts in einen neuen (kürzeren) Merkmalsvektor $\mathbf{x}^{(i)}$. Im Allgemeinen wird jeder Eintrag $x_j^{(i)}$ der neuen Merkmalsvektoren von jedem rohen Merkmal abhängen. Genauer gesagt, hängt das neue Merkmal $x_j^{(i)}$ von allen rohen Merkmalen $z_{j'}^{(i)}$ ab, für die der entsprechende Eintrag $W_{j,j'}$ der Matrix $\mathbf{W} = \mathbf{W}_{\mathrm{PCA}}$ (9.8) ungleich Null ist. Für die meisten Datensätze werden alle Einträge der Matrix $\mathbf{W}_{\mathrm{PCA}}$ typischerweise ungleich Null sein.

  In einigen Anwendungen der linearen Dimensionsreduktion möchten wir neue Merkmale konstruieren, die nur von einer kleinen Teilmenge der rohen Merkmale abhängen. Äquivalent dazu möchten wir eine lineare Kompressionsabbildung $\mathbf{W}$ (9.5) erlernen, so dass jede Zeile von $\mathbf{W}$ nur wenige Nicht-Null-Einträge enthält. Zu diesem Zweck zwingt die Sparse PCA die Zeilen der Kompressionsmatrix $\mathbf{W}$ dazu, nur eine kleine Anzahl von Nicht-Null-Einträgen zu enthalten. Diese Durchsetzung kann entweder durch zusätzliche Einschränkungen auf $\mathbf{W}$ oder durch Hinzufügen eines Strafterms zum Rekonstruktionsfehler (9.7) implementiert werden.
- **Probabilistisches PCA** [5, 6]: Wir haben PCA als Methode motiviert, um eine optimale lineare Kompressionsabbildung (Matrix) (9.5) zu lernen, so dass die komprimierten Merkmalsvektoren es ermöglichen, den ursprünglichen rohen Merkmalsvektor mit minimalem Rekonstruktionsfehler (9.7) linear zu rekonstruieren. Eine andere Interpretation von PCA ist die einer Methode, die einen Unterraum von $\mathbb{R}^d$ lernt, der die Menge der rohen Merkmalsvektoren $\mathbf{z}^{(i)}$

, für $i = 1, \ldots, m$ am besten passt. Dieser optimale Unterraum ist genau der Unterraum, der von den Zeilen von $\mathbf{W}_{\mathrm{PCA}}$ (9.8) aufgespannt wird.
Die probabilistische Hauptkomponentenanalyse (PPCA) interpretiert die rohen Merkmalsvektoren $\mathbf{z}^{(i)}$ als Realisierungen von i.i.d. ZV. Diese Realisierungen werden als

$$\mathbf{z}^{(i)} = \mathbf{W}^T \mathbf{x}^{(i)} + \boldsymbol{\varepsilon}^{(i)}, \text{ for } i = 1, \ldots, m. \tag{9.11}$$

modelliert. Hier ist $\mathbf{W} \in \mathbb{R}^{n \times d}$ eine unbekannte Matrix mit orthonormalen Zeilen. Die Zeilen von $\mathbf{W}$ spannen den Unterraum auf, um den herum die rohen Merkmale konzentriert sind. Die Vektoren $\mathbf{x}^{(i)}$ in (9.11) sind Realisierungen von i.i.d. ZV, deren gemeinsame Wahrscheinlichkeitsverteilung $\mathcal{N}(\mathbf{0}, \mathbf{I})$ ist. Die Vektoren $\boldsymbol{\varepsilon}^{(i)}$ sind Realisierungen von i.i.d. ZV, deren gemeinsame Wahrscheinlichkeitsverteilung $\mathcal{N}(\mathbf{0}, \sigma^2 \mathbf{I})$ mit einer festen, aber unbekannten Varianz σ^2 ist. Beachten Sie, dass $\mathbf{W}$ und σ^2 die gemeinsame Wahrscheinlichkeitsverteilung der Merkmalsvektoren $\mathbf{z}^{(i)}$ über (9.11) parametrisieren. PPCA entspricht der Maximum-Likelihood-Schätzung (siehe Abschn. 3.12) der Parameter $\mathbf{W}$ und σ^2. Dieses Maximum-Likelihood-Schätzproblem kann mit rechenintensiven Schätztechniken wie EM [6, Anhang B] gelöst werden. Die Implementierung von PPCA über EM bietet auch einen prinzipiellen Ansatz zur Behandlung fehlender Daten. Vereinfacht gesagt, ermöglicht die EM-Methode die Verwendung des probabilistischen Modells (9.11) zur Schätzung fehlender Rohmerkmale [6, Abschn. 4.1].

9.3 Merkmalslernen für nicht-numerische Daten

Wir haben Dimensionsreduktionsmethoden als Transformationen von (sehr langen) Rohmerkmalsvektoren zu einem neuen (kürzeren) Merkmalsvektor $\mathbf{x}$ motiviert, so dass es ermöglicht, $\mathbf{z}$ mit minimalem Rekonstruktionsfehler (9.1) zu rekonstruieren. Um diese Anforderung präzise zu machen, müssen wir ein Maß für die Größe des Rekonstruktionsfehlers definieren und die Klasse der möglichen Rekonstruktionskarten angeben. PCA verwendet die quadrierte euklidische Norm (9.7), um den Rekonstruktionsfehler zu messen und erlaubt nur lineare Rekonstruktionskarten (9.6).

Alternativ können wir Dimensionsreduktion als die Erzeugung von neuen Merkmalsvektoren $\mathbf{x}^{(i)}$ betrachten, die die intrinsische Geometrie der Datenpunkte mit ihren Rohmerkmalsvektoren $\mathbf{z}^{(i)}$ beibehalten. Verschiedene Dimensionsreduktionsmethoden verwenden verschiedene Konzepte zur Charakterisierung der „intrinsischen Geometrie“ von Datenpunkten. PCA definiert die intrinsische Geometrie von Datenpunkten mit Hilfe der quadrierten euklidischen Abstände zwischen Merkmalsvektoren. Tatsächlich erzeugt PCA Merkmalsvektoren $\mathbf{x}^{(i)}$ so, dass für Datenpunkte, deren Rohmerkmalsvektoren einen kleinen quadrierten euklidischen Abstand haben, auch die neuen Merkmalsvektoren $\mathbf{x}^{(i)}$ einen kleinen quadrierten euklidischen Abstand haben werden.

Einige Anwendungsdomänen erzeugen Datenpunkte, für die die euklidischen Abstände zwischen Rohmerkmalsvektoren nicht die intrinsische Geometrie der Datenpunkte widerspiegeln. Als Beispiel betrachten Sie Datenpunkte, die wissenschaftliche Artikel repräsentieren, die durch die relativen Häufigkeiten von Wörtern aus einem gegebenen Satz von relevanten Wörtern (Wörterbuch) charakterisiert werden können. Ein kleiner euklidischer Abstand zwischen den resultierenden Rohmerkmalsvektoren impliziert in der Regel nicht, dass die entsprechenden Textdokumente ähnlich sind. Stattdessen könnte die Ähnlichkeit zwischen zwei Artikeln von der Anzahl der Autoren abhängen, die in den Autorenlisten beider Artikel enthalten sind. Wir können die Ähnlichkeiten zwischen allen Artikeln mit Hilfe eines Ähnlichkeitsgraphen darstellen, dessen Knoten Datenpunkte repräsentieren, die durch eine Kante (Link) verbunden sind, wenn sie ähnlich sind (siehe Abb. 8.8).

Betrachten Sie einen Datensatz $\mathcal{D} = \big(\mathbf{z}^{(1)}, \ldots, \mathbf{z}^{(m)}\big)$, dessen intrinsische Geometrie durch einen ungewichteten Ähnlichkeitsgraphen $\mathcal{G} = \big(\mathcal{V} := \{1, \ldots, m\} \, \mathcal{E}\big)$ charakterisiert ist. Der Knoten $i \in \mathcal{V}$ repräsentiert den $i$ten Datenpunkt, mit rohem Merkmalsvektor $\mathbf{z}^{(i)}$. Zwei Knoten sind durch eine ungerichtete Kante verbunden, wenn die entsprechenden Datenpunkte ähnlich sind. Wir möchten kurze Merkmalsvektoren $\mathbf{x}^{(i)}$, für $i = 1, \ldots, m$, finden, so dass zwei Datenpunkte i, i', deren Merkmalsvektoren $\mathbf{x}^{(i)}, \mathbf{x}^{(i')}$ einen kleinen euklidischen Abstand haben, gut miteinander verbunden sind. Um diese Anforderung präzise zu machen, müssen wir ein Maß für die Verbindung zwischen zwei Knoten eines ungerichteten Graphen definieren. Wir verweisen den Leser auf die Literatur zur Netzwerktheorie für einen Überblick und Details zu verschiedenen Verbindungsmaßen [7].

Lassen Sie uns eine einfache, aber leistungsstarke Technik diskutieren, um die Knoten $i \in \mathcal{V}$ eines ungerichteten Graphen $\mathcal{G}$ auf (kurze) Merkmalsvektoren $\mathbf{x}^{(i)} \in \mathbb{R}^n$ abzubilden. Diese Abbildung ist so, dass die euklidischen Abstände zwischen den Merkmalsvektoren zweier Knoten ihre Konnektivität innerhalb von $\mathcal{G}$ widerspiegeln. Diese Technik verwendet die Laplace-Matrix $\mathbf{L} in \mathbb{R}^{(i)}$, die für einen ungerichteten Graphen $\mathcal{G}$ (mit Knotensatz $\mathcal{V} = \{1, \ldots, m\}$) elementweise definiert ist

$$L_{i,j} := \begin{cases} -1 & , \text{ if } \{i,j\} \in \mathcal{E} \\ d^{(i)} & , \text{ if } i = j \\ 0 & \text{sonst.} \end{cases} \qquad (9.12)$$

Hier bezeichnet $d^{(i)} := \big|\{j : \{i,j\} \in \mathcal{E}\}\big|$ den Grad oder die Anzahl der Nachbarn des Knotens $i \in \mathcal{V}$. Es kann gezeigt werden, dass die Laplace-Matrix $\mathbf{L}$ psd ist [8, Proposition 1]. Daher können wir einen orthonormalen Satz von Eigenvektoren finden

$$\mathbf{u}^{(1)}, \ldots, \mathbf{u}^{(m)} \in \mathbb{R}^m \qquad (9.13)$$

mit entsprechenden (in nicht abnehmender Reihenfolge geordneten) Eigenwerten $\lambda_1 \leq \ldots \leq \lambda_m$ von $\mathbf{L}$.

Es stellt sich heraus, dass für eine vorgegebene Anzahl n numerischer Merkmale die Einträge $u_i^{(1)}, \ldots, u_i^{(n)}$ der ersten n Eigenvektoren (9.13) in Merkmalsvektoren resultieren, deren euklidische Abstände die Verbindungen der Datenpunkte im Ähnlichkeitsgraphen $\mathcal{G}$ widerspiegeln. Für eine genauere Aussage dieser informellen Behauptung verweisen wir auf das ausgezeichnete Tutorial [8]. So erhalten wir eine Methode zum Erlernen von Merkmalen für (nicht-numerische) Datenpunkte, indem wir die Eigenvektoren des Graph-Laplacians verwenden, der mit dem Ähnlichkeitsgraphen der Datenpunkte assoziiert ist. Algorithmus 16 fasst diese Methode zum Erlernen von Merkmalen zusammen, die den Ähnlichkeitsgraphen des Datensatzes und die gewünschte Anzahl neuer Merkmale als Eingabe benötigt. Beachten Sie, dass Algorithmus 16 keinen Gebrauch von den euklidischen Abständen zwischen den rohen Merkmalsvektoren macht und ausschließlich den Ähnlichkeitsgraphen $\mathcal{G}$ zur Bestimmung der intrinsischen Geometrie von $\mathcal{D}$ verwendet.

Algorithm 16 Feature Learning for Non-Numeric Data

Input: dataset $\mathcal{D} = \{\mathbf{z}^{(i)} \in \mathbb{R}^d\}_{i=1}^m$; similarity graph $\mathcal{G}$; number n of features to be constructed for each data point.

1: construct the Laplacian matrix $\mathbf{L}$ of the similarity graph (see ((9.12)))

2: compute EVD of $\mathbf{L}$ to obtain n orthonormal eigenvectors (9.13) corresponding to the smallest eigenvalues of $\mathbf{L}$

3: for each data point i, construct feature vector

$$\mathbf{x}^{(i)} := \left(u_i^{(1)}, \ldots, u_i^{(n)}\right)^T \in \mathbb{R}^n \tag{9.14}$$

Output: $\mathbf{x}^{(i)}$, for $i = 1, \ldots, m$

9.4 Merkmalslernen für gelabelte Daten

Wir haben PCA als lineare Dimensionsreduktionsmethode diskutiert. PCA lernt eine Kompressionsmatrix, die rohe Merkmale $\mathbf{z}^{(i)}$ von Datenpunkten auf neue (viel kürzere) Merkmalsvektoren $\mathbf{x}^{(i)}$ abbildet. Die durch PCA bestimmten Merkmalsvektoren $\mathbf{x}^{(i)}$ hängen ausschließlich von den rohen Merkmalsvektoren $\mathbf{z}^{(i)}$ der Datenpunkte in einem gegebenen Datensatz $\mathcal{D}$ ab. Insbesondere bestimmt PCA die Kompressionsmatrix so, dass die neuen Merkmale eine lineare Rekonstruktion (9.6) mit minimalem Rekonstruktionsfehler (9.7) ermöglichen.

Für einige Anwendungsbereiche haben wir möglicherweise nicht nur Zugang zu rohen Merkmalsvektoren, sondern auch zu den Labelwerten $y^{(i)}$ der Datenpunkte in $\mathcal{D}$. Tatsächlich könnten Methoden zur Reduzierung der Dimensionalität als Vorverarbeitungsschritt innerhalb eines Regressions- oder Klassifikationsproblems verwendet werden, das einen beschrifteten Trainingsdatensatz beinhaltet. In seiner Grundform erlaubt PCA (siehe Algorithmus 15) jedoch nicht, die durch verfügbare Labels $y^{(i)}$ der Datenpunkte $\mathbf{z}^{(i)}$ bereitgestellte

Information zu nutzen. Für einige Datensätze liefert PCA möglicherweise Merkmalsvektoren, die für die Gesamtaufgabe der Vorhersage des Labels eines Datenpunkts nicht sehr relevant sind.

Lassen Sie uns nun eine Modifikation von PCA diskutieren, die die durch verfügbare Labels der Datenpunkte bereitgestellte Information ausnutzt. Die Idee besteht darin, eine lineare Konstruktionskarte (Matrix) $\mathbf{W}$ zu lernen, so dass die neuen Merkmalsvektoren $\mathbf{x}^{(i)} = \mathbf{W}\mathbf{z}^{(i)}$ das Label $y^{(i)}$ so gut wie möglich vorhersagen lassen. Wir beschränken die Vorhersage auf eine lineare,

$$\hat{y}^{(i)} := \mathbf{r}^T\mathbf{x}^{(i)} = \mathbf{r}^T\mathbf{W}\mathbf{z}^{(i)}, \tag{9.15}$$

mit einem Gewichtsvektor $\mathbf{r} \in \mathbb{R}^n$.

Während PCA durch Minimierung des Rekonstruktionsfehlers (9.1) motiviert ist, zielen wir nun darauf ab, den Vorhersagefehler $\hat{y}^{(i)} - y^{(i)}$ zu minimieren. Insbesondere bewerten wir die Nützlichkeit eines gegebenen Paares aus Konstruktionskarte $\mathbf{W}$ und Prädiktor $\mathbf{r}$ (siehe (9.15)), indem wir das empirische Risiko

$$\begin{aligned}\widehat{L}\big(\mathbf{W},\mathbf{r} \mid \mathcal{D}\big) &:= (1/m)\sum_{i=1}^{m}\big(y^{(i)} - \hat{y}^{(i)}\big)^2 \\ &\overset{(9.15)}{=}(1/m)\sum_{i=1}^{m}\big(y^{(i)} - \mathbf{r}^T\mathbf{W}\mathbf{z}^{(i)}\big)^2.\end{aligned} \tag{9.16}$$

zur Leitung des Lernens einer komprimierenden Matrix $\mathbf{W}$ und entsprechenden linearen Prädiktor-Gewichten $\mathbf{r}$ (9.15) verwenden.

Die optimale Matrix $\mathbf{W}$, die das empirische Risiko (9.16) minimiert, kann über die EVD (9.2) der Stichprobenkovarianzmatrix $\mathbf{Q}$ (9.9) ermittelt werden. Beachten Sie, dass wir die EVD von $\mathbf{Q}$ bereits für PCA in Abschn. 9.2 verwendet haben (siehe (9.8)). Denken Sie daran, dass PCA die n Eigenvektoren $\mathbf{u}^{(1)},\ldots,\mathbf{u}^{(n)}$ verwendet, die den n größten Eigenwerten von $\mathbf{Q}$ entsprechen. Im Gegensatz dazu müssen wir, um (9.16) zu minimieren, im Allgemeinen eine andere Menge von Eigenvektoren in den Zeilen von $\mathbf{W}$ verwenden. Um die richtige Menge von n Eigenvektoren zu finden, benötigen wir den Stichprobenkreuzkorrelationsvektor

$$\mathbf{q} := (1/m)\sum_{i=1}^{m} y^{(i)}\mathbf{z}^{(i)}. \tag{9.17}$$

Der Eintrag q_j des Vektors $\mathbf{q}$ schätzt die Korrelation zwischen dem Rohmerkmal $z_j^{(i)}$ und dem Label $y^{(i)}$. Wir definieren dann die Indexmenge

$$\mathcal{S} := \{j_1,\ldots,j_n\} \text{ so dass } \big(q_j\big)^2/\lambda_j \geq \big(q_{j'}\big)^2/\lambda_{j'} \text{ für alle } j \in \mathcal{S}, j' \in \{1,\ldots,d\} \notin \mathcal{S}. \tag{9.18}$$

Es kann dann gezeigt werden, dass die Zeilen der optimalen Kompressionsmatrix $\mathbf{W}$ sind die Eigenvektoren $\mathbf{u}^{(j)}$ mit $j \in \mathcal{S}$. Wir fassen die gesamte Merkmalslernmethode in Algorithmus 17 zusammen.

Algorithm 17 Linear Feature Learning for Labeled Data

Input: dataset $\left(\mathbf{z}^{(1)}, y^{(1)}\right), \ldots, \left(\mathbf{z}^{(m)}, y^{(m)}\right)$ with raw features $\mathbf{z}^{(i)} \in \mathbb{R}^d$ and numeric labels $y^{(i)} \in \mathbb{R}$; number n of new features.

1: compute EVD (9.10) of the sample covariance matrix (9.9) to obtain orthonormal eigenvectors $\left(\mathbf{u}^{(1)}, \ldots, \mathbf{u}^{(d)}\right)$ corresponding to (decreasingly ordered) eigenvalues $\lambda^{(1)} \geq \lambda^{(2)} \geq \ldots \geq \lambda^{(d)} \geq 0$

2: compute the sample cross-correlation vector (9.17) and, in turn, the sequence

$$\left(q_1\right)^2/\lambda_1, \ldots, \left(q_d\right)^2/\lambda_d \tag{9.19}$$

3: determine indices $i_1, \ldots, i_n$ of n largest elements in (9.19)

4: construct compression matrix $\mathbf{W} := \left(\mathbf{u}^{(i_1)}, \ldots, \mathbf{u}^{(i_n)}\right)^T \in \mathbb{R}^{n \times d}$

5: compute feature vector $\mathbf{x}^{(i)} = \mathbf{W}\mathbf{z}^{(i)}$

Output: $\mathbf{x}^{(i)}$, for $i = 1, \ldots, m$, and compression matrix $\mathbf{W}$.

Der Hauptfokus dieses Abschnitts lag auf Regressionsproblemen mit Datenpunkten mit numerischen Labels. Gegeben die Rohmerkmale und Labels des Datenpunkts im Datensatz $\mathcal{D}$, bestimmt Algorithmus 17 neue Merkmalsvektoren $\mathbf{x}^{(i)}$, die es ermöglichen, ein numerisches Label mit minimalem quadratischen Fehler linear vorherzusagen. Ein ähnlicher Ansatz kann für Klassifikationsprobleme mit Datenpunkten mit diskreten Labels verwendet werden. Die resultierenden linearen Merkmalslernmethoden sind bekannt als **lineare Diskriminanzanalyse** oder **Fisher-Diskriminanzanalyse** [3].

9.5 Datenschutzfreundliches Merkmalslernen

Viele wichtige Anwendungsbereiche von ML beinhalten sensible Daten, die dem Datenschutzgesetz unterliegen [9]. Betrachten Sie einen Gesundheitsdienstleister (wie ein Krankenhaus), der eine große Datenbank mit Patientenakten besitzt. Aus der Sicht von ML ist diese Datenbank nichts anderes als eine (typischerweise große) Menge von Datenpunkten, die einzelne Patienten repräsentieren. Die Datenpunkte sind durch viele Merkmale gekennzeichnet, einschließlich persönlicher Identifikatoren (Name, Sozialversicherungsnummer), biophysikalischer Parameter sowie Untersuchungsergebnisse. Wir könnten ML anwenden, um einen Prädiktor für das Risiko einer bestimmten Krankheit anhand der Merkmale eines Datenpunkts zu lernen.

Angesichts großer Patientendatenbanken könnten die ML-Methoden nicht lokal im Krankenhaus, sondern mit Cloud-Computing implementiert werden. Allerdings könnten Datenschutzanforderungen die Übertragung von Rohpatientenakten, die es ermöglichen, Individuen mit biophysikalischen Eigenschaften abzugleichen, verbieten. In diesem Fall könnten wir Merkmalslernmethoden anwenden, um neue Merkmale für jeden Patienten zu konstruieren, die es ermöglichen, eine genaue Hypothese für die Vorhersage einer Krankheit zu lernen, aber nicht erlauben, sensible Eigenschaften des Patienten wie seinen Namen oder eine Sozialversicherungsnummer zu identifizieren.

Lassen Sie uns die obige Anwendung formalisieren, indem wir jeden Datenpunkt (Patient in der Krankenhausdatenbank) mit dem Rohmerkmalsvektor $\mathbf{z}^{(i)} \in \mathbb{R}^d$ und einer sensiblen numerischen Eigenschaft $\pi^{(i)}$ charakterisieren. Wir möchten eine Kompressionskarte $\mathbf{W}$ finden, so dass die resultierenden Merkmale $\mathbf{x}^{(i)} = \mathbf{W}\mathbf{z}^{(i)}$ nicht erlauben, die sensible Eigenschaft $\pi^{(i)}$ genau vorherzusagen. Die Vorhersage der sensiblen Eigenschaft ist auf eine lineare $\hat{\pi}^{(i)} := \mathbf{r}^T\mathbf{x}^{(i)}$ mit einem Gewichtsvektor $\mathbf{r}$ beschränkt.

Ähnlich wie in Abschn. 9.4 möchten wir eine Kompressionsmatrix $\mathbf{W}$ finden, die den Rohmerkmalsvektor $\mathbf{z} \in \mathbb{R}^d$ auf lineare Weise in einen neuen Merkmalsvektor $\mathbf{x} \in \mathbb{R}^n$ umwandelt. Das Designkriterium für die optimale Kompressionsmatrix $\mathbf{W}$ war jedoch in Abschn. 9.4 anders, wo die neuen Merkmalsvektoren eine genaue lineare Vorhersage des Labels ermöglichen sollten. Im Gegensatz dazu möchten wir hier Merkmalsvektoren konstruieren, so dass es keinen genauen linearen Prädiktor für die sensible Eigenschaft $\pi^{(i)}$ gibt.

Wie in Abschn. 9.4 wird die optimale Kompressionsmatrix $\mathbf{W}$ zeilenweise durch die Eigenvektoren der Stichprobenkovarianzmatrix (9.9) gegeben. Die Wahl, welche Eigenvektoren zu verwenden sind, ist jedoch anders und basiert auf den Einträgen des Stichprobenkreuzkorrelationsvektors

$$\mathbf{c} := (1/m) \sum_{i=1}^{m} \pi^{(i)}\mathbf{z}^{(i)}. \tag{9.20}$$

Wir fassen die Konstruktion der optimalen datenschutzfreundlichen Kompressionsmatrix und der entsprechenden neuen Merkmalsvektoren in Algorithmus 18 zusammen.

Algorithm 18 Privacy Preserving Feature Learning

Input: dataset $\left(\mathbf{z}^{(1)}, y^{(1)}\right), \ldots, \left(\mathbf{z}^{(m)}, y^{(m)}\right)$ with raw features $\mathbf{z}^{(i)} \in \mathbb{R}^d$ and (numeric) sensitive property $\pi^{(i)} \in \mathbb{R}$; number n of new features.

1: compute the EVD (9.10) of the sample-covariance matrix (9.9) to obtain orthonormal eigenvectors $\left(\mathbf{u}^{(1)}, \ldots, \mathbf{u}^{(d)}\right)$ corresponding to (decreasingly ordered) eigenvalues $\lambda_1 \geq \lambda_2 \geq \ldots \geq \lambda_d \geq 0$

2: compute the sample cross-correlation vector (9.20) and, in turn, the sequence

$$\left(c_1\right)^2/\lambda_1, \ldots, \left(c_d\right)^2/\lambda_d \tag{9.21}$$

3: determine indices $i_1, \ldots, i_n$ of n smallest elements in (9.21)

4: construct compression matrix $\mathbf{W} := \left(\mathbf{u}^{(i_1)}, \ldots, \mathbf{u}^{(i_n)}\right)^T \in \mathbb{R}^{n \times d}$

5: compute feature vector $\mathbf{x}^{(i)} = \mathbf{W}\mathbf{z}^{(i)}$

Output: privacy-preserving feature vectors $\mathbf{x}^{(i)}$, for $i = 1, \ldots, m$, and compression matrix $\mathbf{W}$.

Algorithmus 18 lernt eine Abbildung $\mathbf{W}$ um datenschutzfreundliche Merkmale aus dem Rohmerkmalsvektor eines Datenpunkts zu extrahieren. Diese neuen Merkmale sind datenschutzfreundlich, da sie es nicht ermöglichen, eine sensible Eigenschaft π des Datenpunkts genau vorherzusagen (auf lineare Weise). Eine weitere Formalisierung für den Datenschutz kann mit informationstheoretischen Konzepten erreicht werden. Dieser informationstheoretische Ansatz interpretiert Datenpunkte, ihren Merkmalsvektor und sensible Eigenschaft, als Realisierungen von Zufallsvariablen. Es ist dann möglich, die gegenseitige Information zwischen neuen Merkmalen $\mathbf{x}$ und der sensiblen (privaten) Eigenschaft π als Optimierungskriterium für das Erlernen einer Kompressionsabbildung h (Abschn. 9.1) zu verwenden. Die resultierende Merkmalslernmethode (bezeichnet als Datenschutz-Trichter) unterscheidet sich von Algorithmus 18 nicht nur im Optimierungskriterium für die Kompressionsabbildung, sondern auch darin, dass sie nichtlinear sein darf [10, 11].

9.6 Zufällige Projektionen

Beachten Sie, dass die PCA eine EVD der Stichprobenkovarianzmatrix $\mathbf{Q}$ (9.9) beinhaltet. Die Rechenkomplexität (z. B. gemessen an der Anzahl der Multiplikationen und Additionen) für die Berechnung dieser EVD ist nach unten begrenzt durch $\min\{D^2, m^2\}$ [12, 13]. Diese Rechenkomplexität kann für ML-Anwendungen mit n und m in der Größenordnung von Millionen (was bereits der Fall ist, wenn die Merkmale Pixelwerte einer 512×512 RGB-Bitmap sind, siehe Abschn. 2.1.1) unzumutbar sein.

Es gibt eine rechenintensiv günstige Alternative zur PCA (Algorithmus 15) zur Findung einer nützlichen Kompressionsmatrix $\mathbf{W}$ in (9.5). Diese Alternative besteht darin, die Kompressionsmatrix $\mathbf{W}$ elementweise aufzubauen

$$W_{i,j} := a^{(i,j)} \text{ mit i.i.d. } a_{i,j} \sim p(a). \tag{9.22}$$

Die Einträge der Matrix (9.22) sind Realisierungen von i.i.d. RVs $a_{i,j}$ mit einer gemeinsamen Wahrscheinlichkeitsverteilung $p(a)$. Verschiedene Wahlmöglichkeiten für die Wahrscheinlichkeitsverteilung $p(a)$ wurden in der Literatur untersucht [14]. Die Bernoulli-Verteilung wird verwendet, um eine Kompressionsmatrix mit binären Einträgen zu erhalten. Eine weitere beliebte Wahl für $p(a)$ ist die multivariate Normalverteilung (Gauß-Verteilung).

Betrachten Sie Datenpunkte, deren rohe Merkmalsvektoren $\mathbf{z}$ sich in der Nähe eines s-dimensionalen Unterraums von $\mathbb{R}^d$ befinden. Die über (9.5) mit einer Zufallsmatrix (9.22) erzeugten Merkmalsvektoren $\mathbf{x}$ ermöglichen es, die rohen Merkmalsvektoren $\mathbf{z}$ mit hoher Wahrscheinlichkeit zu rekonstruieren, wann immer

$$n \geq Cs \log d. \tag{9.23}$$

Die Konstante C hängt vom maximal tolerierten Rekonstruktionsfehler η ab (so dass $\|\widehat{\mathbf{z}} - \mathbf{z}\|_2^2 \leq \eta$ für jeden Datenpunkt gilt) und der Wahrscheinlichkeit, dass die

Merkmale $\mathbf{x}$ (siehe (9.22)) einen maximalen Rekonstruktionsfehler η zulassen [14, Theorem 9.27.].

9.7 Erhöhung der Dimensionalität

Der Schwerpunkt dieses Kapitels liegt auf Methoden zur Reduzierung der Dimensionalität, die eine Merkmalsabbildung lernen, die neue Merkmalsvektoren liefert, die (deutlich) kürzer sind als die rohen Merkmalsvektoren. Es kann jedoch manchmal vorteilhaft sein, eine Merkmalsabbildung zu lernen, die neue Merkmalsvektoren liefert, die länger sind als die rohen Merkmalsvektoren. Wir haben bereits zwei Beispiele für solche Merkmalslernmethoden in den Abschn. 3.2 und 3.9 besprochen. Die polynomiale Regression bildet ein einzelnes rohes Merkmal z auf einen Merkmalsvektor ab, der die Potenzen des rohen Merkmals z enthält. Dies ermöglicht es, lineare Prädiktorkarten auf die neuen Merkmalsvektoren anzuwenden, um Vorhersagen zu erhalten, die nichtlinear von dem rohen Merkmal z abhängen. Kernel-Methoden können sogar eine Merkmalsabbildung verwenden, die Merkmalsvektoren liefert, die zu einem unendlich-dimensionalen Hilbertraum gehören [15].

Die Abbildung von rohen Merkmalsvektoren in höherdimensionale (oder sogar unendlich-dimensionale) Räume kann nützlich sein, wenn die intrinsische Geometrie der Datenpunkte einfacher ist, wenn man sie im höherdimensionalen Raum betrachtet. Betrachten Sie ein binäres Klassifikationsproblem, bei dem die Datenpunkte im ursprünglichen Merkmalsraum stark verwoben sind (siehe Abb. 3.7). Lässig gesprochen, könnte die Abbildung in einen höherdimensionalen Merkmalsraum eine nichtlineare Entscheidungsgrenze zwischen den Datenpunkten „glätten“. Wir können dann lineare Klassifikatoren auf die höherdimensionalen Merkmale anwenden, um genaue Vorhersagen zu erzielen.

9.8 Übungen

Übung 9.1 Rechenlast bei vielen Merkmalen Diskutieren Sie die Rechenkomplexität der linearen Regression. Wie viel Rechenleistung benötigen wir, um den linearen Prädiktor zu berechnen, der den durchschnittlichen quadratischen Fehler auf einem Trainingsset minimiert?

Übung 9.2 Power Iteration Der Schlüssel zur Berechnung von PCA besteht in einer EVD der psd-Matrix (9.9). Betrachten Sie einen beliebigen Anfangsvektor $\mathbf{u}^{(r)}$ und die durch Iteration erhaltene Sequenz

$$\mathbf{u}^{(r+1)} := \mathbf{Q}\mathbf{u}^{(r)} / \left\| \mathbf{Q}\mathbf{u}^{(r)} \right\|. \tag{9.24}$$

Unter welchen (falls vorhanden) Bedingungen für die Initialisierung $\mathbf{u}^{(r)}$ kann sichergestellt werden, dass die Sequenz $\mathbf{u}^{(r)}$ zum Eigenvektor $\mathbf{u}^{(1)}$ von $\mathbf{Q}$ konvergiert, der zum größten Eigenwert λ_1 gehört.

Übung 9.3 Lineare Klassifikatoren mit hochdimensionalen Merkmalen Betrachten Sie einen Trainingsdatensatz $\mathcal{D}$ bestehend aus $m = 10^{10}$ beschrifteten Datenpunkten $\left(\mathbf{z}^{(1)}, y^{(1)}\right), \ldots, \left(\mathbf{z}^{(m)}, y^{(m)}\right)$ mit rohen Merkmalsvektoren $\mathbf{z}^{(i)} \in \mathbb{R}^{4000}$ und binären Labels $y^{(i)} \in \{-1, 1\}$. Nehmen wir an, wir haben eine Methode zum Erlernen von Merkmalen verwendet, um die neuen Merkmale $\mathbf{x}^{(i)} \in \{0, 1\}^n$ mit $n = m$ zu erhalten und so, dass der einzige Nicht-Null-Eintrag von $\mathbf{x}^{(i)}$ ist $x_i^{(i)} = 1$, für $i = 1, \ldots, m$. Können Sie einen linearen Klassifikator finden, der den Trainingsdatensatz perfekt klassifiziert?

Literatur

1. I. Goodfellow, Y. Bengio, A. Courville, *Deep Learning* (MIT Press, Cambridge, 2016)
2. G. Strang, *Computational Science and Engineering* (Wellesley-Cambridge Press, MA, 2007)
3. T. Hastie, R. Tibshirani, J. Friedman, *The Elements of Statistical Learning*. Springer Series in Statistics (Springer, New York, 2001)
4. J. Wright, Y. Peng, Y. Ma, A. Ganesh, S. Rao, Robust principal component analysis: exact recovery of corrupted low-rank matrices by convex optimization, in *Neural Information Processing Systems, NIPS 2009* (2009)
5. S. Roweis, EM Algorithms for PCA and SPCA. *Advances in Neural Information Processing Systems* (MIT Press, Cambridge, 1998), S. 626–632
6. M.E. Tipping, C. Bishop, Probabilistic principal component analysis. J. Roy. Stat. Soc. B **21**(3), 611–622 (1999)
7. M.E.J. Newman, *Networks: An Introduction* (Oxford University Press, Oxford, 2010)
8. U. von Luxburg, A tutorial on spectral clustering. Stat. Comput. **17**(4), 395–416 (2007)
9. S. Wachter, Data protection in the age of big data. Nat. Electron. **2**(1), 6–7 (2019)
10. A. Makhdoumi, S. Salamatian, N. Fawaz, M. Médard, From the information bottleneck to the privacy funnel, in *2014 IEEE Information Theory Workshop (ITW 2014)*, S. 501–505 (2014)
11. Y.Y. Shkel, R.S. Blum, H.V. Poor, Secrecy by design with applications to privacy and compression. IEEE Trans. Inf. Theory **67**(2), 824–843 (2021)
12. Q. Du, J. Fowler, Low-complexity principal component analysis for hyperspectral image compression. Int. J. High Perform. Comput. Appl., 438–448 (2008)
13. A. Sharma, K. Paliwal, Fast principal component analysis using fixed-point analysis. Pattern Recogn. Lett. **28**, 1151–1155 (2007)
14. S. Foucart, H. Rauhut, *A Mathematical Introduction to Compressive Sensing* (Springer, New York, 2012)
15. B. Schölkopf, A. Smola, *Learning with Kernels: Support Vector Machines, Regularization, Optimization, and Beyond* (MIT Press, Cambridge, 2002)

Kapitel 10
Transparentes und erklärbares ML

Der erfolgreiche Einsatz von ML-Methoden hängt von ihrer Transparenz (oder Erklärbarkeit) ab. Wir beziehen uns auf Techniken, die darauf abzielen, ML-Methoden transparent (oder erklärbar) zu machen, als erklärbares ML. Erklärungen für die Vorhersagen einer ML-Methode sind besonders wichtig, wenn diese Vorhersagen die Entscheidungsfindung informieren [1]. Erklärungen für automatisierte Entscheidungssysteme sind zu einer gesetzlichen Anforderung geworden [2].

Auch für Anwendungen, bei denen Vorhersagen nicht direkt zur Informationsgewinnung für weitreichende Entscheidungen verwendet werden, sind Erklärungen wichtig. Die menschlichen Endbenutzer haben ein intrinsisches Bedürfnis nach Erklärungen, die die Unsicherheit über die Vorhersage auflösen. Dies ist in der Psychologie als „Bedürfnis nach Abschluss" bekannt [3, 4]. Neben rechtlichen und psychologischen Anforderungen könnten Erklärungen für Vorhersagen auch nützlich sein, um ML-Methoden zu validieren und zu verifizieren. Tatsächlich könnten die für Vorhersagen gegebenen Erklärungen den Benutzer (Domänenexperten) auf falsche Modellannahmen hinweisen, die der ML-Methode zugrunde liegen.

Erklärbares ML ist herausfordernd, da Erklärungen auf menschliche Endbenutzer mit unterschiedlichen Hintergründen und in verschiedenen Kontexten zugeschnitten (personalisiert) werden müssen [5]. Der Benutzerhintergrund umfasst die formale Bildung sowie die individuelle digitale Kompetenz. Einige Benutzer haben möglicherweise eine universitäre Ausbildung in ML erhalten, während andere Benutzer keine relevante formale Ausbildung (wie einen Grundkurs in linearer Algebra) haben. Eine lineare Regression mit wenigen Merkmalen könnte für die erste Gruppe perfekt interpretierbar sein, aber für die letztere als „Black Box" betrachtet werden. Um maßgeschneiderte Erklärungen zu ermöglichen, müssen wir den Benutzerhintergrund als relevant für das Verständnis der ML-Vorhersagen modellieren.

Dieses Kapitel diskutiert erklärbare ML-Methoden, die Zugang zu einem Benutzersignal oder Feedback für einige Datenpunkte haben. Ein solches Benutzersignal kann auf verschiedene Weise erhalten werden, einschließlich Antworten auf Umfragen oder biophysikalische Messungen, die über tragbare

A. Jung, *Maschinelles Lernen*, https://doi.org/10.1007/978-981-99-7972-1_10

Geräte oder medizinische Diagnostik gesammelt wurden. Das Benutzersignal wird verwendet, um (in gewissem Maße) den Hintergrund des Endbenutzers zu bestimmen und die gelieferten Erklärungen entsprechend anzupassen.

Bestehende erklärbare ML-Methoden können grob in zwei Kategorien eingeteilt werden. Die erste Kategorie wird als „modellagnostisch" (oder „Black Box erklärbares ML" [1]) bezeichnet. Modellagnostische Methoden erfordern keine Kenntnis der detaillierten Arbeitsprinzipien einer ML-Methode. Insbesondere benötigen diese Methoden keine Kenntnis des von einer ML-Methode verwendeten Hypothesenraums. Sie lernen, die Vorhersagen einer ML-Methode zu erklären, indem sie ihre Vorhersagen für eine Reihe von Datenpunkten beobachten [6]. Eine zweite Kategorie von erklärbarer ML-Methoden (bezeichnet als „White-Box"-Methoden [1]) verwendet ML-Methoden, die als intrinsisch erklärbar gelten. Die intrinsische Erklärbarkeit einer ML-Methode hängt entscheidend von ihrer Wahl für den Hypothesenraum ab (siehe Abschn. 2.2). Dieses Kapitel diskutiert eine neuere Methode aus jeder der beiden Kategorien erklärbarer ML [7, 8]. Das gemeinsame Thema beider Methoden ist die Verwendung von informationstheoretischen Konzepten zur Messung der Nützlichkeit von Erklärungen [9].

Abschn. 10.1 diskutiert einen kürzlich vorgeschlagenen modellagnostischen Ansatz zur erklärbaren ML, der maßgeschneiderte Erklärungen für die Vorhersagen einer gegebenen ML-Methode erstellt [7]. Dieser Ansatz erfordert keine Details über den internen Mechanismus einer ML-Methode, deren Vorhersagen erklärt werden sollen. Vielmehr erfordert dieser Ansatz nur einen (ausreichend großen) Trainingsdatensatz, für den die Vorhersagen der ML-Methode bekannt sind. Um die Erklärungen auf einen bestimmten Benutzer zuzuschneiden, verwenden wir die Werte eines Benutzer (Feedback) Signals, das für die Datenpunkte im Trainingsdatensatz bereitgestellt wurde. Grob gesagt, werden die Erklärungen so gewählt, dass sie die „Überraschung" oder Unsicherheit, die der Benutzer über die Vorhersagen der ML-Methode hat, maximal reduzieren.

Abschn. 10.2 diskutiert ein Beispiel für eine ML-Methode, die einen Hypothesenraum verwendet, der intrinsisch erklärbar ist [8]. Dieser erklärbarer Hypothesenraum wird durch Beschneiden eines beliebigen Hypothesenraums wie linearer Abbildungen (siehe Abschn. 3.1) oder nicht-linearer Abbildungen, die entweder durch ein tiefes neuronales Netzwerk (siehe Abschn. 3.11) oder Entscheidungsbäume (siehe Abschn. 3.10) dargestellt werden, erhalten. Dieses Beschneiden wird durch Hinzufügen eines Regularisierungsterms zu ERM (4.3) implementiert, was zu einer Instanz von SRM (7.2) führt, die wir als empirische Risikominimierung (EERM) bezeichnen. Der Regularisierungsterm bevorzugt Hypothesen, die für einen Benutzer erklärbar sind. Ähnlich wie die Methode in Abschn. 10.1 wird die Erklärbarkeit einer Abbildung durch informationstheoretische Größen quantifiziert. Wenn beispielsweise der ursprüngliche Hypothesenraum die Menge der linearen Abbildungen mit einer großen Anzahl von Merkmalen ist, könnte der Regularisierungsterm Abbildungen bevorzugen, die nur von wenigen, interpretierbaren Merkmalen abhängen. Daher können wir EERM als eine Merkmalslernmethode interpretieren, die darauf abzielt, relevante und interpretierbare Merkmale zu lernen (siehe Kap. 9).

10.1 Eine Modellagnostische Methode

Betrachten Sie eine ML-Anwendung, die Datenpunkte mit Merkmalen $\mathbf{x} = \big(x_1, \ldots, x_n\big)^T \in \mathbb{R}^n$ und Label $y \in \mathbb{R}$ und eine ML-Methode beinhaltet, die, gegeben einige beschriftete Trainingsdaten

$$\big(\mathbf{x}^{(1)}, y^{(1)}\big), \big(\mathbf{x}^{(2)}, y^{(2)}\big), \ldots, \big(\mathbf{x}^{(m)}, y^{(m)}\big), \tag{10.1}$$

einen Prädiktor (Karte)

$$h(\cdot) : \mathbb{R}^n \to \mathbb{R} : \mathbf{x} \mapsto \hat{y} = h(\mathbf{x}). \tag{10.2}$$

lernt. Das genaue Arbeitsprinzip dieser ML-Methode, wie diese Hypothese h gelernt wird, ist in dem, was folgt, nicht relevant.

Der gelernte Prädiktor $h(\mathbf{x})$ wird auf die Merkmale eines Datenpunkts angewendet, um das vorhergesagte Label $\hat{y} := h(\mathbf{x})$ zu erhalten. Die Vorhersage $\hat{y}$ wird dann an einen menschlichen Endbenutzer geliefert. Je nach ML-Anwendung könnte dieser Endbenutzer ein Streaming-Service-Abonnent [10], ein Dermatologe [11] oder ein Stadtplaner [12] sein.

Menschliche Benutzer von ML-Methoden haben oft eine Vorstellung oder ein Modell für die Beziehung zwischen Merkmalen $\mathbf{x}$ und Label y eines Datenpunkts. Dieses intrinsische Modell kann erheblich zwischen Benutzern mit unterschiedlichem (sozialem oder bildungsmäßigem) Hintergrund variieren. Wir werden das Benutzerverständnis eines Datenpunkts durch eine „Benutzerzusammenfassung" $u \in \mathbb{R}$ modellieren. Die Zusammenfassung wird durch eine (möglicherweise stochastische) Karte von den Merkmalen $\mathbf{x}$ eines Datenpunkts erhalten. Zur Vereinfachung der Darstellung konzentrieren wir uns auf Zusammenfassungen, die durch eine deterministische Karte

$$u(\cdot) : \mathbb{R}^n \to \mathbb{R} : \mathbf{x} \mapsto u := u(\mathbf{x}). \tag{10.3}$$

erhalten werden. Unser Ansatz deckt jedoch auch stochastische Karten ab, die durch eine bedingte Wahrscheinlichkeitsverteilung $p(u|\mathbf{x})$ charakterisiert sind.

Die (benutzerspezifische) Menge u wird durch die Merkmale $\mathbf{x}$ eines Datenpunkts bestimmt. Wir könnten den Wert u für einen spezifischen Datenpunkt als ein Signal betrachten, das widerspiegelt, wie der menschliche Endbenutzer den Datenpunkt interpretiert (oder wahrnimmt), gegeben sein Wissen (einschließlich formaler Bildung) und den Kontext der ML-Anwendung. Wir nehmen kein Wissen über die Details an, wie der Signalwert u für einen spezifischen Datenpunkt gebildet wird. Insbesondere kennen wir keine Eigenschaften der Karte $u(\cdot) : \mathbf{x} \mapsto u$.

Unser Ansatz ist ziemlich flexibel, da er sehr unterschiedliche Formen von Benutzerzusammenfassungen zulässt. Die Benutzerzusammenfassung könnte die Vorhersage sein, die aus einem vereinfachten Modell, wie einer linearen Regression mit wenigen Merkmalen, die der Benutzer als relevant erachtet, gewonnen wird. Ein weiteres Beispiel für eine Benutzerzusammenfassung u

könnte ein höheres Merkmal sein, wie der Augenabstand in Gesichtsbildern, den der Benutzer als relevant betrachtet [13].

Beachten Sie, dass wir, da wir eine beliebige Karte in (10.3) zulassen, die Benutzerzusammenfassung $u(\mathbf{x})$ für einen zufälligen Datenpunkt mit Merkmalen $\mathbf{x}$ mit der Vorhersage $\hat{y} = h(\mathbf{x})$ korreliert sein könnte. Als Extremfall betrachten Sie hochwissende Benutzer, die in der Lage sind, die Labels von Datenpunkten aus ihren Merkmalen ebenso gut vorherzusagen wie die ML-Methode. In diesem Fall könnten die Karten (10.2) und (10.3) fast identisch sein. Allerdings werden die Vorhersagen, die von der gelernten Hypothese (10.2) geliefert werden, im Allgemeinen von der Benutzerzusammenfassung abweichen.

Wir formalisieren den Akt der Erklärung einer Vorhersage $\hat{y} = h(\mathbf{x})$ als Präsentation einer zusätzlichen Menge e an den Benutzer (siehe Abb. 10.1). Diese Erklärung e kann jedes Artefakt sein, das dem Benutzer hilft, die Vorhersage $\hat{y}$ zu verstehen, ausgehend von ihrem Verständnis u des Datenpunkts. Lässig gesprochen, besteht das Ziel der Bereitstellung der Erklärung e darin, die Unsicherheit des Benutzers u über die Vorhersage $\hat{y}$ zu reduzieren [4].

Unser Ansatz ist sehr flexibel, da er viele verschiedene Formen von Erklärungen zulässt. Eine Erklärung könnte eine Teilmenge von Merkmalen eines Datenpunkts sein (siehe [14] und Abschn. 10.1.2). Allgemeiner könnten Erklärungen aus einfachen lokalen Statistiken (Durchschnitte) von Merkmalen gewonnen werden, die als verwandt betrachtet werden, wie nahegelegene Pixel in einem Bild oder aufeinanderfolgende Proben eines Audiosignals. Anstelle von einzelnen Merkmalen können sorgfältig ausgewählte Datenpunkte auch als Erklärung dienen [15, 16].

Zum Zwecke der Darstellung wird unser Fokus auf Erklärungen liegen, die über eine deterministische Abbildung

$$e(\cdot) : \mathbb{R}^n \rightarrow \mathbb{R} : \mathbf{x} \mapsto e := e(\mathbf{x}), \tag{10.4}$$

von den Merkmalen $\mathbf{x}$ eines Datenpunkts erhalten werden. Allerdings kann unser Ansatz ohne Schwierigkeiten verallgemeinert werden, um Erklärungen zu behandeln, die durch eine (stochastische) Abbildung erhalten werden. Am Ende benötigen wir nur die Angabe der bedingten Wahrscheinlichkeitsverteilung $p(e|\mathbf{x})$.

Die Erklärung e (10.4) hängt nur von den Merkmalen $\mathbf{x}$ ab, aber nicht explizit von der Vorhersage $\hat{y}$. Allerdings berücksichtigt unsere Methode zur Erstellung

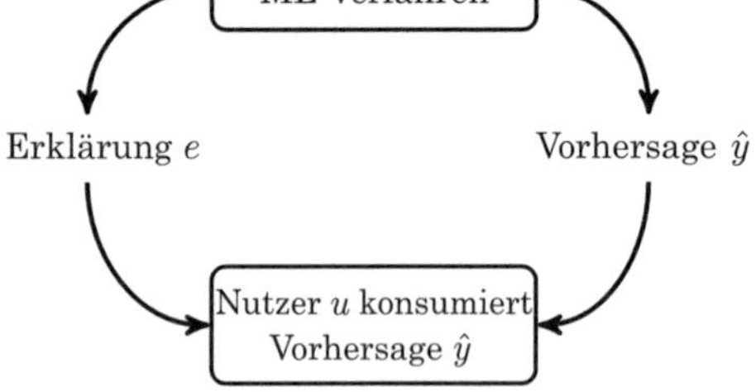

Abb. 10.1 Eine Erklärung e liefert zusätzliche Informationen $I(\hat{y}, e|u)$ an einen Benutzer u über die Vorhersage $\hat{y}$

der Karte (10.4) die Eigenschaften der Vorhersagekarte $h(\mathbf{x})$ (10.2). Insbesondere erfordert Algorithmus 19 unten als Eingabe die vorhergesagten Labels $\hat{y}^{(i)}$ für eine Menge von Datenpunkten (die als Trainingsset für unsere Methode dienen).

Um verständliche Erklärungen zu erhalten, die effizient berechnet werden können, müssen wir in der Regel den Raum der möglichen Erklärungen auf eine kleine Teilmenge $\mathcal{F}$ von Karten (10.4) einschränken. Dies ist konzeptionell ähnlich der Einschränkung des Raums der möglichen Vorhersagefunktionen in einer ML-Methode auf eine kleine Teilmenge von Karten, die als Hypothesenraum bekannt ist.

10.1.1 Probabilistisches Datenmodell für XML

Im Folgenden modellieren wir Datenpunkte als Realisierungen von i.i.d. RVs mit gemeinsamer (gemeinsamer) Wahrscheinlichkeitsverteilung $p(\mathbf{x}, y)$ von Merkmalen und Label (siehe Abschn. 2.1.4). Die Modellierung der Datenpunkte als Realisierungen von RVs impliziert, dass die Benutzerzusammenfassung u, Vorhersage $\hat{y}$ und Erklärung e auch RVs sind. Die gemeinsame Verteilung $p(u, \hat{y}, e, \mathbf{x}, y)$ entspricht dem in Abb. 10.2 dargestellten Bayes-Netzwerk [17]. Tatsächlich,

$$p(u, \hat{y}, e, \mathbf{x}, y) = p(u|\mathbf{x}) \cdot p(e|\mathbf{x}) \cdot p(\hat{y}|\mathbf{x}) \cdot p(\mathbf{x}, y). \tag{10.5}$$

Wir messen die Menge an zusätzlichen Informationen, die durch eine Erklärung e für eine Vorhersage $\hat{y}$ für einen Benutzer u über die bedingte gegenseitige Information (MI) [9, Kap. 2 und 8]

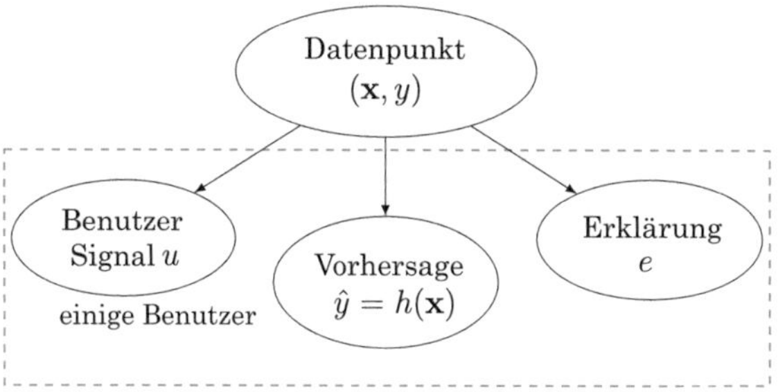

Abb. 10.2 Ein einfaches probabilistisches grafisches Modell (ein Bayesian Netzwerk [18, 19]) für erklärbares ML. Wir interpretieren Datenpunkte (mit Merkmalen $\mathbf{x}$ und Label y) zusammen mit der Benutzerzusammenfassung u, e und vorhergesagtem Label $\hat{y}$ als Realisierungen von RVs. Diese RVs erfüllen bedingte Unabhängigkeitsbeziehungen, die durch die gerichteten Verbindungen des Graphen kodiert sind [19]. Insbesondere, gegeben den Datenpunkt, ist das vorhergesagte Label $\hat{y}$ das aus einer „Black Box" ML-Methode erhalten wurde, die Erklärung e die aus unserer Methode erhalten wurde und die Benutzerzusammenfassung u sind bedingt unabhängig. Diese bedingte Unabhängigkeit ist trivial, wenn alle diese Mengen aus deterministischen Abbildungen, die auf die Merkmale $\mathbf{x}$ des Datenpunkts angewendet werden, erhalten werden

$$I(e;\hat{y}|u) := \mathbb{E}\left\{\log \frac{p(\hat{y},e|u)}{p(\hat{y}|u)p(e|u)}\right\}. \tag{10.6}$$

Die bedingte MI $I(e;\hat{y}|u)$ kann auch als Maß für den Betrag interpretiert werden, um den die Erklärung e die Unsicherheit über die Vorhersage $\hat{y}$ reduziert, die an einen Benutzer u geliefert wird. Die Bereitstellung der Erklärung e dient dem offensichtlichen menschlichen Bedürfnis, beobachtete Phänomene zu verstehen, wie zum Beispiel die Vorhersagen aus einer ML-Methode [4].

10.1.2 Berechnung optimaler Erklärungen

Die Erfassung der Wirkung einer Erklärung mit dem probabilistischen Modell (10.6) bietet einen prinzipiellen Ansatz zur Berechnung einer optimalen Erklärung e. Wir verlangen, dass die optimale Erklärung e^* das bedingte MI (10.6) zwischen der Erklärung e und der Vorhersage $\hat{y}$ maximiert, bedingt auf die Benutzerzusammenfassung u des Datenpunkts.

Formell löst eine optimale Erklärung e^*

$$I(e^*;\hat{y}|u) = \sup_{e\in\mathcal{F}} I(e;\hat{y}|u). \tag{10.7}$$

Die Auswahl für die Teilmenge $\mathcal{F}$ gültiger Erklärungen bietet einen Kompromiss zwischen Verständlichkeit, Informativität und den durch eine Erklärung e^* entstehenden Rechenkosten (Lösung von (10.7)).

Das Maximierungsproblem (10.7) zur Erlangung optimaler Erklärungen ähnelt dem Ansatz in [6]. Während [6] die bedingungslose MI zwischen Erklärung und Vorhersage verwendet, verwendet (10.7) die bedingte MI gegeben der Benutzerzusammenfassung u. Daher bietet unser Ansatz personalisierte Erklärungen, die auf den Benutzer zugeschnitten sind, wie durch ihre Zusammenfassung u charakterisiert.

Lassen Sie uns das Konzept optimaler Erklärungen (10.7) anhand einer linearen Regressionsmethode veranschaulichen. Wir modellieren die Merkmale $\mathbf{x}$ als Realisierung eines multivariaten normalen Zufallsvektors mit Nullmittelwert und Kovarianzmatrix $\mathbf{C}_x$,

$$\mathbf{x} \sim \mathcal{N}(\mathbf{0}, \mathbf{C}_x). \tag{10.8}$$

Der Prädiktor und die Benutzerzusammenfassung sind lineare Funktionen

$$\hat{y} := \mathbf{w}^T\mathbf{x}, \text{ und } u := \mathbf{v}^T\mathbf{x}. \tag{10.9}$$

Wir konstruieren Erklärungen über Teilmengen einzelner Merkmale x_j, die als am relevantesten für ein Benutzer zur Verständnis der Vorhersage $\hat{y}$ betrachtet werden (siehe [20, Definition 2] und [21]). Daher betrachten wir Erklärungen der Form

$$e := \{x_i\}_{i\in\mathcal{E}} \text{ mit einer Teilmenge } \mathcal{E} \subseteq \{1,\ldots,n\}. \tag{10.10}$$

Die Komplexität einer Erklärung e wird durch die Anzahl $|\mathcal{E}|$ der Merkmale gemessen, die dazu beitragen. Wir begrenzen die Komplexität der Erklärungen durch ein festes (kleines) Sparsity-Level,

$$|\mathcal{E}| \leq s(\ll n). \tag{10.11}$$

Die Modellierung des Merkmalsvektors $\mathbf{x}$ als Gaußsche (10.8) impliziert, dass die Vorhersage $\hat{y}$ und die Benutzerzusammenfassung u aus (10.9) gemeinsam Gaußsche sind für ein gegebenes $\mathcal{E}$ (10.4). Grundlegende Eigenschaften von multivariaten Normalverteilungen [9, Kap. 8], erlauben die Entwicklung von (10.7) als

$$\begin{aligned}
\max_{\substack{\mathcal{E} \subseteq \{1,\dots,n\} \\ |\mathcal{E}| \leq s}} \quad & I(e; \hat{y}|u) \\
&= h(\hat{y}|u) - h(\hat{y}|u, \mathcal{E}) \qquad (10.12) \\
&= (1/2) \log \mathbf{C}_{\hat{y}|u} - (1/2) \log \det \mathbf{C}_{\hat{y}|u,\mathcal{D}^{(train)}} \\
&= (1/2) \log \sigma^2_{\hat{y}|u} - (1/2) \log \sigma^2_{\hat{y}|u,\mathcal{D}^{(train)}}.
\end{aligned}$$

Hier bezeichnet $\sigma^2_{\hat{y}|u}$ die bedingte Varianz der Vorhersage $\hat{y}$, bedingt auf die Benutzerzusammenfassung u. Ebenso bezeichnet $\sigma^2_{\hat{y}|u,\mathcal{E}}$ die bedingte Varianz von $\hat{y}$, bedingt auf die Benutzerzusammenfassung u und die Teilmenge $\{x_j\}_{j\in\mathcal{E}}$ der Merkmale. Der letzte Schritt in (10.12) folgt aus der Tatsache, dass $\hat{y}$ eine skalare Zufallsvariable ist.

Die erste Komponente des endgültigen Ausdrucks von (10.12) hängt nicht vom Indexset $\mathcal{E}$ ab, das zur Konstruktion der Erklärung e verwendet wird (siehe (10.10)). Daher löst die optimale Wahl für $\mathcal{E}$ löst

$$\sup_{|\mathcal{E}| \leq s} -(1/2) \log \sigma^2_{\hat{y}|u,\mathcal{E}}. \tag{10.13}$$

Die Maximierung (10.13) ist äquivalent zu

$$\inf_{|\mathcal{E}| \leq s} \sigma^2_{\hat{y}|u,\mathcal{E}}. \tag{10.14}$$

Um (10.14) zu lösen, beziehen wir die bedingte Varianz $\sigma^2_{\hat{y}|u,\mathcal{E}}$ auf eine bestimmte Zerlegung

$$\hat{y} = \eta u + \sum_{j\in\mathcal{E}} \beta_j x_j + \varepsilon. \tag{10.15}$$

Für eine optimale Wahl der Koeffizienten η und β_j wird die Varianz des Fehlerterms in (10.15) durch $\sigma^2_{\hat{y}|u,\mathcal{E}}$ gegeben. Tatsächlich,

$$\min_{\eta,\beta_j\in\mathbb{R}} \mathbb{E}\left\{\left(\hat{y} - \eta u - \sum_{j\in\mathcal{E}} \beta_j x_j\right)^2\right\} = \sigma^2_{\hat{y}|u,e}. \tag{10.16}$$

Wenn man (10.29) in (10.14) einsetzt, wird eine optimale Wahl $\mathcal{E}$ (von Merkmalen) für die Erklärung der Vorhersage $\hat{y}$ für den Benutzer u aus

$$\inf_{|\mathcal{E}|\leq s} \min_{\eta,\beta_j\in\mathbb{R}} \mathbb{E}\left\{\left(\hat{y}-\eta u-\sum_{j\in\mathcal{E}}\beta_j x_j\right)^2\right\} \tag{10.17}$$

$$= \min_{\|\boldsymbol{\beta}\|_0\leq s} \mathbb{E}\{(\hat{y}-\eta u-\boldsymbol{\beta}^T\mathbf{x})^2\}. \tag{10.18}$$

Eine optimale Teilmenge $\mathcal{E}_{\text{opt}}$ von Merkmalen, die die Erklärung e (10.10) definiert, wird aus jeder Lösung $\boldsymbol{\beta}_{\text{opt}}$ von (10.18) über

$$\mathcal{E}_{\text{opt}} = \operatorname{supp} \boldsymbol{\beta}_{\text{opt}}. \tag{10.19}$$

Unter einem Gaußschen Modell (10.8), zeigt Abschn. 10.1.2 wie man optimale Erklärungen durch die (Unterstützung der) Lösungen $\boldsymbol{\beta}_{\text{opt}}$ des spärlichen linearen Regressionsproblems (10.18) konstruiert. Um einen praktischen Algorithmus zur Berechnung (annähernd) optimaler Erklärungen (10.19) zu erhalten, approximieren wir die Erwartung in (10.18) mit einem Durchschnitt über die Trainingsdatenpunkte $(\mathbf{x}^{(i)}, \hat{y}^{(i)}, u^{(i)})$. Diese resultierende Methode zur Berechnung personalisierter Erklärungen wird in Algorithmus 19 zusammengefasst.

Algorithm 19 XML Algorithm

Input: explanation complexity s, training samples $(\mathbf{x}^{(i)}, \hat{y}^{(i)}, u^{(i)})$ for $i = 1, \ldots, m$

1: compute $\widehat{\beta}$ by solving

$$\widehat{\beta} \in \underset{\eta\in\mathbb{R}, \|\beta\|_0\leq s}{\operatorname{argmin}} \sum_{i=1}^{m} (\hat{y}^{(i)} - \eta u^{(i)} - \beta^T\mathbf{x}^{(i)})^2 \tag{10.20}$$

Output: feature set $\widehat{\mathcal{E}} := \operatorname{supp}\widehat{\beta}$

Beachten Sie, dass Algorithmus 19 interaktiv ist, da der Benutzer Proben $u^{(i)}$ seiner Zusammenfassung für die Datenpunkte mit Merkmalen $\mathbf{x}^{(i)}$ liefern muss. Basierend auf der Benutzereingabe $u^{(i)}$, für $i = 1, \ldots, m$, lernt Algorithmus 19 eine optimale Teilmenge $\mathcal{E}$ von Merkmalen (10.10), die für die Erklärung von Vorhersagen verwendet werden.

Das spärliche Regressionsproblem (10.20) wird für große Merkmalslängen n unlösbar. Wenn jedoch die Merkmale schwach miteinander korreliert sind und die Benutzerzusammenfassung u, können die Lösungen von (10.20) durch effiziente konvexe Optimierungsmethoden gefunden werden. Tatsächlich kann für eine breite Palette von Einstellungen die spärliche Regression (10.20) durch eine konvexe Entspannung gelöst werden, die als Least Absolute Shrinkage and Selection Operator (Lasso) bekannt ist [22],

$$\widehat{\boldsymbol{\beta}} \in \underset{\eta\in\mathbb{R},\boldsymbol{\beta}\in\mathbb{R}^n}{\operatorname{argmin}} \sum_{i=1}^{m} (\hat{y}^{(i)} - \eta u^{(i)} - \boldsymbol{\beta}^T\mathbf{x}^{(i)})^2 + \lambda\|\boldsymbol{\beta}\|_1. \tag{10.21}$$

Wir haben bereits ein gutes Verständnis dafür, wie man den Lasso-Parameter λ in (10.21) wählt, so dass seine Lösungen mit den Lösungen von (10.20) übereinstimmen (siehe z. B. [22]).

10.2 Erklärbares empirisches Risikominimierung

Abschn. 7.1 diskutierte SRM (7.1) als Methode zum Beschneiden des Hypothesenraums $\mathcal{H}$ verwendet in ERM (4.3). Dieses Beschneiden wird entweder über eine (harte) Einschränkung wie in (7.1) implementiert oder durch Hinzufügen eines Regularisierungsterms zum Trainingsfehler wie in (7.2). Die Idee von SRM besteht darin, Hypothesenkarten zu vermeiden (wegzuschneiden), die auf dem Trainingsset gut abschneiden, aber außerhalb schlecht abschneiden (sie verallgemeinern nicht). Hier werden wir ein anderes Kriterium zur Steuerung des Beschneidens und der Konstruktion von Regularisierungstermen verwenden. Insbesondere verwenden wir die (intrinsische) Erklärbarkeit einer Hypothesenkarten als Regularisierungsterm.

Um den Begriff der Erklärbarkeit präzise zu machen, werden wir das probabilistische Modell von Abschn. 10.1.1 verwenden. Wir interpretieren Datenpunkte als Realisierungen von i.i.d.. RVs mit gemeinsamer (gemeinsamer) Wahrscheinlichkeitsverteilung $p(\mathbf{x}, y)$ von Merkmalen $\mathbf{x}$ und Label y. Ein quantitatives Maß für die intrinsische Erklärbarkeit einer Hypothese $h \in \mathcal{H}$ ist die bedingte (differentielle) Entropie [9, Kap. 2 und 8]

$$H(\hat{y}|u) := -\mathbb{E}\left\{ \log p(\hat{y}|u) \right\}. \tag{10.22}$$

Die bedingte Entropie (10.22) gibt die Unsicherheit über die Vorhersage $\hat{y}$, gegeben die Benutzerzusammenfassung $\hat{u} = u(\mathbf{x})$. Kleinere Werte $H(\hat{y}; u)$ entsprechen kleineren Unsicherheitsniveaus in den Vorhersagen $\hat{y}$, die vom Benutzer u erlebt wird.

Wir erhalten erklärbares empirisches Risikominimierung (explainable empirical risk minimization) durch die Anforderung einer ausreichend kleinen bedingten Entropie (10.22) einer Hypothese,

$$\hat{h} \in \underset{h \in \mathcal{H}}{\operatorname{argmin}}\ \widehat{L}(h) \quad \text{s.t.} \quad H(\hat{y}|\hat{u}) \leq \eta. \tag{10.23}$$

Die Zufallsvariable $\hat{y} = h(\mathbf{x})$ in der Einschränkung von (10.23) wird durch Anwendung der Vorhersagekarte $h \in \mathcal{H}$ auf die Merkmale erzielt. Die Einschränkung $H(\hat{y}|\hat{u}) \leq \eta$ in (10.23) erzwingt die gelernte Hypothese $\hat{h}$ ausreichend erklärbar zu sein, in dem Sinne, dass die bedingte Entropie $H(\hat{h}|\hat{u}) \leq \eta$ einen vorgeschriebenen Level η nicht überschreitet.

Betrachten wir nun den speziellen Fall von EERM (10.23) für den linearen Hypothesenraum

$$h^{(\mathbf{w})}(\mathbf{x}) := \mathbf{w}^T\mathbf{x} \text{ mit einem Gewichtsvektor } \mathbf{w} \in \mathbb{R}^n. \tag{10.24}$$

Darüber hinaus nehmen wir an, dass die Merkmale $\mathbf{x}$ eines Datenpunkts und seine Benutzerzusammenfassung u gemeinsam Gaußsche sind mit Mittelwert null und Kovarianzmatrix $\mathbf{C}$,

$$\left(\mathbf{x}^T, \hat{u}\right)^T \sim \mathcal{N}(\mathbf{0}, \mathbf{C}). \tag{10.25}$$

Unter den Annahmen (10.24) und (10.25) (siehe [9, Kap. 8]),

$$H(\hat{u}|\hat{y}) = (1/2)\log \sigma^2_{\hat{y}|\hat{u}}. \tag{10.26}$$

Hier haben wir die bedingte Varianz $\sigma^2_{\hat{y}|\hat{u}}$ von $\hat{y}$ gegeben die zufällige Benutzerzusammenfassung $u = u(\mathbf{x})$. Einfügen von (10.26) in die allgemeine Form von EERM (10.23),

$$\hat{h} \in \operatorname*{argmin}_{h\in\mathcal{H}} \widehat{L}(h) \quad \text{s.t.} \quad \log \sigma^2_{\hat{y}|\hat{u}} \leq \eta. \tag{10.27}$$

Durch die Monotonie des Logarithmus ist (10.27) äquivalent zu

$$\hat{h} \in \operatorname*{argmin}_{h\in\mathcal{H}} \widehat{L}(h) \quad \text{s.t.} \quad \sigma^2_{\hat{y}|\hat{u}} \leq e^{(\eta)}. \tag{10.28}$$

Um (10.16) weiter zu entwickeln, verwenden wir die Identität

$$\min_{\eta\in\mathbb{R}} \mathbb{E}\left\{\left(\hat{y} - \eta u\right)^2\right\} = \sigma^2_{\hat{y}|\hat{u}}. \tag{10.29}$$

Die Identität (10.29) bezieht die bedingte Varianz $\sigma^2_{\hat{y}|\hat{u}}$ auf den minimalen quadratischen Fehler, der durch die Schätzung von $\hat{y}$ mit einem linearen Schätzer $\eta\hat{u}$ mit einigen $\eta \in \mathbb{R}$ erreicht werden kann. Einfügen von (10.29) und (10.24) in (10.28),

$$\hat{h} \in \operatorname*{argmin}_{\mathbf{w}\in\mathbb{R}^n, \eta\in\mathbb{R}} \widehat{L}(h^{(\mathbf{w})}) \quad \text{s.t.} \quad \mathbb{E}\Big\{\big(\underbrace{\mathbf{w}^T\mathbf{x}}_{\stackrel{(10.24)}{=}\hat{y}} - \eta\hat{u}\big)^2\Big\} \leq e^{(\eta)}. \tag{10.30}$$

Die Ungleichheitsbeschränkung in (10.30) ist konvex [23, Abschn. 4.2.]. Für quadratischen Fehlerverlust ist die Zielfunktion $\widehat{L}(h^{(\mathbf{w})})$ ebenfalls konvex. Daher können wir für die lineare kleinste Quadrate Regression (10.30) als ein äquivalentes (duales) unbeschränktes Problem umformulieren [23, Kap. 5]

$$\hat{h} \in \operatorname*{argmin}_{\mathbf{w}\in\mathbb{R}^n, \eta\in\mathbb{R}} \mathcal{E}(h^{(\mathbf{w})}) + \lambda \mathbb{E}\left\{\left(\mathbf{w}^T\mathbf{x} - \eta\hat{u}\right)^2\right\}. \tag{10.31}$$

Durch konvexe Dualität können wir für einen gegebenen Schwellenwert $e^{(\eta)}$ in (10.30), einen Wert für λ in (10.31) finden, so dass (10.30) und (10.31) die gleichen Lösungen haben [23, Kap. 5]. Algorithmus 20 unten wird aus (10.31) durch Annäherung der Erwartung $\mathbb{E}\{(\mathbf{w}^T\mathbf{x} - \eta\hat{u})^2\}$ mit einem Durchschnitt über die Trainingsdatenpunkte $(\mathbf{x}^{(i)}, \hat{y}^{(i)}, \hat{u}^{(i)})$ für $i = 1, \ldots, m$.

Algorithm 20 Explainable Linear Least Squares Regression

Input: explainability parameter λ, training examples $(\mathbf{x}^{(i)}, \hat{y}^{(i)}, \hat{u}^{i)})$ for $i = 1, \ldots, m$

1: solve

$$\widehat{\mathbf{w}} \in \underset{\eta\in\mathbb{R},\mathbf{w}\in\mathbb{R}^n}{\operatorname{argmin}} \sum_{i=1}^{m} \underbrace{(\hat{y}^{(i)} - \mathbf{w}^T\mathbf{x}^{(i)})^2}_{\text{empirical risk}} + \lambda \underbrace{(\mathbf{w}^T\mathbf{x}^{(i)} - \eta\hat{u}^{(i)})^2}_{\text{explainablity}} \tag{10.32}$$

Output: weights $\widehat{\mathbf{w}}$ of explainable linear hypothesis

10.3 Übungen

Übung 10.1 (Konvexität der erklärlichen linearen Regression) Schreiben Sie das Optimierungsproblem (10.32) als ein äquivalentes quadratisches Optimierungsproblem um $\min_{\mathbf{v}} \mathbf{v}^T\mathbf{Q}\mathbf{v} + \mathbf{v}^T\mathbf{q}$. Identifizieren Sie die Matrix $\mathbf{Q}$ und den Vektor $\mathbf{q}$.

Literatur

1. H.-F. Cheng, R. Wang, Z. Zhang, F. O'Connell, T. Gray, F. M. Harper, und H. Zhu. Explaining decision-making algorithms through UI: Strategies to help non-expert stakeholders. In *Proceedings of the 2019 CHI Conference on Human Factors in Computing Systems*, CHI '19, pages 1–12, New York, NY, USA, 2019. Association for Computing Machinery
2. P. Hacker, R. Krestel, S. Grundmann, und F. Naumann. Explainable AI under contract and tort law: legal incentives and technical challenges. *Artificial Intelligence and Law*, 2020
3. T.K. DeBacker, H.M. Crowson, Influences on cognitive engagement: Epistemological beliefs and need for closure. British Journal of Educational Psychology **76**(3), 535–551 (2006)
4. J. Kagan, Motives and development. Journal of Personality and Social Psychology **22**(1), 51–66 (1972)
5. Q. V. Liao, D. Gruen, und S. Miller. Questioning the ai: Informing design practices for explainable ai user experiences. In *Proceedings of the 2020 CHI Conference on Human Factors in Computing Systems*, CHI '20, pages 1–15, New York, NY, USA, 2020. Association for Computing Machinery
6. J. Chen, L. Song, M. Wainwright, und M. Jordan. Learning to explain: An information-theoretic perspective on model interpretation. In *Proc. 35th Int. Conf. on Mach. Learning*, Stockholm, Sweden, 2018
7. A. Jung, P. Nardelli, An information-theoretic approach to personalized explainable machine learning. IEEE Sig. Proc. Lett. **27**, 825–829 (2020)
8. A. Jung. Explainable empiricial risk minimization. *submitted to IEEE Sig. Proc. Letters (preprint:* https://arxiv.org/pdf/2009.01492.pdf), 2020

9. T.M. Cover, J.A. Thomas, *Elements of Information Theory*, 2. Aufl. (Wiley, New Jersey, 2006)
10. C. Gomez-Uribe und N. Hunt. The netflix recommender system: Algorithms, business value, and innovation. *Association for Computing Machinery*, 6(4), 2016
11. A. Esteva, B. Kuprel, R. A. Novoa, J. Ko, S. M. Swetter, H. M. Blau, und S. Thrun. Dermatologist-level classification of skin cancer with deep neural networks. *Nature*, 542, 2017
12. X. Yang und Q. Wang. Crowd hybrid model for pedestrian dynamic prediction in a corridor. *IEEE Access*, 7, 2019
13. K. Jeong, J. Choi, und G. Jang. Semi-local structure patterns for robust face detection. *IEEE Sig. Proc. Letters*, 22(9), 2015
14. M. Ribeiro, S. Singh, und C. Guestrin. "Why should i trust you?": Explaining the predictions of any classifier. In *Proc. 22nd ACM SIGKDD*, pages 1135–1144, 2016
15. J. McInerney, B. Lacker, S. Hansen, K. Higley, H. Bouchard, A. Gruson, und R. Mehrotra. Explore, exploit, and explain: personalizing explainable recommendations with bandits. In *Proceedings of the 12th ACM Conference on Recommender Systems*, 2018
16. M. Ribeiro, S. Singh, und C. Guestrin. Anchors: High-precision model-agnostic explanations. In *Proc. AAAI Conference on Artificial Intelligence (AAAI)*, 2018
17. J. Pearl. *Probabilistic Reasoning in Intelligent Systems*. Morgan Kaufmann, 1988
18. S.L. Lauritzen, *Graphical Models* (Clarendon Press, Oxford, UK, 1996)
19. D. Koller, N. Friedman, *Probabilistic Graphical Models: Principles and Techniques* (MIT Press, Adaptive Computation and Machine Learning, 2009)
20. G. Montavon, W. Samek, K. Müller, Methods for interpreting and understanding deep neural networks. Digital Signal Processing **73**, 1–15 (2018)
21. C. Molnar. *Interpretable Machine Learning – A Guide for Making Black Box Models Explainable*. [online] Available: https://christophm.github.io/interpretable-ml-book/, 2019
22. T. Hastie, R. Tibshirani, M. Wainwright, *Statistical Learning with Sparsity* (CRC Press, The Lasso and Its Generalizations, 2015)
23. S. Boyd, L. Vandenberghe, *Convex Optimization* (Cambridge Univ. Press, Cambridge, UK, 2004)

Glossar

k **-means** Der k-means Algorithmus ist eine Methode der harten Clusterbildung. Er zielt darauf ab, Datenpunkte Clustern zuzuweisen, so dass sie eine minimale durchschnittliche Entfernung vom Clusterzentrum haben.

activation function Jedes künstliche Neuron innerhalb eines ANN besteht aus einer Aktivierungsfunktion, die die Eingaben des Neurons auf einen einzigen Ausgabewert abbildet. Im Allgemeinen ist die Aktivierungsfunktion eine nicht-lineare Abbildung der gewichteten Summe der Neuroneneingaben (diese gewichtete Summe ist die Aktivierung des Neurons).

artificial intelligence Künstliche Intelligenz zielt darauf ab, Systeme zu entwickeln, die rational handeln, im Sinne der Maximierung einer langfristigen Belohnung.

artificial neural network Ein künstliches neuronales Netzwerk ist eine grafische (Signalfluss-)Darstellung einer Karte von Merkmalen eines Datenpunkts an seinem Eingang zu einem vorhergesagten Label an seinem Ausgang.

bagging Bagging (oder „Bootstrap Aggregation") ist eine allgemeine Technik zur Verbesserung oder Robustifizierung einer gegebenen ML-Methode. Die Idee besteht darin, das Bootstrap zu verwenden, um eine gestörte Kopie eines gegebenen Trainingssets zu erzeugen und dann die ursprüngliche ML-Methode anzuwenden, um eine separate Hypothese für jede gestörte Kopie des Trainingssets zu lernen. Das resultierende Set von Hypothesen wird dann verwendet, um das Label eines Datenpunkts vorherzusagen, indem die individuellen Vorhersagen jeder Hypothese kombiniert oder aggregiert werden. Für numerische Labelwerte (Regression) könnte diese Aggregation durch den Durchschnitt der individuellen Vorhersagen erzielt werden.

Bayes estimator Eine Hypothese, deren Bayes-Risiko minimal ist [1].

A. Jung, *Maschinelles Lernen,* https://doi.org/10.1007/978-981-99-7972-1

Bayes risk Das Bayes-Risiko einer gegebenen (festen) Hypothese ist die Erwartung ihres Verlustes, der auf (den Realisierungen von) einem zufälligen Datenpunkt anfällt [1].

classifier Ein Klassifikator ist eine Hypothese $h(\mathbf{x})$, die verwendet wird, um ein endlichen Wertes Label vorherzusagen. Streng genommen ist ein Klassifikator eine Hypothese $h(\mathbf{x})$, die nur eine endliche Anzahl verschiedener Werte annehmen kann. Allerdings sind wir manchmal nachlässig und verwenden den Begriff Klassifikator auch für eine Hypothese, die eine reale Zahl liefert, die dann in einer einfachen Schwellenwertbildung zur Bestimmung des vorhergesagten Labelwerts verwendet wird. Für Klassifikator, Text, in einem binären Klassifikationsproblem mit Labelwerten $y \in \{-1, 1\}$, bezeichnen wir eine lineare Hypothese $h(\mathbf{x}) = \mathbf{w}^T\mathbf{x}$ als Klassifikator, wenn sie verwendet wird, um den Labelwert gemäß $\hat{y} = 1$ vorherzusagen, wenn $h(\mathbf{x}) \geq 0$ und sonst $\hat{y} = -1$.

clustering Clustering bezieht sich auf das Problem, für jeden Datenpunkt innerhalb des Clustering, Textdatensatzes zu bestimmen, zu welchem Cluster er gehört. Ein Cluster kann auf verschiedene Weisen definiert und repräsentiert werden, z. B. durch repräsentative Datenpunkte („Cluster-Mittelwerte") oder eine gesamte Wahrscheinlichkeitsverteilung (siehe GMM).

condition number Die Konditionszahl $\kappa(\mathbf{Q})$ einer psd-Matrix $\mathbf{Q}$ ist das Verhältnis des größten zum kleinsten Eigenwert einer psd-Matrix $\mathbf{Q}$.

convex Ein Satz C in $\mathbb{R}^n$ wird konvex genannt, wenn er das Liniensegment zwischen zwei beliebigen Punkten dieses Satzes enthält. Eine Funktion wird als konvex bezeichnet, wenn ihr Epigraph ein konvexer Satz ist [2].

data Ein Satz von Datenpunkten.

data augmentation Datenanreicherungsmethoden fügen synthetische Datenpunkte zu einem bestehenden Satz von Datenpunkten hinzu. Diese synthetischen Datenpunkte könnten durch Störungen (Hinzufügen von Rauschen) oder Transformationen (Drehungen von Bildern) der ursprünglichen Datenpunkte erhalten werden.

data point Ein Datenpunkt ist jedes Objekt, das Informationen vermittelt [3]. Datenpunkte können Schüler, Radiosignale, Bäume, Wälder, Bilder, Wohnmobile, reale Zahlen oder Proteine sein. Wir charakterisieren Datenpunkte mit zwei grundlegend verschiedenen Gruppen von Eigenschaften. Eine Gruppe von Eigenschaften wird als Merkmale bezeichnet und kann automatisiert gemessen oder berechnet werden. Eine andere Gruppe von Eigenschaften wird als Labels bezeichnet. Das Label eines Datenpunkts repräsentiert höhere Fakten oder Mengen von Interesse. Im Gegensatz zu Merkmalen erfordert die Bestimmung des Datenpunkts eines Datenpunkts in der Regel menschliche Experten (Domänenexperten). Grob gesagt, ist ML die Untersuchung und Gestaltung von Methoden zur Vorhersage des Labels eines Datenpunkts basierend ausschliesslich auf seinen Merkmalen.

dataset Mit einer leichten Missbrauch der Notation verwenden wir die Begriffe „Datensatz" oder „Menge von Datenpunkten", um auf eine indizierte Liste von Datenpunkten $\mathbf{z}^{(1)}, \ldots,$ zu verweisen. Daher gibt es einen ersten Datenpunkt $\mathbf{z}^{(1)}$, einen zweiten Datenpunkt $\mathbf{z}^{(2)}$ und so weiter. Streng genommen ist ein Datensatz eine Liste und kein Set [4].

decision region Betrachten Sie eine Hypothesenkarte h, die nur Werte aus einer endlichen Menge $\mathcal{Y}$ annehmen kann. Wir beziehen uns auf die Menge der Merkmale $\mathbf{x} \in \mathcal{X}$, die das gleiche Ergebnis $h(\mathbf{x}) = a$ liefern, als Entscheidungsregion der Hypothese h.

decision tree Ein Entscheidungsbaum ist eine flussdiagrammähnliche Darstellung einer Hypothesenkarte h. Formeller ausgedrückt, ist ein Entscheidungsbaum ein gerichteter Graph, der den Merkmalsvektor $\mathbf{x}$ eines Datenpunkts an seinem Wurzelknoten liest. Der Wurzelknoten leitet den Datenpunkt dann auf der Grundlage eines elementaren Tests der Merkmale $\mathbf{x}$ an einen seiner Kindknoten weiter. Wenn der empfangende Kindknoten kein Blattknoten ist, d. h., er hat selbst Kindknoten, führt der Entscheidungsbaum einen weiteren Test durch. Basierend auf dem Testergebnis wird der Datenpunkt weiter an einen seiner Nachbarn geschoben. Dieses Testen und Weiterleiten des Datenpunkts wird wiederholt, bis der Datenpunkt in einem Blattknoten (ohne Kindknoten) endet. Die Blattknoten repräsentieren Mengen (Entscheidungsregionen), die durch Merkmalsvektoren $\mathbf{x}$ gebildet werden, die auf denselben Funktionswert $h(\mathbf{x})$ abgebildet werden.

deep net Wir bezeichnen ein ANN mit einer großen Anzahl von verborgenen Schichten als tiefes ANN oder tiefes Netz.

deep net Die Rektifizierte Lineare Einheit oder „ReLU" ist eine beliebte Wahl für die Aktivierungsfunktion eines Neurons innerhalb eines ANN. Sie ist definiert als $g(z) = \max\{0, z\}$ wobei z die gewichtete Eingabe des Neurons ist.

effective dimension Die effektive Dimension $d_{\text{eff}}(\mathcal{H})$ eines unendlichen Hypothesenraums $\mathcal{H}$ ist ein Maß für seine Größe. Grob gesagt entspricht die effektive Dimension der Anzahl der unabhängigen einstellbaren Parameter oder Gewichte des Modells. Diese Parameter könnten die Gewichte sein, die von einer linearen Abbildung verwendet werden, oder die Gewichte und Bias-Terme eines ANN.

eigenvalue Wir bezeichnen eine Zahl $\lambda \in \mathbb{R}$ als Eigenwert einer quadratischen Matrix $\mathbf{A} \in \mathbb{R}^{n \times n}$ wenn es einen von Null verschiedenen Vektor $\mathbf{x} \in \mathbb{R}^n \setminus \{\mathbf{0}\}$ gibt, so dass $\mathbf{A}\mathbf{x} = \lambda\mathbf{x}$.

eigenvalue decomposition Die Aufgabe, die Eigenwerte und entsprechenden Eigenvektoren einer Matrix zu berechnen.

eigenvector Ein Eigenvektor einer Matrix $\mathbf{A}$ ist ein Nicht-Null-Textvektor $\mathbf{x} \in \mathbb{R}^n \setminus \{\mathbf{0}\}$ so dass $\mathbf{A}\mathbf{x} = \lambda\mathbf{x}$ mit einem bestimmten Eigenwert λ.

empirical risk Das empirische Risiko einer gegebenen Hypothese auf einem gegebenen Datensatz ist der durchschnittliche Verlust der Hypothese, berechnet über alle Datenpunkte in diesem Satz.

empirical risk minimization Die empirische Risikominimierung ist das Optimierungsproblem des empirischen Risikos, die Hypothese mit dem geringsten durchschnittlichen Verlust (empirisches Risiko) auf einer gegebenen Menge von Datenpunkten (dem Trainingsset). Viele ML-Methoden sind spezielle Fälle der empirischen Risikominimierung.

Euclidean space Der euklidische Raum $\mathbb{R}^n$ der Dimension n bezieht sich auf den Raum aller Vektoren $\mathbf{x} = \big(x_1, \ldots, x_n\big)$, mit reellen Einträgen $x_1, \ldots, x_n \in \mathbb{R}$, deren Geometrie durch das innere Produkt $\mathbf{x}^T\mathbf{x}' = \sum_{j=1}^{n} x_j x'_j$ zwischen zwei beliebigen Vektoren $\mathbf{x}, \mathbf{x}' \in \mathbb{R}^n$ definiert wird [9].

expectation maximization Die Erwartungsmaximierung ist eine allgemeine Technik zur Schätzung der Parameter eines probabilistischen Modells aus Daten [10–12]. Im Allgemeinen liefert diese Technik eine Annäherung an die Maximum-Likelihood-Schätzung für die Modellparameter.

explainable empirical risk minimization Ein Beispiel für strukturelle Risikominimierung, das einen Regularisierungsterm zum Trainingsfehler in ERM hinzufügt. Der Regularisierungsterm wird so gewählt, dass er Hypothesen bevorzugt, die für einen Benutzer intrinsisch erklärbar sind.

explainable machine learning Erklärbare ML-Methoden zielen darauf ab, Vorhersagen mit Erklärungen zu ergänzen, wie die Vorhersage erzielt wurde.

feature map Eine Karte, die einige Rohmerkmale in einen neuen Merkmalsvektor umwandelt. Der neue Merkmalsvektor könnte aus mehreren Gründen den Rohmerkmalen vorzuziehen sein. Es könnte möglich sein, lineare Hypothesen mit den neuen Merkmalsvektoren zu verwenden. Ein weiterer Grund könnte sein, dass der neue Merkmalsvektor viel kürzer ist und daher ein Overfitting vermeidet oder für ein Streudiagramm verwendet werden kann.

feature space Der Merkmalsraum einer gegebenen ML-Anwendung oder Methode besteht aus allen potenziellen Werten, die der Merkmalsvektor eines Datenpunkts annehmen kann. In diesem Buch ist die am häufigsten verwendete Wahl für den Merkmalsraum der euklidische Raum $\mathbb{R}^n$ mit der Dimension n als die Anzahl der individuellen Merkmale eines Datenpunkts.

features Die Eigenschaften eines Datenpunkts, die automatisch gemessen oder berechnet werden können. Wenn beispielsweise ein Datenpunkt ein Bitmap-Bild ist, könnten wir die Rot-Grün-Blau-Intensitäten seiner Pixel als Merkmale verwenden. Merkmale werden manchmal als „Variablen", „Attribute" oder „Prädiktoren" bezeichnet []. Dieses Buch verwendet jedoch den Begriff Prädiktor in einem anderen Sinne, d. h., als eine Hypothesenkarte, die verwendet wird, um ein numerisches Label vorherzusagen.

federated learning (FL) Federiertes Lernen ist ein Überbegriff für ML-Methoden, die Modelle in einer kollaborativen Weise trainieren, unter Verwendung von dezentralisierten Daten und Berechnungen.

Finnish Meteorological Institute Das Finnische Meteorologische Institut ist eine Regierungsbehörde, die für die Sammlung und Berichterstattung von Wetterdaten in Finnland verantwortlich ist.

Gaussian mixture model Gaußsche Mischmodelle (GMM) sind eine Familie von probabilistischen Modellen für Datenpunkte. Innerhalb eines GMM wird der Merkmalsvektor $\mathbf{x}$ eines Datenpunktes als aus einer von k verschiedenen multivariaten Normalverteilungen (Gaußschen Verteilungen) interpretiert, die durch $c = 1, \ldots, k$ indiziert sind. Die Wahrscheinlichkeit, dass der Merkmalsvektor $\mathbf{x}$ aus der c-ten Gaußschen Verteilung gezogen wird, wird mit p_c bezeichnet. Die Gaußsche Mischung wird durch die Wahrscheinlichkeit p_c parametrisiert, dass $\mathbf{x}$ aus der c-ten Gaußschen Verteilung gezogen wird, sowie die Mittelwertvektoren $\boldsymbol{\mu}^{(c)}$ und Kovarianzmatrizen $\boldsymbol{\Sigma}^{(c)}$ für $c = 1, \ldots, k$.

gradient descent Gradientenabstieg ist eine iterative Methode zur Findung des Minimums einer differenzierbaren Funktion $f(w)$.

Hilbert space Ein Hilbertraum ist ein linearer Vektorraum, der mit einem inneren Produkt zwischen Paaren von Vektoren ausgestattet ist. Ein wichtiges Beispiel für einen Hilbertraum sind die euklidischen Räume $\mathbb{R}^n$, für eine bestimmte Dimension n, die aus euklidischen Vektoren $\mathbf{u} = \big(u_1, \ldots, u_n\big)^T$ zusammen mit dem inneren Produkt $\mathbf{u}^T\mathbf{v}$ besteht.

Huber loss Der Huber-Verlust ist eine Mischung aus dem quadratischen Fehlerverlust und dem absoluten Wert des Vorhersagefehlers.

hypothesis Eine Karte (oder Funktion) $h : \mathcal{X} \to \mathcal{Y}$ vom Merkmalsraum $\mathcal{X}$ zum Labelraum $\mathcal{Y}$. Gegeben ist ein Datenpunkt mit Merkmalen $\mathbf{x}$ wir verwenden eine Hypothesenkarte, um das Label y mit dem vorhergesagten Label $\hat{y} = h(\mathbf{x})$ zu schätzen (oder anzunähern). ML geht darum, eine Hypothesenkarte zu lernen (zu finden), so dass $\hat{y} \approx h(\mathbf{x})$ für jeden Datenpunkt gilt.

hypothesis space Jede praktische ML-Methode verwendet einen spezifischen Hypothesenraum, den wir normalerweise mit $\mathcal{H}$ bezeichnen. Der Hypothesenraum einer ML-Methode ist eine Teilmenge aller möglichen Abbildungen vom Merkmalsraum in den Labelraum. Die Wahl des Hypothesenraums sollte die verfügbare Recheninfrastruktur und statistische Aspekte berücksichtigen. Wenn die Recheninfrastruktur effiziente Matrixoperationen im Hypothesenraum ermöglicht und wir eine lineare Beziehung zwischen Merkmalswerten und Label erwarten, ist ein guter erster Kandidat für den Hypothesenraum der Raum der linearen Abbildungen.

i.i.d. unabhängig und identisch verteilt; z. B. bedeutet „x, y, z sind i.i.d. ZV“, dass die gemeinsame Wahrscheinlichkeitsverteilung $p(x, y, z)$ der ZV x, y, z sich in das Produkt $p(x)p(y)p(z)$ der Randwahrscheinlichkeitsverteilungen der Variablen x, y, z aufteilt, die identisch sind.

i.i.d. assumption Die i.i.d. Annahme interpretiert Datenpunkte eines Datensatzes als Realisierungen von i.i.d. Zufallsvariablen.

label Eine höhere Tatsache oder Menge von Interesse, die mit einem Datenpunkt verbunden ist. Wenn ein Datenpunkt ein Bild ist, könnte sein Label die Tatsache sein, dass es eine Katze zeigt (oder nicht).

label space Betrachten Sie eine ML-Anwendung, die Datenpunkte umfasst, die durch Merkmale und Labels charakterisiert sind. Der Labelraum einer gegebenen ML-Anwendung oder Methode besteht aus allen potenziellen Werten, die das Label eines Datenpunkts annehmen kann. Eine beliebte Wahl für den Labelraum bei Regressionsproblemen (oder Methoden) ist $\mathcal{Y} = \mathbb{R}$. Binäre Klassifikationsprobleme (oder Methoden) verwenden Labelräume, die aus zwei verschiedenen Elementen bestehen, z. B., $\mathcal{Y} = \{-1, 1\}$, $\mathcal{Y} = \{0, 1\}$ oder $\mathcal{Y} = \{$„cat image“, „no cat image“$\}$

law of large numbers Das Gesetz der großen Zahlen bezieht sich auf die Konvergenz der Partialsummen von i.i.d. ZV zu dem (gemeinsamen) Erwartungswert dieser ZV.

learning rate Betrachten Sie eine iterative Methode zur Findung oder Erlernung einer guten Wahl für eine Hypothese. Eine solche iterative Methode wiederholt ähnliche rechnerische (Update-)Schritte, die die aktuelle Wahl für die Hypothese anpassen oder ändern, um eine verbesserte Hypothese zu erhalten. Ein Paradebeispiel für eine solche iterative Lernmethode ist GD und seine Varianten (siehe 5). Wir bezeichnen als Lernrate jeden Parameter einer iterativen Lernmethode, der das Ausmaß steuert, in dem die aktuelle Hypothese in jeder Iteration möglicherweise modifiziert oder verbessert werden könnte. Ein Paradebeispiel für einen solchen Parameter ist die Schrittgröße, die in GD verwendet wird. In diesem Buch verwenden wir den Begriff Lernrate meist als Synonym für die Schrittgröße von (einer Variante von) GD.

least absolute deviation regression Die Regression der kleinsten absoluten Abweichung verwendet den Durchschnitt der absoluten Vorbedingungsfehler, um eine lineare Hypothese zu finden.

linear classifier Ein Klassifikator $h(\mathbf{x})$ ordnet den Merkmalsvektor $\mathbf{x} \in \mathbb{R}^n$ eines Datenpunkts einem vorhergesagten Label $\hat{y} \in \mathcal{Y}$ aus einer endlichen Menge von Labelwerten $\mathcal{Y}$ zu. Wir können einen solchen Klassifikator äquivalent durch die Entscheidungsregionen $\mathcal{R}^{((a))} := \{\mathbf{x} \in \mathbb{R}^n : \hat{y} = (a)\}$, für jeden möglichen Labelwert $a \in \mathcal{Y}$ charakterisieren. Lineare Klassifikatoren sind so, dass die Grenzen zwischen den Regionen $\mathcal{R}^{(a)}$ Hyperflächen in $\mathbb{R}^n$ sind.

linear regression Die lineare Regression zielt darauf ab, eine lineare Regressionskarte zu erlernen, um ein numerisches Label auf Basis numerischer Merkmale eines Datenpunkts vorherzusagen. Die Qualität einer linearen Hypothesenkarte wird typischerweise anhand des durchschnittlichen quadratischen Fehlerverlusts gemessen, der auf einer Menge von beschrifteten Datenpunkten (dem Trainingsset) entsteht.

logistic loss Betrachten Sie einen Datenpunkt, der durch die Merkmale $\mathbf{x}$ und das logistische Verlust-Binärlabel $y \in \{-1, 1\}$ gekennzeichnet ist. Wir verwenden eine Hypothese h um das Label y ausschließlich aus den Merkmalen $\mathbf{x}$ vorherzusagen. Der durch eine spezifische Hypothese h verursachte logistische Verlust ist definiert als (2.12).

logistic regression Die logistische Regression zielt darauf ab, eine lineare Hypothesenkarte zu erlernen, um ein binäres Label auf der Grundlage numerischer Merkmale eines Datenpunkts vorherzusagen. Die logistische Regression einer linearen Hypothesenkarte (Klassifikator) wird anhand ihres durchschnittlichen logistischen Verlusts bei einigen beschrifteten Datenpunkten (dem Trainingsset) gemessen.

loss Mit einer leichten Sprachmissbrauch verwenden wir den Begriff Verlust entweder für die Verlustfunktion selbst oder für ihren Wert für ein spezifisches Paar aus Datenpunkt und Hypothese.

loss function Ein Verlustfunktion ist eine Abbildung

$$L : \mathcal{X} \times \mathcal{Y} \times \mathcal{H} \rightarrow \mathbb{R}_{+} : \big((\mathbf{x}, y), h\big) \mapsto L((\mathbf{x}, y), h)$$

welcher einem Paar bestehend aus einem Datenpunkt, mit Merkmalen $\mathbf{x}$ und Label y, und einer Hypothese $h \in \mathcal{H}$ die nicht-negative reale Zahl $L((\mathbf{x}, y), h)$ zuweist. Der Verlustwert $L((\mathbf{x}, y), h)$ quantifiziert die Diskrepanz zwischen dem wahren Label y und dem vorhergesagten Label $h(\mathbf{x})$. Kleinere (näher an null) Werte $L((\mathbf{x}, y), h)$ bedeuten eine kleinere Diskrepanz zwischen vorhergesagtem Label und wahrem Label eines Datenpunkts. Abb. 2.11 zeigt eine Verlustfunktion für einen gegebenen Datenpunkt, mit Merkmalen $\mathbf{x}$ und Label y, als Funktion der Hypothese $h \in \mathcal{H}$.

maximum Gegeben ist eine Menge von reellen Zahlen, das Maximum ist die größte dieser Zahlen.

mean Die Erwartung eines reellwertigen Zufallsvariablen.

metric Ein Metrik bezieht sich auf eine Verlustfunktion, die ausschließlich zur endgültigen Leistungsbewertung einer erlernten Hypothese verwendet wird. Die Metrik ist typischerweise eine Verlustfunktion, die eine einfache Metrik, Text (wie den 0/1-Verlust (2.9)) ermöglicht, aber nicht geeignet ist, innerhalb von ERM zur Erlernung einer Hypothese verwendet zu werden. Für das Erlernen einer Hypothese über ERM bevorzugen wir typischerweise Verlustfunktionen, die glatt von den (Parametern der) Hypothese abhängen. Beispiele für solche glatten Verlustfunktionen sind der quadratische Fehlerverlust (2.8) und der logistische Verlust (2.12).

minimum Gegeben ist eine Menge von reellen Zahlen, das Minimum ist die kleinste dieser Zahlen.

model Wir verwenden den Begriff Modell als Synonym für Hypothesenraum

multi-label classification Mehrfachklassifikationsprobleme und -methoden beziehen sich auf Datenpunkte, die durch mehrere individuelle Labels charakterisiert sind.

non i.i.d. data Ein Datensatz, der nicht gut als Realisierungen von i.i.d. ZV modelliert werden kann.

non-i.i.d. Siehe nicht-i.i.d. Daten.

nonsmooth Wir bezeichnen eine Funktion als nicht-glatt, wenn sie nicht glatt ist [5].

outlier Viele ML-Methoden sind durch die i.i.d. Annahme motiviert, welche Datenpunkte als i.i.d. Realisierungen von ZV mit einer gemeinsamen Wahrscheinlichkeitsverteilung interpretiert. Die i.i.d. Annahme ist typischerweise nützlich, wenn die statistischen Eigenschaften des Datenerzeugungsprozesses stationär (zeitunabhängig) sind. In einigen Anwendungen könnten die Daten hauptsächlich aus „regulären" Datenpunkten bestehen, die mit einer i.i.d. Annahme übereinstimmen, und einer kleinen Anzahl von Datenpunkten, die grundlegend andere statistische Eigenschaften im Vergleich zur Masse der regulären Datenpunkte haben. Wir bezeichnen einen Datenpunkt, der erheblich von den statistischen Eigenschaften der Mehrheit der Datenpunkte abweicht, als Ausreißer.

parameters Die Parameter des ML-Modells sind einstellbare (lernbare oder anpassbare) Mengen, die es ermöglichen, zwischen verschiedenen Hypothesenkarten zu wählen. Zum Beispiel besteht das lineare Modell $\mathcal{H} := \{h : h(x) = w_1 x + w_2\}$ aus allen Hypothesenkarten $h(x) = w_1 x + w_2$ mit einer bestimmten Wahl für die Parameter w_1, w_2. Ein weiteres Beispiel für Parameter sind die Gewichte, die den Verbindungen eines künstlichen neuronalen Netzwerks zugewiesen sind.

positive semi-definite Eine symmetrische Matrix $\mathbf{Q} = \mathbf{Q}^T \in \mathbb{R}^{n \times n}$ wird als positiv semidefinit bezeichnet, wenn $\mathbf{x}^T \mathbf{Q} \mathbf{x} \geq 0$ für jeden Vektor $\mathbf{x} \in \mathbb{R}^n$ gilt.

predictor Wir bezeichnen eine Hypothese, deren Funktionswerte reale Zahlen sind, als Prädiktor. Gegeben ist ein Datenpunkt mit Merkmalen $\mathbf{x}$, der Prädiktorwert $h(\mathbf{x}) \in \mathbb{R}$ wird als Vorhersage (Schätzung/Vermutung/Annäherung) für das wahre numerische Label $y \in \mathbb{R}$ des Datenpunkts verwendet.

principal component analysis Die Hauptkomponentenanalyse bestimmt eine gegebene Anzahl neuer Merkmale, die durch eine lineare Transformation (Karte) der Rohmerkmale erhalten werden.

probabilistic principal component analysis Die probabilistische Hauptkomponentenanalyse kombiniert PCA mit einem probabilistischen Modell für Daten. Dieses probabilistische Modell ermöglicht die Interpretation des Ziels der PCA als die Schätzung der Parameter eines zugrunde liegenden probabilistischen Modells für den Daten-Generierungsprozess.

random forest Ein Random Forest ist ein Ensemble von Entscheidungsbäumen, von denen jeder an eine gestörte Kopie des ursprünglichen Datensatzes angepasst oder gelernt wird.

random variable Formell ist eine Zufallsvariable eine Abbildung von einer Menge von Elementarereignissen auf eine Menge von Werten. Die Menge der Elementarereignisse ist mit einem Wahrscheinlichkeitsmaß ausgestattet. Eine reellwertige Zufallsvariable bildet Elementarereignisse auf reelle Zahlen ab $\mathbb{R}$. Eine diskrete Zufallsvariable bildet Elementarereignisse auf eine endliche Menge ab, wie zum Beispiel $\{-1, 1\}$ oder { cat, no cat }. Eine vektorwertige Zufallsvariable bildet Elementarereignisse auf den euklidischen Raum ab $\mathbb{R}^n$ mit einer bestimmten Dimension $n \in \mathbb{N}$.

regularization Der Begriff Regularisierung bezieht sich auf verschiedene Techniken zur Modifizierung von ERM, um eine Hypothese zu lernen, die auch ausserhalb des in ERM verwendeten Trainingssets gut funktioniert. Ein spezifischer Ansatz zur Regularisierung besteht darin, eine Strafe oder Regularisierungsterm zur ERM-Zielfunktion (die der durchschnittliche Verlust im Trainingsset ist) hinzuzufügen.

sample Eine endliche Sequenz (Liste) von Datenpunkten $\mathbf{z}^{(1)}, \ldots, \mathbf{z}^{(i)}$, die als Realisierungen von m i.i.d. ZV mit der gemeinsamen Wahrscheinlichkeitsverteilung $p(\mathbf{z})$ erhalten oder interpretiert wird. Die Länge m der Sequenz wird als Stichprobengröße bezeichnet.

sample size Die Anzahl der einzelnen Datenpunkte, die in einem Datensatz enthalten sind, der aus Realisierungen von i.i.d. ZV stammt.

scatterplot Eine Visualisierungstechnik, die Datenpunkte durch Markierungen in einer zweidimensionalen Ebene darstellt.

semi-supervised learning Semi-supervised Lernmethoden verwenden (große Mengen an) unbeschrifteten Datenpunkten, um das Lernen einer Hypothese aus (einer kleinen Anzahl von) beschrifteten Datenpunkten zu unterstützen [6].

smooth Wir bezeichnen eine reellwertige Funktion als glatt, wenn sie differenzierbar ist und ihr Gradient kontinuierlich ist [5, 7].

soft clustering Weiches Clustering bezieht sich auf das Problem, für jeden Datenpunkt innerhalb eines Datensatzes den Zugehörigkeitsgrad zu einem bestimmten Cluster zu bestimmen.

stochastic gradient descent (SGD) Stochastisches Gradientenverfahren wird aus GD erhalten, indem der Gradient der Zielfunktion durch eine geräuschvolle (oder stochastische) Schätzung ersetzt wird.

structural risk minimization Die strukturelle Risikominimierung ist das Problem, die Hypothese zu finden, die den durchschnittlichen Verlust (empirisches Risiko) auf einem Trainingsset optimal mit einem strukturellen Risikoterminus ausgleicht. Der Regularisierungsterm bestraft eine Hypothese, die nicht robust gegenüber (kleinen) Störungen der Datenpunkte im Trainingsset ist.

support vector machine Ein ML-Verfahren, das eine lineare Abbildung lernt, sodass die Klassen im Merkmalsraum maximal getrennt sind („maximaler Rand"). Diese Bedingung des maximalen Randes entspricht der Minimierung einer regularisierten Variante des Hinge-Verlusts (2.11).

training error Betrachten Sie eine ML-Methode, die darauf abzielt, eine Hypothese $h \in \mathcal{H}$ aus einem Hypothesenraum zu lernen. Wir beziehen uns auf den durchschnittlichen Verlust oder das empirische Risiko einer Hypothese $h \in \mathcal{H}$ auf einem Datensatz als Trainingsfehler, wenn es zur Auswahl zwischen verschiedenen Hypothesen verwendet wird. Das Prinzip von ERM besteht darin, die Hypothese $h^* \in \mathcal{H}$ mit Trainingsfehler zu finden. Die Notation ein wenig überladend, könnten wir mit Trainingsfehler auch das minimale empirische Risiko bezeichnen, das durch die optimale Hypothese $h^* \in \mathcal{H}$ erreicht wird.

training set Eine Menge von Datenpunkten, die in ERM verwendet wird, um eine Hypothese zu trainieren $\hat{h}$. Der durchschnittliche Verlust des Trainingssatzes $\hat{h}$ auf dem Trainingssatz wird als Trainingsfehler bezeichnet. Der Vergleich zwischen Trainings- und Validierungsfehler informiert über Anpassungen der ML-Methode (wie die Verwendung eines anderen Hypothesenraums).

validation error Betrachten Sie eine Hypothese $\hat{h}$ die durch ERM auf einem Trainingsset erhalten wird. Der durchschnittliche Validierungsfehler von $\hat{h}$ auf einem Validierungsset, das sich vom Trainingsset unterscheidet, wird als Validierungsfehler bezeichnet.

validation set Eine Menge von Datenpunkten, die nicht als Trainingsset in ERM verwendet wurden, um eine Hypothese $\hat{h}$ zu trainieren. Der durchschnittliche Verlust von $\hat{h}$ im Validierungsset wird als Validierungsfehler bezeichnet und zur Diagnose der ML-Methode verwendet. Der Vergleich zwischen Trainings- und Validierungsfehler informiert über Anpassungen der ML-Methode (wie die Verwendung eines anderen Hypothesenraums).

Vapnik–Chervonenkis (VC) dimension Die VC-Dimension ist vielleicht das am häufigsten verwendete Konzept zur Messung der Größe unendlicher Hypothesenräume. Für eine genaue Definition der VC-Dimension und eine Diskussion ihrer Anwendungen in ML verweisen wir auf [8].

variance Die Erwartung $\mathbb{E}\{(x - \mathbb{E}\{x\})^2\}$ der quadratischen Differenz zwischen einer reellwertigen Zufallsvariable und ihrer Erwartung.

weights Wir verwenden den Begriff Gewichte synonym für eine endliche Menge von Parametern innerhalb eines Modells. Zum Beispiel besteht das lineare Modell aus allen linearen Abbildungen $h(\mathbf{x}) = \mathbf{w}^T\mathbf{x}$, die einen Merkmalsvektor $\mathbf{x} = \left(x_1, \ldots, x_n\right)^T$ eines Datenpunkts lesen. Jede spezifische lineare Abbildung ist durch spezifische Auswahlmöglichkeiten für die Parameter für Gewichte $\mathbf{w} = \left(w_1, \ldots, w_n\right)^T$ gekennzeichnet.

Literatur

1. E.L. Lehmann, G. Casella, *Theory of Point Estimation*, 2. Aufl. (Springer, New York, 1998)
2. S. Boyd, L. Vandenberghe, *Convex Optimization* (Cambridge University Press, Cambridge, UK, 2004)
3. T.M. Cover, J.A. Thomas, *Elements of Information Theory*, 2. Aufl. (Wiley, Hoboken, NJ, 2006)
4. P. Halmos, *Naive Set Theory* (Springer, Berlin, 1974)
5. Y. Nesterov, *Introductory Lectures on Convex Optimization, Vol. 87 of Applied Optimization* (Kluwer Academic Publishers, Boston, MA, 2004). (A basic course)
6. O. Chapelle, B. Schölkopf, A. Zien (Hrsg.), *Semi-Supervised Learning* (The MIT Press, Cambridge, MA, 2006)
7. S. Bubeck, Convex optimization: algorithms and complexity. Foundations and Trends in Machine Learning **8**(3–4), 231–357 (2015)
8. S. Shalev-Shwartz, S. Ben-David, *Understanding Machine Learning: From Theory to Algorithms* (Cambridge University Press, Cambridge, UK, 2014)
9. W. Rudin, *Principles of Mathematical Analysis*, 3. Aufl. (McGraw-Hill, New York, 1976)
10. C.M. Bishop, *Pattern Recognition and Machine Learning* (Springer, Berlin, 2006)
11. T. Hastie, R. Tibshirani, J. Friedman, *The Elements of Statistical Learning* Springer Series in Statistics. (Springer, New York, 2001)
12. M.J. Wainwright, M.I. Jordan, *Graphical Models, Exponential Families, and Variational Inference*, Foundations and Trends in Machine Learning, Bd. 1. (Now Publishers, Hanover, MA, 2008)

A. Jung, *Maschinelles Lernen*, https://doi.org/10.1007/978-981-99-7972-1

MIX
Papier aus verantwortungsvollen Quellen
Paper from responsible sources
FSC® C105338

If you have any concerns about our products,
you can contact us on
ProductSafety@springernature.com

In case Publisher is established outside the EU,
the EU authorized representative is:
Springer Nature Customer Service Center GmbH
Europaplatz 3, 69115 Heidelberg, Germany

Printed by Libri Plureos GmbH
in Hamburg, Germany